"十四五"时期国家重点出版物出版专项规划·重大出版工程规划项目

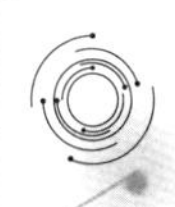

变革性光科学与技术丛书

Acousto-Optic Signal Processing Theory and Application

# 声光信号处理
## ——理论和应用

赵啟大 苗银萍 著

清華大學出版社
北京

## 内 容 简 介

本书阐述体声波和表面声波与光波相互作用的耦合模理论，以及主要的体波和表面波声光器件的工作机理。论述和分析多频、多维、多通道和全光纤声光相互作用的原理和相关器件的设计及应用，阐述和介绍频域和时域的主要声光信号处理系统的理论和技术，最后介绍声光信号处理在现代科学技术中的应用和发展前景。

本书可作为高等院校光电子学、光学和光学工程、激光技术、光通信技术、物理电子学、电子信息科学的教师、研究生和本科生的参考书，也可供相关领域的科技工作者参考。



**图书在版编目(CIP)数据**

声光信号处理：理论和应用/赵啟大，苗银萍著. —北京：清华大学出版社，2022.2
(变革性光科学与技术丛书)
ISBN 978-7-302-59356-0

Ⅰ. ①声… Ⅱ. ①赵… ②苗… Ⅲ. ①声光器件 ②信号处理 Ⅳ. ①TN65

中国版本图书馆 CIP 数据核字(2021)第 210637 号

**责任编辑**：鲁永芳
**封面设计**：意匠文化·丁奔亮
**责任校对**：赵丽敏
**责任印制**：沈 露

**出版发行**：清华大学出版社
　　**网　址**：http://www.tup.com.cn，http://www.wqbook.com
　　**地　址**：北京清华大学学研大厦 A 座　　**邮　编**：100084
　　**社 总 机**：010-83470000　　**邮　购**：010-62786544
　　**投稿与读者服务**：010-62776969，c-service@tup.tsinghua.edu.cn
　　**质量反馈**：010-62772015，zhiliang@tup.tsinghua.edu.cn
**印 装 者**：北京雅昌艺术印刷有限公司
**经　销**：全国新华书店
**开　本**：170mm×240mm　　**印　张**：22.25　　**字　数**：419 千字
**版　次**：2022 年 2 月第 1 版　　**印　次**：2022 年 2 月第1 次印刷
**定　价**：169.00 元

---

产品编号：090824-01

# 丛书编委会

# 丛书序

光是生命能量的重要来源，也是现代信息社会的基础。早在几千年前人类便已开始了对光的研究，然而，真正的光学技术直到400年前才诞生，斯涅耳、牛顿、费马、惠更斯、菲涅耳、麦克斯韦、爱因斯坦等学者相继从不同角度研究了光的本性。从基础理论的角度看，光学经历了几何光学、波动光学、电磁光学、量子光学等阶段，每一阶段的变革都极大地促进了科学和技术的发展。例如，波动光学的出现使得调制光的手段不再限于折射和反射，利用光栅、菲涅耳波带片等简单的衍射型微结构即可实现分光、聚焦等功能；电磁光学的出现，促进了微波和光波技术的融合，催生了微波光子学等新的学科；量子光学则为新型光源和探测器的出现奠定了基础。

伴随着理论突破，20世纪见证了诸多变革性光学技术的诞生和发展，它们在一定程度上使得过去100年成为人类历史长河中发展最为迅速、变革最为剧烈的一个阶段。典型的变革性光学技术包括：激光技术、光纤通信技术、CCD成像技术、LED照明技术、全息显示技术等。激光作为美国20世纪的四大发明之一（另外三项为原子能、计算机和半导体），是光学技术上的重大里程碑。由于其极高的亮度、相干性和单色性，激光在光通信、先进制造、生物医疗、精密测量、激光武器乃至激光核聚变等技术中均发挥了至关重要的作用。

光通信技术是近年来另一项快速发展的光学技术，与微波无线通信一起极大地改变了世界的格局，使“地球村”成为现实。光学通信的变革起源于20世纪60年代，高琨提出用光代替电流，用玻璃纤维代替金属导线实现信号传输的设想。1970年，美国康宁公司研制出损耗为20dB/km的光纤，使光纤中的远距离光传输成为可能，高琨也因此获得了2009年的诺贝尔物理学奖。

除了激光和光纤之外，光学技术还改变了沿用数百年的照明、成像等技术。以最常见的照明技术为例，自1879年爱迪生发明白炽灯以来，钨丝的热辐射一直是最常见的照明光源。然而，受制于其极低的能量转化效率，替代性的照明技术一直是人们不断追求的目标。从水银灯的发明到荧光灯的广泛使用，再到获得2014年诺贝尔物理学奖的蓝光LED，新型节能光源已经使得地球上的夜晚不再黑暗。另外，CCD的出现为便携式相机的推广打通了最后一个障碍，使得信息社会更加丰富多彩。

20世纪末以来，光学技术虽然仍在快速发展，但其速度已经大幅减慢，以至于很多学者认为光学技术已经发展到瓶颈期。以大口径望远镜为例，虽然早在1993年美国就建造出10m口径的“凯克望远镜”，但迄今为止望远镜的口径仍然没有得到大幅增加。美国的30m望远镜仍在规划之中，而欧洲的OWL百米望远镜则由于经费不足而取消。在光学光刻方面，受到衍射极限的限制，光刻分辨率取决于波长和数值孔径，导致传统i线(波长：365nm)光刻机单次曝光分辨率在200nm以上，而每台高精度的193光刻机成本达到数亿元人民币，且单次曝光分辨率也仅为38nm。

在上述所有光学技术中，光波调制的物理基础都在于光与物质(包括增益介质、透镜、反射镜、光刻胶等)的相互作用。随着光学技术从宏观走向微观，近年来的研究表明：在小于波长的尺度上(即亚波长尺度)，规则排列的微结构可作为人造“原子”和“分子”，分别对入射光波的电场和磁场产生响应。在这些微观结构中，光与物质的相互作用变得比传统理论中预言的更强，从而突破了诸多理论上的瓶颈难题，包括折反射定律、衍射极限、吸收厚度-带宽极限等，在大口径望远镜、超分辨成像、太阳能、隐身和反隐身等技术中具有重要应用前景。譬如：基于梯度渐变的表面微结构，人们研制了多种平面的光学透镜，能够将几乎全部入射光波聚集到焦点，且焦斑的尺寸可突破经典的瑞利衍射极限，这一技术为新型大口径、多功能成像透镜的研制奠定了基础。

此外，具有潜在变革性的光学技术还包括：量子保密通信、太赫兹技术、涡旋光束、纳米激光器、单光子和单像元成像技术、超快成像、多维度光学存储、柔性光学、三维彩色显示技术等。它们从时间、空间、量子态等不同维度对光波进行操控，形成了覆盖光源、传输模式、探测器的全链条创新技术格局。

值此技术变革的肇始期，清华大学出版社组织出版“变革性光科学与技术丛书”，是本领域的一大幸事。本丛书的作者均为长期活跃在科研第一线，对相关科学和技术的历史、现状和发展趋势具有深刻理解的国内外知名学者。相信通过本丛书的出版，将会更为系统地梳理本领域的技术发展脉络，促进相关技术的更快速发展，为高校教师、学生以及科学爱好者提供沟通和交流平台。

是为序。

罗先刚

2018年7月

# 前 言

声光信号处理是研究声波和光波在介质中的相互作用及其在信号处理领域的应用的一门学科。声光相互作用可以分为体声波和表面声波与光波的相互作用。体波声光相互作用早在20世纪30年代就已经开始研究，但是直到20世纪60年代激光出现，声光学理论和器件才得以迅速发展。到20世纪70年代研制出表面波声光器件，由于其具有频率高、体积小、驱动功率小、易于集成等优点，表面波声光相互作用的理论与器件得到迅速发展。随着光纤技术和光通信技术的高速发展，近年来全光纤声光相互作用理论和器件受到高度重视，这种器件可以把超声波引入光纤，与光纤中的导光波相互作用，实现对光波的信号处理。声光器件已经广泛应用于激光技术、光通信、传感、检测、光计算、雷达、电子对抗、广播电视等民用和军事领域。

声光学涉及声学、非线性光学、激光、集成光学、固体物理、晶体材料、电子学和微波等多学科，它的跨学科性质和日益广泛的应用使得声光信号处理领域具有广阔的发展空间。声光学的研究和发展主要体现在体声波和表面声波与光波相互作用的理论、压电换能器的原理和结构、声光材料的开发和对于器件性能的影响，以及声光器件的结构和研制工艺等方面。由于超声波的速度低、波长短，从甚高频到低微波频率范围都可以应用，并且声光器件带宽大、效率高、可靠性和兼容性好，具有强大的并行和互联处理能力，使得声光器件具有独特的功能，采用其他技术实现这些功能将会非常困难或烦琐，声光信号处理具有重要的学术意义和应用价值。

本书主要阐述声波和光波在介质中的相互作用及其在信号处理方面的应用。在声光学发展进程中，已经有相关书籍和很多期刊文献的研究报道，论述了声光相互作用的基本理论和相关的器件、实验及应用。本书的特点是将体声波和表面声波与光波的相互作用归纳为单频和多频，单通道和多通道，以及一维、二维和多维的声光相互作用的体系范畴。与通常的单一声波与光波的声光相互作用相比，这些更为复杂的声光相互作用和相应的声光器件涉及多组或者多次声波与光波相互作用，其过程会产生多种线性和非线性效应，相关理论研究和相应声光器件的设计研制对于声光学进展和声光器件的多功能开发应用具有重要意义。目前有关内容尚缺乏系统的综合研究报道，本书希望从此角度对相关研究进行一些有益的归纳整理。

本书前四章论述体声波和表面声波与光波相互作用的理论和器件及其应用，对于现有著作中业已详细介绍和论述的基本理论，本书仅做简要说明和叙述，重点分析和论述新颖的多频、多维、多通道声光相互作用及多通道全光纤表面波声光相互作用理论，以及相关声光器件的设计应用，介绍国际相关研究内容和作者所做的理论和实验工作。

本书后两章论述声光信号处理的主要理论，包括频域的声光光谱技术、相干探测以及时域的表面声波延迟线的空间积分、声光存储设备的信号处理、非相干的时间积分处理器和相干时间积分处理器等，阐述和讨论了声光信号处理在激光技术、传感、光计算、光通信和军事等领域的应用和发展前景。

本书第 1～4 章由赵敔大撰写，第 5～6 章由苗银萍撰写。

作者感谢长期以来共同工作的同事及历届博士研究生和硕士研究生在科研工作中的合作。博士研究生赵路明和廖帮全做了很多相关的理论和实验工作，本书引用了多篇与他们共同发表的论文，在此一并致谢。作者非常感谢清华大学出版社编辑鲁永芳博士的指导帮助。

书中如有不妥之处，敬请批评指正。

作　者

2020 年 9 月

# 目 录

# 第1章

# 声光相互作用概论

声光相互作用包括体声波和表面声波与光波或导光波的相互作用，并由此发展出多种体波和表面波声光器件。声光器件可以对激光的频率、相位、带宽、传播方向等特性进行高速有效的控制，快速完成电、声、光信息之间的传递与转换。声光器件具有带宽大、实时性强和并行处理能力高等优点，在激光技术（例如光调制、偏转、调 $Q$、锁模、腔倒空和光纤激光器等）、光通信、光计算、传感、检测、生物医疗、声光频谱、广播电视、图像遥感、雷达、电子对抗等民用和军事光信号处理领域中有广泛的应用。

利用声光在弹光介质中的相互作用可以制作多种声光器件，声光器件是在声光介质适当的位置键合压电换能器和电极，由高频驱动电信号通过换能器在介质中产生超声波。光波沿某个适当的方向入射，在介质中与声波相互作用而产生带有信息的衍射光，对光信号进行处理。声光器件包括偏转器、调制器、可调谐滤波器以及用于不同领域的相关器、卷积器、互连器、频移器、隔离器、频谱分析器等。由于声光作用响应速度快、带宽大、频率高，并且具有并行处理能力，为快速处理光信号提供了可能性。与电光器件相比，声光器件不需要高压直流电场，所需驱动功率小，特别是表面波声光器件只需要很小的驱动功率，并可集成化，更有利于光信号处理。随着声光理论的深入发展，优良声光特性材料的发现以及高频体波和表面波压电换能器的完善和工艺水平的提高，声光器件具有越来越广泛的应用价值。

本书主要介绍以下几方面内容。

(1) 从声波和光波的基本方程和声光相互作用理论出发，研究体声波一维单通道和多频、多维、多通道和二维多通道体波声光相互作用的耦合模理论，建立相应的耦合模方程，并求出方程的解，得到衍射光和各级互调制光的衍射效率等参数，分析相应声光耦合的各种线性和非线性效应。

(2) 阐述表面声波与光波相互作用的机理和表面波器件的结构设计，研究多通道表面声波与光纤中光导波相互作用，推导多通道表面声波全光纤声光相互作用耦合模理论。

(3) 设计和研制一维单通道和多频、多维、多通道和二维多通道体波声光器件，以及两通道表面波全光纤声光调制器件，并进行实验分析。多频、多通道和多维声光器件可以同时并行处理多路光信号，全光纤声光器件可以与光纤中的光导波相互作用，极大增加声光器件的信号处理能力。

(4) 论述频域和时域的声光信号处理的理论和应用技术，包括声光光谱、相干检测、时间积分处理等方面的理论分析和声光信号处理在激光技术、光通信、传感、检测、光计算和军事光信号处理等领域中的应用。

## 1.1 体波声光相互作用概述

声光相互作用是指光波和声波在介质中的相互作用，可以分为体声波和表面声波与光波的相互作用。对于声光相互作用的研究，早在 20 世纪 30 年代已经开始[1-2]。1922 年，布里渊(L. Brillouin)首次预言声光相互作用的存在，并由美国的德拜(P. Debye)和希思(F. W. Sears)、法国的卢卡斯(R. Lucas)和比卡尔(P. Biquard)在实验上得到证明。当时仅限于常见的各向同性介质，如水和重火石玻璃等，其折射率与光的传播方向及偏振状态无关。当介质中有超声波传过时，介质中存在弹性应力和应变，介质的折射率因受到应变的调制而作周期性变化，因而相当于一个相位光栅，即超声光栅，光在通过时将发生衍射。然而，由于声光相互作用引起的光频率和光传播方向变化都很小，所以在激光问世之前，并没有实用价值，长期以来也没有引起人们的重视。直到 20 世纪 60 年代激光问世，激光的出现推动了声光学的发展。激光的单色性和方向性好、强度高、具有相干性，使激光束能量可以聚焦成衍射极限大小的光斑。因此利用声光相互作用可以快速有效地控制激光束的方向、强度和频率，大大扩展了激光的应用范围，从而推动声光器件的发展，如声光偏转器、调制器、滤波器等声光器件得到迅速的发展和应用。声光相互作用研究的发展主要体现在声光相互作用理论的发展、高频压电换能器理论的发展、高性能声光材料和器件的开发与设计等几个方面。

研究声光相互作用机理，首先要讨论光在超声波传播的介质中通过时的衍射情况。声光调制的物理基础是声光效应，声光效应是指光波在介质中传播时，与引入介质的超声波相互作用，光发生衍射的现象。声波是一种弹性波(纵向应力波)，在介质中传播时，由于弹性效应，使介质中产生随时间和空间周期变化的应变，因而介质中不同位置的折射率就会随着该点位的弹性应变而产生变化。引起介质的密度呈疏密相间的交替变化，超声场作用的这部分如同一个光学的“相位光栅”，该光栅间距（光栅常数）是声波波长 $\lambda_a$。在行波声场作用下，介质折射率的增大或减小交替变化，并以声速 $v_a$（一般为 $10^3$ m/s 量级）移动。由于声速仅为光速（$10^8$ m/s）的数十万分之一，所以对光波来说，运动的“声光栅”可以看作静止的。当光波通过介质时，介质对光进行相位调制，就会产生光的衍射。其衍射光的强度、频率、方向等都随着超声场的变化而变化。

声光器件就是利用这一原理实现光束调制或偏转的，由声光介质、电-声换能器、吸声（或反射）装置及驱动电源等组成。

声光相互作用理论首先从各向同性介质中的波动方程出发，声光效应由折射率变化与应变之间的关系来描述，建立声波和光波在介质中的耦合波方程和布拉格（Bragg）衍射关系。声光耦合波方程在一般情况下没有分析解，随着电子计算机技术的发展，1967 年克莱因（W. R. Klein）和库克（B. D. Cook）作出声光耦合波方程的完整数值解[3]。体声波与光波的相互作用又可分成各向同性和各向异性介质中的声光相互作用，1967 年，狄克逊（R. W. Dixon）发现在各向异性的介质内声光相互作用与各向同性介质中不同，当衍射光与入射光偏振方向不同时，布拉格关系需要修正，并且在文章中给出了各向异性介质的布拉格衍射关系[4]。一些文献将各向同性和各向异性介质中的声光相互作用分别等同于正常和反常声光相互作用，这种归属并不恰当。各向同性介质中的声光相互作用属于正常声光相互作用，正常声光效应不改变介质折射率椭球的主轴方向，也不改变偏振模的偏振方向。对于各向异性介质，其声光相互作用大多属于反常声光相互作用，但是也有正常声光相互作用。各向异性介质中，当声光系数矩阵某些元素为零，采用适当方向的声波，可以得到正常声光相互作用，例如负单轴晶体（$n_e < n_o$）钼酸铅（$PbMoO_4$）和正单轴晶体（$n_e > n_o$）氧化碲（$TeO_2$）采用沿 $z$ 轴传播的纵声波时，声光效应不改变介质折射率椭球的主轴方向，不改变光的偏振方向，为正常声光相互作用。$TeO_2$ 采用沿[110]方向传播的切变声波，则改变光的偏振方向，为反常声光相互作用。

正常声光相互作用可用光栅衍射说明，反常声光相互作用不能用此理论解释。1976 年，张以拯（I. C. Chang）利用非线性光学中的参量相互作用理论，建立了声光相互作用的统一理论[5]，并用动量匹配和失配等概念进行讨论，从而对声光相互作用有了进一步的认识。其后，对各向异性介质的声光相互作用有许多研究报道[6-11]。

根据声光相互作用理论，在动量失配因子 $Q \gg 1$ 和 $Q \ll 1$ 的情况下，声光耦合波方程存在分析解，其衍射分别对应拉曼-奈斯衍射和布拉格衍射。此处 $Q=\dfrac{K_a^2 L}{k\cos\theta_0} \approx \dfrac{K_a^2 L}{k}$，称为声光器件的 $Q$，式中 $K_a$ 和 $k$ 分别是声波波矢和光波波矢的模，$L$ 是声光相互作用的长度，$\theta_0$ 是入射光方向与声光介质垂直面的夹角(详见2.2节)。由于拉曼-奈斯衍射(Raman-Nath diffraction)产生多级衍射光，包括0，±1，±2，…，一级衍射效率最大仅为33.9%，实际应用较少，而布拉格衍射只有0级和1级(+1级或−1级)衍射光，衍射效率的理论值可达100%，所以在声光信号处理中多用布拉格衍射器件。

在声光相互作用理论与声光器件发展进程中，有很多关于理论、器件及应用的研究报道[12-40]，我们归纳为单频率和多频声光相互作用，以及单一通道和多通道的声光相互作用。体声波还可以有二维方向和多维(多方向)的声光相互作用。在声光学的发展过程中首先研究了一维单频率单一通道的声光相互作用理论及器件，随后发展了一维多频[41-44]和多通道[45-49]，以及二维声光理论及器件的研究[50-51]。

本书着重研究对多频、多维(多方向)、一维多通道声光相互作用和二维多通道声光相互作用的理论分析、器件研制及实验测试。

我们进行了一些新的相关研究，例如在正常多频声光相互作用[41]基础上，研究建立了正常和反常多频声光耦合模方程并求出解[52-54]。我们还研究了二维和多维(多方向)单通道声光相互作用[55-60]和一维多通道声光相互作用[61-63]。多维声光相互作用是在同一声光介质中，引入沿两个或多个方向传播的互相独立的超声波信号，这些超声波同时与一束光波发生作用，分别产生二维阵列衍射光或空间分布的多束衍射光。一维多通道声光相互作用是在同一声光介质中，从多个并列换能器引入互相独立的超声波信号。在此基础上，我们进一步研究了二维多通道声光相互作用[64-65]，即在声光介质中，从二维方向的每一维构建多个通道引入互相独立的超声波信号，同时与一束入射光波相互作用，每一维多个通道的多束衍射光同时被另一维多个通道的并行超声波再次衍射，形成空间分布的衍射光阵列。多通道声光衍射可以并行处理多路光信号，极大地增加了声光器件的信号处理能力，由此可进而实现多路信号处理。二维多通道声光衍射需要分析其产生多种线性和非线性效应，包括各个通道的主衍射、每一维多通道之间交叉调制和二维各通道之间的互调制等。并用二维声光调制器件实现了声光双稳态和二进制编码光学矩阵、矢量和数字相乘运算[66-71]。

二维多通道声光相互作用中，每一维每一通道均产生衍射光，它们在声光介质中与另一维每一通道的超声波信号再次作用，产生二级互调制衍射光。这些衍射光分别携带二维不同通道的输入信号，二维不同通道的互调制信号为两个一维相应通道调制信号相乘，在光信号处理和光计算中具有重要意义。用二维多通道布拉格声光调制器在各通道分别输入矩阵的行元素和列元素的二进制编码信号，用光学卷积可以完成二维光学数字、矢量和矩阵相乘运算。目前国际上数字光学矩阵运算主要用两个一维多通道声光调制器，将第一个一维多通道声光调制器件的衍射光经透镜聚焦到第二个多通道声光调制器上完成[72-77]；或用激光二极管阵列[78-80]、LCD[81]、阵列掩模[82]和一维多通道声光调制器实现。我们采用的二维多通道声光调制器具有减化光路结构，减少光损耗，提高计算精度，降低成本等一系列优点。并且可以用两个二维多通道声光调制器件一次性完成两个以上光学矩阵运算。二维多通道声光相互作用理论和器件在光计算、光通信、光信号处理等技术领域具有重要的学术意义和应用前景。

## 1.2　表面波声光相互作用及全光纤声光调制概述

如上所述，声光相互作用可以分为体声波和表面声波与光波的相互作用。前面讨论体波声光相互作用，声波和光波都是在介质的体内传播，不需考虑边界条件，一般可视作平面波。随着表面声波技术和光波导技术的发展，利用表面声波和光导波间声光相互作用的表面波声光器件日益受到重视。

表面声波(surface acoustic wave，SAW)是沿物体表面传播的一种弹性波，是英国物理学家瑞利(Lord Rayleigh)在19世纪80年代研究地震波的过程中偶然发现的一种能量集中于地表面传播的声波。瑞利于1885年发表了一篇题目为《沿弹性体平滑表面传播的波》的论文[83]，首次提出了表面声波的概念，这就是广为人知，并以他的名字命名的瑞利波。1949年，美国贝尔电话实验室发现了$LiNbO_3$单晶，并于1964年获得了激发弹性表面波平面结构换能器的专利。1965年，美国的怀特(R. M. White)和沃尔特默(F. W. Voltmer)发表了论文《表面弹性波的直接压电耦合》[84]，取得了表面声波声-电转化技术的关键性突破。这种在压电材料表面激励表面声波的金属叉指换能器(inter-digital transducer，IDT)的发明，大大加速了表面声波技术的发展。1968年，美国斯坦福大学研究小组在$LiNbO_3$基片上，用叉指换能器将声电转换损耗降低到仅4dB。此后相继出现了许多各具特色的表面声波器件，使这门学科逐步发展成为一门新兴的、声学和电子学相结合的边缘学科。

表面声波器件由压电材料基底、叉指换能器和振荡电路构成。通常采用石英、$LiNbO_3$、$LiTaO_3$等压电晶体作为基底，用半导体平面工艺技术在基片上制作一个或两个叉指换能器或者叉指换能器加反射栅，产生声信号的时间延迟或振荡，构成表面声波延迟线或谐振器。叉指换能器能够有效地激发和接收表面声波，能在表面声波传播途中引进和提取信号，并可以通过叉指换能器电极的数目、宽度、长度、间隔、形状和加权等参数设计，产生不同的表面声波特性。由于表面声波能量集中在介质表面，易与光、半导体载流子(电子流)相互作用，表面声波器件在甚高频和超高频波段内还以方便的方式提供了用其他方法不易得到的信号处理功能，能够使电子器件实现超小型化和多功能化，使得表面声波广泛应用在电子器件中。

由于表面声波的传播速度是电磁波的十万分之一，而且在它的传播路径上容易取样和进行处理，因此用表面声波去模拟电子学的各种功能，能使电子器件实现超小型化和多功能化。同时，由于表面声波器件在甚高频和超高频波段内以十分简单的方式提供了其他方法不易得到的信号处理功能，因此表面声波技术在雷达、通信和电子对抗中得到了广泛的应用。表面声波的应用最早是在军用雷达、广播、电视领域作频率稳定的滤波器。表面声波器件在传感器、射频识别等领域也获得了大量的应用。50 多年来表面声波器件已经得到迅猛发展，在通信、雷达、激光制导、电子对抗、声呐、广播电视和传感等领域得到广泛的应用。

1976 年，林耕华(G. H. Lean)论述了表面声波和光波导中的导光波之间声光相互作用的理论[85]。表面声波器件具有声频率高，体积小，所需驱动功率小，易于集成，适于大批量生产，易于与光纤连接等优点，表面声波声光理论与器件得到迅速发展。

由于表面声波(主要是瑞利波)和导光波均被限制在介质表面厚度为波长量级的薄层内，能量非常集中，制作激发表面声波的叉指换能器所用的平面工艺又比较灵活，容易做出具有复杂结构的叉指换能器。因而，无论在减小驱动功率还是在增大带宽方面，表面波声光器件比体波声光器件都具有更好的性能。波导中的表面声波和导光波是在介质表面或表面波导层内传播的，为了满足边界条件，表面声波和导光波都具有许多与体波截然不同的特点，从而使表面波声光相互作用也具有新的特点。另外，激发表面声波的叉指换能器实际上是由许多压电换能器组成的换能器阵列，因而必须把体波压电换能器的理论加以推广，使之能处理换能器阵列。

随着光纤技术的发展，人们更进一步研究了在光纤中传播的导光波。近年来全光纤声光器件成为国际研究的前沿课题。由于光纤材料声光系数大，声光效应非常适合于光纤调制。

全光纤声光器件可以把高频超声波引入光纤，与光纤中的光导波相互作用，采用外调制的方法处理光纤导波而无需截断光纤把光从光纤中取出，也不需要在光纤传播通道内插入集成光学和电子器件，避免了耦合损耗、光学精密定位和噪声引入等问题。其具有体积小、带宽大、效率高、兼容性好等优点。全光纤声光器件在光纤通信、光纤传感等方面具有极大的应用价值，在目前的光强调制/直接检测(intensity modulation/direct detection，IM/DD)方式的光纤通信系统上可利用其他方法代替全光纤声光器件，但在全光纤型通信系统中，特别在光纤相干光通信中，光源内调制目前还难以实现频率和相位调制，并会伴有寄生调制和啁啾，调制深度也有限，所以全光纤声光相干外调制器件非常重要。目前采用的电光外调制器件工艺复杂、成品率低、成本高、兼容性差，器件尾纤需与通信光纤对接，插入损耗较大。而全光纤声光外调制可直接调制通信光纤中的光导波，易与光纤激光器、放大器及传输系统配套，兼容性好，并且相干光检测把光载频信息转变为中频载波信息，光频段难以制作的窄带滤波器对几十兆至几百兆赫兹的中频很容易实现，可以极大提高接收的转换增益、灵敏度和选择性，有利于实现波分复用等复用通信。从 20 世纪 80 年代中期起，美国和一些欧洲国家已研制出全光纤声光抽头、移频器、调制器和锁模器等。其结构主要分为以下几类：①体波型，用体波声光器件调制光纤导波[86]；②谐振型，用压电陶瓷换能器激发声波[87-89]；③切向波型，在光纤表面上制作叉指或环形换能器，产生沿光纤传播的声波以调制光导波[90-92]；④表面波型，将光纤嵌入表面声波器件，用表面声波[93]以及体波和表面波二者结合调制光纤导波[91]。它们在结构设计、转换效率、带宽等方面尚需进一步改善。体波型、谐振型器件体积大、效率低、所需驱动功率大。切向波型器件工艺难度大、器件脆弱。表面波型器件体积小、驱动功率小，易于集成和批量制作，为最具有发展前景的器件。国内外已经有大量关于全光纤声光理论和器件的报道，国内外报道的全光纤声光器件大多为单频、单通道器件[94-153]。

我们研究了表面波声光相互作用理论，建立了声波与光纤导波相互作用的耦合波理论，设计和研制了多组换能器结构的多通道全光纤声光调制器件，进行光纤相干调制解调实验[140-153]。全光纤器件的研究对全光通信、分布型光纤传感、外差检测等领域具有重要的学术意义和应用前景。

## 1.3　声和光的基本方程与声光相互作用简介

本节首先简述固体中声波和光波的本征模特性，包括声波基本运动方程：连续介质中的牛顿第二定律，光波的麦克斯韦方程，以及介质性能方程（声波的应力与应变关系方程，光波的电位移与电场强度的关系方程）；然后简略描述声波和光波相互作用的基本原理[12,154-156]。在第 2～3 章将进一步阐述体声波和表面声波与光波相互作用机理。

### 1.3.1　声波的本征模和基本方程

声波建模为：对于一个时空变化的质点位移矢量场 $\boldsymbol{u}(\boldsymbol{r},t)$，在每个晶格点描述它对于平衡位置的位移。设声波为沿 $x$ 方向传播的平面波，质点位移场为

$$\boldsymbol{u}(\boldsymbol{x},t)=A\boldsymbol{U}\cos(\omega_{\mathrm{a}}t-\boldsymbol{K}\cdot\boldsymbol{x})=A\boldsymbol{U}\cos\left[\omega_{\mathrm{a}}\left(t-\frac{\boldsymbol{l}\cdot\boldsymbol{x}}{v_{\mathrm{a}}(\boldsymbol{l})}\right)\right]\tag{1.1}$$

式中，$A$ 为正弦位移波的振幅，$\omega_a$ 是声波的圆频率，声波矢 $K=2\pi/\lambda_a$，$\lambda_a$ 是声波波长，$v_a(\boldsymbol{l})=\omega_a/|K|$ 是在单位方向矢量 $\boldsymbol{l}=\boldsymbol{K}/|K|$ 规定的方向声波传播的相速度，单位极化 $\boldsymbol{U}$ 由质点位移场描述。

位移梯度矩阵 $\boldsymbol{Q}$ 是位移场的空间导数，

$$Q_{ij}(\boldsymbol{x},t)=\left[\frac{\partial u_i(\boldsymbol{x},t)}{\partial x_j}\right] \tag{1.2}$$

式(1.2)中位移梯度矩阵 $\boldsymbol{Q}$ 的对称部分即线性应变张量，

$$S_{ij}=\frac{1}{2}\left[\frac{\partial u_i}{\partial x_j}+\frac{\partial u_j}{\partial x_i}\right] \tag{1.3}$$

声学振动物体的形变由应变场 $\boldsymbol{S}(\boldsymbol{r},t)$ 来描述。应变场与质点位移场 $\boldsymbol{u}(\boldsymbol{r},t)$ 之间的关系是应力-位移方程

$$\boldsymbol{S}(\boldsymbol{r},t)=\nabla\boldsymbol{u}(\boldsymbol{r},t) \tag{1.4}$$

应力场 $\boldsymbol{T}(\boldsymbol{r},t)$ 满足

$$\nabla\cdot\boldsymbol{T}=\rho\frac{\partial^2\boldsymbol{u}}{\partial t^2} \tag{1.5}$$

式中，$\rho$ 为介质的密度。

建立应力与材料形变之间的联系，只需用弹性形变的应变-应力关系。小幅振动理论都是用胡克定律(Hooke's law)来定义的。胡克定律表示应变与应力呈线性关系，比例为线性“弹簧常数”，或反过来，应力线性地正比于应变。应力张量与应变张量用广义胡克定律关联。数学上把这种形式写为每个应力(弹性恢复力)分量作为所有应变分量的线性函数，一般用对重复下标 $i$、$j$ 求和表达为

$$T_{ij}=c_{ijkl}S_{kl},\quad i,j,k,l=x,y,z \tag{1.6}$$

应力张量 $T_{ij}$ 在非铁材料中是对称的四阶弹性刚度张量。下标 $i$、$j$、$k$、$l$ 可以取 $x$、$y$、$z$(或 $x_1$、$x_2$、$x_3$)三个空间方向。

式中，$c_{ijkl}$ 为弹性劲度张量，是对称二阶张量，相当于“微观弹簧常数”，它与宏观弹簧常数一样，易变形材料的值小，而刚性材料的值大。式(1.6)包含下标 $i$、$j$ 所有可能的组合，有 9 个方程，而每个方程又包含 9 个应变变量，所以有 81 个弹性劲度常数。

因为 $\boldsymbol{S}$ 和 $\boldsymbol{T}$ 的对称性，弹性劲度系数 $\boldsymbol{c}$ 具有一定的对称性，其中

$$c_{ijkl}=c_{jikl}=c_{ijlk}=c_{jilk} \tag{1.7}$$

这样使 81 个弹性劲度常数中的独立常数数目减少到 36 个。并且可有[154]

$$c_{ijkl}=c_{klij} \tag{1.8}$$

于是弹性劲度常数减少到 21 个。这是任何介质所能具有独立常数的最大数目，由于对于介质的各种限制和结构对称性，介质的弹性劲度常数独立的数目常小

于 21 个。

上述概念的另一种表述是反之将应变表示成所有应力分量的线性函数，

$$S_{ij}=s_{ijkl}T_{kl},\quad i,j,k,l=x,y,z \tag{1.9}$$

$s_{ijkl}$ 称为顺度常数，它是劲度常数的逆矩阵，是介质可形变度的量度。易变形材料的值大，而刚性材料的值小。式(1.9)和式(1.6)称为弹性本构关系。顺度常数 $s_{ijkl}$ 对介质弹性性质的描述类似于电学中介电常数 $\varepsilon_{ij}$ 对介质电学性质的描述，与式(1.9)相对应的电本构关系为

$$D_i=\varepsilon_{ij}E_j,\quad i,j=x,y,z \tag{1.10}$$

由于应变是无量纲的，从式(1.6)可见，劲度常数的量纲与应力相同，为牛顿/米$^2$，顺度常数的量纲为米$^2$/牛顿。

声场方程显示，能量在应力能和应变能之间以类似于电磁振荡在电能和磁能之间的方式振荡。振动介质的动力学运动方程是由应力张量的散度所给出的，恢复力 $\boldsymbol{F}$ 与位移场 $\boldsymbol{u}$ 之间的关系是恢复力等于质量乘以位移加速度，即连续介质中的牛顿第二定律，

$$\boldsymbol{F}=\nabla\cdot\boldsymbol{T}=\rho\frac{\partial^2\boldsymbol{u}}{\partial t^2} \tag{1.11a}$$

用分量式表示为

$$F_i=\frac{\partial}{\partial x_j}T_{ij}=\rho\frac{\partial^2u_i}{\partial t^2} \tag{1.11b}$$

式中，标量 $\rho$ 是介质平衡质量密度。

将应力-应变关系引入动力学方程，得到了覆盖质点位移场传播的微分方程

$$F_i=c_{ijkl}\frac{\partial^2u_k}{\partial x_i\partial x_j}=\rho\frac{\partial^2u}{\partial t^2} \tag{1.12}$$

将方程(1.1)中所设的 $\boldsymbol{u}$ 代入方程(1.12)，得到允许的传播模的方程。

$$c_{ijkl}l_jl_lK^2U_k=\Gamma_{ik}(\boldsymbol{l})K^2U_k=\rho\omega_a^2U_i \tag{1.13}$$

$$[c_{ijkl}l_jl_l/v_a^2-\rho\delta_{ik}]U_k=0 \tag{1.14}$$

只有这个系统的行列式为零时，这个系统才对所有的波是兼容的。

式中，$\Gamma_{ik}(\boldsymbol{l})=c_{ijkl}l_jl_l$ 是克里斯托费尔(Christoffel)矩阵，由此得到克里斯托费尔矩阵作为传播方向 $\boldsymbol{l}$ 的函数的色散关系，其中 $l_x$、$l_y$、$l_z$ 是方向余弦。(关于克里斯托费尔矩阵可参见式(3.61)和参考文献[155]、[156]。

式(1.14)的系数行列式等于零，即

$$\det\left|\frac{\Gamma_{ik}(\boldsymbol{l})}{v_a^2}-\rho\delta_{ik}\right|=0 \tag{1.15}$$

此方程对于每个方向 $\boldsymbol{l}$ 的慢声波或倒声速 $1/v_a(\boldsymbol{l})=\boldsymbol{K}/\omega_a$ 有三个解，在 $\boldsymbol{K}$ 空间形

成三个相等频率比例的曲面,称为声动量空间。每个传播方向相应的本征极化矢量 $\boldsymbol{U}(\boldsymbol{l})$ 对应于一个纵向(或准纵向)和两个切变(或准切变)解。例如在常用的声光介质材料 $TeO_2$ 中声波的传播,如图 1.1 所示。$\boldsymbol{K}$ 空间曲面对应有三个可能的声极化波(可参见文献[12]的 1.6 节)。

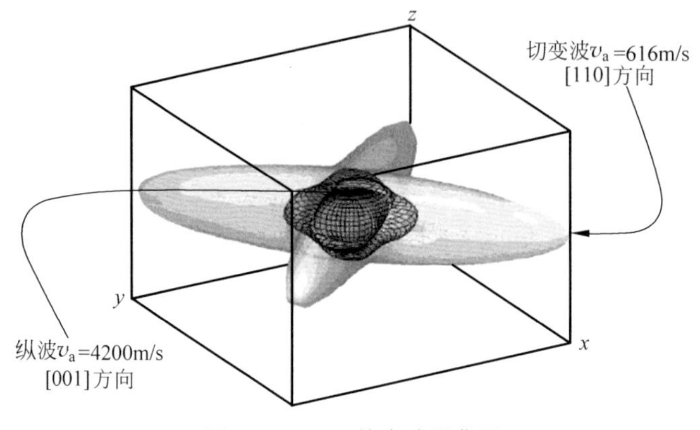


图 1.1 $TeO_2$ 的声动量曲面

## 1.3.2 光的本征模和基本方程

光在均匀无损的各向异性介质中的传播可以用麦克斯韦方程来描述。法拉第电磁感应定律给出了感应电场和时变磁场之间的关系。安培定律描述了由介电通量、导电性电流和源电流引起的磁场的产生,但是对于声光学来说,没有电流存在。我们假定没有自由电荷,也没有自由磁单极子。麦克斯韦方程组的微分形式为

$$\nabla\times \boldsymbol{E}=-\frac{\partial \boldsymbol{B}}{\partial t} \tag{1.16}$$

$$\nabla\times \boldsymbol{H}=\frac{\partial \boldsymbol{D}}{\partial t}+\boldsymbol{J}=\frac{\partial \boldsymbol{D}}{\partial t} \tag{1.17}$$

$$\nabla\cdot \boldsymbol{D}=\rho_e=0 \tag{1.18}$$

$$\nabla\cdot \boldsymbol{B}=0 \tag{1.19}$$

在麦克斯韦方程组中,式(1.16)是法拉第电磁感应定律的微分形式,说明电场强度 $\boldsymbol{E}$ 的旋度等于该点磁通密度 $\boldsymbol{B}$ 的时间变化率的负值。式(1.17)表示磁场对于传导电流密度的依赖关系,说明磁场强度 $\boldsymbol{H}$ 的旋度等于该点的全电流密度(位移电流密度 $\frac{\partial \boldsymbol{D}}{\partial t}$ 与传导电流密度 $\boldsymbol{J}$ 之和,这种情况下传导电流为零)。式(1.18)相当于库仑定律,是静电场高斯定律的推广,即在时变条件下,电位移 $\boldsymbol{D}$ 的散度等于该点自由电荷密度 $\rho_e$。式(1.19)是磁通连续性原理的微分形式,说明磁通密度 $\boldsymbol{B}$

的散度等于零，即除了电流外，没有其他磁场源。

在光学各向异性介质中，电位移矢量 $\boldsymbol{D}$ 和电场 $\boldsymbol{E}$ 不一定是平行的，它们由厄米(Hermitian)二阶介电常数张量$\boldsymbol{\varepsilon}$ 联系在一起。在磁各向同性材料中，磁场强度矢量 $\boldsymbol{H}$ 与磁感应强度 $\boldsymbol{B}$ 通过标量磁导率 $\mu$ 连接。得到的本构关系描述了材料介质对电磁波传播的影响，并在给定的边界条件下给出麦克斯韦方程组的唯一解。

$$\boldsymbol{D}=\boldsymbol{\varepsilon}\cdot\boldsymbol{E}=\varepsilon_0\boldsymbol{E}+\boldsymbol{P} \tag{1.20}$$

$$\boldsymbol{B}=\mu\boldsymbol{H}=\mu_0\boldsymbol{H}+\boldsymbol{M} \tag{1.21}$$

式中，$\varepsilon_0$ 是自由空间的介电常数，$\mu_0$ 和 $\mu$ 分别是自由空间和介质的磁导率，$\boldsymbol{M}$ 是磁极化强度。

相对介电常数$\boldsymbol{\varepsilon}_r$ 可以表示为

$$\boldsymbol{\chi}=\boldsymbol{\varepsilon}_r-1 \tag{1.22}$$

式中，$\boldsymbol{\chi}$ 是线性极化率，为对称二阶张量。由此线性极化矢量 $\boldsymbol{P}$，可通过线性极化率张量 $\chi_{ij}$ 与 $\boldsymbol{E}$ 相关。

$$\boldsymbol{P}=\varepsilon_0\boldsymbol{\chi}\cdot\boldsymbol{E} \tag{1.23}$$

为了推导出光学本征模，我们假设一个电磁平面波具有角频率 $\omega$ 和波矢 $|k|=2\pi/\lambda$，在单位向量 $\boldsymbol{l}=\boldsymbol{k}/|k|$ 的传播方向，相速度 $v_p=c/n=1/\sqrt{\mu\varepsilon}$。如果材料是色散的，则折射率 $n=\sqrt{\varepsilon/\varepsilon_0}$ 是传播方向、波的偏振和频率的函数。需要确定的是允许的本征速度 $v_p$ 和本征极化电场 $\boldsymbol{E}_0$。设电场和磁场解为

$$\boldsymbol{E}(x,t)=\boldsymbol{E}_0\mathrm{e}^{-\mathrm{i}(\omega t-\boldsymbol{k}\cdot\boldsymbol{x})} \tag{1.24}$$

$$\boldsymbol{H}(\boldsymbol{x},t)=\boldsymbol{H}_0\mathrm{e}^{\mathrm{i}(\omega t-\boldsymbol{k}\cdot\boldsymbol{x})} \tag{1.25}$$

将式(1.24)、式(1.25)代入麦克斯韦方程，得到

$$\boldsymbol{k}\times\boldsymbol{E}=\omega\mu\boldsymbol{H} \tag{1.26}$$

$$\boldsymbol{k}\times\boldsymbol{H}=-\omega\varepsilon\boldsymbol{E} \tag{1.27}$$

将方程(1.26)中的 $\boldsymbol{H}$ 代入方程(1.27)，得到关于 $\boldsymbol{E}$ 的方程

$$\boldsymbol{k}\times(\boldsymbol{k}\times\boldsymbol{E})+\omega^2\mu\varepsilon\boldsymbol{E}=0 \tag{1.28a}$$

$$[k_ik_j-\delta_{ij}k^2+\omega\mu\varepsilon_{ij}]E_j=0 \tag{1.28b}$$

介质中没有旋光性时，由于介电常数$\boldsymbol{\varepsilon}$ 的对称性，可以旋转到一个电介质的主坐标系，在这个坐标系下 $\varepsilon_{ij}$ 是纯对角的。为了存在有效解，式(1.28b)括号中矩阵的行列式必须为零，即

$$\det[k_ik_j-\delta_{ij}k^2+\omega\mu\varepsilon_{ij}]=0 \tag{1.29}$$

此式是 $\boldsymbol{k}$ 空间中的光学法向曲面方程，称为光学动量空间。它类似于声动量曲面，在特定方向，光相速度的倒数 $v_p^{-1}=n/c=k/\omega$，与该方向上的动量曲面半径除以光的圆频率成正比。对于每个传播方向，都有两个可能的本征相速度，对应的正交本征极化电场作为方程(1.28b)的解。这两个表面在简并方向上相交，称为

光轴，在双轴介质中，沿着 $xz$ 平面的两个光轴可能有多达四个这样的交叉点。对于单轴材料，沿一条直线只有两个这样的交叉点，因此只有一个光轴。其示意图如图 1.2 所示[154]。

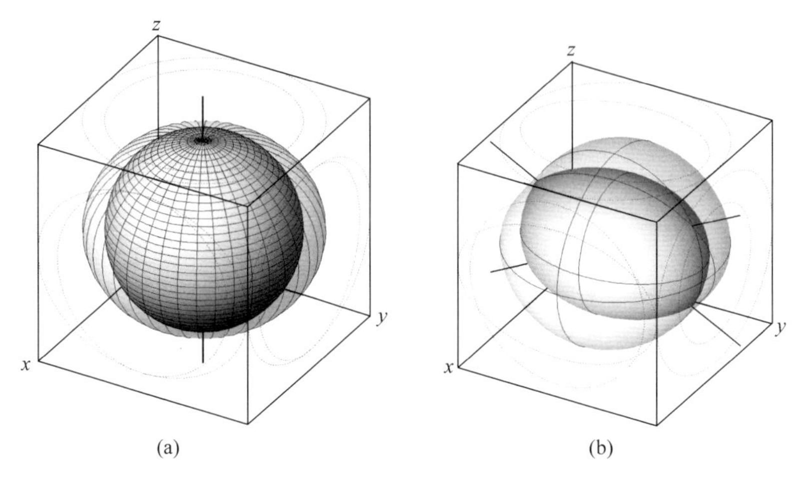


图 1.2 光动量曲面示意图

(a) 正单轴晶体；(b) 双轴晶体

不透过性张量(impermeability tensor)$\eta_{ij}=(\varepsilon^{-1})_{ij}$ 是介电常数$\boldsymbol{\varepsilon}$ 的逆矩阵，由关系式$(\varepsilon^{-1})_{kj}\varepsilon_{ik}=\delta_{ij}$ 给出。它是二阶对称张量，描述的二次曲面即折射率椭球，

$$(\varepsilon^{-1})_{ij}x_i x_j=\left(\frac{1}{n^2}\right)_{ij}x_i x_j=1 \tag{1.30}$$

或

$$\eta_{ij}x_i x_j=1 \tag{1.31}$$

该曲面是一种方便直观的几何表示，可以确定给定传播方向的位移矢量 $\boldsymbol{D}$ 的光学本征模。这些本征模是由垂直于传播方向的椭圆主轴来确定的。与每个特征模相关联的是对应的折射率，它们等于沿各主轴的椭圆半径。

采用几何作图的方法可以求出沿 $\boldsymbol{n}$ 方向传播的光波的两个本征模，如图 1.3 所示。过折射率椭球的原点作垂直于 $\boldsymbol{n}$ 的平面，与折射率椭球相交，在折射率椭球上得到一个椭圆截面，椭圆的两个主轴方向即两个本征模的偏振方向 $\boldsymbol{D}_1$ 和 $\boldsymbol{D}_2$，椭圆的两个主轴半长度等于两个偏振模的折射率 $n_{01}$ 和 $n_{02}$。折射率椭球完全确定了晶体的光学

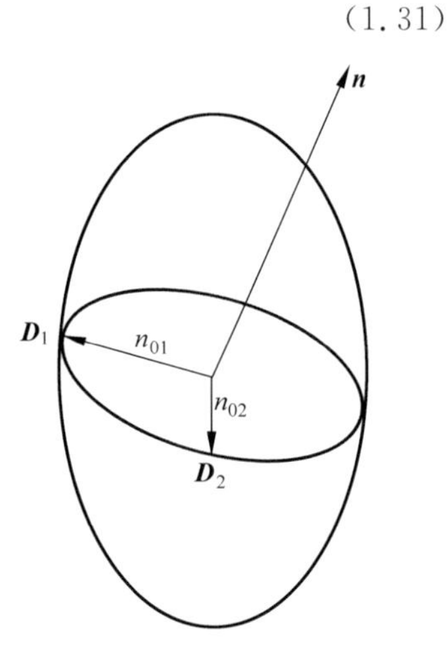


图 1.3 折射率椭球及本征模

性质，所以分析晶体的声光效应和电光效应，可以通过在外界因素产生的应变或外电场作用下，折射率椭球式(1.30)的系数矩阵产生的变化来确定。

### 1.3.3 声光相互作用简介

介质中有超声波通过时，介质中产生时空周期性变化的弹性应变，应变 $S_{kl}$ 会使介质中各点的折射率发生改变，介质的光学性质发生变化，即声光效应。介质的光学性质可以由折射率椭球公式(1.30)完全确定，所以介质光学性质的变化可以由折射率椭球的变化，即式(1.31)中 $\eta_{ij}$ 的变化 $\Delta\eta_{ij}$ 确定。

声光效应通常描述为矩阵 $\eta_{ij}$ 的弹性微扰，$\eta_{ij}$ 是与四阶弹性光学张量 $p_{ijkl}$ 关联的，$p_{ijkl}$ 称为声光系数张量，在所有材料介质中都具有非零分量。声光效应可表示为

$$\Delta\eta_{ij}=\Delta\left(\frac{1}{n^2}\right)_{ij}=p_{ijkl}S_{kl} \tag{1.32}$$

因为 $\Delta\eta_{ij}$ 和 $S_{kl}$ 是对称二阶张量，式(1.32)可以写为简化下标形式

$$\Delta\eta_{I}=\Delta\left(\frac{1}{n^2}\right)_{I}=p_{IJ}S_{J} \tag{1.33}$$

对于一定的声波和光波情况，都只需要用单个的声致折射率变化，对应于一定的声光系数和应变系数值。式(1.33)求导可得

$$(\Delta n)_{ij}=-\frac{n^3}{2}p_{ijkl}S_{kl} \tag{1.34}$$

方程(1.30)还可以写为

$$\frac{x_1^2}{n_1^2}+\frac{x_2^2}{n_2^2}+\frac{x_3^2}{n_3^2}+\frac{2x_2x_3}{n_4^2}+\frac{2x_1x_3}{n_5^2}+\frac{2x_1x_2}{n_6^2}=1 \tag{1.35}$$

在主坐标系中，这个方程可简化为一般椭球的常见表示形式，

$$\frac{x_1^2}{n_1^2}+\frac{x_2^2}{n_2^2}+\frac{x_3^2}{n_3^2}=1 \tag{1.36}$$

声光系数矩阵 $p_{ijkl}$ 是 $6\times6$ 矩阵，但是它对下标 $I$、$J$ 没有对称性。在一般声光介质中有 36 个独立元素，对于具有点群对称性的介质，独立元素会减少很多。

声光系数矩阵的对角元素只改变折射率椭球主轴大小，光本征模的偏振状态取决于折射率椭球的主轴方向，此种情况不改变本征模的偏振方向，是正常声光相互作用。声光系数矩阵的非对角元素改变折射率椭球主轴方向，即改变光本征模的偏振方向，此情况是反常声光相互作用，描写切应变，正常、反常声光相互作用都引起折射系数的改变。

超声波在介质中传播，介质的折射率发生变化的瞬时值，是时间和坐标的函

数。折射率 $n$ 的变化用数学表达为

$$\Delta n(x,t)=\Delta n\cos(\omega_a t-Kx) \tag{1.37}$$

$$n(x,t)=n_0+\Delta n\cos(\omega_a-Kx)=n_0-\frac{1}{2}n^3pS[\cos(\omega_a-Kx)] \tag{1.38}$$

式中，

$$\Delta n=-\frac{1}{2}n^3pS \tag{1.39}$$

式中，$n$ 是介质不存在超声波时的折射率，$S$ 为超声波引起介质产生的应变，$p$ 为材料的声光系数。

除上述用声光系数矩阵描述声光效应外，为了利用参量相互作用观点，将用非线性极化矢量 $\boldsymbol{P}^{(NL)}$ 与应变 $\boldsymbol{S}$ 之间的关系来描述声光效应。对于通常的线性光学过程，介质的光学性质亦可用式(1.23)所定义的线性极化矢量 $\boldsymbol{P}$ 描述，式中 $\boldsymbol{\chi}=\boldsymbol{\varepsilon}_r-1$，即式(1.22)。

将式(1.23)代入 $D$ 的定义式(1.20)，得到介质的介电性能方程，

$$\frac{1}{\varepsilon_0}\boldsymbol{D}=\boldsymbol{\varepsilon}_r\cdot\boldsymbol{E} \tag{1.40}$$

当存在声光相互作用时，总极化矢量是线性极化矢量 $\boldsymbol{P}$ 与非线性极化矢量 $\boldsymbol{P}^{(NL)}$ 之和，

$$\bar{\boldsymbol{P}}=\boldsymbol{P}+\boldsymbol{P}^{(NL)} \tag{1.41}$$

非线性极化矢量 $\boldsymbol{P}^{(NL)}$ 是声光相互作用引起的，

$$\boldsymbol{P}^{(NL)}=\varepsilon_0\boldsymbol{\chi}^{(NL)}:\boldsymbol{S}\cdot\boldsymbol{E}=\varepsilon_0\Delta\boldsymbol{\chi}\cdot\boldsymbol{E} \tag{1.42a}$$

式中，$\boldsymbol{\chi}^{(NL)}$ 是声致非线性极化率，为四阶张量，而 $\Delta\boldsymbol{\chi}=\boldsymbol{\chi}^{(NL)}:\boldsymbol{S}$ 是声光效应引起的极化率变化，为四阶张量 $\boldsymbol{\chi}^{(NL)}$ 与二阶张量 $\boldsymbol{S}$ 两次缩并得到的二阶张量。可用分量表示为

$$P_i^{(NL)}=\varepsilon_0\chi_{ijkl}^{(NL)}S_{kl}E_j=\varepsilon_0\Delta\chi_{ij}E_j \tag{1.42b}$$

将式(1.23)、式(1.42a)代入式(1.41)，得到

$$\bar{\boldsymbol{P}}=\varepsilon_0(\boldsymbol{\chi}+\Delta\boldsymbol{\chi})\cdot\boldsymbol{E}=\varepsilon_0\bar{\boldsymbol{\chi}}\cdot\boldsymbol{E} \tag{1.43}$$

将式(1.41)代入 $\boldsymbol{D}=\varepsilon_0\boldsymbol{E}+\bar{P}$，并利用式(1.22)和式(1.23)，得到

$$\boldsymbol{D}=\varepsilon_0\boldsymbol{\varepsilon}_r\cdot\boldsymbol{E}+\boldsymbol{P}^{(NL)} \tag{1.44}$$

从麦克斯韦方程式(1.17)和式(1.16)并利用式(1.21a)，得到

$$\frac{d^2\boldsymbol{D}}{dt^2}=-\frac{1}{\mu_0}\nabla\times(\nabla\times\boldsymbol{E}) \tag{1.45}$$

将式(1.44)代入式(1.45)，并利用矢量公式

$$\nabla\times(\nabla\times\boldsymbol{E})=\nabla(\nabla\cdot\boldsymbol{E})-\nabla^2\boldsymbol{E}$$

用$\nabla \cdot \boldsymbol{E}=0$近似代替$\nabla \cdot \boldsymbol{D}=0$，得到

$$\nabla^2 \boldsymbol{E}-\frac{1}{c^2}\boldsymbol{\varepsilon} \cdot \frac{\mathrm{d}^2 \boldsymbol{E}}{\mathrm{d}t^2}=\frac{1}{c^2 \varepsilon_0} \frac{\mathrm{d}^2 \boldsymbol{P}^{(\mathrm{NL})}}{\mathrm{d}t^2} \tag{1.46}$$

式(1.46)是参量相互作用的基本方程，非线性极化矢量$\boldsymbol{P}^{(\mathrm{NL})}$是电磁波的激发源。

下面推导声光系数矩阵$p_{ijkl}$与声致非线性极化率$\chi_{ijkl}^{(\mathrm{NL})}$之间的关系，由式(1.22)有$\Delta\chi_{ij}=\Delta\varepsilon_{ij}$，由前述不透过性张量$\boldsymbol{\eta}$是介电张量$\boldsymbol{\varepsilon}$的逆矩阵，故有关系式

$$\eta_{ij}\varepsilon_{jk}=\delta_{ik} \tag{1.47}$$

由式(1.47)，可得

$$\Delta\eta_{ij}\varepsilon_{jk}+\eta_{ij}\Delta\varepsilon_{jk}=0$$

两边乘以$\varepsilon_{hi}$，并对$i$求和，再引用式(1.47)，得到

$$\Delta\varepsilon_{hk}=-\varepsilon_{hi}\Delta\eta_{ij}\varepsilon_{jk} \tag{1.48}$$

在主轴坐标系内，$\varepsilon_{hi}=\varepsilon^{(i)}\delta_{hi}$，$\varepsilon_{jk}=\varepsilon^{(j)}\delta_{jk}$，代入式(1.48)得到

$$\Delta\chi_{ij}=\Delta\varepsilon_{ij}=-\varepsilon^{(i)}\varepsilon^{(j)}\Delta\eta_{ij}=-n_i^2 n_j^2\Delta\eta_{ij} \tag{1.49}$$

式中，$n_i^2=\varepsilon^{(i)}$，$n_j^2=\varepsilon^{(j)}$。

对于单轴晶体，

$$n_i=n_{\mathrm{o}},\quad i=1,2$$

$$n_i=n_{\mathrm{e}},\quad i=3$$

式(1.42b)和式(1.32)代入式(1.49)，得到所求的关系式

$$\chi_{ijkl}^{(\mathrm{NL})}=-n_i^2 n_j^2 p_{ijkl} \tag{1.50}$$

第 2～4 章将利用上述声波和光波的基本运动方程和介质性能方程，采用参量相互作用的方法，利用非线性极化矢量与应变的关系来描述声光效应。

## 参考文献


[1] VAN CITTERT P H. Zur theorie der lichtbeugung an ultra-schallwellen[J]. Physica，1937，4(7)：590-594.

[2] RAMAN C V，NATH N S N. The diffraction of light by high frequency sound waves：part Ⅰ[J]. Proc. Indian Acad. Sci.，1935，2：406-412.

[3] KLEIN W R，COOK B D. Unified approach to ultrasonic light diffraction[J]. IEEE Trans. Sonics and Ultrasonics，1967，SU-14(3)：123-134.

[4] DIXON R W. Acoustic diffraction of light in anisotropic media[J]. IEEE. J. Quantum Electron，1967，3(2)：85-93.

[5] CHANG I C. Acoustooptic devices and applications [J]. IEEE Trans. Sonics and Ultrasonics，1976，SU-23(1)：2-21.

[6] UCHIDA N. Optical properties of single-crystal paratellurite($TeO_2$)[J]. Physical Review B,1971,4(10): 3736-3745.

[7] YANO T, KAWABUCHI M, FUKUMOTO A, et al. $TeO_2$ anisotropic Bragg light deflector without midband degeneracy[J]. Appled Physics Letters,1975,26(15): 689-691.

[8] UCHIDA N,NIIZEKI N. Acoustooptic deflection materials and techniques[J]. Proc. IEEE, 1973,61(8): 1073-1092.

[9] OLIVEIRA J E B, ADLER E L. Analysis of off-optical axis anisotropic diffraction in tellurium at 10. 6m[J]. IEEE Trans. Ultrason. ,Ferroelectrics and Freq. Control UFFC, 1987,34: 86-92.

[10] CHANG I C. Collinear beam acousto-optic tunable filters [J]. Electron. Lett. , 1992, 28(13): 1255-1256.

[11] KASTELIK J C,POMMERAY M,KAB A,et al. High dynamic range,bifrequency $TeO_2$ acousto-optic modulator[J]. Pure Appl. Opt. ,1998,7: 467-474.

[12] 徐介平.声光器件的原理、设计和应用[M].北京:科学出版社,1982.

[13] XU J P,STROUD R. Acousto-optic devices: principles,design and applications[M]. New York: Wiley,1992.

[14] BERG N J,LEE J N. Acousto-optic signal processing,theory and implementation[M]. New York: Marcel Dekker,1983.

[15] BREKHOVSKIKH L,GONCHAROV V. Elastic waves in solids: mechanics of continua and wave dynamics,Springer series on wave phenomena: vol. 1[M]. Berlin: Springer Verlag,1985.

[16] SITTIG E K. Elasto-optic light modulation and deflection[M]. Wolf. Amsterdam: North-Holland Publishing Co. ,1972.

[17] OLINER A A. Acoustic surface waves: topics in applied physics volume 24[M]. New York: Springer Verlag,1978.

[18] YARIV A. Optical electronics[M]. Philadelphia: Holt-Saunders,1985.

[19] KORPEL A. Acousto-optics[M]. New York: Dekker,1988.

[20] KREYSZIG E. Advanced engineering mathematics[M]. 6th ed. New York: Wiley,1988.

[21] GOUTZOULIS A P,PAPE D R. Design and fabrication of acousto-optic devices[M]. New York: Dekker,1994.

[22] TSAI C S. Acousto-optical devices: Wiley encyclopedia of electrical and electronics engineering[M]. New York: Wiley,1999.

[23] 俞宽新,丁晓红,庞兆广.声光原理与声光器件[M].北京:科学出版社,2011.

[24] QUATE C F,WILKINSON C D W,WINSLOW D K. Interaction of light and microwave sound[J]. Proc. IEEE,1965,53: 1604-1623.

[25] DIXON R W. Photoelastic properties of selected materials and their relevance for applications to acoustic light modulators and scanner[J]. J. Appl. Phys. ,1966,8: 205-207.

[26] ADLER R. Interaction between light and sound[J]. IEEE Spectrum,1967,4: 42-54.

[27] DIXON R W. Acoustooptic interactions and devices[J]. IEEE Transactions on Electron Devices,1970,ED17: 229-235.

[28] MAYDAN D. Acousto-optical pulse modulators[J]. IEEE J. Quantum Electron, 1970, 6(1): 15-24.

[29] PINNOW D A. Acousto-optic light deflection: design considerations for first order beam steering transducers[J]. IEEE Trans. Sonics and Ultrasonics, 1971, SU-18(4): 209-214.

[30] NIEH S T K, HARRIS S E. Aperture-bandwidth characteristics of the acousto-optic filter [J]. J. Opt. Soc. Am., 1972, 62: 672-676.

[31] UCHIDA N, NIIZEKI N. Acoustooptic deflection materials and techniques[J]. Proc. IEEE, 1973, 61(8): 1073-1092.

[32] POON T C, KORPEL A. Feynman diagram approach to acousto-optic scattering in the near-Bragg region[J]. J. Opt. Soc. Am., 1981, 71: 1202-1208.

[33] HOUSTON J B, GOTTLIEB M, YAO S K, et al. The potential for acousto-optics in instrumentation: an overview for the 1980's[J]. Opt. Eng., 1981, 20: 712-718.

[34] PIEPER R, KORPEL A, HEREMAN W. Extension of the acoustic-optic Bragg regime through Hamming apodization of the sound field[J]. J. Opt. Soc. Am., 1986, A3: 1608-1619.

[35] MOHARAM M G, GAYLORD T K, MAGNUSSON R. Criteria for Bragg regime diffraction by phase gratings[J]. Opt. Commun., 1980, 32: 14-18.

[36] JOSE E B, OLIVEIRA J E, JEN C K. Backward collinear acoustooptic interactions in bulk materials[J]. Appl. Opt., 1990, 29(6): 836-840.

[37] KORPEL A, BRIDGE W. Monte Carlo simulation of the Feynman diagram approach to strong acousto-optic interaction[J]. J. Opt. Soc. Am., 1990, A7: 1503-1508.

[38] HADIMIOGLU B, COMB L L, WRIGHT D R, et al. High efficiency, multiple layer ZnO acoustic transducers at millimeter wave frequencies[J]. Appl. Phys. Lett., 1987, 50: 1642-1644.

[39] AKCAKAYA E, ADLER E L, FARNELL G W. Anisotropic superlattice transducers: characteristics and models[C]. IEEE Proc. Chicago, IL, USA, 1988: 333-338.

[40] LI E B, YAO J Q, YU D Y, et al. Optical phase shifting with acousto-optic devices[J]. Optics Letters, 2005, 30(2): 189-191.

[41] HECHT D L. Multifrequency acoustooptic diffraction[J]. IEEE Trans. Sonics and Ultrasonics, 1977, SU-24(1): 7-18.

[42] GAZALET M G, KASTELIK J C, BRUNEEL C, et al. Acousto-optic multifrequency modulators: reduction of the phase-grating intermodulation products[J]. Appl. Opt., 1993, 32: 2455-2460.

[43] CHANG I C. Multi-frequency acousto-optic interaction in Bragg cells: acousto-optic, electro-optic, & magneto-optic devices & applications[J]. Proc. Soc. Photo-Opt. Instrum. Eng., 1987, 753: 97-102.

[44] APPEL R K, SOMEKH M G. Series solution for two-frequency Bragg interaction using the Korpel-Poon multiple-scattering model[J]. J. Opt. Soc. Am. A, 1993, 10(3): 466-476.

[45] YIN S Z, LEONOV O, FRANCIS T S, et al. Design and fabrication of a 24-channel acousto-optic spatial light modulator[J]. Appl. Opt., 1998, 37(32): 7482-7489.

[46] KLUDZIN V V,KULAKOV S V. Projecting multichannel acousto-optic cells with low crosstalk[J]. Proceedings of SPIE-The International Society for Optical Engineering, 1997,3137: 158-161.

[47] KATAOKA K, SHIBAYAMA Y. Optics for modulating multiple beams using an asymmetric multilevel phase grating and a multichannel acousto-optic modulator[J]. Appl. Opt. ,1997,36(4): 853-861.

[48] SON J Y,SHESTAK S A,EPIKHIN V M,et al. Multichannel acousto-optic Bragg cell for real-time electroholography[J]. Appl. Opt. ,1999,38(14): 3101-3104.

[49] GOEDGEBUER J P,FERRIERE R. Multichannel acousto-optic correlator that uses a low-coherence source[J]. Optics Letters,1995,20(11): 1343-1345.

[50] PAPARAO P, BOOTHROYD S A, ROBERTSON W M, et al. Generation of reconfigurable interconnections with a two-dimensional acousto-optic deflector[J]. Appl. Opt. ,1994,33: 2140-2146.

[51] MAAK P, JAKAB L,RICHTER P I,et al. Combination of a 2-D acousto-optic deflector with laser amplifier for efficient scanning of a Q-switched Nd: YAG laser[J]. Opt. Commun. ,2000,176: 163-169.

[52] 赵启大. 多频声光相互作用的研究[J]. 光学学报,1989,9(2): 128-134.

[53] ZHAO L M,ZHAO Q D,LIU L H,et al. A study of normal and abnormal multifrequency acousto-optic device[J]. Proc. SPIE,2005,5644: 21-27.

[54] 赵启大,张建英. 多频反常声光衍射[J]. 北京工业大学学报,1987,13(1): 1-12.

[55] 赵启大,胡泰益,蔡峰怡,等. 多维声光衍射和多维声光器件[J]. 声学学报,1991,16(6): 450-458.

[56] ZHAO Q D, DONG X Y. Multiple directional acousto-optic diffractions[J]. Chinese Journal of Acoustics,1991,10(3): 228-236.

[57] ZHAO Q D,HE S Y, YU K X, et al. Theory and modulator of multiple dimensional acousto-optic interaction[J]. Proc. SPIE,1998,3556: 173-181.

[58] 俞宽新,何士雅,赵启大,等. 二维声电光效应的耦合波方程理论[J]. 光学学报,2000,20(2): 257-261.

[59] 俞宽新,赵启大,何士雅,等. KDP 二维声电光互作用最佳工作模式的确定[J]. 应用声学,1999,18(1): 6-10.

[60] YU K X,HE S Y,ZHAO Q D. Two-dimensional acousto-electro-optic effect and device [J]. Journal of Applied Physics,2000,87(11): 8204-8205.

[61] 赵启大. 多通道声光调制器的工作原理[J]. 声学学报,1995,20(5): 340-347.

[62] ZHAO L M,ZHAO Q D,LV F Y. Theoretical and experimental study of multi-channel acousto-optic device[J]. Proceedings of the SPIE-The International Society for Optical Engineering,2008,7157: 1-9.

[63] 俞宽新,赵启大,何士雅,等. 多通道声电光调制器及其在频谱分析中的应用[J]. 压电与声光,1998,20(5): 297-299.

[64] ZHAO L M, ZHAO Q D, ZHOU J, et al. Two-dimensional multi-channel acousto-optic diffraction[J]. Ultrasonics,2010,50: 512-516.

[65]　赵启大，何士雅，俞宽新. 二维多通道声光相互作用的理论与实验研究[J]. 光学学报，2000，20(10)：1396-1402.

[66]　赵启大. 声光信号处理和光计算[J]. 现代物理知识，1994，51：84-91.

[67]　ZHAO Q D，HE S Y，LI B J，et al. Two-dimensional Raman-Nath acousto-optic bistability by use of frequency feedback[J]. Appl. Opt.，1997，36(11)：2408-2413.

[68]　ZHAO Q D，HE S Y，YU K X，et al. Two-dimensional multichannel acousto-optic modulator and acousto-optic matrix-vector multiplication[J]. Proc. SPIE，1996，2897：424-431.

[69]　董孝义，赵启大，任占祥，等. 二维 R-N 型声光光学双稳态[J]. 光学学报，1992，12(4)：326-330.

[70]　HE S Y，ZHAO Q D，YU K X，et al. Matrix/vector multiplication by use of a two-dimensional multichannel acousto-optic device[J]. Proc. SPIE，1998，3556：226-228.

[71]　何士雅，俞宽新，赵启大. 声光卷积数字乘法运算[J]. 压电与声光，1997，19(5)：304-306.

[72]　GUILFOYLE P S. Systolic acousto-optic binary convolver [J]. Opt. Eng.，1984，23：20-25.

[73]　CAULFIELD H J，RHODES W T，FOSTER M J，et al. Optical implementation of systolic array processing[J]. Opt. Commun，1981，40：86-90.

[74]　ATHALE R A，COLLINS W C. Optical matrix-matrix multiplier based on outer product decomposition[J]. Appl. Opt.，1982，21：2089-2090.

[75]　KALIVAS D S，ALBANESE G，SAWCHUK A A. Acousto-optic matrix-matrix multiplier [J]. Opt. Lett.，1988，13：292-293.

[76]　LUGT V. Crossed Bragg cell processors[J]. Appl. Opt.，1984，23：2275-2280.

[77]　AUBIN G，SAPRIEL J，MOLCHANOV V Y，et al. Multichannel acousto-optic cells for fast optical crossconnect[J]. Electron. Lett.，2004，40：448-449.

[78]　CASASENT D P. Acoustooptic transducers in iterative optical vector-matrix processors [J]. Appl. Opt.，1982，21：1859-1865.

[79]　POCHAPSKY E，CASASENT D P. Acoustooptic linear heterodyned complex-valued matrix-vector processor[J]. Appl. Opt.，1990，29：2532-2543.

[80]　PERLEE C J，CASASENT D P. Effects of error sources on the parallelism of optical matrix-vector processor[J]. Appl. Opt.，1990，29：2544-2555.

[81]　NAUGHTON T，JAVADPOUR Z，KEATING J，et al. General-purpose acousto-optic connectionist processor[J]. Opt. Eng.，1999，38：1170-1177.

[82]　MOSCA E P，GRIFFIN R D，PURSEL F P，et al. Acoustooptical matrix-vector product processor：implementation issues[J]. Appl. Opt.，1989，28：3843-3851.

[83]　RAYLEIGH L. On waves propagated along the surface of an elastic body[J]. Proc. London Math. Soc.，1885，17：4.

[84]　WHITE R M，VOLTMER F W. Direct piezoelectric coupling to surface elastic waves[J]. Appl. Phys. Lett.，1965，7：314-316.

[85]　LEAN G H，WHITE J M，WIKINSON C D W. Thin film acoustooptic devices[J]. Proc. IEEE，1976，64(5)：779-788.

[86] RISK W P, YOUNGQUIST R C, KINO G S, et al. Acousto-optic frequency shifting in birefringent fiber[J]. Opt. Lett., 1984, 9(7): 309-311.

[87] ALHASSEN F, BOSS M R, HUANG R, et al. All-fiber acousto-optic polarization monitor [J]. Opt. Lett., 2007, 32(7): 841-843.

[88] KALLI K, JACKSON D A. Tunable fiber frequency shifter that uses an all-fiber ring resonator[J]. Opt. Lett., 1992, 17(17): 1243-1245.

[89] FOORD A P, GREENHALGH P A, DAVIES P A. All-fiber optical frequency shifter[J]. Opt. Lett., 1991, 16(6): 435-437.

[90] HEFFNER B L, KINO G S. Switchable fiber-optic tap using acoustic transducers deposited upon the fiber surface[J]. Opt. Lett., 1987, 12(3): 208-210.

[91] ROE M P, WACOGNE B, PANNELL C N. High-efficiency all-fiber phase modulator using an annular zinc oxide piezoelectric transducer[J]. IEEE Phot. Tech. Lett., 1996, 8 (8): 1026-1028.

[92] KOCH M H, JANOS M, LAMB R N. All-fiber acoustooptic phase modulators using chemical vapor deposition zinc oxide films[J]. J. Lightwave Technol., 1998, 16(3): 472-476.

[93] GREENHALGH P A, FOORD A P, DAVIES P A. All-fiber frequency shifter using piezoceramic SAW device[J]. Electron. Lett., 1998, 25(18): 1206-1207.

[94] CHEN W H. Fiber-optic frequency shifter using a grating acoustic scanner[J]. Opt. Lett., 1987, 12(11): 930-932.

[95] WHITE R M, VOLTMER F W. Direct piezoelectric coupling to surface elastic waves[J]. Appl. Phys. Lett., 1965, 7(12): 314-316.

[96] IPPEN E P. Diffraction of light by surface acoustic waves[J]. Proc. IEEE, 1967, 55: 248-249.

[97] WHITMAN R L, KORPEL A. Probing of acoustic surface perturbations by coherent light [J]. Appl. Opt., 1969, 8: 1567-1576.

[98] KUHN L, DAKSS M L, HEIDRICH P F, et al. Deflection of an optical guided wave by a surface acoustic wave[J]. Appl. Phys. Lett., 1970, 17: 265-267.

[99] ZORY P, POWELL C. Light diffraction efficiency of acoustic surface waves[J]. Appl. Opt., 1971, 10: 2104-2106.

[100] LOEWEN E G, POPOV E. Diffraction gratings and applications[M]. New York: Marcel Dekker, 1997.

[101] SCHMIDT H, FRANKE K, HOELLER F, et al. UV reflective modulation using SAWs with high amplitude[C]. IEEE Ultrasonics Symposium-Institute of Electrical and Electronics Engineers, New York, 2000: 655-658.

[102] ANDREEV A V, PONOMAREV Y V, SMOLIN A A. Diffraction of X rays by surface acoustic waves[J]. Sov. Tech. Phys. Lett., 1988, 14: 550-552.

[103] GIL D, MENON R, TANG X, et al. Parallel maskless optical lithography for prototyping, low-volume production, and research[J]. J. Vac. Sci. Technol., 2002, B20: 2597-2601.

[104] BARTELS R A, PAUL A, GREEN H, et al. Generation of spatially coherent light at extreme ultraviolet wavelengths[J]. Science, 2002, 297: 376-378.

[105] DUNCAN B D. Visualization of surface acoustic waves by means of synchronous amplitude-modulated illumination[J]. Appl. Opt., 2000, 39: 2888-2895.

[106] RUILE W, RAML G, SPRINGER A, et al. A novel test device to characterize SAW acoustomigration [C]. IEEE Ultrasonics Symposium-Institute of Electrical and Electronics Engineers, New York, 2000: 275-278.

[107] HARTMANN C S, WRIGHT P V, KANSY R J, et al. An analysis of SAW interdigital transducers with internal reflections and the applications to the design of single-phase unidirectional transducers[C]. IEEE Ultrasonics Symposium-Institute of Electrical and Electronics Engineers, New York, 1982: 40-45.

[108] GREEN J B, KINO G S, KHURI-YAKUB B T. Focused surface wave transducers on anisotropic substrates: a theory developed for the waveguided storage correlator[C]. IEEE Ultrasonics Symposium-Institute of Electrical and Electronics Engineers, New York, 1980: 69-73.

[109] ENGAN H E, MYRTVEIT T. All-fiber acousto-optic frequency shifter excited by focused surface acoustic waves[J]. Opt. Lett., 1991, 16(1): 24-26.

[110] HONG S S, MERMELSTEIN M S, FREEMAN D M. Reflective acousto-optic modulation with surface acoustic waves[J]. Appl. Opt., 2004, 43(14): 2920-2924.

[111] KORPEL A. Path-integral formulation of multiple scattering problems in integrated optics[J]. Appl. Opt., 1987, 26(9): 1582-1583.

[112] JEN C K, GOTO N. Backward collinear guided-wave-acousto-optic interactions in single mode fibers[J]. J. Lightwave Technol., 1989, LT-7: 2018-2023.

[113] CULVERHOUSE D O, YUN S H, RICHARDSON D J, et al. Low-loss all-fiber acousto-optic tunable filter[J]. Opt. Lett., 1997, 22(2): 96-98.

[114] OSTLING D, ENGAN H E. Narrow-band acousto-optic tunable filtering in a two-mode fiber[J]. Opt. Lett., 1995, 20(11): 1247-1249.

[115] DASHTI P Z, LI Q, LEE H P. All-fiber narrowband polarization controller based on coherent acousto-optic mode coupling in single-mode fiber[J]. Opt. Lett., 2004, 29(20): 2426-2428.

[116] DELGADO-PINAR M, MORA J, DÍEZ A, et al. Tunable and reconfigurable microwave filter by use of a Bragg-grating based acousto-optic superlattice modulator[J]. Opt. Lett., 2005, 30(1): 8-10.

[117] BIRKS T A, RUSSELL P S J, CULVERHOUSE D O. The acousto-optic effect in single mode fiber tapers and couplers[J]. J. Lightwave Technol., 1996, 14(11): 2519-2529.

[118] BLAKE J N, KIM B Y, ENGAN H E. Analysis of intermodal coupling in a two-mode fiber with period microbends[J]. Opt. Lett., 1987, 12(4): 281-283.

[119] YUN S H, HWANG I K, KIM B Y. All-fiber tunable filter and laser based on two-mode fiber[J]. Opt. Lett., 1996, 21(1): 27-29.

[120] GUAN Y, GONG Y, JIAN S. Analysis on design and characteristics of mode-converter

[J]. Proc. SPIE,1998,3552: 262-266.

[121] HILL K O, MALO B, VINEBERG K A, et al. Efficient mode conversion in telecommunication fiber using externally written gratings[J]. Electronics Letters,1990, 26(16): 1270-1272.

[122] LEE K S,ERDOGAN T. Transmissive tilted grating for LP01 to LP11 mode coupling [J]. IEEE Phot. Tech. Lett. ,1999,11(10): 1286-1288.

[123] KIM H S,YUN S H,KWANG I K,et al. All-fiber acousto-optic tunable notch filter with electronically controllable spectral profile[J]. Opt. Lett. ,1997,22(19): 1476-1478.

[124] KIM H S, YUN S H, KIM H K, et al. Actively gain flattened erbium-doped fiber amplifier over 35 nm by using all-fiber acoustooptic tunable filters[J]. IEEE Phot. Tech. Lett. ,1998,10(6): 790-792.

[125] PAEK E G,CHOE J Y. Transverse grating assisted narrowed-bandwidth acousto-optic tunable filter[J]. Opt. Lett. ,1998,23(16): 1322-1324.

[126] ENGAN H E,KIM B Y,BLAKE J N,et al. Propagation and optical interaction of guided acoustic waves in two-mode optical fibers[J]. J. Lightwave Technol. ,1988,6(3): 428-436.

[127] ANTOS A J,SMITH D K. Design and characterization of dispersion compensating fiber based on the LP01 mode[J]. J. Lightwave Technol. ,1994,12(10): 1739-1745.

[128] RISK W P,KINO G S. Acousto-optic fiber-optic frequency shifter using periodic contact with a copropagating surface acoustic wave[J]. Opt. Lett. ,1986,11(5): 336-338.

[129] ERDOGAN T. Fiber grating spectra[J]. J. Lightwave Technol. ,1997,15(8): 1277-1294.

[130] HILL K O,MELTZ G. Fiber Bragg grating technology fundamentals and overview[J]. J. Lightwave Technol. ,1997,15(8): 1263-1276.

[131] LIU W F, PHILIP S, RUSSELL J, et al. 100% efficient narrow band acoustooptic tunable reflector using fiber Bragg grating[J]. J. Lightwave Technol. ,1998,16(11): 2006-2009.

[132] BIRKS T A,FARWELL S G,RUSSELL P S J,et al. Four-port frequency shifter with a null taper coupler[J]. Opt. Lett. ,1994,19(23): 1964-1966.

[133] LISBOA O,BLAKE J N,OLIVEIRA J E,et al. New configuration for an optical fiber acousto-optic frequency shifter[J]. Proc. SPIE-Fiber Optic Sensors Ⅳ,1990,1267: 17-23.

[134] KIM B Y,BLAKE J N,ENGAN H E, et al. All-fiber acousto-optic fresquency shifter [J]. Opt. Lett. ,1986,11(6): 389-391.

[135] ORTEGA B,DONG L,REEKIE L. All-fiber optical add-drop multiplexer based on a selective fused coupler and a single fiber Bragg grating[J]. Appl. Opt. ,1998,37(33): 7712-7716.

[136] SMITH D A,CHAKRAVARTHY R S,BAO Z,et al. Evolution of the acousto-optic wavelength routing switch[J]. J. Lightwave Technol. ,1996,14(6): 1005-1019.

[137] SMITH D A,ALESSANDRO A D,BARAN J E,et al. Multi wavelength performance of an apodized acousto-optic switch[J]. J. Lightwave Technol. ,1996,14(9): 2044-2051.

[138] ALESSANDRO A D, SMITH D A, BARAN J E. Multichannnel operation of an integrated acousto-optic wavelength routing switch for WDM systems[J]. IEEE Phot. Tech. Lett. ,1994,6(3): 390-393.

[139] BAUMANN I,SEIFERT J,NOWAK W,et al. Compact all-fiber add-drop multi-plexer using fiber Bragg gratings[J]. IEEE Phot. Tech. Lett. ,1996,8(10): 1331-1333.

[140] 赵路明,赵启大. 两通道表面声波全光纤声光调制器的研究[J]. 光电子激光,2009,20(8): 1000-1003.

[141] ZHAO L M, ZHAO Q D. Multiple-channel surface acoustic waves device and its application on all-fiber acousto-optic modulation[J]. Chinese Optics Letters,2010,8(1): 107-110.

[142] LIAO B Q,ZHAO Q D,ZHANG Y M. Theoretical research of multiple-channel all-fiber acousto-optical modulator of polarisation maintaining fiber[J]. Optics Communications, 2004,242: 361-369.

[143] ZHAO L M,ZHAO Q D,LIAO B Q. Multi-channel all-fiber acoustic-optic modulator [J]. Proc. SPIE,2004,5644: 94-102.

[144] 廖帮全,赵启大,冯德军,等. 全光纤声光调制器的耦合模理论研究[J]. 光子学报,2002,31(10): 1213-1215.

[145] 廖帮全,赵启大,董孝义,等. 多通道全光纤声光调制器的理论研究[J]. 光学学报,2003,23(9): 1053-1057.

[146] ZHAO L M,ZHAO Q D. A novel all fiber modulator besed on two-channel surface acoustic waves device[J]. 南开大学学报(自然科学版),2009,42(6): 11-14.

[147] 赵路明,赵启大,廖继平,等. 表面声波谐振型气体传感器的研究[J]. 南开大学学报(自然科学版),2010,43(1): 66-70.

[148] LIAO B Q,ZHAO Q D,ZHAO L M,et al. Theoretical research of multiple-pass fiber optical frequency shifter[J]. Proc. SPIE,2004,5623: 136-144.

[149] ZHAO Q D. Unified approach to multifrequancy normal and abnormal acoustooptic diffraction[C]. The Proceedings of the China-Japan Joint Conference on Ultrasonics, 1987: 399-402.

[150] LIAO B Q,ZHAO Q D,DONG X Y,et al. The two-stage approximation of coupled-mode theory for optical fiber and its application to all-fiber acousto-optic modulator[J]. Proc. SPIE,2004,5644: 70-78.

[151] LIAO B Q,ZHAO Q D,ZHOU G,et al. Coupled-mode theory for all-fiber acousto-optic modulator[C]. Proc. SPIE-The International Society for Optical Engineering,2001,4604: 234-239.

[152] 廖帮全,赵启大,冯德军,等. 光纤耦合模理论及其在光纤布拉格光栅上的应用[J]. 光学学报,2002,22(11): 1340-1344.

[153] ZHAO L M, ZHAO Q D, LIAO B Q, et al. Multi-channel all-fiber acoustic-optic modulator[J]. Proc. SPIE, 2004, 644: 94-102.

[154] WAGNERI K, WEVERKA T, WU K Y, et al. Acoustooptic devices[D]. Boulder: University of Colorado at Boulder, 2010: 1-30.

[155] AULD B A. Acoustic field and waves in solids[M]. New York: John Wiley and Sons, 1973.

[156] 奥尔特. 固体中的声场和波[M]. 孙承平, 译. 北京: 科学出版社, 1982.

# 体波声光相互作用理论和器件

声波是一种弹性波，在介质中传播时，使介质产生弹性形变，各质点沿声波的传播方向振动，产生介质密度疏密相间的交替变化，介质的折射率也随之发生相应的周期性变化。相当于产生光学的“相位光栅”，该光栅常数等于声波波长 $\lambda_a$。当光波通过时，发生光的衍射，它将一部分入射光束衍射到一个或多个方向。衍射光的方向、强度、频率等都随着声场的变化而改变，这个现象称为声光衍射。它已经用于多种光学器件，包括声光偏转器、调制器、可调谐滤波器等。

研究声光相互作用理论，最适合采用耦合波模方程的方法[1-6]，由此可以求出衍射光的强度、方向、衍射效率和频率特性等。本章研究体声波的声光相互作用，在介质中传播的超声波和光波均考虑为平面波，并只考虑稳定情况。

如果声光相互作用不改变介质折射率椭球的主轴方向，即不改变本征模的偏振方向，为正常声光相互作用；如果声波应变导致折射率椭球的主轴方向改变，使得本征模的偏振方向改变，则为反常声光相互作用。本章从包括正常和反常声光相互作用的耦合波方程出发，论述体波声光衍射的机理，以及主要的体波声光器件的原理、结构和压电换能器的特性。

## 2.1 声光耦合波方程

考虑包括各向同性和各向异性介质在内的正常声光相互作用的情况，各向同性介质中波动方程和受超声波调制的介质折射率 $n(\boldsymbol{r},t)$ 分别为

$$\nabla^2 \boldsymbol{E}(\boldsymbol{r},t)=\frac{n^2(\boldsymbol{r},t)}{c^2}\frac{\partial^2 \boldsymbol{E}(\boldsymbol{r},t)}{\partial t^2} \tag{2.1}$$

和

$$n(\boldsymbol{r},t)=n+\Delta n\sin(\omega_a t-\boldsymbol{k}_a\cdot\boldsymbol{r}) \tag{2.2}$$

式中，$\boldsymbol{E}(\boldsymbol{r},t)$为光波的电矢量，$c$ 表示光速，$n$ 为介质受超声波作用时的折射率，$\omega_a$ 和$\boldsymbol{k}_a$ 分别为超声波的圆频率和波矢量。

由方程(2.1)和方程(2.2)可以导出各向同性介质和各向异性介质中的正常声光作用的耦合模方程，称为拉曼-奈斯(Ramam-Nath)方程。但是拉曼-奈斯方程不能处理反常声光相互作用[6]。

下面采用参量相互作用的方法，可以推导出包括正常和反常声光相互作用的耦合模方程普适形式。

设入射光的圆频率和波矢量分别为 $\omega_0$ 和 $\boldsymbol{k}_0$，超声波的圆频率和波矢分别为 $\omega_a$ 和 $\boldsymbol{k}_a$，则波矢量的模为

$$k_0=\frac{2\pi n_0}{\lambda_0} \tag{2.3}$$

和

$$k_a=\frac{2\pi}{\lambda_a}=\frac{2\pi}{v_a}f \tag{2.4}$$

式中，$\lambda_0$ 为光波在真空中的波长，$n_0$ 为入射光在介质中的折射率，$\lambda_a$、$v_a$ 和 $f$ 分别为声波波长、速度和频率。它们与入射光的偏振状态和传播方向有关。

设入射光波和声波在 $xz$ 平面内传播，选择 $z$ 轴为垂直于介质的边界，并设入射光方向 $k_0$ 与 $z$ 轴的夹角为 $\theta_0$，超声波方向 $\boldsymbol{k}_a$ 与 $z$ 轴的夹角为 $\theta_a$，如图 2.1 所示。

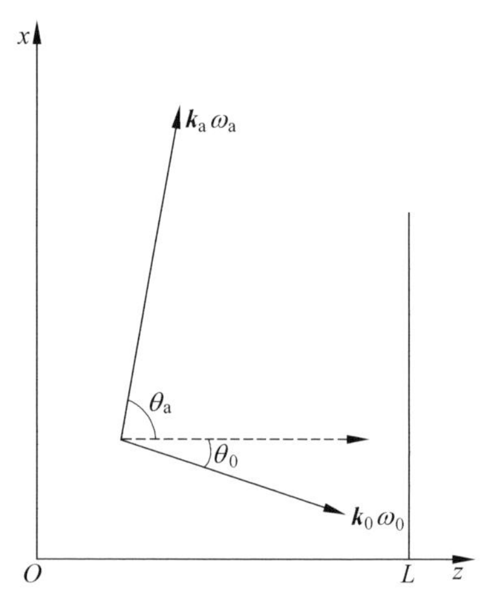

图 2.1　声光相互作用的几何关系

由于声光效应，入射光波与介质中的超声波相互耦合，产生一系列具有复合频率的极化波，其圆频率和波矢分别为

$$\omega_m=\omega_0+m\omega_a \tag{2.5}$$

和

$$\boldsymbol{K}_m=\boldsymbol{k}_0+m\boldsymbol{k}_a \tag{2.6}$$

式中，$m=\pm1,\pm2,\cdots$。这些极化波激发出具有与极化波相同频率的光辐射，即各级衍射光。

式(2.6)即入射光波矢 $\boldsymbol{k}_0$、极化波波矢 $\boldsymbol{K}_m$ 和声波矢 $\boldsymbol{k}_a$ 之间形成的匹配动量三角形闭合条件。从光子和声子之间的相互作用能量和动量守恒定律亦可以得到式(2.5)和式(2.6)。布拉格衍射只有一级衍射光，$m$ 值只取$+1$ 或者$-1$。

这些极化波激发具有复合频率的光辐射，即各级衍射光，包括入射光和各级衍射光的总光场为

$$\boldsymbol{E}(\boldsymbol{r},t)=\frac{1}{2}\sum_{m=-\infty}^{+\infty}\boldsymbol{e}_m\boldsymbol{E}_m(z)\exp\mathrm{j}(\omega_m t-\boldsymbol{K}_m\cdot\boldsymbol{r})+\mathrm{c.c.} \tag{2.7}$$

式中,$\boldsymbol{e}_m$ 为沿相应第 $m$ 级的衍射光电场矢量方向的单位矢量,由于反常声光相互作用将改变入射光的偏振方向,此时必须考虑矢量叠加。c. c. 是复共轭(complex conjugate)。

假定超声波为单一频率的平面波,即可用应变张量描述,声波产生的应变张量为

$$\boldsymbol{S}(\boldsymbol{r},t)=\frac{1}{2}[\boldsymbol{s}S\exp\mathrm{j}(\omega_{\mathrm{a}}t-\boldsymbol{k}_{\mathrm{a}}\cdot\boldsymbol{r})+\mathrm{c.c.}] \tag{2.8}$$

式中,$\boldsymbol{s}$ 为单位应变张量,例如当超声波为沿 $z$ 轴传播的纵波时,

$$\boldsymbol{s}=[s_{kl}]=\begin{bmatrix}0&0&0\\0&0&0\\0&0&1\end{bmatrix} \tag{2.9}$$

声光效应产生的非线性极化矢量为

$$\boldsymbol{P}^{(\mathrm{NL})}(\boldsymbol{r},t)=\varepsilon_0\boldsymbol{\chi}^{(\mathrm{NL})}:\boldsymbol{S}(\boldsymbol{r},t)\cdot\boldsymbol{E}(\boldsymbol{r},t)=\varepsilon_0\Delta\boldsymbol{\chi}\cdot\boldsymbol{E} \tag{2.10a}$$

用分量表示为

$$P_i^{(\mathrm{NL})}=\varepsilon_0\chi_{ijkl}^{(\mathrm{NL})}S_{kl}E_j=\varepsilon_0\Delta\chi_{ij}E_j \tag{2.10b}$$

式中,$\boldsymbol{\chi}^{(\mathrm{NL})}$ 为声光相互作用导致的非线性极化率,是四阶张量。$\Delta\boldsymbol{\chi}=\boldsymbol{\chi}^{(\mathrm{NL})}:\boldsymbol{S}$ 是声光效应引起的极化率的变化,为四阶张量$\boldsymbol{\chi}^{(\mathrm{NL})}$与二阶张量 $\boldsymbol{S}$ 两次缩并得到的二阶张量。将式(2.7)、式(2.8)和式(2.10)代入参量相互作用的基本方程(参见式(1.46))

$$\nabla^2\boldsymbol{E}-(1/c^2)\boldsymbol{\varepsilon}\cdot\frac{\mathrm{d}^2}{\mathrm{d}t^2}\boldsymbol{E}=(1/c^2\varepsilon_0)\frac{\mathrm{d}^2}{\mathrm{d}t^2}\boldsymbol{P}^{(\mathrm{NL})} \tag{2.11}$$

忽略二次项,在布拉格条件下,0 级光和 1 级衍射光($G=0,1$)的相位失配最小,可以推得微分方程为

$$\frac{\mathrm{d}E_m(z)}{\mathrm{d}z}-\mathrm{j}\Delta k_m E_m(z)=\frac{(\omega_0/c)^2}{4\mathrm{j}k_0c_m}[\chi_m SE_{m-1}(z)+\chi_{m+1}S^*E_{m+1}(z)] \tag{2.12}$$

式中,

$$\chi_m=\boldsymbol{e}_m\cdot\boldsymbol{\chi}^{(\mathrm{NL})}:\boldsymbol{s}\cdot\boldsymbol{e}_{m-1}$$

$$c_m=\cos\theta_0+m(k_{\mathrm{a}}/k_0)\cos\theta_{\mathrm{a}} \tag{2.13}$$

$$\Delta k_m=\frac{K_m^2-(\omega_0/c)^2n_m^2}{2k_0c_m}=\frac{k_0}{2c_m}\left[\left(1-\frac{n_m^2}{n_0^2}\right)+2m\frac{k_{\mathrm{a}}}{k_0}\cos(\theta_{\mathrm{a}}+\theta_0)+m^2\frac{k_{\mathrm{a}}^2}{k_0^2}\right] \tag{2.14}$$

式中,$n_m$ 是第 $m$ 级衍射光的折射率,$\Delta k_m$ 是极化波矢量 $\boldsymbol{K}_m$ 和介质第 $m$ 级衍射光

的自由光波矢量 $\boldsymbol{k}_m$ 之间的动量失配量，

$$\Delta \boldsymbol{k}_m = \boldsymbol{K}_m - \boldsymbol{k}_m = \boldsymbol{k}_0 + m\boldsymbol{k}_a - \boldsymbol{k}_m \tag{2.15}$$

式中，第 $m$ 级衍射光波矢量的模 $k_m = (\omega_m / c) n_m$。

式(2.12)和式(2.14)是描述光波和超声波在各向异性介质中的包括正常和反常声光相互作用的耦合波方程，其解给出不同衍射级的光波的电场。在各向同性介质中，方程即简化为拉曼-奈斯方程[6-7]。

耦合波方程(2.12)是用非线性极化率$\boldsymbol{\chi}^{(NL)}$表示的，为便于解方程以得到声光衍射效率、带宽等特性，方程中非线性极化率$\boldsymbol{\chi}^{(NL)}$可以用声光系数 $\boldsymbol{p}$ 表达。基于普克尔斯(Pockels)效应的理论描述[8]，声波引起的反介电张量$\boldsymbol{\eta}$的变化与声应变张量 $S_{kl}$ 成正比(参见式(1.32))。

$$\Delta \eta_{ij} = p_{ijkl} S_{kl} \tag{2.16}$$

此处 $p_{ijkl}$ 是声光系数(光弹系数)，它是 $6\times 6$ 矩阵，可以缩写为 $p_{rs}(r, s=1, 2, \cdots, 6)$。

从式(2.10)和式(2.16)，可得[5-6]

$$\chi_{ijkl}^{(NL)} = -n_i^2 n_j^2 p_{ijkl} \tag{2.17}$$

声光相互作用的耦合波方程为

$$\frac{\mathrm{d}E_m(z)}{\mathrm{d}z} - \mathrm{j}\Delta k_m E_m(z) = \frac{k_m^2}{4\mathrm{j}k_0 c_m} pS\left[n_{m-1}^2 E_{m-1}(z) - n_{m+1}^2 E_{m+1}(z)\right] \tag{2.18}$$

$$\Delta k_m = \frac{K_m^2 - (\omega_0/c)^2 n_m^2}{2k_0 c_m} = \frac{k_0}{2c_m}\left[\left(1 - \frac{n_m^2}{n_0^2}\right) + 2m\frac{k_a}{k_0}\cos(\theta_a + \theta_0) + m^2\frac{k_a^2}{k_0^2}\right] \tag{2.19}$$

此式的动量失配量与式(2.14)相同，式(2.18)和式(2.19)即用声光系数 $\boldsymbol{p}$ 表达的包括正常和反常声光相互作用的耦合波方程。

对于各向同性介质和各向异性介质的正常声光相互作用，由于正常声光相互作用时入射光和衍射光大致相等，有 $n_m = n_0$，$\theta_a$ 取为 90°，式(2.14)简化为

$$\Delta k_m = \frac{mk_a^2}{2k_0\cos\theta_0}\left(m - \frac{2k_0}{k_a}\sin\theta_0\right) = \frac{\pi\lambda_0 m}{n\lambda_a^2\cos\theta_0}\left(m - \frac{2n\lambda_a}{\lambda_0}\sin\theta_0\right) \tag{2.20}$$

正常声光相互作用时，不改变入射光的偏振方向，对于所有的第 $m$ 级衍射光，在介质中的折射率均为 $n_m = n$，波矢量 $k_m = k = \dfrac{2\pi n}{\lambda_0}$，方程(2.18)和方程(2.14)分别简化为

$$\frac{\mathrm{d}E_m(z)}{\mathrm{d}z} - \mathrm{j}\Delta k_m E_m(z) = \frac{\pi n^3}{2\lambda_0 c_m} pS\left[E_{m-1}(z) - E_{m+1}(z)\right] \tag{2.21}$$

和

$$\Delta k_m = \frac{mk_a}{c_m}\left[m\frac{k_a}{2k} + \cos(\theta_a + \theta_0)\right] \tag{2.22}$$

在正常声光相互作用中，声波一般沿着 $x$ 轴方向，故 $\theta_a=\pi/2$，将式(2.13)中的 $c_m$ 代入方程(2.21)，则方程(2.21)可以进一步简化为

$$\frac{dE_m(z)}{dz}-j\Delta k_m E_m(z)=\frac{\pi n^3}{2\lambda_0\cos\theta_0}pS[E_{m-1}(z)-E_{m+1}(z)] \tag{2.23}$$

正常声光相互作用时

$$\Delta n=-\frac{1}{2}n^3 pS \tag{2.24}$$

为声波导致折射率的变化。式中 $n$、$p$、$S$ 在不同情况取不同的分量。式(2.23)变为

$$\frac{dE_m(z)}{dz}-j\Delta k_m E_m(z)=-\frac{\pi\Delta n}{\lambda_0\cos\theta_0}[E_{m-1}(z)-E_{m+1}(z)] \tag{2.25}$$

式(2.22)则变为

$$\Delta k_m=\frac{mk_a}{\cos\theta_0}\left(m\frac{k_a}{2k}-\sin\theta_0\right) \tag{2.26}$$

式(2.25)和式(2.26)即各向同性介质中的正常声光相互作用耦合波方程。

从式(2.26)可看到满足1级衍射光的动量匹配条件 $\Delta k_1=0$ 时，光的入射角 $\theta_0$ 记为 $\theta_B$，并满足

$$\sin\theta_B=\frac{k_a}{2k}=\frac{\lambda}{2\lambda_a} \tag{2.27}$$

其中 $\lambda(\lambda=\lambda_0/n)$ 为光波在介质中的波长。$\theta_B$ 称为布拉格(Bragg)角。对于正常声光相互作用，当入射光以布拉格角入射时，零级光和一级光均满足动量匹配条件，所以衍射光中零级和一级光都由于同相叠加而光强较大，其他各级光不满足动量匹配条件而光强较小，因此光波以布拉格角入射时，出射光主要为0级光和1级光。

# 2.2 声光耦合波方程的解，声光相互作用的衍射效率

## 2.2.1 正常声光衍射的衍射效率

声光耦合波方程在一般情况下没有分析解，直到1967年由克莱因(W. R. Klein)和库克(B. D. Cook)用计算机作出其完整的数值解[3]。下面讨论声光耦合波方程在特殊条件下的解。首先引入参量

$$\xi=-\frac{2\pi\Delta nL}{\lambda_0\cos\theta_0}=\frac{\Delta\phi}{\cos\theta_0}\approx\Delta\phi \tag{2.28}$$

$$Q=\frac{k_a^2L}{k\cos\theta_0}\approx\frac{k_a^2L}{k} \tag{2.29}$$

$$\alpha = \frac{k}{k_a}\sin\theta_0 = \frac{\sin\theta_0}{2\sin\theta_B} \tag{2.30}$$

式中，$L$ 为声光相互作用长度。

将上述参量代入式(2.25)和式(2.26)，得到

$$\frac{dE_m(z)}{dz} - j\Delta k_m E_m(z) = \frac{\xi}{2L}[E_{m-1}(z) - E_{m+1}(z)] \tag{2.31}$$

$$\Delta k_m = \frac{mQ}{2L}(m - 2\alpha) \tag{2.32}$$

式中，$\xi$ 为声光相互作用引起的相移，$Q$ 为反映声光相互作用失配程度的克莱因-库克参量，$\alpha$ 为光的入射角度。

方程(2.31)仅在拉曼-奈斯衍射($Q \ll 1$)和布拉格衍射($Q \gg 1$)时才有数值解。方程(2.31)满足边界条件 $z=0$ 时

$$E_0 = 1, \quad E_m = 0, \quad m \neq 0 \tag{2.33}$$

**1. 拉曼-奈斯衍射及其衍射效率**

拉曼-奈斯衍射声光相互作用长度 $L$ 短(小于进入布拉格区的声光相互作用特征长度，参见式(2.53))，声光效应相当于在介质中建立薄相位光栅，声光相互作用出现±1,2,3,…多级衍射光，如图 2.2 所示。

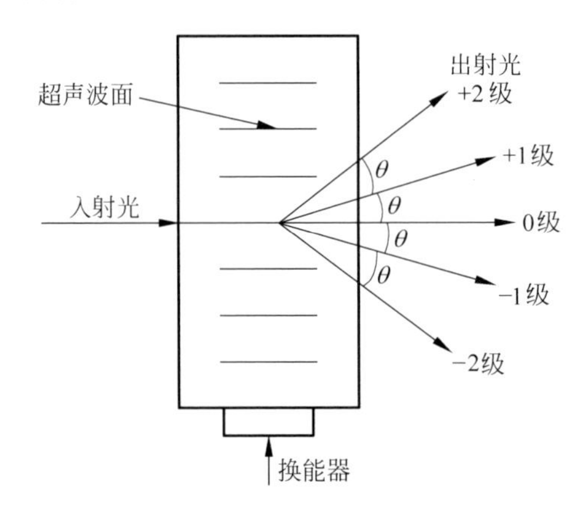


图 2.2 拉曼-奈斯声光衍射

各级衍射角满足

$$\sin\theta_m = \pm m\lambda/\lambda_a \tag{2.34}$$

式中，$m=0,1,2,\cdots$，$\lambda$ 和 $\lambda_a$ 为介质中光波和声波的波长，$m$ 表示衍射级次，为正整数。此时 $Q \ll 1$，方程(2.31)左边第二项可以忽略；但如果把这一项全部忽略，就不能得到衍射效率与入射角的关系(由 $\alpha$ 反映)，故仅将方程(2.31)简化为

$$\frac{\mathrm{d}E_m(z)}{\mathrm{d}z}+\frac{\mathrm{j}m\alpha Q}{L}E_m(z)=\frac{\xi}{2L}[E_{m-1}(z)-E_{m+1}(z)] \tag{2.35}$$

由边界条件 $E_0(0)=E_0$ 和 $E_m(0)=0$，可得方程的解为

$$E_m(z)=E_0\mathrm{e}^{-\mathrm{j}\frac{m\alpha Q}{2L}z}\mathrm{J}_m\left[\frac{2\xi}{\alpha Q}\sin\left(\frac{\alpha Q}{2L}z\right)\right] \tag{2.36}$$

式中，$\mathrm{J}_m$ 为 $m$ 阶贝塞尔函数。

令 $z=L$，即得各级衍射光的衍射效率为

$$\eta_m=\frac{|E_m(L)|^2}{|E_0|^2}=\mathrm{J}_m^2\left[\xi\frac{\sin\left(\frac{1}{2}\alpha Q\right)}{\frac{1}{2}\alpha Q}\right] \tag{2.37}$$

当 $\theta_0=0$，即入射光垂直入射时，$\dfrac{\sin\left(\frac{1}{2}\alpha Q\right)}{\frac{1}{2}\alpha Q}=1$ 达到最大，此时

$$\eta_m=\mathrm{J}_m^2(\xi)=\mathrm{J}_m^2(\Delta\phi) \tag{2.38}$$

特别对于1级光的衍射效率 $\eta_1=\mathrm{J}_1^2(\xi)$，当 $\xi=1.84\mathrm{rad}$ 时，$\eta_1$ 最大，这时 $\eta_{1\max}=0.339=33.9\%$，可以看出，拉曼-奈斯衍射的衍射效率不会超过33.9%。入射光的利用率较低，所以在声光器件的实际应用中，一般不用拉曼-奈斯衍射。

**2. 正常布拉格衍射及其衍射效率**

布拉格衍射声光相互作用长度为 $L$（大于进入布拉格区的声光相互作用特征长度，亦参见式(2.53)），声光效应相当于在介质中建立体光栅或者称为厚相位光栅，此时 $Q\gg1$（后面将论述，一般以 $Q>4\pi$ 作为进入布拉格衍射区的标准）。布拉格衍射声光相互作用产生1级（或－1级）衍射，如图2.3所示。

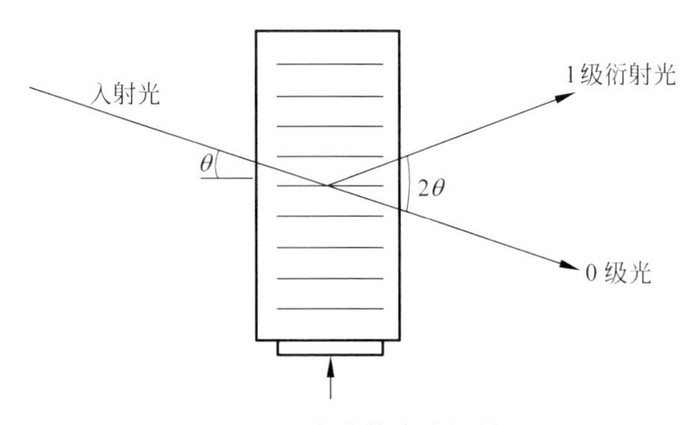


图2.3　布拉格声光衍射

满足布拉格衍射的条件是

$$2\lambda_a \sin\theta = \lambda_0 / n \tag{2.39a}$$

当参量 $\alpha=1/2$ 时，入射角 $\theta_0$ 为布拉格角 $\theta_B$。由式(2.39a)得到

$$\theta_B = \arcsin\frac{k_a}{2k} = \arcsin\frac{\lambda}{2\lambda_a} \tag{2.39b}$$

即与公式(2.27)一致。这时的 0 级光和 1 级衍射光的相位失配为零，故布拉格衍射只有 0 级光和 1 级衍射光。

克莱因和库克对方程(2.32)的数值解表明[3]，当入射角 $\theta_0$ 在布拉格角 $\theta_B$ 附近时(也即 $\Delta k_1=0$ 或 $\alpha=1/2$ 附近)，随着 $Q$ 的逐渐增大，除 $E_0(z)$ 和 $E_1(z)$ 外，其他各级衍射光 $E_m(z)$ 越来越小。即 $Q\gg1$ 时，光线以布拉格角入射，可以忽略其他各级衍射光而仅考虑 $E_0(z)$ 和 $E_1(z)$。这时分别令式(2.32)中 $m=0$ 和 $m=1$，可得方程组

$$\frac{\mathrm{d}E_0(z)}{\mathrm{d}z} = -\frac{\xi}{2L}E_1(z) \tag{2.40}$$

$$\frac{\mathrm{d}E_1(z)}{\mathrm{d}z} + \mathrm{j}\,\frac{2\zeta}{L}E_1(z) = \frac{\xi}{2L}E_0(z) \tag{2.41}$$

式中，

$$\zeta = -\frac{1}{2}\Delta k_1 L = \frac{Q(2\alpha-1)}{4} \tag{2.42}$$

引入变量

$$\sigma^2 = \zeta^2 + \left(\frac{\xi}{2}\right)^2 \tag{2.43}$$

将边界条件 $E_0(0)=E_0$ 和 $E_1(0)=0$ 代入式(2.40)和式(2.41)，可得

$$E_0(x) = E_0\mathrm{e}^{-\mathrm{j}\zeta\cdot x/L}\left(\cos\frac{\alpha x}{L} + \mathrm{j}\,\frac{\xi}{\sigma}\sin\frac{\alpha x}{L}\right) \tag{2.44}$$

$$E_1(x) = E_0\mathrm{e}^{-\mathrm{j}\zeta\cdot x/L}\,\frac{\xi}{2\sigma}\sin\frac{\alpha x}{L} \tag{2.45}$$

定义 1 级衍射光的衍射效率为

$$\eta = \frac{I_1}{I_{\mathrm{in}}} = \frac{|E_1(L)|^2}{|E_0(0)|^2} \tag{2.46}$$

式中，$I_1$ 和 $I_{\mathrm{in}}$ 分别为 1 级衍射光和入射光的强度，则可得到

$$\eta = \frac{|E_1(L)|^2}{|E_0(0)|^2} = \left(\frac{\xi}{2}\right)^2\left(\frac{\sin\sigma}{\sigma}\right)^2 \tag{2.47}$$

讨论两种情况：

(1) 当入射光严格按照布拉格角入射，即 $\Delta k_1=0$ 或 $\zeta=0$ 时，由式(2.43)有

$\sigma=\xi/2$，从而由式(2.36)得到

$$\eta=\sin^2\left(\frac{\xi}{2}\right) \tag{2.48}$$

式中，$\xi$ 由式(2.28)决定。

当 $\xi=\pi$ 时，$\eta=100\%$，入射光能量可充分应用，故在实际应用中，声光器件多采用布拉格衍射，声光器件在实际应用中时常以布拉格角入射。

(2) 当 $\xi$ 较小，即在声光弱相互作用时，这时，由式(2.43)有 $\sigma\approx\zeta$，从而式(2.47)可化为

$$\eta=\left(\frac{\xi}{2}\right)^2\left(\frac{\sin\zeta}{\zeta}\right)^2 \tag{2.49}$$

由式(2.42)动量失配($\Delta k_1\neq 0$)时，声光相互作用的衍射效率便由相位因子

$$\left[\frac{\sin\left(\frac{1}{2}\Delta k_m L\right)}{\frac{1}{2}\Delta k_m L}\right]^2 \tag{2.50}$$

决定。

**3. 进入布拉格衍射区的标准**

前面叙述了 $Q\gg1$ 和 $Q\ll1$ 的两种情况，实际设计和制作声光器件时，如何选取声光器件的长度 $L$，以使得器件进入布拉格衍射区，需要一个标准。克莱因和库克对拉曼-奈斯声光效应耦合波方程(2.34)作了完整的数值解[3]，计算了在 $\alpha=1/2$ 即以布拉格角入射，以及 $\xi=\pi$ 时(由式(2.48)可知此时衍射效率为100%，是完全的布拉格衍射)，0级光与1级衍射光对于入射光的相对光强随 $Q$ 参数变化的曲线，如图2.4所示。从图中可见，当 $Q=4\pi$ 时 $I_0\approx0$，$I_1\approx96\%$，其余各级衍射光的相对光强仅为4%。故采用 $Q\geqslant4\pi$ 作为进入布拉格衍射区的定量标准。由式(2.29)得

$$Q=\frac{k_a^2 L}{k\cos\theta_0}=\frac{2\pi\lambda L}{\lambda_a^2\cos\theta_0}\geqslant 4\pi \tag{2.51}$$

引入声光器件的特征长度 $L_0$，

$$L_0=\frac{\lambda_a^2\cos\theta_0}{\lambda},\quad 或\quad L_0=\frac{n\lambda_a^2\cos\theta_0}{\lambda_0} \tag{2.52}$$

式中，$\lambda=\lambda_0/n$ 为光波在介质内的波长。式(2.51)可以表示为

$$L\geqslant 2L_0 \tag{2.53}$$

此即用特征长度表示的进入布拉格区的条件。

特征长度不仅与声光介质特性有关，还与声频率、光波长等器件的工作状态有关，声光器件在工作时驱动电信号的频率是变化的，低频端的特征长度 $L_0(L)$ 大于高频端的特征长度 $L_0(H)$，因此为保证声光器件在整个工作频带范围内都能进入

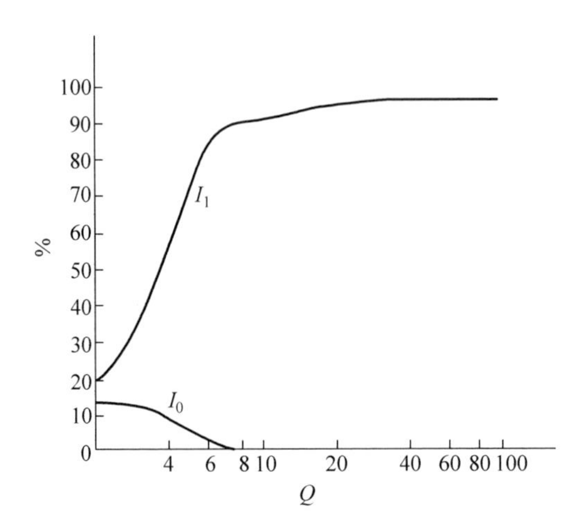


图 2.4　布拉格衍射时 0 级光和 1 级衍射光光强随参数 $Q$ 的变化曲线

布拉格衍射区，就要求 $L>2L_0(L)$。特征长度在声光器件的设计中具有重要意义。

## 2.2.2　反常布拉格衍射的衍射效率

首先分析反常声光相互作用耦合波方程，从包括正常和反常声光耦合波方程(方程(2.18)和方程(2.19))出发

$$\frac{\mathrm{d}E_m(z)}{\mathrm{d}z}-\mathrm{j}\Delta k_m E_m(z)=\frac{k_m^2}{4\mathrm{j}k_0c_m}pS[n_{m-1}^2E_{m-1}(z)-n_{m+1}^2E_{m+1}(z)]$$

$$\Delta k_m=\frac{K_m^2-(\omega_0/c)^2n_m^2}{2k_0c_m}=\frac{k_0}{2c_m}\left[\left(1-\frac{n_m^2}{n_0^2}\right)+2m\frac{k_\mathrm{a}}{k_0}\cos(\theta_\mathrm{a}+\theta_0)+m^2\frac{k_\mathrm{a}^2}{k_0^2}\right]$$

式中，$k_m=(\omega_m/c)n_m$，$c_m=\cos\theta_0+m(k_\mathrm{a}/k_0)\cos\theta_\mathrm{a}$(参见式(2.13))。

下面推导反常布拉格衍射情况下的衍射效率。调整入射光方向，使得动量失配式(2.19)在 $\Delta k_1=0$ 附近，这时仅有 0 级光和 1 级衍射光。分别令 $m=0$ 和 $m=1$，方程变为

$$\frac{\mathrm{d}E_0(z)}{\mathrm{d}z}=-\frac{k_0^2n_1^2}{4\mathrm{j}c_0k_0}pSE_1(z)\tag{2.54}$$

$$\frac{\mathrm{d}E_1(z)}{\mathrm{d}z}-\mathrm{j}\Delta k_1E_1(z)=\frac{k_1^2n_0^2}{4\mathrm{j}c_1k_0}pSE_0(z)\tag{2.55}$$

当 $\theta_\mathrm{a}\approx\pi/2$ 时，由式(2.13)可得

$$c_0k_0=k_0\cos\theta_0$$

$$c_1 k_0 \approx k_0 \cos\theta_0$$

令

$$\begin{cases} \Delta n_0 = -\dfrac{1}{2} n_0^2 n_1 pS \\ \Delta n_1 = -\dfrac{1}{2} n_1^2 n_0 pS \\ \xi_0 = -\dfrac{\omega_1 \Delta n_0 L}{c\cos\theta_0} \approx -\dfrac{2\pi}{\lambda_0} \Delta n_0 L \\ \xi_1 = -\dfrac{\omega_0 \Delta n_1 L}{c\cos\theta_0} \approx -\dfrac{2\pi}{\lambda_0} \Delta n_1 L \\ \zeta = -\dfrac{1}{2} \Delta k_1 L \end{cases} \tag{2.56}$$

方程变为

$$\frac{\mathrm{d}E_0(z)}{\mathrm{d}z} = -\frac{\xi_1}{2L} E_1(z) \tag{2.57}$$

$$\frac{\mathrm{d}E_1(z)}{\mathrm{d}z} + \mathrm{j}\,\frac{2\zeta}{L} E_1(z) = \frac{\xi_0}{2L} E_0(z) \tag{2.58}$$

方程的解为[5-6]

$$E_0(z) = E_0 \mathrm{e}^{-\mathrm{j}\zeta z/L} \left(\cos\frac{\sigma z}{L} + \mathrm{j}\,\frac{\zeta}{\sigma} \sin\frac{\sigma z}{L}\right) \tag{2.59}$$

$$E_1(z) = E_0 \mathrm{e}^{-\mathrm{j}\zeta z/L}\,\frac{\xi_0}{2\sigma} \sin\frac{\sigma z}{L} \tag{2.60}$$

式中，

$$\sigma^2 = \zeta^2 + \frac{\xi_0 \xi_1}{4} \tag{2.61}$$

令

$$\xi = \sqrt{\xi_0 \xi_1} \tag{2.62}$$

衍射效率为

$$\eta = \frac{|E_1(z)|^2}{|E_0(z)|^2} = \left(\frac{\xi_0}{2}\right)^2 \left(\frac{\sin\sigma}{\sigma}\right)^2 \approx \left(\frac{\xi}{2}\right)^2 \left(\frac{\sin\sigma}{\sigma}\right)^2 \tag{2.63}$$

$$\sigma^2 = \zeta^2 + \left(\frac{\xi}{2}\right)^2 \tag{2.64}$$

式(2.63)和式(2.64)与正常布拉格衍射的衍射效率公式(式(2.47)和式(2.43))在形式上相同，但是 $\xi$ 和 $\zeta$ 的具体表达式不同。$\xi$ 的变动很小，反常声光衍射中，只是用式(2.62)$\xi=(\xi_0\xi_1)^{1/2}$ 代替正常声光衍射公式中的 $\xi$，又由式(2.56)，在忽略 $\omega_0$ 和 $\omega_1$ 的区别后，只是将 $n$ 和 $\Delta n$ 分别用 $(n_0n_1)^{1/2}$ 和 $(\Delta n_0\Delta n_1)^{1/2}$ 代换。但由于在反常和正常布拉格衍射中，$\Delta k_1$ 的表达式分别由式(2.14)和式(2.26)给出，二者不相同，故 $\zeta=-\frac{1}{2}\Delta k_1L$ 的具体表达式也不相同。

下面求衍射效率的具体表达式，由式(2.24)和式(2.56)分别得到

$$\Delta n=-\frac{1}{2}n^3pS \tag{2.65}$$

$$\Delta n=-\frac{1}{2}(n_in_d)^{3/2}pS \tag{2.66}$$

式中，$n_i$ 和 $n_d$ 分别为入射光和衍射光的折射率，即前面的 $n_0$ 和 $n_1$。

进一步推导出衍射效率与超声功率 $P_a$ 之间的关系，这需要先推导出 $P_a$ 和应变 $S$ 之间的关系，超声波的平均能量密度是 $\frac{1}{2}\rho v_a^2|S|^2$，乘以声速 $v_a$ 即得超声波的平均能流密度，再乘以换能器的面积 $HL$，得到超声波的平均能流，即超声波功率

$$P_a=\frac{1}{2}\rho v_a^3|S|^2HL \tag{2.67}$$

式中，$\rho$ 是介质质量密度，$v_a$ 是声速，$S$ 是应变，$L$ 是光束经过声束的长度(声光相互作用长度)，$H$ 是声束高度(在声光器件中 $L$ 和 $H$ 分别为换能器的长度和宽度)。

声光相互作用介质和压电换能器尺寸如图2.5所示。

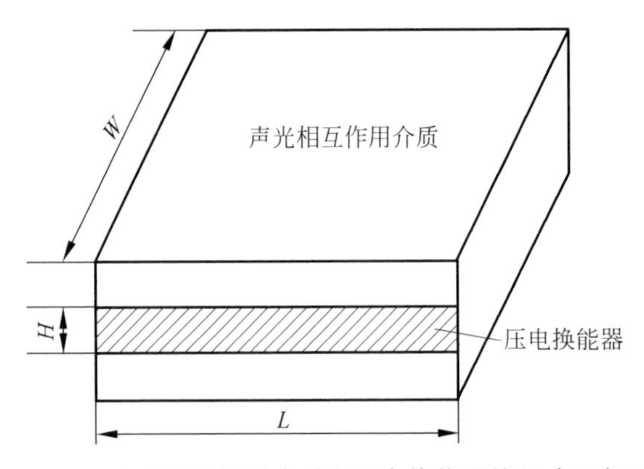


图2.5 声光相互作用介质和压电换能器的尺寸示意图

从式(2.28)、式(2.65)、式(2.67)，可以得到

$$\xi = \frac{2\pi}{\lambda_0}\left(\frac{n^6 p^2}{\rho v_a^3} \frac{P_a L}{2H\cos^2\theta_0}\right)^{1/2} \approx \frac{2\pi}{\lambda_0}\left(\frac{n^6 p^2}{\rho v_a^3} \frac{P_a L}{2H}\right)^{1/2} \tag{2.68}$$

将其代入式(2.48)，得到衍射效率

$$\eta = \sin^2\left[\frac{\pi}{\lambda_0}\left(\frac{n^6 p^2}{\rho v_a^3} \frac{P_a L}{2H\cos^2\theta_0}\right)^{1/2}\right] \approx \sin^2\left[\frac{\pi}{\lambda_0}\left(\frac{n^6 p^2}{\rho v_a^3} \frac{P_a L}{2H}\right)^{1/2}\right] \tag{2.69}$$

式中，$n^6$ 在反常声光衍射时是 $n_i^3 n_d^3$。

从后面 2.5 节可知，正常和反常声光衍射的声光优值分别为

$$M_2 = \frac{n^6 p^2}{\rho v_a^3} \tag{2.70a}$$

和

$$M_2 = \frac{n_i^3 n_d^3 p^2}{\rho v_a^3} \tag{2.70b}$$

将式(2.70)代入式(2.69)，可得到

$$\eta = \sin^2\left[\frac{\pi}{\lambda_0 \cos\theta_0}\left(\frac{M_2 P_a L}{2H}\right)^{1/2}\right] \tag{2.71}$$

由式(2.71)可以看到，在一定的声功率 $P_a$ 下，选择声光优值 $M_2$ 大的声光材料，长度 $L$ 大而宽度 $H$ 小的换能器，以及选用短波长 $\lambda_0$ 的激光，可以提高衍射效率。

另外，当声波功率 $P_a$ 加大，使得

$$\frac{\xi}{2} = \frac{\pi}{\lambda_0}\left(\frac{M_2 L P_a}{2H}\right)^{1/2} = \frac{\pi}{2} \tag{2.72}$$

此时衍射效率达到 $\eta = 100\%$。

当衍射效率不太大，小于 50%时，利用 $\sin x \approx x$，式(2.71)变为

$$\eta \approx \left[\frac{\pi}{\lambda_0}\left(\frac{M_2 L P_a}{2H}\right)^{1/2}\right]^2 = \frac{\pi^2 M_2 L}{2\lambda_0^2 H} P_a \tag{2.73}$$

衍射效率与声功率成正比。

为分析衍射光的频率响应和动量失配对声光相互作用衍射效率的影响，考虑相位失配因素。前面已经得到衍射效率的相位因子，由式(2.50)给出，即

$$\left[\frac{\sin\left(\frac{1}{2}\Delta k_m L\right)}{\frac{1}{2}\Delta k_m L}\right]^2$$

式中，$\Delta k_m$ 为第 $m$ 级衍射的动量失配，相位失配为

$$\delta_m = \frac{\Delta k_m L}{2\pi} \tag{2.74}$$

即可以把相位因子的公式(2.50)表示为

$$\left[\frac{\sin(\pi\delta_m)}{\pi\delta_m}\right]^2 \tag{2.75}$$

结合式(2.32)、式(2.29)和式(2.30),由式(2.74)可以得到

$$\delta_m = \frac{m\lambda L}{2\lambda_a^2\cos\theta_0}\left(m - \frac{2\lambda_a}{\lambda}\sin\theta_0\right) \tag{2.76}$$

将入射角 $\theta_0$ 调整在中心频率 $f_c$ 处满足布拉格衍射条件,即满足 $\sin\theta_0 = \frac{\lambda}{2\lambda_{ac}}$,结合特征长度的定义式(2.52),并在布拉格条件下,引入归一化声频率

$$F = f/f_c = \lambda_{ac}/\lambda_a \tag{2.77}$$

式中,$f$ 是声波频率,$f_c$ 是声波的中心频率,$\lambda_a$ 是声波波长,$\lambda_{ac}$ 为中心频率的声波波长。结合式(2.77),从式(2.76)可以得到相位失配对频率的依赖关系,

$$\delta_m = \frac{\lambda_0 L}{2n\lambda_{ac}^2\cos\theta_0}\left(mF - \frac{2n\lambda_{ac}}{\lambda_0}\sin\theta_0\right)mF = \frac{L}{2L_0^c}(mF-1)mF \tag{2.78}$$

式中,$L_0^c$ 是中心频率 $f_c$ 处的特征长度,

$$L_0^c = \frac{n\lambda_{ac}^2\cos\theta_0}{\lambda_0} \tag{2.79}$$

从式(2.78)可以看到,在中心频率 $f_c$,即 $F=1$ 处,1 级衍射($m=1$)相位失配为零,满足布拉格衍射条件,1 级衍射光很强。2 级衍射($m=2$)的相位失配为 $L/L_0$,当 $L \gg L_0$ 时,2 级衍射光强很小,其他更高级衍射光更弱。$L_0$ 是近似进入布拉格衍射区域的最小的声光相互作用长度。反之,当 $L \ll L_0$ 时,为拉曼-奈斯衍射区域,多级衍射的相位失配都很小,出现多级衍射光。这里得到的结果与前文分析一致。

下面讨论衍射光强度的 3dB 带宽。式(2.75)可写为

$$\left[\frac{\sin(\pi\delta_m)}{\pi\delta_m}\right]^2 = \mathrm{sinc}^2\delta_m$$

因为函数 $\mathrm{sinc}(x)=\sin(\pi x)/(\pi x)$,当 $x=0.45$ 时,$\mathrm{sinc}^2(x)=0.5$,因此声光相互作用的 3dB 带宽由 $\delta_m=\pm 0.45$ 决定。对于布拉格衍射,只有 1 级衍射光,所以 3dB 带宽由 $\delta_1=\pm 0.45$ 决定。

当 $\delta_1=\pm 0.45$ 时,从式(2.78)可得到

$$\delta_1 = \frac{L}{2L_0^c}F(F-1) = \pm 0.45 \tag{2.80}$$

方程的近似解确定 3dB 带宽的低端频率 $F_L = 1 - 0.9\frac{L_0^c}{L}$,和高端频率 $F_H = 1 + 0.9\frac{L_0^c}{L}$,由此得到 3dB 带宽

$$\Delta f = 1.8\frac{f_c L_0^c}{L} = 1.8\frac{n v_a^2 \cos\theta_0}{\lambda_0 f_c L} \tag{2.81}$$

带宽是一个重要的指标，要想增加带宽，可选择小的 $L/L_0$，但是 $L$ 减小过多会离开布拉格衍射区域。特别在低声频，特征长度 $L_0$ 大，如果 $L$ 小于进入布拉格衍射区的标准，会出现相对于 1 级衍射光足够强的 2 级衍射光。

从式(2.78)可知，当 $F = f/f_c$ 近似于 0.5 时，2 级衍射的相位失配 $\delta_2$ 接近 0，这时 2 级衍射光会很强，光的总能量是一定的，1 级衍射光强度就会减小，因此带宽需要限制在倍频程或者更小。

下面分析双折射衍射现象。

在光学各向异性介质中，当声光衍射发生在寻常波和非寻常波之间时，声光衍射有显著不同[4]。因为这种情况下入射光和衍射光的折射率不同，所以将这种各向异性晶体类型的衍射称为双折射，由于双折射，声光相互作用的带宽特性发生了显著的变化。

图 2.6(a)为光波矢量垂直于光轴时，单轴晶体中的双折射衍射动量结构图。对于一个给定的声波方向，存在两个不同的满足精确动量匹配条件的声波频率，如图 2.6(a)所示。这里存在两种极限情况，分别如图 2.6(b)和(c)所示。图 2.6(b)对应光波与声波共线相互作用情况。在给定的声频范围内，在大范围的入射光方向上可以近似满足声光动量匹配条件，这个特性对研制大角孔径声光滤波器具有重要的意义。在另一种对应图 2.6(c)的极限情况，当动量匹配的两个解简并时，衍射光波矢量垂直于声波，对于给定的入射光方向，在声频的宽频带范围内，可以近似满足声光动量匹配条件，从相位失配函数可以确定双折射衍射过程的带通特性[4-5]。

在反常声光相互作用的情况，在各向异性的双折射介质中，入射光和衍射光折射率不同，$\delta_m$ 由式(2.74)确定，特别在反常布拉格衍射，结合式(2.19)有

$$\delta_1 = \frac{L}{2n_0\lambda_0 c_1}\left[(n_0^2 - n_1^2) + 2\frac{n_0\lambda_0}{\lambda_a}\cos(\theta_a + \theta_0) + \frac{\lambda_0^2}{\lambda_a^2}\right] \tag{2.82}$$

定义

$$f_d = \frac{v_a}{\lambda_0}(n_0^2 - n_1^2)^{1/2} \tag{2.83}$$

此声波频率称为反常布拉格衍射的极值频率（参见式(2.97)）。

选择 $f_d$ 等于中心频率 $f_c$，结合归一化频率 $F = f/f_c$，式(2.82)在 $\theta_a = \frac{\pi}{2}$ 时简化为

$$\delta_1 = \frac{L}{2L_0^c}\left[F^2 - 2\left(\frac{n_0\lambda_{ac}}{\lambda_0}\sin\theta_0\right)F + 1\right] \tag{2.84}$$

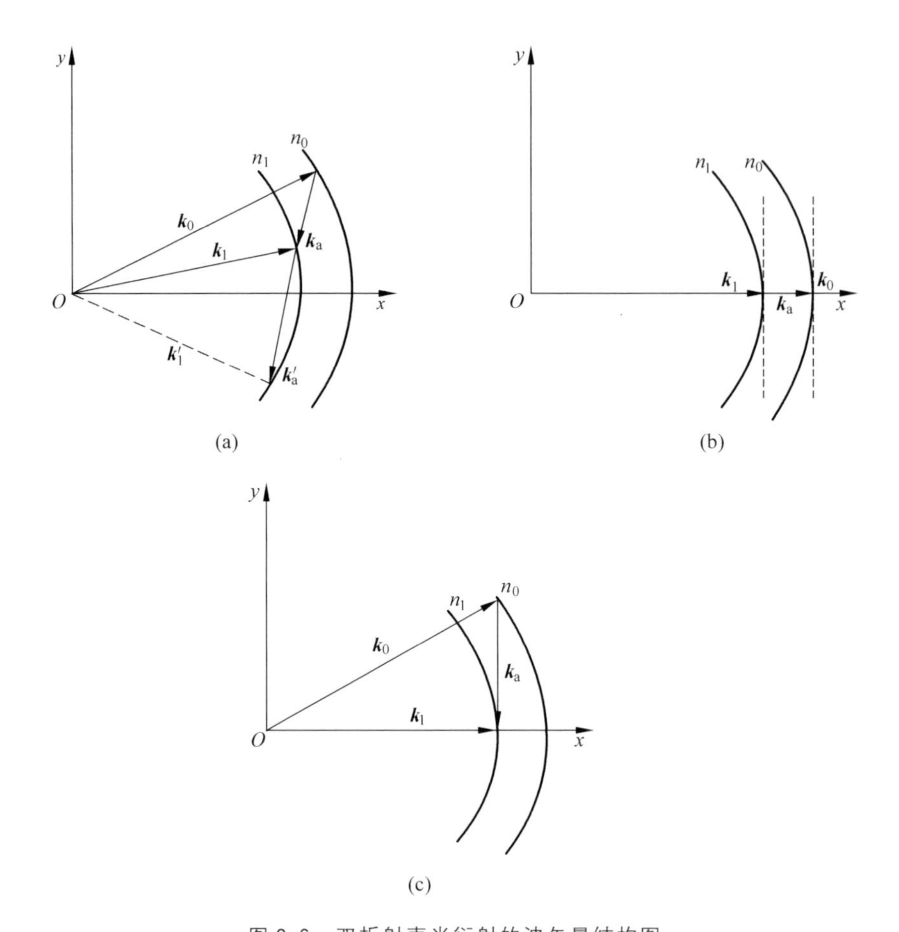


图 2.6　双折射声光衍射的波矢量结构图

(a) 双折射衍射的普通情况；(b) 共线声光相互作用；(c) 90°双折射相位匹配衍射

式中 $L_0^c$ 是式(2.79)在反常声光衍射 $n=n_0$，在中心频率 $f_c$ 处的特征长度。

将 $\sin\theta_0=\dfrac{\lambda_0}{n_0\lambda_{ac}}$代入式(2.84)，得到

$$\delta_1=\frac{L}{2L_0^c}(F-1)^2 \tag{2.85}$$

对于声频宽带范围，在 $F=1$ 附近相位失配小，在简并情况下声光衍射带宽可以如下确定，令式(2.85)中的 $\delta_1=0.45$，得到 3dB 相对带宽的高端频率和低端频率

$$F_L=1-\left(0.9\frac{L_0^c}{L}\right)^{1/2},\quad F_H=1+\left(0.9\frac{L_0^c}{L}\right)^{1/2}$$

3dB 相对带宽为

$$\Delta F=\frac{\Delta f}{f_{c}}=2\left(0.9\frac{L_{0}^{c}}{L}\right)^{1/2}=\left(3.6\frac{L_{0}^{c}}{L}\right)^{1/2} \tag{2.86}$$

与式(2.81)比较，得到

$$\left(\frac{\Delta f}{f_{c}}\right)_{反常}=\left(\frac{3.6L_{0}^{c}}{L}\right)^{1/2}=\sqrt{2}\left(\frac{\Delta f}{f_{c}}\right)_{正常}^{1/2} \tag{2.87}$$

当相对带宽 $\Delta F=\frac{\Delta f}{f_{c}}=\frac{2}{3}\approx 0.667$ 为倍频程时，相当于 $\frac{f_{H}}{f_{L}}=\frac{f_{c}+\frac{1}{2}\Delta f}{f_{c}-\frac{1}{2}\Delta f}=2$。

图 2.7 描绘出正常和反常布拉格衍射的声光相互作用长度与相对带宽 $\Delta F$ 的关系[5]。

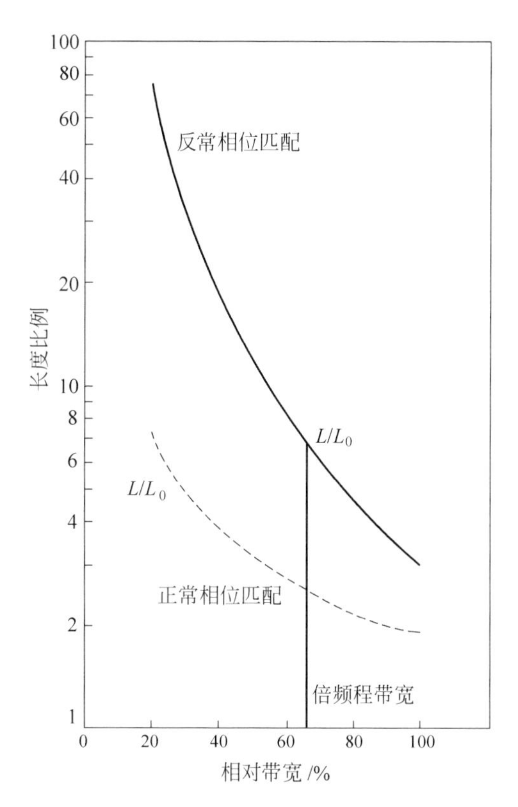


图 2.7　正常和反常布拉格衍射的声光相互作用长度 $L/L_{0}^{c}$ 与相对带宽 $\Delta F$ 的关系

由图 2.7 可见，对于同样的 $L/L_{0}^{c}$，反常比正常衍射相对带宽大很多。原因是反常衍射时入射角随频率的变化比正常衍射小很多。而对于同样的相对带宽，反常衍射的 $L/L_{0}^{c}$ 比正常衍射大很多，从式(2.71)可以看到，声光相互作用长度越长，衍射效率越高，所以反常声光衍射比正常声光衍射有更大的衍射效率。

反常衍射双折射90°相位匹配的带宽比正常衍射窄的带宽具有优势，带宽增加 $2f_0/\Delta f$，或者是倍频程带宽的3倍。如果在两个频率动量匹配和允许中心深度低3dB时，带宽可以进而扩大到$\sqrt{2}$倍。因此，各向异性介质中的反常衍射可以有效提高带宽。

# 2.3 布拉格衍射的几何关系

## 2.3.1 正常布拉格衍射的几何关系，布拉格方程

本节讨论布拉格声光衍射，自本节起入射光波相应物理量的下标用i，衍射光波下标用d表示，声波相应物理量的下标用a表示。布拉格衍射光只有0级、+1或−1级，频率和动量的下标 $m$ 只取0、1或−1。

正常声光衍射中，光的偏振方向不改变，衍射光的折射率 $n_d$ 与入射光的折射率 $n_i$ 相等，即 $n_i=n_d$。入射光、衍射光和声波波矢的模分别为

$$k_i=\frac{2\pi n_i}{\lambda_0},\quad k_d=\frac{2\pi n_d}{\lambda_0},\quad k_a=\frac{2\pi}{\lambda_a}=\frac{2\pi f}{v_a} \tag{2.88}$$

在满足动量匹配条件 $\Delta\boldsymbol{k}_1=0$ 时，从式(2.5)和式(2.6)，$m\pm1$ 时可得

$$\omega_d=\omega_i\pm\omega_a,\quad \boldsymbol{k}_d=\boldsymbol{k}_i\pm\boldsymbol{k}_a \tag{2.89}$$

对于正常布拉格衍射 $n_i=n_d=n$，所以 $k_i=k_d=k=\dfrac{2\pi n}{\lambda_0}=\dfrac{2\pi}{\lambda}$。式中 $\lambda$ 为介质中的光波长。

从式(2.88)和式(2.89)，可得到动量三角形为等腰三角形，可知

$$\theta_i=\theta_d=\theta_B,\quad \sin\theta_B=\frac{k_a}{2k}=\frac{\lambda}{2\lambda_a} \tag{2.90}$$

式中，$\theta_B$ 即布拉格角。此角度很小，例如可见光波长近似0.3μm，介质折射率大约为2，声波长 $\lambda_a=v/f$，介质中声速大约为3000μm/μs，频率为100MHz的超声波波长大约为30μm，$\sin\theta_B$ 为 $10^{-2}$ 量级。

衍射光与入射光之间的夹角，即偏转角

$$\alpha=\theta_i+\theta_d=2\theta_B=\frac{\lambda}{\lambda_a}=\frac{\lambda}{v_a}f \tag{2.91}$$

改变超声波频率即可改变光束偏转角，当频率变化 $\Delta f$ 时，光束方向的变化，即扫描角为

$$\Delta\alpha=\frac{\lambda}{v_a}\Delta f \tag{2.92}$$

上述偏转角和扫描角是介质内的角度，设介质外的偏转角和扫描角分别为 $\alpha_0$ 和 $\Delta\alpha_0$，介质折射率为 $n$，有 $\lambda=\lambda_0/n$，可得到

$$\alpha_0=\frac{\lambda_0}{v_a}f \tag{2.93}$$

$$\Delta\alpha_0=\frac{\lambda_0}{v_a}\Delta f \tag{2.94}$$

式中，$\lambda_0/v_a$ 为扫描率。

正常布拉格声光衍射的动量匹配关系如图 2.8 所示，图 2.8 是正常布拉格声光衍射动量三角形，图中(a)和(b)分别反映了 +1 级衍射和 −1 级衍射的情况。

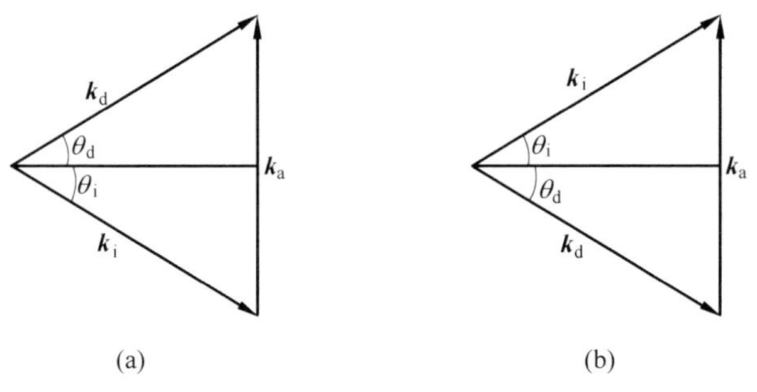


图 2.8　正常布拉格声光衍射动量三角形匹配图

(a) $\boldsymbol{k}_d=\boldsymbol{k}_i+\boldsymbol{k}_a$；(b) $\boldsymbol{k}_d=\boldsymbol{k}_i-\boldsymbol{k}_a$

可以看到，在偏振晶体中对于一定入射角的入射光存在两个衍射频率。在图 2.8(a)的情况下，衍射光频率将提高为 $\omega_d=\omega_i+\omega_a$，在图 2.8(b)情况下，衍射光频率将减小为 $\omega_d=\omega_i-\omega_a$。式中 $\omega_d$、$\omega_i$ 和 $\omega_a$ 分别为衍射光、入射光和声波的频率。如果声波矢足够小，入射光方向与声波方向形成钝角，如图 2.9 所示，这表明在各向异性介质中，正常声光衍射具有类似于多普勒频移效应的情况。

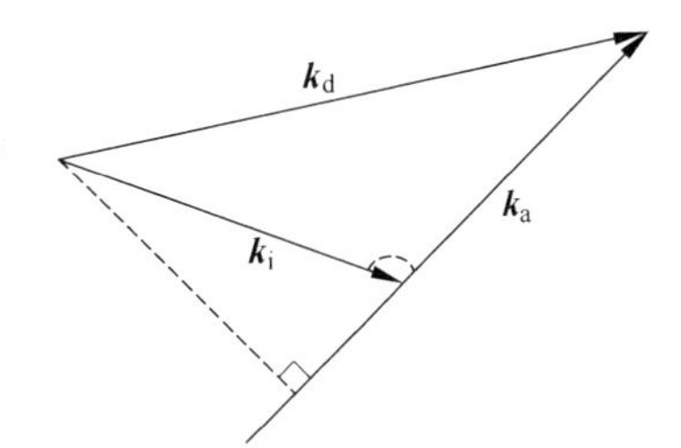


图 2.9　入射光方向与声波方向形成钝角的示意图

## 2.3.2　反常布拉格衍射的几何关系，狄克逊方程

在各向异性介质中反常声光衍射情况下，衍射光与入射光的偏振方向不同，光的双折射造成 $|k_i|\neq|k_d|$，这时动量三角形闭合条件发生很大改变。图 2.10 是各向异性介质中反常声光衍射动量匹配关系。

图 2.10 中入射光是偏振垂直于光轴的非寻常光(e 光),声波也垂直于光轴,假设声光相互作用产生的衍射光是寻常光(o 光)。声光衍射的波矢结构如图 2.10(a)所示。为显示清楚,入射光波矢 $k_i^e$ 和衍射光波矢 $k_d^o$ 放在圆弧上,$|k_d^o|<|k_i^e|$(这里设为正单轴晶体,$n_o<n_e$)。

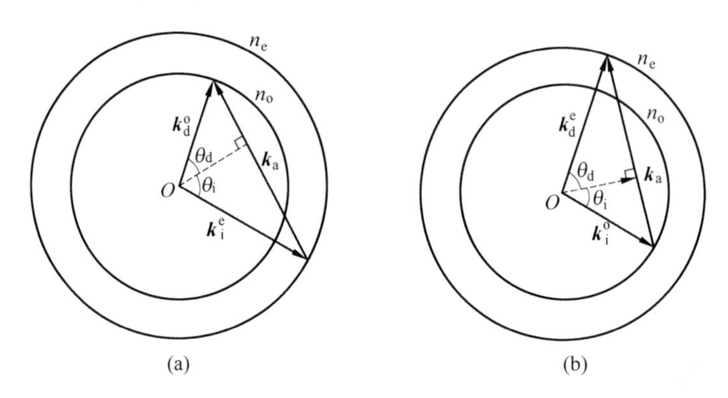


图 2.10 各向异性介质中反常声光衍射的动量结构

当入射光是寻常光(o 光),衍射光是非寻常光(e 光)时,声光相互作用的动量结构如 2.10(b)所示。

可以看到反常声光衍射动量三角形闭合条件与正常声光衍射有很大不同。

图 2.11 描述了各向异性晶体中正常和反常布拉格声光衍射的超声发散角的情况。

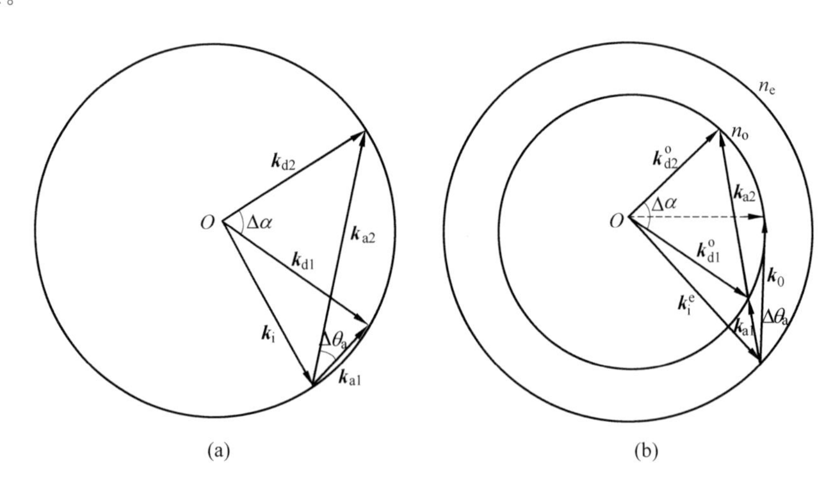


图 2.11 正常和反常布拉格声光衍射的超声发散角

(a) 正常布拉格衍射;(b) 反常布拉格衍射

从图 2.11(a)可以看到，在各向异性晶体中，正常布拉格衍射入射光和衍射光偏振方向相同，又因为其光的方向差别很小，所以衍射光和入射光折射率相同，入射光和衍射光的波矢量的端点在同一圆周上。当超声波频率变化 $\Delta f$ 时，声波从 $k_{a1}$ 变为 $k_{a2}$，衍射光从 $k_{d1}$ 变为 $k_{d2}$，光扫描角为 $\Delta\alpha$，对应的声波的发散角 $\Delta\theta_a$ 比较大。图 2.11(b)中，设介质为正单轴晶体，$n_o<n_e$，反常布拉格衍射入射光和衍射光偏振方向不同，入射光是偏振垂直于光轴的非寻常光(e 光)，声波也垂直于光轴，衍射光为 o 光，入射光和衍射光波矢量的端点分别在两个圆周上，入射光 e 光的折射率大，光速小，即入射光为慢模。当超声波频率变化 $\Delta f$ 时，声波从 $k_{a1}$ 变为 $k_0$，在此处入射角达到极大值，衍射角为 0，衍射光波矢 $k_d$ 垂直于声波波矢 $k_0$，声波矢量与 $n_o$ 圆周相切。此后随超声波频率变化，声波矢量又变为 $k_{a2}$，衍射光从 $k_{d1}$ 变为 $k_{d2}$，获得同样的扫描角 $\Delta\alpha$，对应的声波的发散角 $\Delta\theta_a$ 比正常衍射小很多。例如，$TeO_2$ 单晶中，沿[110]方向传播的慢切变声波产生的反常声光衍射就具有这样的优点，可以制作高可分辨点数的声光偏转器。

在图 2.10 中，根据余弦定理

$$k_d^2=k_a^2+k_i^2-2k_ak_i\cos\left(\frac{\pi}{2}-\theta_i\right)=k_a^2+k_i^2-2k_ak_i\sin\theta_i$$

$$k_i^2=k_a^2+k_d^2-2k_ak_d\sin\theta_d$$

从上式解出 $\theta_i$ 和 $\theta_d$，再将式(2.88)代入，得到

$$\sin\theta_i=\frac{\lambda_0}{2n_i(\theta_i)v_a}\left\{f+\frac{v_a^2}{f\lambda_0^2}\left[n_i^2(\theta_i)-n_d^2(\theta_d)\right]\right\} \tag{2.95}$$

$$\sin\theta_d=\frac{\lambda_0}{2n_d(\theta_d)v_a}\left\{f-\frac{v_a^2}{f\lambda_0^2}\left[n_i^2(\theta_i)-n_d^2(\theta_d)\right]\right\} \tag{2.96}$$

此式称为狄克逊(Dixon)方程[4]。方程右边第一项与普通正常的布拉格关系是一样的；第二项只在各向异性介质、入射光和衍射光偏振方向不同的反常声光相互作用情况下出现。

在声频率为

$$f_d=\frac{v_a}{\lambda_0}\sqrt{\left|n_i^2-n_d^2\right|}\approx\frac{v_a}{\lambda_0}\sqrt{\left|2n\Delta n\right|} \tag{2.97}$$

时，方程右边括号中的两项相等。$f_d$ 称为反常布拉格衍射的极值频率。在极值频率时，$\theta_i$ 达到极大值，而 $\theta_d=0$。当声波频率大于 $f_d$ 时，方程(2.95)和方程(2.96)中右边第一项(相应于正常布拉格衍射)占优势。当声波频率远大于 $f_0$ 时，方程右边第二项远小于第一项，可以忽略，方程即简化为正常布拉格方程(式(2.90))。当声波频率接近或小于 $f_d$ 时，方程(2.95)和方程(2.96)中第二项(相应于各向异性介质中的反常布拉格衍射)更重要。以上计算除去考虑 $n_i$ 与 $n_d$ 之差的情况外，忽

略 $n_i$ 与 $n_d$ 的差别。

从声光衍射几何结构可以看到一个显著特性，对应于衍射角是 0 的共线相互作用，声波有一个最低临界频率，

$$f_{\min}=\pm(n_d-n_i)\frac{v_a}{\lambda_0}=\frac{v_a\Delta n}{\lambda_0} \tag{2.98}$$

式中，$\lambda_0$ 是入射光在空气中的波长，$v_a$ 是声速。当声频率低于此频率时，不能发生布拉格衍射。

反常布拉格声光衍射的几何关系与正常声光衍射不同，但是扫描特性与正常声光衍射相同。将式(2.95)和式(2.96)相加，公式右边第二项消掉，忽略分母 $n_i$ 与 $n_d$ 的区别，并且因为 $\theta_i$ 和 $\theta_d$ 都很小，得到

$$\alpha=\theta_i+\theta_d\approx\frac{\lambda_0}{nv_a}f=\frac{\lambda}{v_a}f \tag{2.99}$$

与正常衍射情况的偏转角公式(2.91)相同。

# 2.4 基本声光器件的工作原理

自从发现声光相互作用以来，声光效应已经用于执行各种光束控制功能。本节讨论几种基本类型的声光器件。

最基本的声光器件是偏转器、调制器和滤波器，它们取决于光束对声束的发散角比率

$$a=\delta\theta_0/\delta\theta_a \tag{2.100}$$

式中，$\delta\theta_0$ 和 $\delta\theta_a$ 分别是光束发散角和声束发散角。

当 $a\ll1$ 时，器件为偏转器；当 $a\approx1$ 时，器件为调制器；当 $a\gg1$ 时，器件为滤波器。下面分别分析其工作原理和性能。

## 2.4.1 声光偏转器

声光偏转器是压电换能器键合在声光介质上，加在换能器上的电信号产生超声波。声光相互作用的衍射光方向可以随着声波的驱动频率变化而改变，由此可以在一定角度范围内扫描激光束，把光束高速偏转到指定位置，即高精确度控制激光束的输出角度。

声光偏转器的偏转角与声频率成正比，通常很小。布拉格器件 1 级衍射光的输出角度由声频率控制，输出光强由声波功率决定，声光器件中它们分别由输入到换能器的射频转换成声波确定。

### 1. 声光偏转器的主要性能指标

声光偏转器的主要性能指标参数是偏转角、可分辨点数、偏转速度或偏转时

间，以及衍射效率。下面分别讨论。

(1) 偏转角。偏转角和偏转角度的范围，即激光束可改变的最大角度，由器件的频率范围限定。偏转角是未被衍射光(0 级光)和 1 级衍射光之间的夹角，由式(2.91)给出，$\alpha=\frac{\lambda}{v_a}f=\frac{\lambda_0}{nv_a}f$，式中 $v_a$ 是声速，$\lambda_0$ 是入射光在自由空间的波长，$n$ 是介质的折射率。对于声频率变化 $\Delta f$，光束的总偏转角(总扫描角)即偏转器的最大偏转角，由式(2.92)得到

$$\Delta\alpha=\frac{\lambda}{v_a}\Delta f=\frac{\lambda_0}{nv_a}\Delta f$$

(2) 可分辨点数和偏转时间。可分辨点数与光束偏转角和激光束的发散角是关联的，是光束总扫描角可以被衍射光束发散角分开的数目，即总扫描角 $\Delta\alpha$ 与光束发散角 $\delta\theta_0$ 的比，

$$N=\Delta\alpha/\delta\theta_0 \tag{2.101}$$

偏转器工作时，入射光束发散角远小于声束发散角，即 $a=\delta\theta_0/\delta\theta_a\ll 1$，而衍射光束发散角等于入射光束发散角，

$$\delta\theta_0=R\,\frac{\lambda}{W} \tag{2.102}$$

式中：$W$ 是在介质中入射光束沿声波传播方向的宽度；$R$ 是多重因子，是由光束性质(均匀或者高斯光束)、光束孔径的振幅分布和所用的可分辨判据[9-10]决定的常数。用瑞利判据时为 1.0～1.3，可分离判据时为 1.8～2.5。将式(2.92)和式(2.102)代入式(2.101)，得到

$$N=\frac{\Delta\alpha}{\delta\theta_0}=\frac{W}{v_a}\,\frac{\Delta f}{R}=\tau\,\frac{\Delta f}{R} \tag{2.103}$$

式中，

$$\tau=\frac{W}{v_a} \tag{2.104}$$

$\tau$ 是声波穿过光束的渡越时间。经过渡越时间后，声光介质中的光波才能完成偏转，$\tau$ 也即偏转时间。它表示偏转器的存取时间，是对系统偏转速度的度量。方程(2.103)显示出偏转器在分辨率和偏转速度之间存在一个权衡关系。由式(2.103)可得

$$N\,\frac{1}{\tau}=\frac{\Delta f}{R} \tag{2.105}$$

此为偏转器的容量速度积，是偏转器最重要的设计参数，偏转器的设计目标是使其最大，它取决于偏转器的声波频率的工作带宽 $\Delta f$。通过改变偏转器的入射光束在声波传播方向的宽度 $W$ 的大小和声光相互作用长度 $L$ 的大小，可以在偏转速度

$1/\tau$ 和容量指标 $N$ 中适当选择。

(3) 衍射效率。在设计声光偏转器时,首先考虑器件的超声波中心频率 $f_c$ 和带宽 $\Delta f$,从后文的式(2.135)和式(2.137)可得到衍射效率

$$\eta=\frac{\pi^2}{2\lambda_0^3 f_c^2}M_1 l\,\frac{P_a}{H}\approx\frac{9}{\lambda_0^3 f_c \Delta f}M_1\,\frac{P_a}{H} \tag{2.106}$$

$$\eta=\frac{\pi^2}{2\lambda_0^4 f_c^4}M_4 P_a l^2\approx\frac{16}{\lambda_0^4 f_c^2 \Delta f^2}M_4\,\frac{P_a}{\mathrm{LH}} \tag{2.107}$$

对于单片换能器各向同性的声光器件,相互作用带宽在衍射效率和声功率之间折中选择。如果要增加带宽,衍射效率会下降,为达到一定的衍射效率,就要增加声功率和功率密度,但是功率太大时会导致换能器过热损坏。

**2. 超声跟踪**

为克服单片换能器结构声光偏转器的缺点,可采用多片换能器结构超声跟踪的方法。

在固定的驱动功率和小信号情况下,发生偏转的衍射光强度与声光相互作用长度成正比,因此声光偏转器需要增加换能器长度,即增加声光相互作用长度以得到强的偏转光。并且进入布拉格衍射区,也需要换能器有足够的长度。另外,声光偏转器衍射光的偏转角随声波频率变化,这个角度通常很小。由式(2.92)可知,总偏转角 $\Delta\alpha$ 与带宽成正比,为了获得大偏转角度需要大的声频带宽;从式(2.81)可知,带宽与换能器长度成反比,获得大的带宽需要足够短的换能器。所以,换能器长度取值从衍射光强度和偏转角度考虑是矛盾的。采用超声跟踪的方法可以解决这个问题。

布拉格衍射光是由声功率集中的部分引起的,超声波能量最集中的方向称为超声主方向,其平分入射光与衍射光之间的夹角。平面单片换能器超声主方向不随声频率偏转,宽角度的声辐射在每个角度可以利用的超声波能量都少,衍射效率低,因此单片换能器的宽带布拉格衍射偏转器不是最佳设计方案。更好的方法是使用合成换能器制成的相位阵列传感器,将声束的方向作为频率函数来控制,使超声主方向随声频率跟踪布拉格角,即将超声波波束集中控制到应用的角度,实现超声波波束偏转,此方法称为超声跟踪[2,6,11]。多片相位阵列换能器在产生同样效果时比单片换能器要求更少的驱动功率和功率密度。相位阵列换能器的设计选择,由实际应用和制作工艺难度及效果决定。

图 2.12 表示对于低频、中频和高频声波产生声束偏转的几种可能情况[2],单片换能器具有宽角度的声辐射,在每一角度的声光衍射可以利用的超声波能量少,衍射效率低。使用阵列换能器的优点是在工作频率带宽内的任何频率,超声波主方向随声频率转变,在满足布拉格条件情况下都比单一换能器辐射有更大的超声波功率。

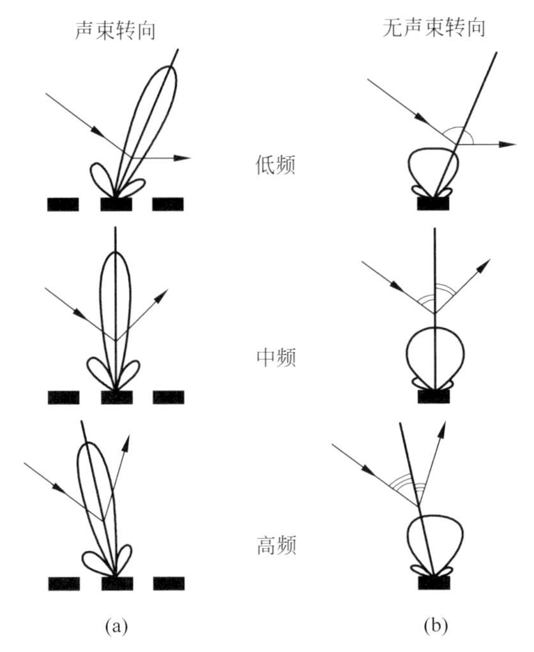


图 2.12　平面阵列换能器与单片换能器性能比较示意图

(a) 声波能量集中的主方向随声频率偏转；(b) 声波主方向不偏转

入射光从声光器件左侧以一定的角度入射到换能器，由式(2.91)可知衍射光以正比于声频率的角度偏转到右侧。

阵列换能器可以用多个换能器构成平面结构[12-13]和阶梯结构[5-6,14-15]。

在平面结构情况下，声功率被分成两个相等的瓣，只有一个可以用于所需的声光相互作用。而阶梯阵列将大部分声波引导到单一的瓣中。简单的相位阵列是在相邻的换能器片之间采用固定的相位差，它对应于 $P\lambda_a/2$ 的相位延迟，$P$ 是一个整数。$P=1$ 称为一级超声跟踪[13-14]，可以扩展到较大的整数[2]。

图 2.13 是一种超声跟踪的原理图[5]，每一阶的高度等于 $\lambda_{ac}/2$，$\lambda_{ac}$ 是中心带宽的声波波长。换能器相位阵列得到的效应是个体波阵面结合形成的合成波阵面，声频率改变时，合成的波阵面的有效传播方向产生倾斜，与中心频率的波阵面近似保持转向角

$$\theta=\lambda_a-\lambda_{ac}/2s \tag{2.108}$$

式中，$s$ 是相邻阶梯之间的间隔。它的最佳值是使偏转角保持布拉格角，在 1 级近似时给出

$$s=n\lambda_{ac}/\lambda_0 \tag{2.109}$$

式中，$n$ 是介质折射率。在四阶阵列结构就实现了显著加宽衍射带宽[15]。在 1 级

衍射的声束偏转情况下，从相位失配式(2.78)和式(2.79)

$$\delta_m = \frac{\lambda_0 L}{2n\lambda_{ac}^2\cos\theta_0}\left(mF - \frac{2n\lambda_{ac}}{\lambda_0}\sin\theta_0\right)mF = \frac{L}{2L_0^c}(mF-1)mF$$

和

$$L_0^c = \frac{n\lambda_{ac}^2\cos\theta_0}{\lambda_0}$$

可得

$$\delta_1 = \frac{L}{2L_0^c}F\left\{F - \frac{2n\lambda_{ac}}{\lambda_0}\sin\left[\theta_0 - \frac{1}{2s}(\lambda_a - \lambda_{ac})\right]\right\} = \frac{L}{2L_0^c}(F-1)\left(F - \frac{L_0^c}{s}\right) \tag{2.110}$$

此结果近似于反常衍射相位匹配式(2.84)。

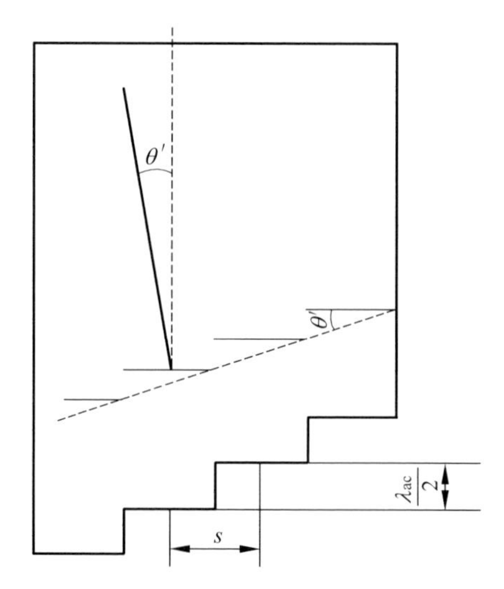


图 2.13　超声跟踪的阶梯阵列换能器原理图

当 $s=L_0^c$ 时，由于声束的方向偏转，带宽的加宽结果也如式(2.81)所给出。

从式(2.110)可以看到，1 级声束偏转在 $F=1$ 和 $F=L_0^c/s$ 两个频率有精确的动量匹配。进一步使用大的换能器阵列，其中每个换能器的相位可以独立改变，可以使声束偏转在带宽范围内都近似实现动量匹配，当然这种情况增加了设计复杂性[15]。

另一个减少功率或功率密度的方法是使用 90°相位匹配双折射衍射[4]。偏转器的中心频率选择接近反常布拉格衍射极值频率，其表达式如式(2.83)，可得

$$f_d \approx \frac{v_a}{\lambda_0}(2n\Delta n)^{1/2} \tag{2.111}$$

式中，$\Delta n$ 是双折射率差。频率 $f_d$ 一般是很高的。第一个这种类型的双折射偏转器

使用蓝宝石单轴晶体，它的中心频率是 1.56GHz，因为频率太高，不适于应用[16]。

一种重要的双折射偏转器是使用[110]轴传播的切变波的 $TeO_2$ 偏转器。其结构是利用 $TeO_2$ 晶体中反常的慢切变波速和高声光优值[6,17-18]，$TeO_2$ 晶体沿[110]方向传播的声切变波声速很小，是慢切变波。采用慢切变波的声光器件工作模式时，光的本征模偏振方向可以转 90°并产生反常声光相互作用。双折射可以在 90°相位匹配结构实现宽带操作[5,19]，采用的光波长为 632.8nm、488nm 和 441.6nm，极值频率分别为 37.4MHz、63.3MHz 和 85MHz，这时双折射在可见光范围极值频率低于 100MHz，适合实际应用。华纳(Warner)等[19]证明了与各向同性介质的偏转器相比，对于衍射效率 50%的半带宽，双折射偏转器的优点是使相互作用长度增加到 8 倍，或者折合成功率密度减少为 1/64。声光偏转器的带宽限制将主要取决于允许的最大功率，使用声束偏转和双折射相位匹配技术能够大大减少声功率密度，由于允许的最大功率增加，因而增加了声光偏转器的带宽。

除了带宽外，还有其他因素限制偏转器的分辨率(可分辨点数)，在一些应用中，偏转速度不是主要考虑因素，分辨率被高频声衰减或者光学孔径的空间约束所限制。对于大多数晶体，声衰减与频率的平方成正比。如果允许的最大衰减是 $b$(dB)，最大允许的声渡越时间是[5]

$$\tau_{\max}=b/\alpha_0 f_{\max}^2 \tag{2.112}$$

因此，当声衰减作为限制因素时，偏转器的最大可分辨点数为(参见式(2.103))

$$N_{\max}=\frac{b\Delta f}{\alpha_0 f_{\max}^2 R} \tag{2.113}$$

如果设 $b=4\text{dB}, R=1, f_{\max}=2\Delta f$(倍频程带宽)，可分辨点数降低到

$$N_{\max}=1/(\alpha_0\Delta f)=(\tau/\alpha_0)^{1/2} \tag{2.114}$$

在 1 级衍射与反常相位匹配情况相似，但是在 2 级衍射效果是很不同的。声束偏转对 2 级衍射提出附加的要求。因此，超声跟踪偏转技术在声光偏转器对于超过倍频程要求的部分带宽操作时更有效。这个分析仅是近似的，当换能器阵列数目大时是符合的。皮诺(Pinnow)用辐射图案概念得出更精确的分析[2]。

采用 1 级超声跟踪的声光器件(正常布拉格衍射器件)既可明显地增大布拉格带宽，又不增加驱动电源的复杂性，因而受到广泛重视。关于此类器件的设计和所能达到的布拉格带宽的计算，有很多探讨研究。作者在文献[12]中，曾就换能器片数 $N_e=4$，用 1 级干涉条纹进行跟踪，即 $P=1$ 以及 $r\equiv L_e/s=0.9$($L_e$ 为各换能片长度，而 $s$ 为相邻两个换能片的中心距离)的情况作了系统计算，计算结果表明，无论 $1/F_1F_2$ 取什么值($F_1$ 和 $F_2$ 是两个完全跟踪频率)，频响曲线$\dfrac{P_a(F)}{N_e^2 P_{a0}}$与 $F$ 的关系均在 $F_1+F_2=2$ 时具有对中心频率 $F=1$ 对称的特性。并且通过对确定频响曲

线的一般公式的理论分析，指出上述结论具有普遍性，亦即无论 $N_e$、$r$ 和 $P$ 取什么值，频响曲线都在条件 $F_1+F_2=2$ 下成为中心频率对称，从而使两个参数 $F_1$ 和 $F_2$（或 $1/(F_1F_2)$ 和 $F_1+F_2$）的选择变为一个参数 $1/(F_1F_2)$ 的选择，大大减少了计算工作量，我们对各种换能器片数 $N_e$ 作出系统计算，完整地解决了此类器件的设计，并确定了所能达到的最大布拉格带宽。

## 2.4.2 声光调制器

声光调制器可以调制光的振幅和频率，声光调制器不同于偏转器，调制器主要考虑调制速度，而对于可分辨点数没有要求。调制器的光束发散角大约等于声束发散角，即如式(2.100)中的 $a\approx1$。对于强度调制，衍射光的载体和边带将共线混合在探测器中，调制器工作时一般把入射激光的光束聚焦在声光介质内，使光束很细，以减少超声渡越时间。实际应用中光束发散角与声束发散角的比值在所要求的效率和调制带宽里折中选择。

声光调制器的声光衍射如图 2.14 所示，激光束经聚焦入射到声光介质，入射光通常是高斯光束，腰斑直径为 $d$，其相应的光束发散角为

$$\delta\theta_0=\frac{4\lambda_0}{n\pi d} \tag{2.115}$$

设声光调制器的换能器长度为 $L$，声束发散角为

$$\delta\theta_a=\frac{\lambda_a}{L} \tag{2.116}$$

光声发散角的比

$$a=\frac{\delta\theta_0}{\delta\theta_a}=\frac{4\lambda_0 L}{n\pi d\lambda_a} \tag{2.117}$$

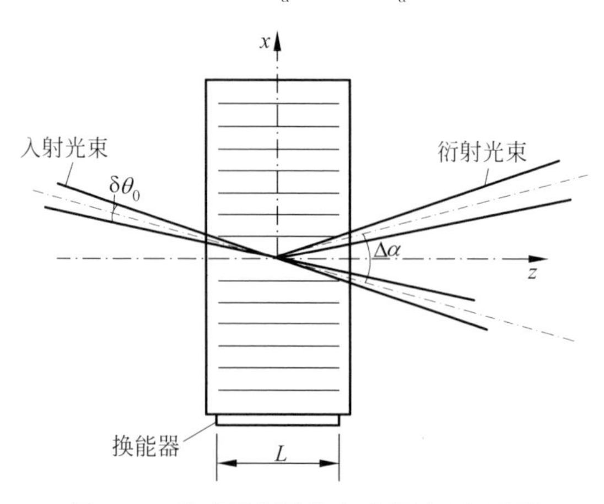


图 2.14　声光调制器的声光衍射几何图形

调制器声光相互作用长度的选择依赖于光束与声束发散角比值 $a$ 的选择，这需要计算被声波调制高斯光束的衍射。完成这个计算的一种方法是将高斯光束分解为平面波的解[16]，如同标准傅里叶分析一样。戈登(E. L. Gordon)分析了振幅调制的简单情况，以及这个分析的数值计算[13]，结果描述在图 2.15 和图 2.16 中。

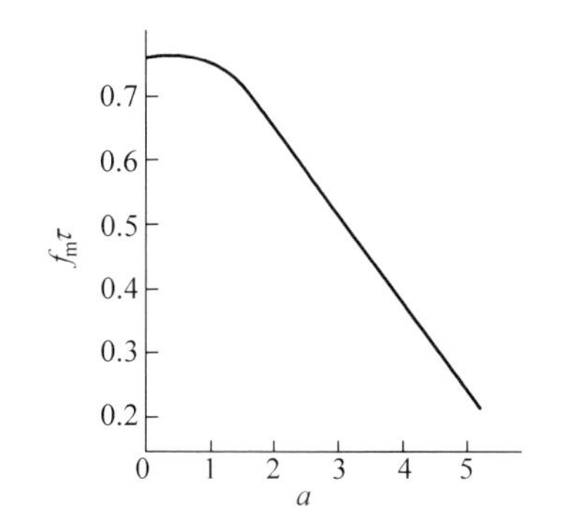


图 2.15 调制带宽和渡越时间乘积 $f_m\tau$ 与光声发散角的关系曲线

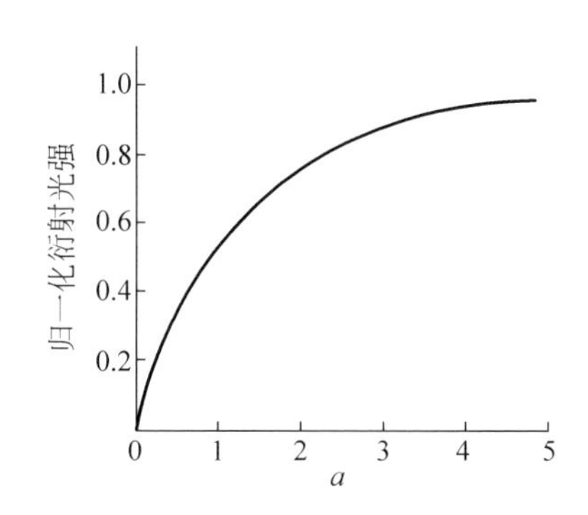


图 2.16 归一化衍射光强峰值与光声发散角的关系曲线

图 2.15 描述了调制带宽和渡越时间的乘积与光声发散角比值 $a$ 的关系，图中横坐标是光发散角与声发散角之比 $a=\frac{\delta\theta_0}{\delta\theta_a}$，参见式(2.117)。从图 2.15 可以看到，当 $a$ 的值减小时，调制带宽加大，其极限为

$$f_m \approx 0.75/\tau \tag{2.118}$$

式中，$\tau=d/v_a$ 是声波横穿过光束腰斑直径 $d$ 的渡越时间，称为腰部渡越时间。而当 $a$ 逐渐增加时，带宽逐渐减小。

图 2.16 描述了归一化衍射光强峰值作为光声发散角比 $a$ 的函数的关系曲线。

图 2.16 中，光声发散角比值 $a$ 增加时峰值衍射光强增加。因此光声发散角比值 $a$ 的选择，需要在调制带宽和峰值衍射效率之间折中考虑。

上面两个分别描述了带宽和峰值强度作为 $a$ 的函数的曲线图，显示 $a$ 的最大限度在 1.5～2。在此范围内调制带宽近似为

$$f_m \approx 0.65/\tau \tag{2.119}$$

对于连续波调制或者脉冲调制，$a$ 的选择折合为 $L/L_0 \geqslant 3$[20]，表明调制器近似工作在布拉格区域。

设计声光调制器的一个必要条件是衍射光与未衍射光要很好地分开，即要有好的消光比。为了获得足够的消光比，布拉格角至少应该和光束的发散角一样大。此条件在中心频率设置一个最小值，相当于中心频率的布拉格角 $\theta_B=\frac{\lambda_0 f_0}{2nv_a}$。并且

由式(2.115)得到高斯光束的发散角 $\delta\theta_0=\dfrac{4\lambda_0}{\pi nd}$,令上面两式表示的角度相等,可给出声频率的下限

$$f_0=\frac{8}{\pi\tau} \tag{2.120}$$

由式(2.119)和式(2.120),可以得到限定的声光调制器的调制带宽为

$$f_0\approx 3.917f_{\mathrm{m}} \tag{2.121}$$

即调制带宽近似等于声频带宽的四分之一,因此光调制器的调制带宽大约在几百兆赫兹。

声光偏转器与调制器的工作特点和设计出发点有所不同,但是它们的工作原理和器件结构是相同的。可以设计具有偏转和调制两种功能的声光器件,即多功能器件。在应用时改变加在器件的压电换能器上的驱动电信号频率而不改变强度,从而改变声信号频率而不改变声强度,此时器件为偏转器运用方式。反之,如果改变声信号强度而不改变频率,为调制器运用方式。如果频率和强度都改变,则为偏转和调制双重运用。

在此基础上,如果在器件换能器上同时加多个电信号频率,声光介质相当于一个复合光栅,入射光被多个声波同时调制,为多频运用。如果在声光器件多个方向上分别制作换能器,多个方向的声信号同时调制入射光波,为多维或称多方向声光运用器件。如果声光器件制作多个互相独立的压电换能器,入射光被多个通道同时调制,为多通道声光运用。进一步将多维和多通道功能同时用于一个声光器件,是二维多通道运用。我们研究了多频、多通道、多维和二维多通道声光相互作用的耦合模理论及产生的线性和非线性效应,研制了相关声光器件,实验验证了理论分析,并且进行了一些应用研究[21-33]。相关内容将在第4章讲述。

### 2.4.3 声光可调谐滤波器

本节介绍体波声光可调谐滤波器工作原理和基本构造。当声波通过声光晶体时晶格交替压缩和放松,介质的折射率受到声场应变作用发生周期性变化,相当于晶体中形成了一个移动的位相光栅,光栅常量即超声波的波长。光波通过介质时发生布拉格衍射,由于声光布拉格衍射的选择性,声光器件仅对于符合相位匹配条件的特殊波长的光产生衍射,其作用相当于滤波器,并且其滤波波长可以随声光驱动电信号频率实时改变。

声光可调谐滤波器(acousto-optic tunable filter,AOTF)是各向异性晶体利用反常布拉格声光相互作用效应制成的可调谐滤波器,能够根据施加的声光驱动电信号频率的变化,在入射复色光或宽带光中分离得到特定波长的单色光。具有调谐速度快(微秒量级)、带宽窄(约为1nm)、调谐范围大(大于100nm)、波长稳定性

好(长时间不超过 0.01nm)、信号能量大、信噪比高、扫描范围广等优点，可实现全光谱和在选定波长范围内扫描。由于其为全固态分光器件，没有移动装置，工作稳定，抗振性能好，对环境影响不敏感。

由于声光可调谐滤波器能够在较宽的波长范围内提供快速的可调谐光源，在光谱仪、可调谐激光器、光传感器、光纤光栅传感器解调、激光显示、图像扫描等方面得到广泛应用。在光网络中，声光可调谐滤波器可作为滤波器、光开关、光的上/下路复用器(optical add/drop multiplexer，OADM)等元件使用。

体波和表面波声光器件都可以同时输入多频声信号，产生多频声光相互作用，也可以多通道输入声信号，实现多通道声光信号并行处理，可以通过改变多个射频信号频率，滤波器可同时输出多个可调谐波长光波信号。声光可调谐滤波器具有波分复用的功能，可以提供大量彼此之间独立且可调谐的波长通道，极大增强光信号处理能力。但是研制这样的器件必须减小多个声波信号之间的串扰。声光可调谐滤波器通常工作在可见光和近红外区域。主要有体声波声光可调谐滤波器和集成光学声光可调谐滤波器(integrated acousto-optic tunable filter，IAOTF)，后者由表面声波器件构成，有关内容将在第 3 章讨论。本节只涉及体声波声光可调谐滤波器。

如前所述，声光衍射的原理类似于透射光栅，“声光”光栅的光栅常数等于声波波长。光栅的光谱分辨率 $R=\lambda_0/\Delta\lambda_0$，在声光偏转器的情况下光谱分辨率等于声频 $f$ 和声越过光孔径的渡越时间 $\tau$ 的乘积，即 $\lambda_0/\Delta\lambda_0=f\tau$。为达到适度的分辨率，所使用的声频必须足够高。因此，滤波器的最大分辨能力受到在高频端声衰减的限制。在各向同性衍射中，这种方法不实用的一个更主要的原因是，声光滤波器的角孔径正比于光带宽，入射角的改变会引起动量失配(图 2.17)，使衍射效率相应减小，所以在各向同性介质中可以用于声光衍射的角孔径就非常小(毫弧度级)。

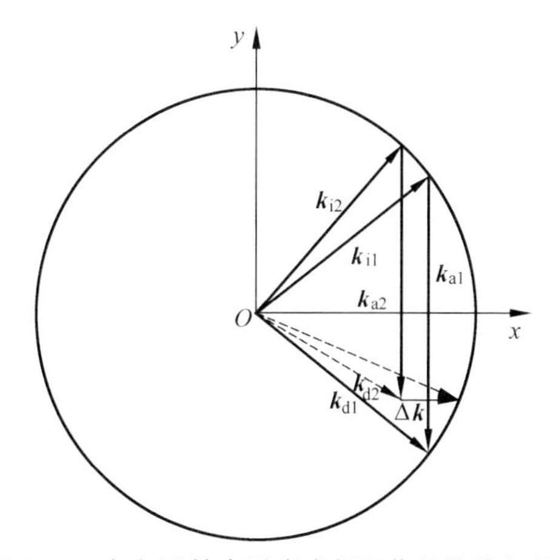


图 2.17　各向同性介质声光相互作用的波矢量图

首先分析各向同性正常声光衍射情况，正常布拉格衍射波矢量如图 2.17 所示，图中 $\boldsymbol{k}_a$ 是声波矢量，$\boldsymbol{k}_i$ 和 $\boldsymbol{k}_d$ 分别是入射光和衍射光的波矢量，入射光角度的改变将引起动量失配 $\Delta\boldsymbol{k}$ 和衍射效率减小。在保持动量匹配情况下，这个角孔径很小。

为了在保持动量匹配条件下，获得较大的入射角(角孔径)范围，体波声光可调谐滤波器利用各向异性双折射晶体中入射光波和衍射光波的折射率不同，使动量匹配条件近似满足。从声光相互作用的光波与声波传播方向考虑，可分为共线型(collinear)和非共线型(no collinear)，或者称为同向和非同向声光相互作用。

共线型声光衍射是在各向异性声光相互作用中的一个特殊情况，光波和声波在垂直光轴的平面中共线传播，描述共线声光相互作用的波矢量如图 2.18 所示。可以看到，在衍射光输出端，入射光和衍射光的轨迹的切线是平行的(波阵面是平行的)，在入射角变化的一阶方向上动量失配为零。对于第一级入射角的变化，动量匹配条件 $\boldsymbol{k}_d=\boldsymbol{k}_i+\boldsymbol{k}_a$ 仍近似成立，在图 2.18 中描述了共线型声光相互作用具有大角孔同时保持着高分辨率的情况。

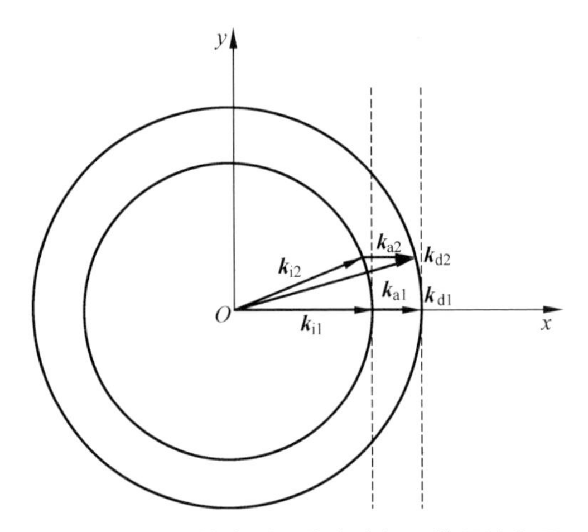


图 2.18 各向异性介质共线声光相互作用波矢量图

在利用各向异性介质的共线型声光相互作用中，哈里斯(S. E. Harris)等率先报道和研制了由 $LiNbO_3$ 和 $CaMbO_4$ 材料构成的共线型声光滤波器[34]。后来有更多人用 $LiNbO_3$、$CaMbO_4$、$Ti_3AsSe_3$ 和石英晶体等材料制作出共线型声光滤波器。图 2.19 为一种共线型声光滤波器的示意图[34]。

但是按照共线型的要求，滤波器材料被限制在相当有限的晶体种类中。一些晶体具有很高的声光优值，例如 $TeO_2$，但是由于晶格条件不适用于共线型滤波器而不能应用。为了克服这一缺点，产生了非共线型滤波器，张以拯(I. C. Chang)描述了在非共线型相互作用构型下获得广角滤波运算的方法[35]。非共线型声光滤波器的工作机理是基于利用双折射量随入射角度的变化，补偿由于光入射角的变

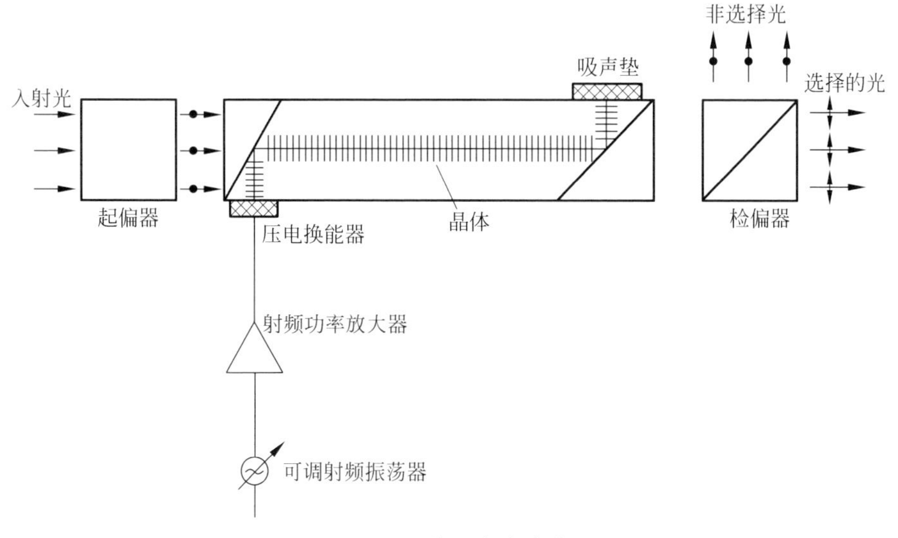


图 2.19　共线型声光滤波器

化而引起的动量失配，这种光入射角的变化对于非寻常光是由双折射的角变化而产生的，从图 2.20 可以看到这种情况的波矢量图。通过恰当选择声波矢量，使入射光和衍射光波矢轨迹的切线平行，因此对于入射光方向的变化，动量匹配仍然近似保持不变。用切线匹配概念的非共线型可调谐声光滤波器是共线型声光滤器的推广，使可调谐滤波器具有大角孔径和高衍射效率。非共线型声光滤波器具有实用性强的优点[35-38]。

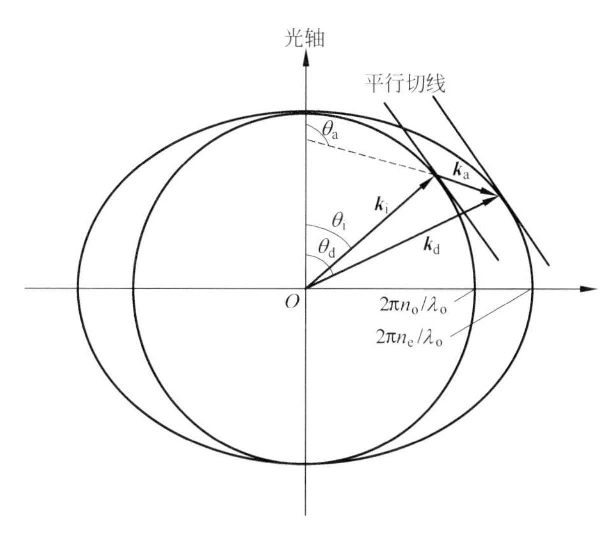


图 2.20　各向异性介质中非共线型滤波器声光相互作用波矢量图（正单轴晶体 $TeO_2$）

在所述的非线性滤波器中,采用 $TeO_2$ 作为滤波器介质。在 $f/4$ 孔径下,滤波器的半功率带宽为 40Å,可调范围为 450～700nm。在功率为 120mW 左右的情况下,实现几乎 100%的传输。非共线型滤波器的一个特性是衍射光束在空间上是与入射光束分离的,因此滤波器可以在不使用偏振器的情况下工作。$TeO_2$ 滤波器的这个分离角等于 5.8°[5,35]。

下面简要阐述声光可调谐滤波器的结构和主要性能指标。声光可调谐滤波器包括体波和表面波声光可调谐滤波器(表面波声光可调谐滤波器将在第 3 章讲述,它可以与光纤耦合配置)。体波声光可调谐滤波器由声光晶体、压电换能器和驱动电路组成(图 2.19)。可调驱动射频源对压电换能器提供频率可调的高频电信号激励,压电换能器将高频的驱动电信号转换为在声光晶体内的超声波振动,压电换能器的压电层通过电极层和键合层,蒸镀在晶体的一侧。超高频可变频信号源(variable frequency driver,VFD)将电信号输入电极,在压电层产生机械振动,通过键合层耦合到声光晶体中产生超声波,声波频率等于射频信号频率,通常为几兆赫兹到几百兆赫兹量级。声光可调谐滤波器从入射光的宽波长范围内选择单一波长或多个波长,通过改变驱动频率可精确、快速地通过所选的中心波长窄带宽的光,并可通过改变驱动功率,调整滤波光的强度。

体波声光可调谐滤波器用各向异性双折射晶体作为分光器件,一般采用具有较高的声光品质因数和较低的声衰减的双折射晶体。常用晶体有氧化碲($TeO_2$)、磷酸二氢钾(potassium dihydrogen phosphate,KDP)、石英、铌酸锂($LiNbO_3$)、锗等。其中最常采用氧化碲或石英(氧化碲的光透明区为 350～5000nm,石英为 200～4500nm),工作在可见光到近/中红外光范围。氧化碲具有很高的声光优值 $M_2$,它属于 422 左旋正单轴晶体,具有旋光性,晶体中沿[110]方向的慢切变波声速为 616m/s,是其他声光介质的声速的 1/10～1/5,其性能非常适于制作声光滤波器和偏转器。器件需要在声光晶体的换能器对面一侧放置声吸收体,或者将该侧端面磨成倾斜面,使得声波在晶体内不发生反射。

从 20 世纪 70 年代以来就有各种可调谐声光滤波器的研究报道。例如图 2.21 是一个用 $TeO_2$ 作为滤波器介质的非共线型声光可调谐滤波器示意图[35]。

这个滤波器选用的声波是在($\bar{1}$10)平面与[110]轴夹角为 10°传播的切变波,线偏振光入射到与(001)平面成 20.7°的平面上。换能器是使用 $x$ 切铌酸锂,具有谐振频率大约 145MHz。由于切变波模式的各向异性,声柱能量沿与[110]轴成 64.3°的方向传播,滤波器的声光相互作用长度大约 4mm。通过改变声频率从 100MHz 到 180MHz 的变化,得到光滤波通带为 450～700nm。

北京工业大学应用物理系在 20 世纪 80 年代研制出的 $TeO_2$ 非共线型声光相互作用的大角孔径可调谐滤波器,可调谐波长范围为 400～750nm;驱动频率范围

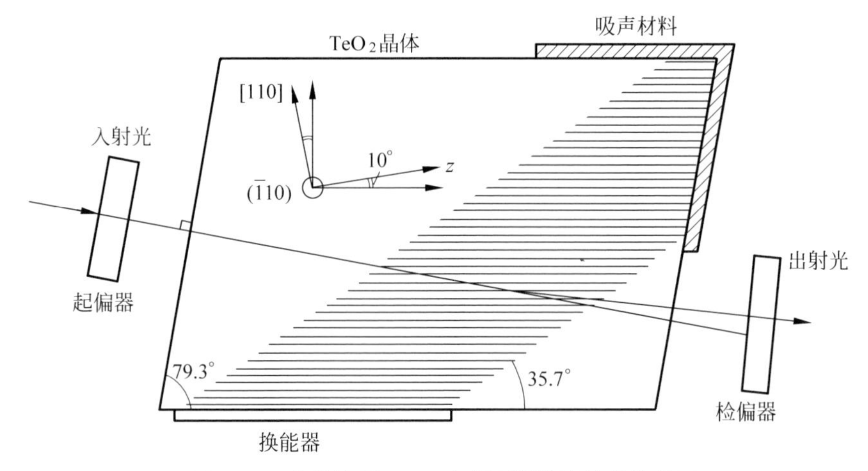


图 2.21　非共线型 $TeO_2$ 声光可调谐滤波器结构图

为 70～170MHz 和 90～220MHz 两种；慢扫描时光谱半高全宽 2.8～5.0nm；角孔径在子午面内为 6°、在弧矢面内为 8°；通光孔径为 3mm×10mm；衍射效率 80%以上；驱动功率小于 1W。

中国电子科技集团公司第二十六研究所研制的声光可调谐滤光器指标为：可调谐波长范围 400～700nm；半功率点谱线宽度小于 5nm；衍射效率大于 80%；工作频率范围 43～100MHz；驱动功率小于 1W。

中国科学院上海硅酸盐研究所研制的两种可调谐声光滤波器指标见表 2.1。

**表 2.1　上海硅酸盐研究所研制的声光滤波器指标**

| 技 术 指 标 | F0408 | F1225 |
| --- | --- | --- |
| 作用介质 | $TeO_2$ | $TeO_2$ |
| 光谱范围/nm | 400～800 | 1200～1500 |
| 对应的驱动频率/MHz | 50～75 | 33～90 |
| 通光孔径/mm | 3×3 | 6×6 |
| 光谱分辨率/Å@nm | 20@400 | 100@200 |
| 驱动功率/W | 1 | 1.5 |
| 衍射效率/%@nm | 80@400 | 25～35@1200 |

美国 Brimrose Corporation of America 研制的体波声光可调谐滤波器，即自由空间式声光可调谐滤波器(free space acousto-optic tunable filters)产品性能达到如下指标。

波长范围：200～5000nm(紫外光、可见光、近红外光和红外光)。典型范围包括 400～650nm，500～1000nm，800～1600nm，1000～1200nm，1200～1700nm，1.2～2.0μm。

光谱分辨率：0.1%（波长在 1μm 左右可以分辨出 1nm 的光波长差）。

衍射效率：60%～90%。

材料采用石英、磷酸二氢钾、氧化碲等。

近期体波自由空间声光可调谐滤波器的产品指标达到：波长范围 200～5000nm；驱动射频频率一般为几十至二百多兆赫兹；通光孔径可达 1mm×1mm 至 15mm×15mm；光谱分辨率为 0.5nm 至几十纳米；允许角孔径 2°～20°；衍射效率 90%。以上是总体可达范围指标，不同型号滤波器具有其中一段范围的指标。

声光可调谐滤波器作为光路的分光器件，可通过计算机用电驱动信号来控制超声波信号，实现快速光谱扫描并对输出光信号进行数据处理。声光可调谐滤波器广泛应用于各种光学系统和应用中，典型应用领域包括生物医学（如共焦显微镜、多光谱成像），科学研究（如波谱学、分光光度法的单色、荧光分析、传输、激光显示）和工业（如红外光谱在工业或过程控制的应用）等。

声光可调谐滤波器的原理是，入射到滤波器的光波与输入的超声波耦合，产生一系列具有复合频率的极化波并激发具有这些频率的光辐射，由于声光效应，光波和声波相互耦合产生一系列具有复合频率的极化波，其圆频率和波矢分别见式(2.5)和式(2.6)。

$$\omega_m = \omega_0 + m\omega_a \tag{2.5}$$

$$\mathrm{K}_m = \boldsymbol{k}_0 + m\boldsymbol{k}_a \tag{2.6}$$

式中，$m = \pm 1, \pm 2, \cdots$。

波矢量的模分别见式(2.3)和式(2.4)：

$$k_0 = \frac{2\pi n_0}{\lambda_0} \tag{2.3}$$

$$k_a = \frac{2\pi}{\lambda_a} = \frac{2\pi}{v_a} f \tag{2.4}$$

式中，$\lambda_0$ 表示光波在真空中的波长，$n_0$ 为入射光在介质中的折射率，$\lambda_a$、$v_a$ 和 $f$ 分别为声波波长、速度和频率。

对于布拉格衍射，只有 1 级衍射光，$m$ 值只取 +1 或者 −1。入射光和衍射光分别记为

$$k_i = \frac{2\pi n_i}{\lambda_0}, \quad k_d = \frac{2\pi n_d}{\lambda_0}$$

式中，$n_i$ 为晶体对入射光的折射率，$n_d$ 为晶体对衍射光的折射率，它们分别是入射光和超声波波面间的夹角 $\theta_i$、衍射光与超声波波面间的夹角 $\theta_d$ 的函数。对于一定

的声光介质和传播方向($f$、$v_a$、$\theta_i$ 一定),可以求得同向声光相互作用可调谐滤波器的输出光。

由布拉格条件可以得到同向声光相互作用的可调谐滤波器的调谐关系[1-2],

$$\lambda_0=\frac{\Delta n v_a}{f} \tag{2.122}$$

式中,$\Delta n=n_i-n_d=|n_e-n_o|$,为双折射引起的折射率差。$\lambda_0$ 为可调谐滤波器的输出光波在真空中的波长。$n_o$ 和 $n_e$ 分别是双折射晶体 o 光和 e 光的折射率。由式(2.122)可见,AOTF 衍射产生的单色光的波长 $\lambda_0$ 和声波驱动信号频率 $f$ 存在一一对应关系,只要改变驱动电信号频率即可改变输出光的波长,实现可调谐滤光输出。

当入射光与声波成布拉格角的方向入射,严格满足布拉格条件时,产生 1 级或 −1 级衍射光,衍射光与入射光夹角为

$$\alpha=\frac{\lambda}{v_a}f \tag{2.123}$$

式中,$\lambda$ 为介质中的光波长。该角度与声波和光波参量有关,是至多为几度的很小角度。当不严格满足布拉格条件时,可同时产生 1 级和 −1 级衍射光,它们与入射光夹角均为 $\alpha$。

$TeO_2$ 晶体声光滤波器声光相互作用使晶体折射率椭球的主轴方向改变,因此本征模的偏振状态发生变化,衍射光的偏振方向与入射光垂直,即发生反常声光相互作用。为了利用 $TeO_2$ 晶体的慢切变波,采用非同向声光相互作用的可调谐滤波器[35],这种器件使可调谐滤波器入射光角度变化引起的相位失配与双折射量随角度变化补偿。具有大角孔径和高度光谱分辨率。

非同向声光相互作用的可调谐滤波器的调谐关系是[1-2]

$$\lambda_0=\frac{\Delta n v_a}{f}(\sin^2 2\theta_i+\sin^4\theta_i)^{1/2} \tag{2.124}$$

式中,$\lambda_0$ 为可调谐滤波器的输出光波长。可调谐滤波器的光谱半高全宽(full width at half maximum,FWHM)为

$$\Delta\lambda=\frac{1.8\pi\lambda_0^2}{bL\sin^2\theta_i} \tag{2.125}$$

光谱分辨率为

$$R=\frac{\lambda_0}{\Delta\lambda}=\frac{bL\sin^2\theta_i}{1.8\pi\lambda_0} \tag{2.126}$$

式中,$L$ 是声光相互作用长度,$b$ 是色散常数,

$$b = 2\pi\lambda_0^2 \frac{\partial}{\partial\lambda_0}\left(\frac{\Delta n}{\lambda_0}\right) \tag{2.127}$$

滤波器的带宽取决于器件参数和光的工作波长，带宽可以窄到 1nm。全部衍射光总衍射效率可以高达 98%，衍射光强度即滤波器输出光强，随驱动电功率强度改变，响应时间取决于声波在器件中的渡越时间，可达微秒量级。

# 2.5 声光材料和换能器技术

声光器件已经广泛运用到各种不同的应用之中，如声光偏转器、调制器、可调谐滤波器和信号处理器等。近年来声光器件性能得到极大改善，很大程度上取决于更好的声光材料的发展。本节介绍声光器件的材料选择问题，包括对三种基本类型的声光器件，偏转器、调制器和可调谐滤波器的材料选择标准，以及材料参数之间的综合考虑，并列出了部分常用声光材料的性能表[1-2,39-40]。

## 2.5.1 声光材料

首先阐述声光材料的主要性能参数。优质的声光材料必须满足如下条件：具有良好的光学质量和实用性，有适合应用的足够大的尺寸，低的光学衰减和声学衰减，以及具有高的品质因数即高声光优值，广泛使用的声光优值分别是 $M_1$ 至 $M_6$，下面将逐一介绍。

选择声光材料的标准必须基于材料的特殊应用。能很好适用于一种类型器件的声光材料可能对另一种类型器件不适用。如磷化镓是用于制作声光偏转器和调制器的最佳材料。但是由于它光学各向同性，不适合用于可调谐滤波器。要制作具有最佳性能参数的声光器件，就需要具有与其相应特性的材料。

声光器件与光学器件所需要的材料特性类似，要求在工作波长范围内具有高透光率、高光学质量、大尺寸、高化学稳定性和机械耐用性的晶体，物理性能上具有低的温度系数、低声速、高光损伤阈值。声光器件选择标准还包括：声光品质因数高，声衰减低，具有光学双折射及非线性声学系数低。下面将详细讨论这些声光材料的重要特性。

### 1. 声光品质因数

声光器件应用中要求高的声光品质因数。有几种声光品质因数被用来判断声光材料参数的实用性。从使用的角度看，声光器件可分为偏转器、调制器、可调谐滤波器。在前面已经论述，这三种器件的特征参数由其声光相互作用的不同几何尺寸所决定，见式(2.100)。

对应于声光器件的不同应用，器件设计时分别选择 $a$ 的不同范围。根据材料多方面的物理性质归纳为几种常用的声光品质因数[41-42]，又称为声光优值，每种器件的材料选择都分别用适当的品质因数描述。主要包括

$$M_1=\frac{n^7p^2}{\rho v_a} \tag{2.128}$$

$$M_2=\frac{n^6p^2}{\rho v_a^3} \tag{2.129}$$

$$M_3=\frac{n^7p^2}{\rho v_a^2} \tag{2.130}$$

$$M_4=\frac{n^8p^2v_a}{\rho} \tag{2.131}$$

$$M_5=\frac{n^8p^2}{\rho v_a^3} \tag{2.132}$$

$$M_6=\frac{n^4pv_a^2}{\beta} \tag{2.133}$$

式中，$n$ 为折射率，$p$ 为材料的相应的声光弹光系数，$\rho$ 为介质密度，$v_a$ 为声波速度，$\beta$ 为二阶非线性声学参量。下面逐一讨论它们的定义和应用场合。

$M_2$：声光优值 $M_2$ 是文献中最常用的品质因数[43-44]，在给定器件的几何形状（器件中声光相互作用长度 $L$ 和高度 $H$ 之比）下，它关系到声功率 $P_a$ 的衍射效率，从式(2.69)已经推导出

$$\eta=\frac{\pi^2}{4}\frac{n^6p^2|S|^2}{\lambda_0^2\cos^2\theta_0}L^2=\frac{\pi^2}{2\lambda_0^2}\left(\frac{n^6p^2}{\rho v_a^3}\right)\frac{P_aL}{H\cos^2\theta_0}$$

式中括号内即定义为 $M_2$，即式(2.129)。将 $M_2$ 代入上式，得到

$$\eta=\frac{\pi^2}{2\lambda_0^2}M_2P_a\frac{L}{H\cos^2\theta_0}\approx\frac{5}{\lambda_0^2}M_2P_a\frac{L}{H} \tag{2.134}$$

$M_2$ 还常用于声光材料之间的比较。实际上，在器件应用中，只有当主要关心衍射效率时（窄带器件）才使用 $M_2$。在其他情况下，依据 $M_2$ 来选择声光材料并不适当。

$M_1$：除了效率外，声光器件另一个重要的设计参数是带宽，从式(2.81)可知带宽与 $nv_a^2$ 成正比，在给定的声功率下，为选择最优化的效率带宽积，可采用声光优值 $M_1=M_2nv_a^2$ 为相关的品质因数[41-42]。在这种情况下，将声光相互作用长度归一化为特征长度，由确定的带宽限定 $M_1$ 最大值。设 $f_c$ 为声频中心频率，将 $M_2=M_1/nv_a^2$ 代入式(2.129)，即得到 $M_1$ 的表达式(2.128)。注意到 $v_a=\lambda_af_c$，由式(2.69)和式(2.81)可得到

$$\eta=\frac{\pi^2}{2\lambda_0^3 f_c^2}M_1 l\,\frac{P_a}{H}\approx\frac{9}{\lambda_0^3 f_c \Delta f}M_1\,\frac{P_a}{H} \tag{2.135}$$

式中，$l=L/L_0$。近似值是代入式(2.81)(其中取 $L_0^c\approx L_0$)得到的。

$M_3$：在设计声光偏转器或布拉格元件过程中，当换能器高度 $H$ 因为受到器件制作工艺或者电阻抗匹配限制时，设计偏转器最常使用的指标是 $M_1$。当换能器高度 $H$ 未被这些因素限制时，可以小到光束尺寸大小，此时器件设计指标应该用 $M_3=M_2 n v_a$[40]，令式(2.134)中 $H\approx v_a/\Delta f$，衍射效率由下式给出[5-6]，

$$\eta=\frac{\pi^2}{2\lambda_0^3 f_c^{3/2}\tau^{1/2}}M_3 P_a\,\frac{l}{h}\approx\frac{9}{\lambda_0^3 f_c}M_3 P_a \tag{2.136}$$

式中，$h=H/H_0$，$H_0=v_a(\tau/f_c)^{1/2}$。

$M_4$：在设计宽带偏转器或调制器时，功率密度是限定因素，适合的品质因数为 $M_4=M_2(nv_a^2)^2$。由式(2.69)和式(2.81)得到

$$\eta=\frac{\pi^2}{2\lambda_0^4 f_c^4}M_4 P_a l^2\approx\frac{16}{\lambda_0^4 f_c^2\Delta f^2}M_4 P_d \tag{2.137}$$

式中，$P_d=P_a/LH$ 是声功率密度。

$M_5$：在设计声光可调谐滤波器的过程中，选择的最佳参数为效率 $\eta$，通常把可调声光滤波器的效率定义为频谱分辨率 $\lambda_0/\Delta\lambda$ 与立体角孔径 $\Delta\Omega$ 的乘积。

$$\eta=TA\Delta\Omega\,\frac{\lambda_0}{\Delta\lambda} \tag{2.138}$$

式中，$T$ 是滤波器的透射率，与声光优值 $M_2$ 成比例，$A$ 是光学孔径，$\Delta\Omega\,\dfrac{\lambda_0}{\Delta\lambda}$ 与 $n^2$ 成正比。因此声光可调谐滤波器的衍射效率与 $M_2 n^2$ 成正比。这样，对声光可调谐滤波器适合的声光品质因数定义为 $M_5=n^2 M_2$，即式(2.132)。在研制声光可调谐滤波器时，可以用 $M_5$ 选择声光材料。

$M_6$：宽带声光布拉格器件或空间光调制器的动态范围通常受衍射光中的互调制所限制，频率越高，布拉格衍射的动态范围越小。在选择高频器件材料时，$M_6$ 是一个重要的参数。相关内容在后面分析。

表 2.2 概括了可应用于这三种基本声光器件的品质因数[41]。可以看到，声光优值 $M_2$ 对于给定的声功率和器件相关长宽比 $L/H$ 能够通过测量衍射效率式(2.134)来确定。从测量的 $M_2$ 就可以确定所涉及的相应声和光模式下的声光系数 $p_{ij}$。狄克逊和科恩(Cohen)用简单的测量技术测定了 $M_2$[43]。其他的声光优值 $M_1$、$M_3$、$M_4$、$M_5$ 能够由 $M_2$ 和介质的折射率及声速确定。

表 2.2 三种声光器件分别适用的品质因数

| 声光器件 | 相互作用平面 | 横截平面 | 声光优值 |
|---|---|---|---|
| 偏转器 | $a^* \ll 1$ | $a \approx 1$ | $M_3 = \dfrac{n^7 p^2}{\rho v_a^2}$ |
| 调制器 | $a \approx 1$ | $a \approx 1$ | $M_4 = \dfrac{n^8 p^2 v_a}{\rho}$ |
| 可调谐滤波器 | $a \gg 1$ | $a \gg 1$ | $M_5 = \dfrac{n^8 p^2}{\rho v_a^3}$ |

* 表中 $a = \dfrac{\delta\theta_0}{\delta\theta_a}$，参见式(2.117)。

表 2.3 列出了一些声光材料的声光优值和其他声学和光学性质，此表的数据来自参考文献[40]和[44]等。系数 $\alpha_0$ (dB/$\mu$s · GHz$^2$)是设声衰减正比于 $f^2$ 时，单位时间在 $f$ 为 1GHz 时声波的衰减。$M_2$、$n$ 和 $v_a$ 的数据亦来自参考文献[40]和[44]，$M_1$、$M_3$、$M_4$ 和 $M_5$ 的计算数据是利用式(2.128)、式(2.130)、式(2.131)和式(2.132)得到的。表 2.3 中列出的声光优值 $\overline{M}_i$ $(i=1,2,3,4)$是它们相对于熔石英归一化的值，它们的绝对值如下[5]：

$$\begin{cases} M_1 = 7.83 \times 10^{-7} [\mathrm{cm}^2 \cdot \mathrm{s} \cdot \mathrm{g}^{-1}] \\ M_2 = 1.51 \times 10^{-18} [\mathrm{s}^3 \cdot \mathrm{g}^{-1}] \\ M_3 = 1.3 \times 10^{-12} [\mathrm{cm} \cdot \mathrm{s}^2 \cdot \mathrm{g}^{-1}] \\ M_4 = 4.06 \times 10^{5} [\mathrm{cm}^4 \cdot \mathrm{s}^{-1} \cdot \mathrm{g}^{-1}] \end{cases} \tag{2.139}$$

常用的 $PbMoO_4$、$TeO_2$、$LiNbO_3$ 和更多材料声学和光学性质可参见文献[40]—[42]和文献[45]等。

**2. 声衰减**

声光偏转器或布拉格元件主要以效率、带宽和分辨率为其主要特征。声光偏转器的分辨率或光点数由声波渡越时间 $\tau$ 和带宽 $\Delta f$ 的乘积给出，即式(2.103) $N = \dfrac{\Delta\alpha}{\delta\theta_0} = \dfrac{W}{v_a}\dfrac{\Delta f}{R} = \tau\dfrac{\Delta f}{R}$，渡越时间加长可以提高分辨率，最大的渡越时间通常为所容许的衰减所限制。因此，声光材料要求具有低的声衰减。一般在室温时 $\omega\tau_{th} \ll 1$，$\omega$ 为声波的角频率，$\tau_{th}$ 为热声子张弛时间。对声衰减的主要影响是由趋向平衡的热声子张弛产生的阿克希瑟(Akiheser)损耗。伍德拉夫(Woodruff)和埃伦赖希(Ehrenreich)[46]推导出方程式，该式以奈培每单位时间为单位测得的声衰减为

$$\alpha = \frac{\gamma^2 \omega_a^2 \kappa T}{\rho v_a^4} \tag{2.140}$$

**表 2.3　声光器件材料**

| 材料参数 | | | 声波 | | | 光波 | | | 声光优值 | | | |
|---|---|---|---|---|---|---|---|---|---|---|---|---|
| 材料 | 透光区/μm | 密度 $\rho$/(g/cm$^3$) | 模式传播方向 | 速度 $v_a$/($10^5$ cm/s) | 衰减系数 $\alpha_0$/[dB/(μs·GHz$^2$)] | 偏振方向 | 折射率 $n$ | 波长 $\lambda_0$/μm | $\overline{M}_1$ | $\overline{M}_2$ | $\overline{M}_3$ | $\overline{M}_4$ |
| 熔石英 | 0.2～4.5 | 2.2 | L | 5.96 | 7.2 | ⊥ | 1.46 | 0.633 | 1 | 1 | 1 | 1 |
| $LiNbO_3$ | 0.2～4.5 | 4.64 | L[100] | 6.57 | 0.1 | 35° $y$ | 2.2 | 0.633 | 8.5 | 4.6 | 7.7 | 15.5 |
| $TiO_2$ | 0.45～6 | 4.23 | L[100] | 8.03 | — | [010] | 2.58 | 0.633 | 8.3 | 2.6 | 6.2 | 26.9 |
| $Sr_{0.75}Ba_{0.25}Nb_2O_6$ | 0.4～6 | 5.4 | L[001] | 5.5 | 2.2 | // | 2.3 | 0.633 | 34.3 | 25.6 | 37.1 | 45.9 |
| 金刚石 | 0.2～5 | 3.52 | L[100] | 17.5 | 2.6 | // | 2.42 | 0.589 | 9.6 | 0.68 | 3.3 | 138 |
| $PbMoO_4$ | 0.42～5.5 | 6.95 | L[001] | 3.63 | 5.5 | ⊥ | 2.39 | 0.633 | 14.6 | 23.9 | 24 | 8.9 |
| $TeO_2$ | 0.35～5 | 6.0 | L[001] | 4.2 | 6.3 | ⊥ | 2.26 | 0.633 | 17.6 | 22.9 | 25 | 13.5 |
| $TeO_2$ | 0.35～5 | 6.0 | S[110] | 0.62 | 17.9 | 圆 | 2.26 | 0.633 | 13.1 | 795 | 127 | 0.22 |
| GaP | 0.6～10 | 4.13 | L[110] | 6.32 | 3.8 | // | 3.31 | 0.633 | 75.3 | 29.5 | 71 | 192 |
| $As_{12}Se_{55}Ge_{33}$ | 1～14 | 4.4 | L | 2.52 | 1.7 | ⊥ | 2.7 | 1.06 | 54.4 | 264 | 129 | 18 |
| $As_2Se_3$ | 0.9～11 | 4.64 | L | 2.25 | 27.5 | ⊥ | 2.89 | 0.633 | 204 | 722 | 539 | 57.1 |
| GaAs | 1～11 | 5.34 | L[110] | 5.15 | 15.5 | // | 3.37 | 1.15 | 118 | 69 | 137 | 202 |
| $Ti_3AsS_4$ | 0.6～12 | 6.2 | L[001] | 2.15 | 5 | // | 2.83 | 0.633 | 152 | 523 | 416 | 44 |
| $Ti_3PSe_4$ | 0.85～8 | 6.31 | L[010] | 2.0 | 30 | // | 3.09 | 1.15 | 366 | 1370 | 991 | 98 |
| Ge | 2～20 | 5.33 | L[111] | 5.50 | 16.5 | // | 4.00 | 10.6 | 1260 | 540 | 1365 | 2940 |

式中，$\gamma$ 为古雷尼森（Gurenisen）常数，$T$ 为温度，$\kappa$ 为热传导率。方程（2.140）表明声衰减与热传导率成正比。已发现属于较低对称点群的晶体其热传导率较小，因此声衰减也较低。另外也可以通过增加点缺陷来人为减小其热传导率和相应减小声衰减，例如利用中子辐照晶体。方程（2.140）还表明声衰减与声频率为平方关系，这与从大部分晶体中观测到的一致。在一些如 GaP 和 $LiNbO_3$ 的晶体中发现了衰减与频率的关系在不同的频率范围内变化各异，且在频率的 1 次方和 2 次方之间具有平均值。在频率 2 次方衰减与频率的关系产生的偏差可认为是由晶格缺陷导致的散射引起的其他非本征衰减造成的。这种非本征衰减的大小在不同的样品中各有不同，主要取决于晶体生长过程。要消除非本征衰减就必须减小晶体中的杂质含量，放慢晶体生长的速度等。在选择声光材料时，必须注意各性能数之间的比较和折中。性能参数的折中选择将在 2.5.3 节进一步讨论。

**3. 光学双折射**

声光偏转器和调制器的制作介质材料不需要光学双折射晶体。要使声光器件效率高，带宽宽和分辨率高，选用优质各向同性材料，例如 GaP 就可以实现。但是声光可调谐滤波器的介质材料要求具有光学双折射，因为要在入射光的大角度分布范围内得到声光相互作用相位匹配，光学双折射晶体可满足这个要求。光学双折射材料的优点是可获得接近正切形的相位匹配。这种匹配在给定的相对带宽情况下能使声光相互作用长度 $L$ 增加，与各向同性衍射相比，相互作用长度可以增加至 4 倍或者更多[42]。由于声功率密度的减小与 $L^2$ 成比例，当功率密度被限定时，此优点更为重要。声光材料 $LiNbO_3$ 和 $TeO_2$ 具有这种光学双折射的优良性能。

在声光可调谐滤波器中，相应于通频带波长的驱动声频与晶体双折射成正比。要便于制作和提高器件性能需要降低声频率，由此在声光可调谐滤波器的应用中，选用材料的双折射小些为好。

**4. 非线性声系数**

在各种不同的声光器件中，空间光调制器或布拉格器件常被认为是最重要的一种。布拉格器件广泛用于宽带电信号的光学处理。其声光相互作用几何尺寸基本上与声光偏转器相同，其工作通常涉及多路信号的同时存在。声光布拉格器件的动态范围通常受衍射光中的互调制所限制。这种互调制主要由声光器件介质材料的声非线性效应引起。宽带布拉格器件的多频声光相互作用耦合产生的互调制将在第 4 章进行详细分析[21-22,47]。

以两个声信号频率声光效应的简单情况分析如下，当声光布拉格器件中有频率分别为 $f_1$ 和 $f_2$ 两个声波传播时，设两个声波的主衍射光强分别是 $I_1$ 和 $I_2$，在足够高的声强时，入射光波与两种声波相耦合，产生一系列具有复合频率的极化波，这些极化波激发这些复合频率的光辐射，会产生多个互调制的各级衍射光。产生的互调制中的三级互调制光 $2f_1-f_2$ 的光强是

$$I_{21}=\left(\frac{l_c}{l}\right)^4\frac{cI_1^2I_2}{36} \tag{2.141}$$

式中，$c$ 为常数，取决于入射光束的截切率，$l_c$ 为归一化相互作用长度，

$$l_c=\frac{\beta\lambda_0^2f_c^3\tau}{n^4pv_a^2} \tag{2.142}$$

式中，$\beta$ 为二阶非线性声学参量。为减小多频互调制产生的非线性效应造成的动态范围衰减，要求 $l_c$ 比较小。由此定义一个与 $l_c$ 成反比的新的品质因数，即式(2.133)，$M_6=\dfrac{n^4pv_a^2}{\beta}$。将其代入式(2.142)，得到 $l_c=\dfrac{\beta\lambda_0^2f_c^3\tau}{n^4pv_a^2}=\lambda_0^2f_c^3\tau/M_6$，这样受到声波非线性影响，双频布拉格衍射的动态范围(dynamic range，DR)(dB)的表达式为

$$\mathrm{DR}=10\lg\left[\left(\frac{M_6}{\lambda_0^2f_c^3\tau l}\right)^4\frac{36}{cI_1I_2}\right] \tag{2.143}$$

可以看到，频率越高，布拉格衍射的动态范围越小。在选择高频器件材料时，$M_6$ 是一个重要的参数[41]。

下面对声光材料多种参数作综合分析选择。

确定声光材料选择的基本参数包括光透过率、折射率、弹光系数、密度、声速、声衰减、双折射和非线性声系数。器件应用就需要对这些参数进行最佳选择。然后在不同的参数间还需要进行折中处理。

(1) 折射率与光透过率和弹光系数的关系

选择声光介质材料时，要综合考虑所选用材料的折射率与品质因数、光透过率和弹光系数的关系。折射率大的材料品质因数高，但是会对光透过率和弹光系数产生影响。

高声光品质因数需要大的折射率。大部分光学材料的折射率已列在表2.3中。皮诺(D. A. Pinnow)表述了折射率的实验方程式[39]。一般折射率随平均原子量增大和离子性减弱而增大。由于折射率与能隙 $\lambda_g$ 有关，折射率大的材料只在较长波长下才透明，其短波截止波长偏向红外区。与折射率相关，能隙波长主要受原子量和合成物的离子性质限定。估算的实验方程式为

$$\lambda_g=\frac{A_a+A_c}{34(N_a-N_c)} \tag{2.144}$$

式中，$N_a$ 和 $N_c$ 分别为阴离子和阳离子的价电子数，同样，$N_a$ 和 $N_c$ 是相应的原子数，$A_a$ 和 $A_c$ 是相应的原子量。方程(2.144)表明合成物原子量增加和离子性减弱时，$\lambda_g$ 偏向较长的波长。

另一种折中关系是在折射率与弹光系数之间进行。根据皮诺推导出的理论[39]，弹光张量可近似由平均标量描述为

$$P_{av}=0.35(1-\Lambda_0) \tag{2.145}$$

式中，$\Lambda_0$ 为与压力变化相关的声光材料分子极化的部分变化。实验数据表明，$\Lambda_0$ 随着由离子键结合到共价键结合的改变而增大。因为折射率高的材料离子键结构少，由方程(2.145)可知，折射率高的材料具有较低的弹光系数。

(2) 品质因数与声速的关系

要获得品质因数高的 $M_3$ 或 $M_5$，就需要低的声速 $v_a$，参见式(2.130)和式(2.132)。用于估算平均声速的有效准则由林德曼公式给出[1]

$$v_a^2=CT_m/\overline{M} \tag{2.146}$$

式中，$C$ 为常数，$T_m$ 为融点温度，$\overline{M}$ 为原子量。因而融点较低且原子量大的材料其声速也较低，且相应有大的 $M_3$ 和 $M_5$。

高性能声光器件很大程度上取决于优质声光材料。表2.3列出了在可见、近红外和红外区域内可选择的声光材料的相关性能。

要找到新的优质声光材料是比较困难的。一种途径就是从具有优质声光性能的各向同性材料衍生出的双折射晶体，例如黄铜矿化合物 $ZnGeP_2$[41,48]等。

## 2.5.2 换能器材料

声光器件应用要求换能器有大的带宽和低转换损耗。制作时需要把压电换能器和声光介质键合在一起并减薄。换能器设计和制作的主要问题包括：具有大机电耦合系数和低耗散损失，改进键合技术，在高频运用时减少换能器厚度以及宽带阻抗匹配的电路设计等。在换能器材料中，$LiNbO_3$ 应用最广泛。$LiNbO_3$ 和几种主要的压电材料的基本性质见表2.4[5-6,48-50]。

表2.4 几种压电材料的性质

| 压电材料 | 切向 | 模式 | 机电耦合系数 $K$ | 密度 $\rho$/(kg/m³) | 声速 $v_a$/(μm/μs) | 声阻抗 $Z_0=\rho v_a$/($10^6$ kg/m² s) | 频率常数/(MHz·μm) | 相对介电系数 $\varepsilon_r$ |
|---|---|---|---|---|---|---|---|---|
| $LiNbO_3$ | 36°y | L | 0.49 | 4640 | 7300 | 33.9 | 3650 | 38.6 |
| | x | S | 0.68 | | 4800 | 22.3 | 2400 | 44.3 |
| | 163°y | S | 0.62 | | 4480 | 20.8 | 2240 | 42.9 |
| | z | L | 0.17 | | 7320 | 34.0 | 3660 | 29.0 |
| 石英 | x | L | 0.098 | 2650 | 5740 | 15.2 | 2870 | 4.58 |
| | y | S | 0.137 | | 3850 | 10.2 | 1925 | 4.58 |
| | AC | S | 0.083 | | 3300 | 8.75 | 1650 | 4.58 |
| $Ba_2NaNb_2O_{15}$ | z | L | 0.57 | 5410 | 6150 | 33.3 | 3075 | 32 |
| | y | S | 0.25 | | 3660 | 19.8 | 1830 | 227 |
| 压电陶瓷 | 0° | L | 0.49 | 7700 | 4340 | 33.4 | 2170 | 635 |
| | 90° | S | 0.69 | | 2240 | 17.3 | 1120 | 730 |

### 2.5.3 换能器的键合技术

换能器键合是制作声光器件的关键工艺，键合方法是把换能器和声光介质黏合在一起（键合工艺），并把键合在声光介质上的换能器进一步减薄到所需的厚度（减薄工艺）。

把换能器黏合到声光介质上最简单的技术是使用有机黏合剂，包括环氧树脂类和低熔点油脂，例如苯甲酸苯酯、水杨酸苯酯等。但是有机黏合剂的声阻抗很低，与声光器件换能器和电极层材料的声阻抗不匹配，为达到高频宽带阻抗匹配，有机黏合剂层的厚度必须达到声波波长量级的声学薄厚程度，例如环氧树脂层的厚度大约在 0.1μm。换能器片需要在键合后再加工减薄，所以键合层要有相应的机械强度。环氧树脂黏合时，需中间加金属层，并且要保持声阻抗匹配，而低熔点油脂键合层强度低，它们均不适合高频使用。在高频要采用其他键合方法，金属键合层通常采用真空铟冷压焊和超声焊的方法。真空铟冷压焊是蒸镀银锡等软金属作为键合层，在室温和足够高的真空条件下（约 $2\times10^{-3}$Pa）压合，压强要均匀，一般为 4.9MPa。超声焊可以用任意金属作键合层，通常用金、银或者铝作为键合层兼电极层，这样可以简化声光器件结构。并且超声焊不必在真空条件，在一定静压力和超声振动下，在大气压下就可以完成。也不需要很大压力，必要时需要加热到一定的温度。但是超声焊工艺条件要求高，一般多采用真空铟冷压焊。我们研制的多种声光器件主要采用真空铟冷压焊的方法。

在多种金属键合层中，最常用的是铟，在较低键合压力下即可以键合。并且铟的声阻抗接近大多数声光器件基底材料的阻抗，缺点是在高频时声衰减相当大，见表 2.5。

Au 的声衰减很低，适合在频率 1GHz 以上高频范围使用，但是缺点是声阻抗很高，与大多数声光材料不匹配。Al 的声衰减略高于 Au，声阻抗与 In 的声阻抗接近，可以作为键合的中间物，Al 还具有高频应用时电导率高的优点。换能器的转换损耗在高频时可低于 1dB。

键合后换能器的厚度必须减薄到与声波频率相对应的尺寸，机械研磨可以把厚度减小到 3～6μm。进一步减薄要采用溅射刻蚀和离子研磨技术，可以把换能器厚度减小到 0.25μm 左右。制作中用电测法或扫频仪监测换能器的厚度和平行度。

一般声光器件的键合层都比较厚，尤其是红外器件为几微米到几十微米，高真空铟压焊操作中，因为膜层厚需要的蒸发时间长，不易保持真空度，影响黏接质量。采用较薄的膜，更有利于黏接。

**表 2.5　电极和键合层材料的声学性质**

| 材料和传播方向 | 密度 $\rho$/(kg/m³) | 纵波 | | | | | 切变波 | | | | |
|---|---|---|---|---|---|---|---|---|---|---|---|
| | | 声速 $v_a$/(μm/μs) | 声阻抗 $Z$/($10^6$kg/m²s) | 相对声阻抗 $z_0$ | 频率常数/MHz·μm | 声吸收系数 $\alpha$/(dB/μm)(每 1GHz) | 声速 $v_a$(μm/μs) | 声阻抗 $Z$/($10^6$kg/m²s) | 相对声阻抗 $z_0$ | 频率常数/MHz·μm | 声吸收系数 $\alpha$/(dB/μm)(每 1GHz) |
| **电极和键合层膜材料的声学性质** | | | | | | | | | | | |
| Au[111] | 18700 | 2250 | 16.4 | 0.48 | 1125 | 80000 | 930 | 17.4 | 0.780 | 465 | 0.1 |
| In[101] | 6900 | | | | | | 800 | 5.5 | 0.247 | 400 | |
| In[101] | 7300 | | | | | | 910 | 6.4 | 0.287 | 455 | 16 |
| Sn | 6500 | | | | | | 1400 | 9.1 | 0.408 | 700 | |
| **电极和键合层体材料的声学性质** | | | | | | | | | | | |
| 环氧树脂 | 1100 | 2600 | 2.86 | 0.084 | 1300 | | 1220 | 1.34 | 0.060 | 610 | |
| 溶剂苯 | 1240 | 3600 | 4.45 | 0.13 | 1800 | | 1820 | 2.25 | 0.101 | 910 | 0.23 |
| Ag[111] | 10400 | 3960 | 41.5 | 1.22 | 1980 | 250 | 1560 | 16.4 | 0.736 | 780 | |
| | | 3650 | 38.0 | 1.12 | 1825 | | 1610 | 16.7 | 0.749 | 805 | |
| Au[111] | 19300 | 3400 | 65.5 | 1.93 | 1700 | 200 | | | | | |
| | | 3240 | 62.5 | 1.84 | 1620 | | 1200 | 23.2 | 1.04 | 600 | 0.1 |
| Al | 2700 | 6420 | 17.3 | 0.51 | 3210 | 200 | 3040 | 8.21 | 0.368 | 1520 | |
| Cu | 8600 | 5010 | 40.6 | 1.19 | 2505 | | 2110 | 18.3 | 0.821 | 1055 | |
| In[101] | 7300 | 2300 | 17.0 | 0.50 | 1125 | | 1440 | 10.5 | 0.471 | 720 | |
| Sn | 7280 | 3320 | 24.2 | 0.71 | 1660 | | 1740 | 12.7 | 0.570 | 870 | |

光学增透膜是为了提高介质的光透过率，声光器件一般镀氟化镁或氟化钡单层增透膜，因为蒸镀时要升温到 250℃，所以先镀光学增透膜，再镀键合层，以免键合层铟层脱落。

吸声膜也是一种声增透膜，它是在器件性能初测后进行蒸镀，一般镀铟(In)、锡(Sn)、铅(Pb)三层，吸声效果比只镀 Pb 或低熔点合金好。膜层厚度根据器件工作参数而定，$l_1$(In)=1.57～2.84μm，$l_2$(Sn)=2.41～4.38μm，$l_3$(Pb)= 200μm。

声光器件换能器键合各部分的结构和特征参量如图 2.22 所示[6]。图中 $\rho$、$v_a$ 和 $l$ 分别表示各层的密度、声速和厚度，压电层的参数及机电耦合系数 $k$ 和钳位电容 $C_0 = \varepsilon_0 \varepsilon_r^s A/l$。式中，$\varepsilon_r^s$ 为零应变时的相对介电常数，$A$ 是换能器面积，$l$ 是换能器厚度。

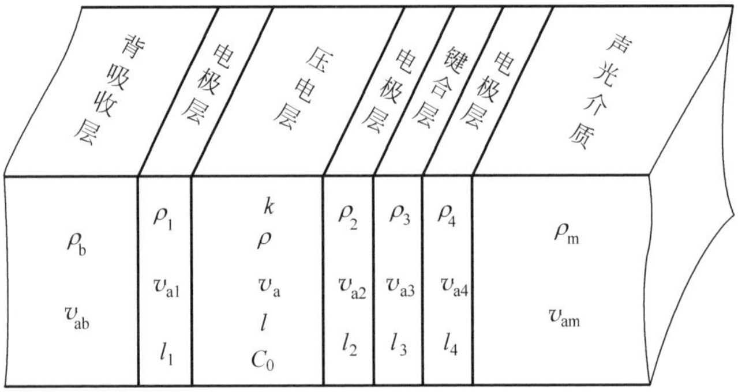

图 2.22　声光器件换能器压电层结构

1～4 层一般均用真空镀膜方法制作，各层两端面互相平行，它们对声平面波传播的影响类似于传输线。声光器件镀膜，包括通光面的光学增透膜、传声面的声增透膜以及压电换能器与声光介质黏接面的键合膜(具有黏接和声增透作用)。换能器与介质之间的键合膜可采用单层或双层，单层膜采用高纯度铟或银锡，双层膜采用银铟、金铟或金锡等。膜层厚度根据声光器件的声频率、带宽、介质材料和器件工作模式确定。为了使膜层能牢固地黏接在介质和换能器上，先镀一层 30～50nm 的薄铬层，再镀铬或金作为上电极，镀银或金作为下电极。镀铟或锡作为键合层，这层对于黏接与增透效果影响最大。真空镀膜的工艺条件包括控制真空度、镀层原料用量及与工件距离、工作电流、蒸镀时间等。

电极层 1 和电极层 2 的作用是使压电层(例如石英晶体或铌酸锂晶体)通过逆压电效应产生机械振动，键合层 3 的作用是把压电层的机械振动耦合到声光介质中产生超声波，电极层 4 的作用是使声光相互作用介质表面金属化以利于键合，是工艺所需。层 2～4 称为中介层。对于行波声光器件，为了在声光介质内无反射声波，可把介质远端面磨偏角度，使声反射波偏离器件中传播的有用声波方向。另外可以在声光介质的远端面加入声吸收体，即背吸收体，因而它们都相当于终端负载；背吸收体可以增大换能器带宽，但会吸收声波使声光介质中有用的超声波能量减少，所以通常不采用这种方法。采用超声焊工艺，可以不要键合层3和电极层4，电极层2兼有电极和键合的功能[51]。

利用传输线的概念，引入下列参数：

(1) 声阻抗(或称机械阻抗)：对于压电层、各个镀层、声光介质和背吸收体分别定义声阻抗为

$$Z_0=A\rho v_{\mathrm{a}},Z_{0n}=A\rho_n v_{\mathrm{a}n},Z_{0\mathrm{m}}=A\rho_{\mathrm{m}} v_{\mathrm{am}},Z_{0\mathrm{b}}=A\rho_{\mathrm{b}} v_{\mathrm{ab}},\quad n=1,2,3,4 \tag{2.147}$$

式中，$A$ 为截面积，$v_{\mathrm{a}}$ 为声波波速。因为超声束的发散角很小，故在声光器件内超声束的截面均等于电极截面积 $A$。各参量的下标 $n$、m、b 分别表示在电极层和键合层、声光介质以及背吸收层中的相应参数(图2.22)。对于压电层，应考虑压电增劲后的声速 $v_{\mathrm{a}}$ 和声阻抗 $Z_0$。将上面的结果用相对声阻抗表示，

$$z_{0n}=\frac{Z_{0n}}{Z_0},\quad z_{0\mathrm{m}}=\frac{Z_{0\mathrm{m}}}{Z_0},\quad z_{0\mathrm{b}}=\frac{Z_{0\mathrm{b}}}{Z_0},\quad n=1,2,3,4 \tag{2.148}$$

(2) 各层的半波长频率：对于压电层，半波长频率 $f_0$ 定义为，在该频率处的声波半波长等于压电层的厚度 $l$，$\lambda_{\mathrm{a}0}/2=v_{\mathrm{a}}/2f_0$，即有

$$f_0 l=v_{\mathrm{a}}/2 \tag{2.149}$$

利用式(2.149)可由厚度 $l$ 确定声光器件的声波频率 $f_0$，或由所需要的 $f_0$ 确定 $l$，$v_{\mathrm{a}}/2$ 常称为材料的频率常数。对于各镀层 $n$，同样可按式(2.149)，

$$f_{0n}l_n=v_{\mathrm{a}n}/2,\quad n=1,2,3,4 \tag{2.150}$$

定义相应的半波长频率。

(3) 各镀层的相对厚度 $t_n$：定义为

$$t_n=\frac{f_0}{f_{0n}}=\frac{v_{\mathrm{a}}}{v_{\mathrm{a}n}}\frac{l_n}{l}=\frac{2f_0}{v_{\mathrm{a}n}}l_n,\quad n=1,2,3,4 \tag{2.151}$$

式中利用了式(2.149)和式(2.150)。因为在各镀层中传播的超声波具有同一频率 $f$，所以有

$$t_n=\frac{l_n/v_{\mathrm{a}n}}{l/v_{\mathrm{a}}}=\frac{l_n/\lambda_{\mathrm{a}n}}{l/\lambda_{\mathrm{a}}}$$

式中，$\lambda_{\mathrm{a}}$ 为声波波长。因此 $t_n$ 的物理意义是以相应声波波长为尺度时各镀层对压电层的相对厚度，特别在 $f=f_0$ 时，由式(2.151)得到

$$t_n=\frac{l_n}{\lambda_{\mathrm{a}0n}/2}$$

即 $t_n$ 是以 $f_0$ 处的半波长 $\lambda_{a0n}/2$ 为尺度时各镀层的厚度，因此 $t_n$ 相当于传输线的电长度。式(2.151)可反过来写为

$$l_n = \frac{v_{an}/2}{f_0} t_n, \quad n = 1,2,3,4 \tag{2.152}$$

当在理论上确定了 $t_n$ 后，即可由式(2.152)确定各镀层的实际厚度 $l_n$。

(4) 各层的总相移：对于压电层，总相移 $\gamma = \beta l$，其中 $\beta = 2\pi/\lambda$ 为相位常数，利用式(2.149)得到

$$\gamma = \pi f/f_0 = \pi\omega_a/\omega_{a0} \tag{2.153}$$

式中，$\omega_a$ 为声波圆频率，$\omega_{a0}$ 是半波长频率 $f_0$ 的圆频率，$\gamma$ 仅由相对频率 $F = f/f_0$ 决定。由式(2.153)可见，当工作频率 $f = f_0$ 时，$\gamma = \pi$，即压电层内各点的超声振动传至压电层端面处的相移总是小于 $\pi$。由于电场的传播速度比机械振动快得多，压电层内各点振动的初相相同，而传播到端面处的相移总是小于 $\pi$，因而传到端面处的振动基本上同相，亦即端面处的合振动最强，从而耦合到相互作用介质中去的超声能量也最大。而当工作频率 $f$ 等于 $f_0$ 的偶数倍时，$\gamma$ 是 $2\pi$ 的整数倍。此时，压电层左半边和右半边的振动在传至端面处时，位相总是相反而相互抵消，因而当 $f = 2nf_0$ 时，不会有超声能量耦合到互作用介质中。对于各镀层，同样可按

$$\gamma_n = \beta_n l_n = \pi f/f_{0n} \tag{2.154}$$

定义各镀层的总相移 $\gamma_n$，由式(2.151)可得

$$\gamma_n = \pi \frac{f}{f_{0n}} = \pi \frac{f}{f_0} \frac{f_0}{f_{0n}} = \gamma t_n \tag{2.155}$$

利用以上引入的特性参数，任意一个声光器件总可用下列参数串来表征：

$$z_{0b} - (z_{01}, t_1) - P(k) - (z_{02}, t_2) - (z_{03}, t_3) - (z_{04}, t_4) - z_{0m} \tag{2.156}$$

在计算电极层和键合层对换能器频率特性的影响，和从理论上确定的 $t_n$ 值由式(2.152)计算各镀层的实际厚度时，需要各镀层材料的声学性质数据，包括相对声阻抗 $z_0$ 和频率常数 $v_a/2$。有关数据分为从体材料测得的数据和从膜层材料测得的数据。采用真空铟冷压焊时，电极层和键合层是镀膜，膜层材料数据符合声光器件的实际情况。用超声焊时，中介层为薄金属片，用体材料数据更合适。因为测定膜层材料数据的实验工作十分复杂，有时就采用体材料的数据代替。表 2.5 列出部分电极和键合层材料的声学性质，表中数据来自文献[5]、[6]和[51]—[53]。电极和键合材料的机械阻抗和声衰减数据在确定换能器性能时非常有用。

### 2.5.4　换能器的梅森等效电路

本节分析声光器件的压电换能器带宽和器件的输入阻抗，声光器件带宽包括声光相互作用的布拉格带宽和压电换能器带宽。压电换能器的结构、各镀层材料及镀层厚度可以改变换能器的频率响应、带宽和输入阻抗等参数。下面采用换能器的网络矩阵来分析换能器的频率特性和设计换能器阻抗匹配电路。而其网络矩阵可由压电换能器的梅森(W. P. Mason)等效电路确定[6,54-55]。

声光器件的压电换能器两端具有复杂的结构，其边界条件将以换能器外部参量的形式给出，并由此求解。在实际应用中，仅需知道压电换能器外部参量之间的关系，而不必计算各场量的细节，即可把压电换能器看作网络矩阵，利用压电效应的基本方程和基本解可以得到换能器各外部参量间关系的阻抗矩阵，它与梅森等效电路计算出的阻抗矩阵完全一样，因而可以直接用梅森等效电路来讨论换能器的损耗、带宽特性以及输入阻抗等外部特性。压电换能器通常选取的外部参量为：电端的电压 $V$ 和电流 $I$，声端的端面处作用力 $F$ 和质点振动速度 $U$。($VI$ 表示电功率，而 $FU$ 表示机械功率。)

在一般情况下，压电换能器可以激发三个独立的超声波，而压电换能器又有两个端面，所以压电换能器共有六个声端口和一个电端口，形成一个七端口网络，如图 2.23 所示。图中标示出换能器的电端变量和声端变量，将换能器的各声端口用作用力 $F$ 和质点振动速度 $U$ 表达，电场由端电压 $V$ 和端电流 $I$ 确定。为使换能器性能描述公式化，需要找出图中电极平面内电场变量和声场变量之间的关系。在

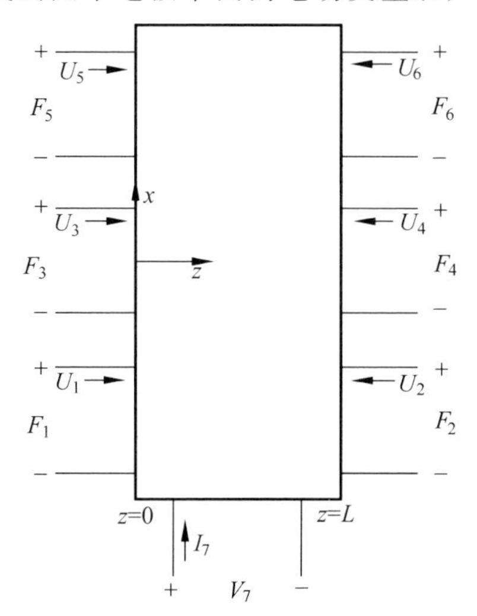


图 2.23　压电换能器的七端口网络示意图

声光介质内部，机械力 $F$ 由应力场分量 $T_{ij}$ 描述。声学量在传输线模型中规定为应力分量 $-T_{xz}$、$-T_{yz}$、$-T_{zz}$ 和速度分量 $U_x$、$U_y$、$U_z$。在传输线模型中，应力分量等同于电压，速度分量等同于电流。但在换能器理论中，通常以力 $F$（不是应力 $T$）作为声的"电压"变量，符号选取与常用电路一致。作用力 $F$ 与质点的振动速度 $U$ 之间遵循类似欧姆定律（$V=RI$）的关系，为 $F=ZU$，$Z$ 为声阻抗。

各外部参量和声光介质内部场量之间的关系如下。

声端口的变量：

$$
\begin{cases}
F_1=-AT_{zz}(0)\\
U_1=U_z(0)=\dot{u}_z(0)=\mathrm{i}\omega_{\mathrm{a}}u_z(0)\\
F_2=-AT_{zz}(l)\\
U_2=-U_z(l)=-\dot{u}_z(l)=-\mathrm{i}\omega_{\mathrm{a}}u_z(l)\\
F_3=-AT_{yz}(0)\\
U_3=U_y(0)=\dot{u}_y(0)=-\mathrm{i}\omega_{\mathrm{a}}u_y(0)\\
F_4=-AT_{yz}(l)\\
U_4=-U_y(l)=-\dot{u}_y(l)=-\mathrm{i}\omega_{\mathrm{a}}u_y(l)\\
F_5=-AT_{xz}(0)\\
U_5=U_x(0)=\dot{u}_x(0)=-\mathrm{i}\omega_{\mathrm{a}}u_x(0)\\
F_6=-AT_{xz}(l)\\
U_6=-U_x(l)=-\dot{u}_x(l)=-\mathrm{i}\omega_{\mathrm{a}}u_x(l)
\end{cases}
\tag{2.157}
$$

式中，$A$ 是换能器的截面积，声质点振动速度 $U$ 是质点位移 $u$ 对时间的导数。

电端口的变量：

$$V_7=\int_0^l E_z\,\mathrm{d}z \tag{2.158}$$

$$I_7=(J_{\mathrm{c}})_zA=\mathrm{i}\omega D_zA \tag{2.159}$$

式中，$J_{\mathrm{c}}$ 为传导电流密度，$E_z$ 为电场强度，$D_z$ 为位移电流密度。

七端口网络相当复杂，但是当换能器薄片取某些特殊切向时，外电场只能激发一种机械振动模式，激发一个超声波，此时七端口网络将简化为三端口网络，使网络极大简化。例如 $z$ 切 $\mathrm{LiNbO_3}$，压电效应只能激发质点振动方向沿 $z$ 轴的纵波，因此 $T_{yz}=T_{xz}=0$，$u_y=u_x=0$，从而外部参量 $F_3=F_4=F_5=F_6=0$，$U_3=U_4=U_5=U_6=0$，可以略去。这时压电换能器可视作如图 2.24 所示的三端口网络，外部参量分别为电压 $V$ 和电流 $I$，端面处作用力 $F_1$ 和 $F_2$，以及端面处质点振动速度 $U_1$ 和 $U_2$。

这样仅需要求出由

$$\begin{bmatrix} F_1 \\ F_2 \\ F_3 \end{bmatrix} = \boldsymbol{Z} \begin{bmatrix} U_1 \\ U_2 \\ U_3 \end{bmatrix} \tag{2.160}$$

所确定的 $3\times3$ 矩阵的阻抗 $\boldsymbol{Z}$。

此情况的网络矩阵可以用压电换能器的梅森等效电路描述，厚度驱动模式下压电换能器的梅森等效电路如图 2.25 所示。

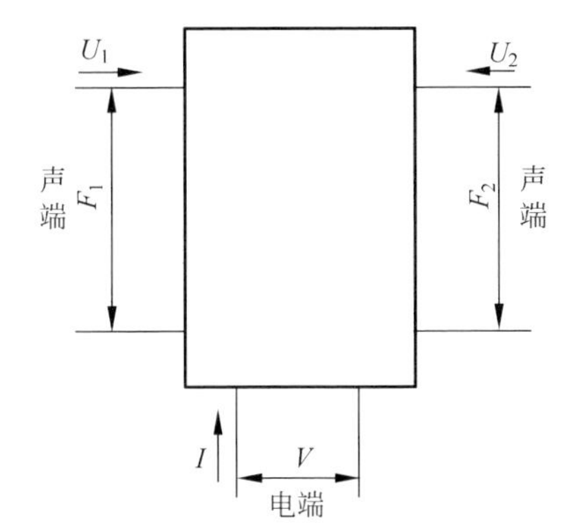


图 2.24　压电换能器三端口网络示意图

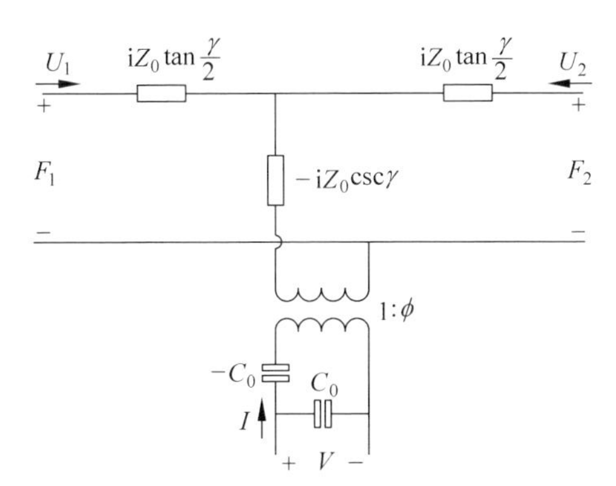


图 2.25　压电换能器三端口梅森等效电路

图 2.25 中 $Z_0$ 为压电换能器的声阻抗，$\gamma$ 为换能器的相移，$\phi$ 为变压器的变压比参数。理想变压器的变压比为

$$\phi = k\sqrt{\frac{Z_0\omega_0 C_0}{\pi}} \tag{2.161}$$

式中，$\omega_0$ 是半波长频率 $f_0$ 的圆频率。本节下面将声光器件的超声波圆频率记为 $\omega$（也即声光器件的电驱动频率）。$Z_0$ 为压电换能器的声阻抗，$C_0$ 为换能器钳位（零应变）的几何结构电容，其值为

$$C_0 = \frac{\varepsilon_e A}{l} \tag{2.162}$$

式中，$\varepsilon_e$ 是有效介电常数，$A$ 是换能器面积，$l$ 是换能器厚度。

通常用的薄片压电换能器的厚度比其横向尺寸小几个数量级。薄膜换能器紧贴在一个截面有限的声光晶体介质上。用一个信号发生器，开路输出电压为 $V_0$，内阻为 $R_0$，在换能器两电极之间加电压 $V$。有些情况下，为改善频率响应，换能器贴有背电极，这时换能器的终端电压 $V$ 不等于 $V_0$，电压要从信号发生器、内阻和换能器组成的串联电路分析计算。对于弱压电耦合情况，声波激发不致使换能器中的电位移 $D$ 发生大变化，终端电压为

$$V=\frac{\frac{1}{\mathrm{i}\omega C_0}}{R+\frac{1}{\mathrm{i}\omega C_0}}V_0 \tag{2.163}$$

压电换能器内部有一均匀的外加电场

$$E=\frac{V}{l}=\left(\frac{1}{\mathrm{j}\omega C_0R_0+1}\right)\frac{V_0}{l} \tag{2.164}$$

在很多应用中，由于弱压电耦合机电转换效率低，采用强耦合材料，激发的声波使电位移发生很大变化，使得换能器的电输入阻抗随声强度变化，即耦合到电路中的声负载阻抗。在弱压电耦合时，接收换能器的反射波完全取决于其声学特性。在强压电耦合情况，电路对声波的反作用很强，声反射系数随电路负载变化。必须同时解电和声的问题，建立电变量和声变量之间的关系。

超声换能器压电层的外部特性可以由梅森等效电路确定，换能器的各镀层间则采用传输线的网络传递矩阵，每个镀层可以看作一个两端口网络，忽略各镀层的热耗散，从无损耗传输线的传输矩阵表达式可得到，各镀层的传递矩阵为

$$\boldsymbol{A}_n=\begin{pmatrix}\cos\gamma_n & \mathrm{i}Z_{0n}\sin\gamma_n\\ \mathrm{i}\sin\gamma_n/Z_{0n} & \cos\gamma_n\end{pmatrix} \tag{2.165}$$

式中，$\gamma_n$ 为各镀层的相移，$Z_{0n}$ 为各镀层的绝对声阻抗。输出端负载为声光相互作用介质晶体的阻抗。

由于声光器件在实际应用中主要利用一个声端面（称为前端面）把超声波能量输入声光相互作用介质，所以可将另一个声端面（背端面）的变量归纳到网络内部，或者声通过背电极层形成声短路。这样梅森等效电路可合并为一个两端口网络，如图 2.26 所示。图中的 $Z_\mathrm{b}$ 为换能器背端面的声输入阻抗。

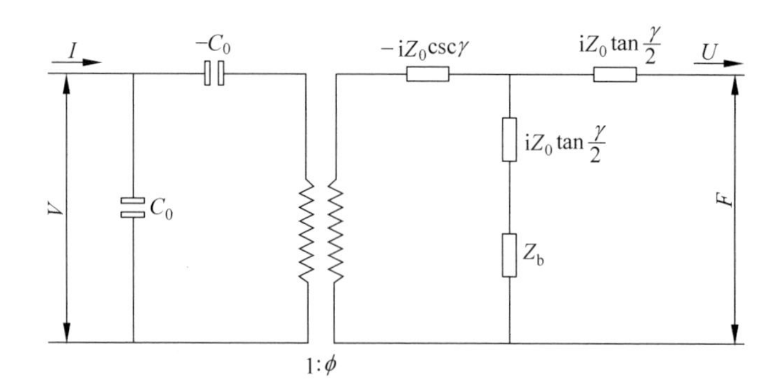


图 2.26　声光器件压电换能器两端口梅森等效电路

利用背电极层的传递矩阵 $\boldsymbol{A}_1$，得到

$$Z_b = \frac{\cos\gamma_1 Z_{0b} + iZ_{01}\sin\gamma_1}{\frac{i\sin\gamma_1}{Z_{01}}Z_{0b} + \cos\gamma_1} \tag{2.166}$$

当无背吸收层,即 $Z_{0b}=0$ 时,

$$Z_b = iZ_{01}\tan\gamma_1 \tag{2.167}$$

从式(2.167)可看出,无背吸收层时,$Z_b$ 为纯虚数,背面不吸收能量。用计算电路传递矩阵元素的方法,可得到如图 2.26 所示等效电路的传递矩阵为

$$\boldsymbol{A}_0 = \frac{1}{\varphi}\begin{bmatrix} 1 & \frac{i\varphi^2}{\omega C_0} \\ i\omega C_0 & 0 \end{bmatrix} \frac{1}{S}\begin{bmatrix} \cos\gamma + iz_b\sin\gamma & Z_0(z_b\cos\gamma + i\sin\gamma) \\ \frac{i\sin\gamma}{Z_0} & 2(\cos\gamma - 1) + iz_b\sin\gamma \end{bmatrix} \tag{2.168}$$

式中,$S=\cos\gamma-1+iz_b\sin\gamma$,$z_b=\frac{Z_b}{Z_0}$。

整个声光器件换能器的总传递矩阵为

$$\boldsymbol{A}_N = \begin{bmatrix} A & B \\ C & D \end{bmatrix} = \boldsymbol{A}_0\boldsymbol{A}_2\boldsymbol{A}_3\boldsymbol{A}_4 \tag{2.169}$$

换能器总传递矩阵网络如图 2.27 所示。声光器件的换能器带宽可由总传递矩阵和如图 2.27 所示的网络得到。图 2.27 中 $E_a$ 和 $R_a$ 分别为驱动电源的电动势和内阻,$Z_{om}$ 为声光相互作用介质形成的声负载,它吸收声能量并在声光介质中产生超声波。

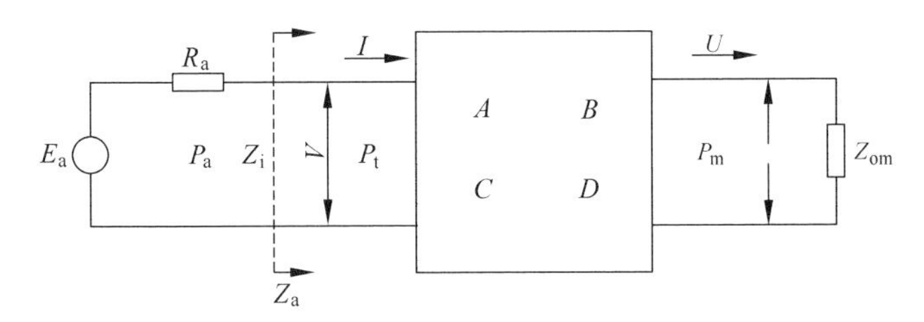


图 2.27　换能器总传递矩阵网络示意图

用网络分析方法得到换能器的电输入阻抗 $Z_i=V/I$ 和电输入导纳 $Y_i=I/V$ 分别为

$$Z_i = R_i + jX_i = a/b, \quad Y_i = G_i + jB_i = a/b \tag{2.170}$$

式中,$a$ 和 $b$ 的定义分别为

$$a = AZ_{om} + B, \quad b = CZ_{om} + D \tag{2.171}$$

从式(2.170)和式(2.171)可以通过式(2.169)的总传递矩阵 $\boldsymbol{A}_N$ 计算出换能器的归一化电输入阻抗或归一化导纳随归一化频率 $f/f_0$ 的变化关系。

声光器件的驱动输入电功率为 $P_a=E_a^2/4R_a$,因为换能器的电输入阻抗随频

率改变，不能与电源内阻 $R_a$ 相匹配，驱动功率 $P_a$ 中只有一部分 $P_t$ 透射进入换能器，$P_t=V^2G_i=V^2R_e(b/a)$，$G_i$ 是换能器输入电导，$P_t/P_a$ 称为匹配损耗 ML（用分贝表示）。透射功率的一部分被声负载 $Z_{om}$ 吸收，在介质中形成超声波，其功率 $P_m=F^2/Z_{om}$，$P_m/P_t$ 为内转换损耗 CL。ML 加 CL 之和为换能器损耗 TL。

$$\mathrm{ML}=-10\lg\left(\frac{P_t}{P_a}\right) \tag{2.172}$$

$$\mathrm{CL}=-10\lg\left(\frac{P_m}{P_t}\right) \tag{2.173}$$

$$\mathrm{TL}=\mathrm{ML}+\mathrm{CL}=-10\lg\left(\frac{P_m}{P_a}\right) \tag{2.174}$$

$$\frac{P_t}{P_a}=\frac{4R_aR_e(a^*b)}{|a+R_ab|^2} \tag{2.175}$$

$$\frac{P_m}{P_t}=\frac{Z_{om}}{R_e(a^*b)} \tag{2.176}$$

$$\frac{P_m}{P_a}=\frac{4R_aZ_{om}}{|a+R_ab|^2} \tag{2.177}$$

当换能器压电层和各镀层没有热损耗及无背吸收层时 CL=0，TL 的主要部分是 ML。从式(2.172)～式(2.174)可以计算 TL、ML、CL 随归一化频率 $f/f_0$ 的变化关系。它反映电声转换的频率特性，TL 变化 3dB 的频率区间称为 3dB 换能器带宽。

换能器阻抗匹配网络是声光器件换能器设计的重要环节，因为 $LiNbO_3$ 的介电常数很高，对于大多数在 100MHz 以上运行的设备，其换能器的阻抗约为几欧姆。因此，连接线的寄生感应能够影响换能器的阻抗，甚至有几纳亨利的串联电感。这将提高传感器的负载，并降低带宽。为了降低电容和提高阻抗水平，一种做法是使用多个串联换能器。

换能器的设计一般从换能器频率响应的测定开始。基于梅森等效电路分析包括顶层电极、键合层和中间层的影响。对于给定换能器结构，选择设计参数（材料数据、层次厚度等），换能器频率响应可以通过数字计算来确定。考虑到串联电感的影响，计算结果与实测结果基本一致。

现在已经开发了各种基于滤波器综合的阻抗匹配网络。然而，由于 $LiNbO_3$ 的机电耦合系数很大，不需要复杂的匹配技术就可以实现宽带阻抗匹配。最简单的方法是换能器与分流电感共振，该换能器具有并联电感并通过使用铁氧体变压器、四分之一波传输线或 LC 梯形滤波器变换源阻抗电平[56]。

对于薄键合的情况，采用并联电感的方法，可以呈现忽略中间层和顶层电极的效果。研究发现带串联电感调谐的换能器通常会导致部分带宽减小。因此高频器件的耦合电路结构需要减小串联阻抗。

# 参考文献


[1] UCHIDA N, NIIZEKI N. Acousto-optic deflection materials and techniques[J]. Proc. IEEE,1973,61(8): 1073-1092.

[2] PINNOW D A. Acousto-optic light deflection: design considerations for first order beam steering transducers[J]. IEEE Trans. Sonics and Ultrasonics,1971,SU-18(4): 209-214.

[3] KLEIN W R,COOK B D. Unified approach to ultrasonic light diffraction[J]. IEEE Trans. Sonics and Ultrasonics,1967,SU-14(3): 123-134.

[4] DIXON R W. Acoustic diffraction of light in anisotropic media[J]. IEEE. J. Quantum Electron,1967,QE-3(2): 85-93.

[5] CHANG I C. Acoustooptic devices and applications [J]. IEEE Trans. Sonics and Ultrasonics,1976,SU-23(1): 2-21.

[6] 徐介平.声光器件的原理、设计和应用[M].北京：科学出版社,1982.

[7] BORN M,WOLF E. Principles of optics[M]. 3rd ed. New York: Pergamon Press,1965.

[8] NVE J F. Physical properties of crystals[M]. Oxford: Clarendon Press,1967.

[9] RANDOLPH J, MORRISON J. Modulation transfer characteristics of an acousto-optic deflector[J]. Appl. Optics,1971,10: 1383-1385.

[10] RANDOLPH J. Rayleigh-equivalent resolution of acousto-optic deflection cells[J]. Appl. Optics,1971,10: 1453-1454.

[11] KORPEL A, ADLER R, DESMARES P, et al. A television display using acoustic deflection and modulation of coherent light[J]. Proc. IEEE. , 1966,54(10): 1429-1437.

[12] 赵启大,徐介平.平面结构一级超声跟踪时的布拉格带宽和声光器件的最佳设计[J].北京工业大学学报,1980,4: 25-31.

[13] GORDON E I. A review of acousto-optical deflection and modulation devices[J]. Proc. IEEE,1966,54: 1391-1401.

[14] KORPEL A, ADLER R, DESMARES P, et al. A television display using acoustic deflection and modulation of coherent light[J]. Proc. IEEE,1966,54: 1429-1437.

[15] COUQIN G A,GRIFFIN J P,ANDERSON L K. Wide-band acoustn-optic deflector using acoustic beam steering[J]. IEEE Trans. Sonics and Ultrasonics,1970,SU-17(1): 34-40.

[16] LEAN E G H,QUATE C F,SHAW H J. Continuous deflection of laser beams[J]. Appl. Phys. Lett. ,1967,10: 48-51.

[17] UCHIDA N,OHMACHI Y. Elastic and photoelastic properties of $TeO_2$ single crystal[J]. J. Appl. Phys. ,1969,40: 4692-4695.

[18] YANO T,WATANABE A. Acousto-optic figure of merit of $TeO_2$ for circularly polarized light[J]. J. Appl. Phys. ,1974,45: 1243-1245.

[19] WARNER A W, WHITE D L, BONNER W A. Acousto-optic light deflectors using

optical activity in paratellurite[J]. J. Appl. Phys. ,1972,43：4489-4495.

[20] MAYDAN D. Acousto-optical pulse modulators[J]. J. Quantum Electron，1970，QE-6：15-24.

[21] 赵启大. 多频声光相互作用的研究[J]. 光学学报，1989，9(2)：128-134.

[22] ZHAO L M，ZHAO Q D. A study of normal and abnormal multifrequency acousto-optic device[J]. Proceedings of SPIE，2005，5644：21-27.

[23] 赵启大，胡泰益，董孝义，等. 多维声光衍射和多维声光器件[J]. 声学学报，1991，16(6)：450-458.

[24] ZHAO Q D，DONG X Y. Multiple directional acousto-optic diffractions[J]. Journal of Acoustics，1991，10(3)：228-236.

[25] ZHAO Q D，HE S Y，YU K X，et al. Theory and modulator of multiple dimensional acousto-optic interaction[J]. Proceedings of SPIE，1998，3556：173-181.

[26] ZHAO Q D，HE S Y，YU K X，et al. Two-dimensional multichannel acousto-optic modulator and acousto-optic matrix-vector multiplication[J]. Proceedings of SPIE，1996，2897：424-431.

[27] 赵启大. 多通道声光调制器的工作原理[J]. 声学学报，1995，20(5)：340-347.

[28] ZHAO L M，ZHAO Q D，LV F Y. Theoretical and experimental study of multi-channel acousto-optic device[J]. Proceedings of SPIE，2008，7157：1-9.

[29] ZHAO L M，ZHAO Q D，ZHOU J，et al. Two-dimensional multi-channel acousto-optic diffraction[J]. Ultrasonics，2010，50：512-516.

[30] 赵启大，何士雅，俞宽新. 二维多通道声光相互作用的理论与实验研究[J]. 光学学报，2000，20(10)：1396-1402.

[31] ZHAO Q D，HE S Y，LI B J，et al. Two-dimensional Raman-Nath acousto-optic bistability by use of frequency feedback[J]. Applied Optics，1997，36(11)：2408-2413.

[32] 董孝义，赵启大，任占祥，等. 二维 R-N 型声光光学双稳态[J]. 光学学报，1992，12(4)：326-330.

[33] 何士雅，俞宽新，赵启大，等. 声光卷积数字乘法运算[J]. 压电与声光，1997，19(5)：304-306.

[34] HARRIS S E，NIEH S T K，WINSLOW D K. $CaMbO_4$ electronically tunable optic filter [J]. Appl. Phys. Lett. ，1970，17：223-225.

[35] CHANG I C. Noncollinear acousto-optic filter with large angular aperture[J]. Applied Physics Letter，1974，25(7)：370-272.

[36] SUHRE D R，GUPTA N. Acousto-optic tunable filter sidelobe analysis and reduction with telecentric confocal optics[J]. Applied Optics，2005，44(27)：5797-5801.

[37] JOS J G M，VAN DER TOL，LAARHUIS J H. A polarization splitter on $LiNbO_3$ using only titanium diffusion[J]. Journal of Lightwave Technology，1991，9(7)：879-886.

[38] POHLMANN T，NEYER A，VOGES E. Polarization independent Ti：$LiNbO_3$ switches and filters[J]. IEEE Journal of Quantum Electronics，1991，27(3)：602-607.

[39] PINNOW D A. Guided lines for the selection of acousto-optic materials[J]. IEEE J. Quantum Electron，1970，QE-6：223-258.

[40] DIXON R W. Photoelastic properties of selected materials and their relevance for application to acoustic light modulators and scanners[J]. J. Applied Physics,1967,38(13): 5149-5153.
[41] CHANG I C. Selection of materials for acousto-optic devices[J]. Optical Engineering, 1985,24(1): 132-137.
[42] GORDON E I. Figures of merit for acousto-optic deflection and modulation devices[J]. IEEE J. Quantum Electron,1966,QE-2: 104-105.
[43] DIXON R W,COHEN M G. A new technique for measuring magnitudes of photoelastic tensors and its application to lithium niobate[J]. Appl. Phys. Lett. ,1966,8: 205-207.
[44] PINNOW D A. Elasto-optical materials: CRC handbook of lasers[M]. Cleveland: The Chemical Rubber Co. ,1971.
[45] CATALPA M,ISAACS T J,FEICHTNER J D,et al. Acousto-optic properties of some chalcogenide crystals[J]. J. Appl. Phys. ,1974,45(12): 5145-5151.
[46] WOODRUFF T O,EHRENREICH H. Absorption of sound in insulators[J]. Phys. Rev. , 1961,123(5): 1553-1559.
[47] HECHT D L. Multifrequency acousto-optic diffraction [J]. IEEE Trans. Sonics and Ultrasonics,1977,24(1): 7-18.
[48] WINCHELL A N,WINCHELL H. The microscopic characters of artificial inorganic solid substances[M]. New York: Academic Press,1964.
[49] SINGH S. CRC handbook of lasers[M]. Cleveland Ohio: The Chemical Rubber Co. , 1971: 489.
[50] MEITZLER A H. Piezoelectric transducer materials and techniques for ultrasonic devices operating above 100 MHz in ultrasonic transducer materials[M]. Boston: Springer-Verlag,1971: 125-182.
[51] LARSON J D,WINSLOW D K. Ultrasonically welded piezoelectric transducers[J]. IEEE Trans. Sonics and Ultrasonics,1971,SU-18(3): 142-152.
[52] SITTIG E K. Effects of bonding and electrode layers on the transmission parameters of piezoelectric transducers used in ultrasonic digital delay lines[J]. IEEE Trans. Sonics and Ultrasonics,1969,SU-16(1): 2-9.
[53] MEITZLER A H, SITTIG E K. Characterization of piezoelectric transiucers used in ultrasonic devices operating above 0. 1GHz[J]. J. Appl. Phys,1969,40: 4341-4352.
[54] AULD B A. Acoustic field and waves in solids[M]. New York: John Wiley and Sons,1973.
[55] 奥尔特. 固体中的声场和波[M]. 孙承平,译. 北京: 科学出版社,1982.
[56] MATTHAEI G L. Tables of chebyshev impedance transforming networks of low-pass filter form[J]. Proc. IEEE,1964,52(8): 939-963.

# 第3章

# 表面声波和表面波声光相互作用

## 3.1 表面声波概述

本章讨论电介质薄膜波导中光导波和表面声波的特性和传播问题，进而论述表面波声光相互作用理论和推导表面波声光耦合模方程，阐述叉指换能器特性、表面波和全光纤声光相互作用机理及相应器件结构。

表面声波与体声波(bulk acoustic wave，BAW)不同，在无限大固体中传播的声波称为体波或体声波，体波根据其质点振动方向和偏振方向分为质点振动平行于传播方向的纵波和质点振动垂直于传播方向的横波(切变波)。它们的速度不同，其特性取决于材料的弹性常数。表面声波是在固体半空间表面存在的，沿物体表面传播，能量集中于表面附近的一种弹性波。表面声波是英国物理学家瑞利(Lord Rayleigh)在研究地震波的过程中发现的一种能量集中于地表面传播的声波。1885年发表的论文《沿弹性体平滑表面传播的波》[1]，从理论上阐明了在各向同性固体表面上弹性波的特性。1965年，美国的怀特(R. M. White)和沃尔特默(F. W. Voltmer)发明了金属叉指换能器(interdigital transducer，IDT)用于压电材料表面激励和检测表面声波[2]，解决了产生表面声波的关键技术，加速了表面声波的发展。

表面声波泛指沿表面或界面传播的各种模式的波，不同的边界条件和传播介质条件发出不同模式的表面声波。半无限基片上存在的表面声波有瑞利波(Rayleigh wave)、漏波(leaky wave)、广义瑞利波(generalized Rayleigh wave)、水平切变波(shear horizontal wave，SH)、电声波(Bleustein-Gulyaev(B-G) wave)、兰姆波(Lamb wave)等。层状结构的基片存在有乐甫波(Love wave)、西沙瓦波

(Sezawa wave)、斯东莱波(Stoneley wave)等。当介质表面存在声波导层时,原来的水平切变波变成乐甫波,原来的瑞利波成为广义兰姆波,薄的平板声波导中的表面声波和光波导中的导光波一样,其主要特点是存在一系列的解,称为导波模。瑞利波是最常用的表面声波模式,本章主要讨论与瑞利波相关的内容。

第 2 章已经讲述了体波声光相互作用原理,表面声波声光相互作用和体声波声光相互作用在声光相互作用原理上是相同的,它们都是由于介质的折射率受到超声波应变的调制而作周期性变化,并引起入射光的衍射。体波声光器件的声波和光波都在体波声光介质内传播,具有平面波特性。表面波声光相互作用与体波声光相互作用不同是由于导光波和表面声波与平面波不同所产生的,导光波和表面声波的本征函数都具有横向分布,不能视作平面波,导光波和表面声波在介质表面和波导层内传播,需要满足一定的边界条件。

导光模的本征值不仅与材料的性质及波导层的厚度有关(具有波导色散),而且与导光模的偏振状态及阶数有关,所以即使波导为各向同性材料,也存在反常布拉格声光衍射。光波在不同偏振模式横电场 TE 和横磁场 TM 之间变化,或者在同一偏振模式不同阶数之间变化时,都出现反常布拉格衍射。

本章讨论这些特性对表面波声光相互作用的影响。本节首先介绍产生表面声波和光导波之间声光相互作用的平板器件,这种器件利用平面结构可以改善器件性能并且易于小型化,常用于激光调制和偏转。库恩(Kuhn)等首先在 1970 年实现了表面声波对导光波的偏转[3]。随着表面声波技术和光波导技术的发展,表面波声光器件得到不断改进和广泛应用。在表面波声光器件中,表面声波和导光波均被限制在介质表面厚度为光波长数量级的薄层内,在介质表面或表面下的波导层内传播,能量集中。并且用于产生表面声波的叉指换能器制作比较灵活,可以做出结构复杂的叉指换能器。表面波声光器件与体波声光器件相比,在减小驱动功率和加大带宽等方面都具有更好的性能。

表面声波是在压电固体材料表面产生和传播,振幅随着深入固体材料的深度增加而迅速减小的弹性波。表面声波器件由具有压电性能的基底和叉指换能器构成,如图 3.1 所示。其工作机理是当交流电压加载输入到叉指换能器时,将产生周期性的电场,由于逆压电效应,会产生相应机械形变。如果叉指换能器的叉指周期等于或接近声波表面波的波长,会产生高效的能量耦合并激发出相应频率的表面声波,并沿着基底传播,到达输出端的叉指换能器后通过压电效应将声波信号转换成电信号输出。即输入换能器将电信号转化为声波信号,经基底表面传播到输出端,输出换能器再将接收到的声信号变成电信号输出。通过电-声-电信号的转换过程,实现频率选择和信号处理。

体波声光器件受到声光相互作用长度和驱动功率强度两种衍射条件限制,需

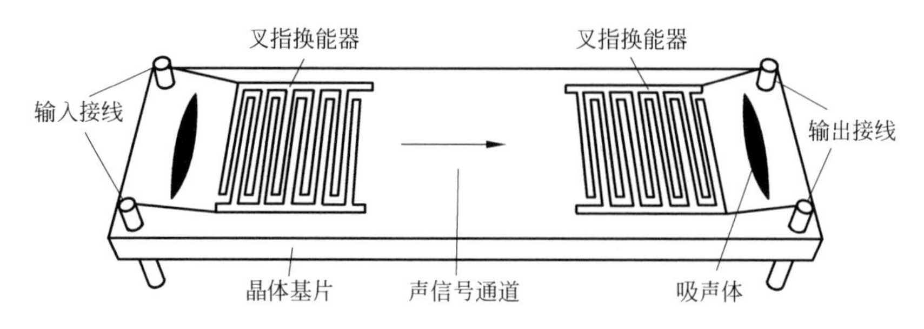


图 3.1 表面声波器件结构图

要长的声光相互作用长度和高功率密度。表面波声光器件因为表面声波局限在介质表面附近，减少了衍射限制，并且表面声波器件换能器具有灵活性，可以提供更多控制相位匹配的方法，具有独特的优点。本章将讨论表面声波器件的构造和特点。因为声场和光场的不均匀分布，表面声波引起的介质应变分布复杂，同时光波的导波特性以及表面声波与导光波之间的声光的相互作用都比体波复杂。为建立有效的声光相互作用耦合波方程和定义表面波器件的声光优值(品质因数)，需要了解波导中导光波和表面声波的性质。下面介绍平板波导中声光偏转器原理，它分为两种类型：第一种是入射光束和衍射光束在光波导中传输，这种偏转器类似于体波偏转器；第二种是入射光束被声波偏转出波导，这种光波称为辐射模的非波导光束。通过改变声波的频率，可以改变光束从波导逸出的角度[4]。

## 3.2 平板光波导中导光波的特性

简单的各向同性波导如图 3.2 所示。它包括折射率为 $n_s$ 的基底，折射率为 $n_f$、厚度为 $h$ 的波导层，其厚度一般为光波波长量级。覆盖层是自由空间，折射率 $n_c=1$。假设基底和波导分别为各向同性均匀的弹性体。下面将用这个模型分析导光波和表面声波的特性。

设波导介质有效折射率为 $N_\nu=\beta_\nu/k_f$，$\beta_\nu$ 是第 $\nu$ 模的传播常数，式中 $k_f$ 是自由空间的光波矢，$k_f=2\pi/\lambda_0$，$\lambda_0$ 是自由空间的光波波长。

图 3.2 所示是非对称平面波导，它存在两组波导模，分别是 TE 偏振模和 TM 偏振模。为了使波导层内存在导光波，要满足

$$n_f > n_s \geqslant n_c \tag{3.1}$$

当波导层内光传输的方向角 $\theta$ 小于临界角 $\theta_c$，

$$\theta_c = \arccos\frac{n_s}{n_f} \tag{3.2}$$

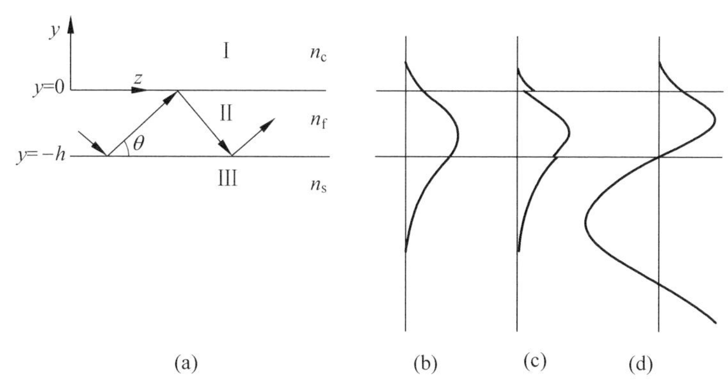


图3.2　光波导的TE模和TM模的横向电场分布

(a) 波导；(b) TE偏振模；(c) TM偏振模；(d) 辐射模

波导层上下两个界面发生全反射，光在波导层内传播，称为导光波。

图3.2中坐标 $x$ 方向是声传播方向，$y$ 方向是波导横向厚度的方向，$z$ 方向是光波传输方向。光在波导层中传播的方向角 $\theta$ 小于临界角 $\theta_c=\arccos\dfrac{n_s}{n_f}$ 时，光在 $y=0$ 和 $y=-h$ 两个界面发生全反射，因此光被限制在波导层Ⅱ中传播，称为导光波。

为求出导光波的本征值和本征函数，需求如下麦克斯韦(Maxwell)方程的解：

$$\frac{\mathrm{d}\boldsymbol{D}}{\mathrm{d}t}=\nabla\times\boldsymbol{H} \tag{3.3}$$

$$\frac{\mathrm{d}\boldsymbol{H}}{\mathrm{d}t}=-\frac{1}{\mu_0}\nabla\times\boldsymbol{E} \tag{3.4}$$

由介质介电性能方程，有

$$\boldsymbol{D}=\varepsilon_0\boldsymbol{\varepsilon}_r\boldsymbol{E} \tag{3.5}$$

式中，$\boldsymbol{\varepsilon}_r$ 为相对介电常数，$\varepsilon_0$ 是真空中的介电常数。对各向异性介质，$\boldsymbol{\varepsilon}_r$ 是对称二阶张量，因此电位移矢量 $\boldsymbol{D}$ 和电场强度矢量 $\boldsymbol{E}$ 的方向一般是不同的。对于各向同性介质，式(3.5)为

$$\boldsymbol{D}=\varepsilon_r\varepsilon_0\boldsymbol{E}=n^2\varepsilon_0\boldsymbol{E} \tag{3.6}$$

$n$ 是介质的折射率。

将式(3.6)代入麦克斯韦方程，得到

$$\nabla\times\boldsymbol{H}=n^2\varepsilon_0\frac{\mathrm{d}\boldsymbol{E}}{\mathrm{d}t} \tag{3.7a}$$

$$\nabla\times\boldsymbol{E}=-\mu_0\frac{\mathrm{d}\boldsymbol{H}}{\mathrm{d}t} \tag{3.7b}$$

导光波的边界条件是波导的两个界面电场强度 $\boldsymbol{E}$ 和磁场强度 $\boldsymbol{H}$ 的切向分量连续。设方程(3.7)满足边界条件的解的形式为

$$\boldsymbol{E}(\boldsymbol{r},t)=\boldsymbol{E}(y)\exp[\mathrm{j}(\omega t-\beta z)] \tag{3.8a}$$

$$\boldsymbol{H}(\boldsymbol{r},t)=\boldsymbol{H}(y)\exp[\mathrm{j}(\omega t-\beta z)] \tag{3.8b}$$

由全反射形成导光波,导光波在横向形成驻波,故其振幅具有横向分布 $\boldsymbol{E}(y)$ 和 $\boldsymbol{H}(y)$。将方程(3.8)代入方程(3.7),利用关系式

$$\frac{\partial}{\partial t}\leftrightarrow \mathrm{j}\omega,\quad \frac{\partial}{\partial z}\leftrightarrow -\mathrm{j}\beta,\quad \frac{\partial}{\partial x}\leftrightarrow 0 \tag{3.9}$$

方程写为坐标分量,方程组分为两组。

第一组仅与 $E_x$、$H_y$ 和 $H_z$ 有关,相应的方程为

$$H_y=\frac{\beta}{\omega\mu_0}E_x \tag{3.10a}$$

$$H_z=-\frac{\mathrm{j}}{\omega\mu_0}\frac{\partial E_x}{\partial y} \tag{3.10b}$$

$$\frac{\partial^2 E_x}{\partial y^2}+(n^2k_{\mathrm{f}}^2-\beta^2)E_x=0 \tag{3.10c}$$

此为 TE 模式。

第二组仅与 $H_x$、$E_y$ 和 $E_z$ 有关,相应的方程为

$$E_y=-\frac{\beta}{n^2\omega\varepsilon_0}H_x \tag{3.11a}$$

$$E_z=\frac{\mathrm{j}}{n^2\omega\varepsilon_0}\frac{\partial H_x}{\partial y} \tag{3.11b}$$

$$\frac{\partial^2 H_x}{\partial y^2}+(n^2k_{\mathrm{f}}^2-\beta^2)H_x=0 \tag{3.11c}$$

此为 TM 模式。

式中利用了

$$c=\frac{1}{\sqrt{\varepsilon_0\mu_0}},\quad k_{\mathrm{f}}=\frac{\omega}{c}=\frac{2\pi}{\lambda_0} \tag{3.12}$$

式中,$k_{\mathrm{f}}$ 是光波在自由空间的波矢量的模,$\lambda_0$ 是自由空间的光波长。

波导中的导光波有两种模式,TE 模式仅有 $E_x$、$H_y$ 和 $H_z$ 分量,电场 $E$ 沿 $x$ 方向,即横电场 TE 模式。TM 模式仅有 $H_x$、$E_y$ 和 $E_z$ 分量,磁场 $H$ 沿 $x$ 方向,为横磁场 TM 模式。

光波相速度方向与界面法线方向构成的平面称为弧矢平面(图 3.2 中为 $yz$ 平面)。TE 模的电场 $\boldsymbol{E}$ 垂直于弧矢平面,磁场 $\boldsymbol{H}$ 在弧矢平面内。而 TM 模的磁场

$\boldsymbol{H}$ 垂直于弧矢平面，电场 $\boldsymbol{E}$ 在弧矢平面内。

下面分析导光波的这两种模式。波导中导光波存在要满足条件

$$n_c k_f \leqslant n_s k_f \leqslant \beta \leqslant n_f k_f \tag{3.13}$$

对于TE模式，方程(3.10c)在波导三个区域中分别为

$$\frac{\partial^2 E_x}{\partial y^2}+\kappa^2 E_x=0,\quad \kappa \equiv (n_f^2 k_f^2-\beta^2)^{1/2},\quad \text{Ⅱ 区域} -h \leqslant y \leqslant 0 \tag{3.14a}$$

$$\frac{\partial^2 E_x}{\partial y^2}-\gamma^2 E_x=0,\quad \gamma \equiv (\beta^2-n_s^2 k_f^2)^{1/2},\quad \text{Ⅲ 区域 } y \leqslant -h \tag{3.14b}$$

$$\frac{\partial^2 E_x}{\partial y^2}-\delta^2 E_x=0,\quad \delta \equiv (\beta^2-n_c^2 k_f^2)^{1/2},\quad \text{Ⅰ 区域 } y \geqslant 0 \tag{3.14c}$$

式中，表达式 $\kappa \equiv (n_f^2 k_f^2-\beta^2)^{1/2}$，$\gamma \equiv (\beta^2-n_s^2 k_f^2)^{1/2}$，$\delta \equiv (\beta^2-n_c^2 k_f^2)^{1/2}$，对于TE模式和TM模式均成立。由式(3.13)的条件可知，$\kappa$、$\gamma$、$\delta$ 均为实数。

由于 $E_x$ 满足在两个界面连续，并且在 $y \to \pm\infty$ 时 $E_x \to 0$，方程(3.14)的解为

$$E_x = A\cos\kappa y + B\sin\kappa y,\quad \text{Ⅱ 区域} -h \leqslant y \leqslant 0 \tag{3.15a}$$

$$E_x = (A\cos\kappa h - B\sin\kappa h)\exp[\gamma(y+h)],\quad \text{Ⅲ 区域 } y \leqslant -h \tag{3.15b}$$

$$E_x = A\exp(-\delta y),\quad \text{Ⅰ 区域 } y \geqslant 0 \tag{3.15c}$$

由式(3.10b)和式(3.15)在两个界面 $H_z$ 连续的条件，得到

$$\delta A + \kappa B = 0 \tag{3.16a}$$

$$(\kappa\sin\kappa h - \gamma\cos\kappa h)A + (\kappa\cos\kappa h + \gamma\sin\kappa h)B = 0 \tag{3.16b}$$

欲使方程组(3.16)有非零解，要求方程组系数行列式等于零，由此得到

$$\tan\kappa h = \frac{\dfrac{\gamma}{\kappa}+\dfrac{\delta}{\kappa}}{1-\dfrac{\lambda}{\kappa}\dfrac{\delta}{\kappa}} \tag{3.17}$$

令

$$\tan\phi_s = \frac{\gamma}{\kappa},\quad \tan\phi_c = \frac{\delta}{\kappa}\quad (\text{TE 模式}) \tag{3.18}$$

上式即

$$\tan\kappa h = \tan(\phi_s + \phi_c) \tag{3.19}$$

光导波模式能够用它们的有效折射率

$$N_\nu = \beta_\nu / k_f \tag{3.20}$$

定义。式中，$\beta_\nu$ 是第 $\nu$ 阶模的传播常数，它是导光模的传播常数 $\beta$ 的本征值，导光模为分立谱，非负整数 $\nu$ 称为导光模的阶，记为 $TE_\nu$。有效折射率数值在 $n_s$ 和 $n_f$ 之间，取决于波导厚度 $h$。将式(3.20)代入式(3.14)，得到

$$\kappa=(n_f^2-N_\nu^2)^{1/2}k_f,\quad \gamma=(N_\nu^2-n_s^2)^{1/2}k_f,\quad \delta=(N_\nu^2-n_c^2)^{1/2}k_f \tag{3.21}$$

从式(3.19)可以得到本征值方程

$$\kappa h=\gamma\pi+\phi_s+\phi_c \tag{3.22}$$

即波导色散公式[5]，

$$k_f h(n_f^2-N_\nu^2)^{1/2}=\gamma\pi+\phi_s+\phi_c,\quad \nu=0,1,2 \tag{3.23}$$

下面给出 $\phi_s$ 和 $\phi_c$ 的定义，对 TE 模式为

$$\tan\phi_s=[(N_\nu^2-n_s^2)/(n_f^2-N_\nu^2)]^{1/2} \tag{3.24}$$

$$\tan\phi_c=[(N_\nu^2-n_c^2)/(n_f^2-N_\nu^2)]^{1/2} \tag{3.25}$$

对 TM 模式为

$$\tan\phi_s=(n_f/n_s)^2[(N_\nu^2-n_s^2)/(n_f^2-N_\nu^2)]^{1/2} \tag{3.26}$$

$$\tan\phi_c=(n_f/n_c)^2[(N_\nu^2-n_s^2)/(n_f^2-N_\nu^2)]^{1/2} \tag{3.27}$$

波导色散是由于波导具有厚度 $h$ 和有效折射而产生的，由式(3.23)～式(3.27)可以看到，有效折射率与波导各层折射率 $n_f$、$n_s$、$n_c$ 和模阶数 $\nu$ 以及 $h$ 有关。将式(3.16a)代入式(3.15)，并结合式(3.18)，得到 TE 模的电场横向分布

$$E_x=\frac{A}{\cos\phi_c}\cos(\kappa y+\phi_c),\quad \text{Ⅱ 区域} -h\leqslant y\leqslant 0 \tag{3.28a}$$

$$E_x=\frac{A}{\cos\phi_c}\cos(\kappa h-\phi_c)\exp[\gamma(y+h)],\quad \text{Ⅲ 区域 } y\leqslant -h \tag{3.28b}$$

$$E_x=A\exp(-\delta y),\quad \text{Ⅰ 区域 } y\geqslant 0 \tag{3.28c}$$

这些偏振模式是互相正交的，其积分

$$2\int_{-\infty}^{\infty}E_\nu(y)\times H_\mu^*(y)\cdot\hat{e}_z\,dy=\delta_{\nu\mu} \tag{3.29}$$

式中，$E_\nu(y)$ 和 $H_\mu(y)$ 是 $\nu$ 阶电场和 $\mu$ 阶磁场分布，$\hat{e}_z$ 是光波传播方向的单位矢量，$\delta_{\nu\mu}$ 是张量积，为 δ 函数[6-7]。TE 模式和 TM 模式是彼此正交偏振的。积分式(3.29)还定义了模式归一化条件。这样给出的模式每单位宽度携带单位能量。

对于 $\nu$ 阶 TE 模归一化条件能够表达为

$$\frac{2\beta_\nu}{\omega\mu_0}\int_{-\infty}^{\infty}|E_{\nu t}(y)|^2\,dy=1 \tag{3.30}$$

式中，$\mu_0$ 是自由空间的磁场介电常数，$\omega$ 是光辐射频率，$E$ 的下标 t 表示横电场，$E_{\nu t}(y)$ 是第 $\nu$ 阶模的横向电场。将式(3.15)代入式(3.30)，利用式(3.18)和式(3.22)得到

$$A^2=\frac{4\kappa^2\omega\mu_0}{\beta_\nu(\kappa^2+\delta^2)\left(h+\frac{1}{\gamma}+\frac{1}{\delta}\right)} \tag{3.31}$$

从式(3.28)和式(3.31)得到TE模电场 $E_x$，从式(3.10)可以得到TE模的磁场 $H_y$ 和 $H_z$。

图3.2(b)和(c)画出零阶TE模式和TM模式的典型归一化电场分布。这两个正交模相似的横向场分布与偏转器效率是密切相关的。

以上是在满足式(3.13)的条件时的导光模，从式(3.21)可知，$\gamma$ 和 $\delta$ 的数量级为 $k_f=\frac{2\pi}{\lambda_0}$。从式(3.28)可知，在波导的区域Ⅰ和区域Ⅲ内，横向电场 $E_x$ 随 $y$ 很快成指数衰减，只有区域Ⅱ内为周期函数，即导光波。

在不满足条件式(3.13)时，如果 $\beta<n_s k_f$(或 $N_\nu<n_s$)，式(3.14b)中 $\gamma$ 为虚数。区域Ⅲ内的解也为周期函数，存在的模式称为衬底模或衬底辐射模，它是波导的入射光在波导中被偏转到基底，可以认为是一个入射于波导基底的平面波，并在薄膜波导的基底边界被反射和部分折射，以及在薄膜覆盖边界上全反射。入射波和反射波在基底和波导中干涉产生正弦驻波图样，如图3.2(d)所示。

当 $\beta<n_c k_f$(或 $N_\nu<n_c$)，式(3.14c)中 $\delta$ 也成为虚数，区域Ⅰ内的解亦为周期函数，模式称为覆盖模。衬底模和覆盖模都称为辐射模。因此除了波导模，波导还存在辐射模，这类模也称为TE偏振和TM偏振的漏模。

由式(3.13)和式(3.20)可知，导波模的截止条件是

$$\beta=n_s k_f \quad 或 \quad N_\nu=n_s \tag{3.32}$$

在此情况下，从式(3.21)得到 $\gamma=0$，而从式(3.18)有 $\phi_s=0$，由式(3.25)，式(3.23)变为

$$k_f h(n_f^2-n_s^2)^{1/2}=\nu\pi+\arctan\{[(n_s^2-n_c^2)/(n_f^2-n_s^2)]^{1/2}\} \quad (\text{TE模}) \tag{3.33}$$

此式给出光波导厚度为 $h$ 时，波导中导光波阶数 $\gamma$ 的上限，反之此式也表明为了在波导中存在TE模式 $\nu$ 阶导光模 $\text{TE}_\nu$，波导的厚度 $h$ 应大于

$$h_\nu=\frac{\nu\pi+\arctan\{[(n_s^2-n_c^2)/(n_f^2-n_s^2)]^{1/2}\}}{(n_f^2-n_s^2)^{1/2}k_f} \tag{3.34}$$

在图3.2的波导层中，$\beta=n_f k_f\cos\theta$，代入式(3.33)的截止条件 $\beta=n_s k_f$，因此从截止条件有 $\cos\theta=\frac{n_s}{n_f}$，此时的角度 $\theta$ 即光导波在波导层与衬底层界面的全反射角 $\cos\theta_c=\frac{n_s}{n_f}$。当 $\beta<n_s k_f$ 时，角度 $\theta$ 大于临界角，不能发生全反射，不能形成光导波。

入射光波和反射光波与波导平面形成 $\theta$ 角，平板波导辐射模的有效折射率 $N_\nu$

定义为$N_\nu = n_s\cos\theta$，辐射模与所有的波导模都是正交的。任何两个有效折射率$N_\nu$和$N'_\nu$的辐射模的绝对值在积分的意义上也都是相互正交的，即

$$2\int_{-\infty}^{\infty} E_\rho(y) H_{\rho'}^{*}(y)\hat{\boldsymbol{e}}_z \mathrm{d}y = \delta(\rho - \rho') \tag{3.35}$$

式中$\rho = k(n_s^2 - N_\nu^2)^{1/2}$，方程(3.35)也表明辐射模归一化的特征。

类似于TE模式的推导，对于TM模式，在满足式(3.13)的条件下，当波导两个界面$H_x$连续，并在$y\to\pm\infty$时，$H_x\to 0$，从式(3.11)可得到

$$H_x = C\cos\kappa y + D\sin\kappa y, \quad \text{Ⅱ 区域} -h \leqslant y \leqslant 0 \tag{3.36a}$$

$$H_x = (C\cos\kappa h - D\sin\kappa h)\exp[\gamma(y + h)], \quad \text{Ⅲ 区域}\ y \leqslant -h \tag{3.36b}$$

$$H_x = C\exp(-\delta y), \quad \text{Ⅰ 区域}\ y \geqslant 0 \tag{3.36c}$$

由式(3.36)和式(3.11)，有

$$E_y = -\frac{\beta}{n^2\omega\varepsilon_0} H_x \tag{3.37a}$$

$$E_z = \frac{\mathrm{j}}{n^2\omega\varepsilon_0}\frac{\partial H_x}{\partial y} \tag{3.37b}$$

$$\frac{\partial H_x}{\partial y^2} + (n^2 k_f^2 - \beta^2) H_x = 0 \tag{3.37c}$$

考虑在两个界面$E_z$连续的情况下

$$\frac{\delta}{n_c^2} C + \frac{\kappa}{n_f^2} D = 0 \tag{3.38a}$$

$$\left(\frac{\kappa}{n_f^2}\sin\kappa h - \frac{\gamma}{n_s^2}\cos\kappa h\right) C + \left(\frac{\kappa}{n_f^2}\cos\kappa h + \frac{\gamma}{n_s^2}\sin\kappa h\right) D = 0 \tag{3.38b}$$

方程组(3.38)有非零解要求系数行列式等于零。得到

$$\tan\kappa h = \frac{\dfrac{n_f^2}{n_s^2}\dfrac{\gamma}{\kappa} + \dfrac{n_f^2}{n_c^2}\dfrac{\delta}{\kappa}}{1 - \left(\dfrac{n_f^2}{n_s^2}\dfrac{\gamma}{\kappa}\right)\left(\dfrac{n_f^2}{n_c^2}\dfrac{\delta}{\kappa}\right)} \tag{3.39}$$

令

$$\tan\phi_s = \frac{n_f^2}{n_s^2}\frac{\gamma}{\kappa} \tag{3.40a}$$

$$\tan\phi_c = \frac{n_f^2}{n_c^2}\frac{\delta}{\kappa} \tag{3.40b}$$

对于TM模式，仍有色散方程(3.22)，引入有效折射率式(3.20)，则本征值方

程为

$$(n_f^2-N_\nu^2)^{1/2}k_f h=\nu\pi+\arctan\left[\frac{n_f^2}{n_s^2}\left(\frac{N_\nu^2-n_s^2}{n_f^2-N_\nu^2}\right)^{1/2}\right]+\arctan\left[\frac{n_f^2}{n_c^2}\left(\left(\frac{N_\nu^2-n_c^2}{n_f^2-N_\nu^2}\right)^{1/2}\right)\right] \tag{3.41}$$

将式(3.38a)代入式(3.37)，结合式(3.40)可得TM模磁场的横向分布

$$H_x=\frac{C}{\cos\phi_c}\cos(\kappa y+\phi_c),\quad \text{Ⅱ 区域}-h\leqslant y\leqslant 0 \tag{3.42a}$$

$$H_x=\frac{C}{\cos\phi_c}\cos(\kappa h-\phi_c)\exp[\gamma(y+h)],\quad \text{Ⅲ 区域}\ y\leqslant -h \tag{3.42b}$$

$$H_x=c\exp(-\delta y),\quad \text{Ⅰ 区域}\ y\geqslant 0 \tag{3.42c}$$

对于TM模式，利用归一化条件式(3.29)和式(3.11)，可得

$$-\frac{1}{2}\int_{-\infty}^{+\infty}E_y H_x^* \mathrm{d}y=\frac{\beta}{2\omega\mu_0}\int_{-\infty}^{+\infty}\frac{1}{n^2(y)}|H_x|^2\mathrm{d}y=1 \tag{3.43}$$

式中，$n(y)$表示在$y$的不同区域折射率不同，将式(3.42)代入式(3.43)，利用式(3.22)和式(3.40)可得

$$C^2=\frac{4n_f^2 n_c^4\kappa^2\omega\varepsilon_0}{\beta(n_c^4\kappa^2+n_f^4\delta^2)\left(h+\frac{n_f^2n_s^2}{\gamma}\frac{\kappa^2+\gamma^2}{n_s^4\kappa^2+n_f^4\gamma^2}+\frac{n_f^2n_c^2}{\delta}\frac{\kappa^2+\delta^2}{n_c^4\kappa^2+n_f^4\delta^2}\right)} \tag{3.44}$$

式(3.42)和式(3.44)可确定TM模的横向磁场$\boldsymbol{H}$的本征函数$H_x$，由式(3.11)可以得到电场$\boldsymbol{E}$的本征函数$E_y$和$E_z$。因为不同区域的折射率不同，$E_y$在不同区域不同。从式(3.11)和式(3.42)，可得波导层Ⅱ中

$$\frac{E_z}{E_y}=\mathrm{j}\frac{\kappa}{\beta}\tan(\kappa y+\phi_c)=\mathrm{j}\tan\theta\tan(\kappa y+\phi_c) \tag{3.45}$$

式中利用式(3.14a)，而$\beta=n_f k_f\cos\theta$，得到$\dfrac{\kappa}{\beta}=\tan\theta$。

因此TM模的电场振动是椭圆，椭圆度$\left|\dfrac{E_z}{E_y}\right|$随着$\tan\theta\tan(\kappa y+\phi_c)$变化，其中$\tan\theta$为一定值，$\tan(\kappa y+\phi_c)$随$y$变化。在$y=0$处，等于$\tan\phi_c$，大于0。在$y=-h$处，利用式(3.22)得到$\tan(\kappa y+\phi_c)=-\tan\phi_s$，小于0。在中间深度，椭圆度较小。所以可以认为TM模的电场$\boldsymbol{E}$基本上沿$y$方向。

由导波模截止条件式(3.32)及式(3.21)和式(3.18)可得$\gamma=0$，$\phi_s=0$。式(3.41)变为

$$(n_f^2 - n_s^2)^{1/2} k_f h = \nu\pi + \arctan\left[\frac{n_f^2}{n_c^2}\left(\frac{n_s^2 - n_c^2}{n_f^2 - n_s^2}\right)^{1/2}\right] \tag{3.46}$$

与 TE 模类似，为了在光波导中能存在 TM 模式 $\nu$ 阶导光模 $TM_\nu$，波导层的厚度 $h$ 要大于

$$h_\nu = \frac{\nu\pi + \arctan\left[\frac{n_f^2}{n_c^2}\left(\frac{n_s^2 - n_c^2}{n_f^2 - n_s^2}\right)^{1/2}\right]}{(n_f^2 - n_s^2)^{1/2} k_f} \tag{3.47}$$

在给定的波导各层，折射率和光波长可以由式(3.34)和式(3.47)计算出 TE 模和 TM 模所需要的波导厚度 $h$，进而由式(3.23)和式(3.41)可求出模阶数 $\nu$ 的各模式的有效折射率 $N_\nu$，再由式(3.20)和式(3.21)求得 $\beta$、$\kappa$、$\gamma$ 和 $\delta$。由式(3.18)和式(3.40)计算 $\tan\phi_s$ 和 $\tan\phi_c$，由 $\tan\theta = \frac{\kappa}{\beta}$ 计算出导光波的传播角 $\theta$。由式(3.28)和式(3.32)可以得到 TE 模的电场分布。由式(3.42)、式(3.44)和式(3.11)，得到 TM 模的电场分布。图 3.2(b)和(c)分别是 $n_f = 1.515$，$n_s = 1.457$，$n_c = 1.0$，$h = 0.55\mu m$ 的波导，在波长 $0.6328\mu m$ 激光下的 $TE_0$ 模和 $TM_0$ 模的电场分布。图 3.2(d)是有效折射率 $N_\nu = 1.435$ 的辐射模的电场分布[5]。计算结果见表 3.1[6]。

**表 3.1　$n_f = 1.515$，$n_s = 1.457$，$n_c = 1.0$ 的光波导在 $\lambda_0 = 0.6328\mu m$ 激光下的数据**

| $h/\mu m$ | 模式 | $N_\nu$ | $\beta/\mu m^{-1}$ | $\kappa/\mu m^{-1}$ | $\gamma/\mu m^{-1}$ | $\delta/\mu m^{-1}$ | $\tan\phi_s$ | $\tan\phi_c$ | $\tan\theta$ | $\theta/(°)$ |
|---|---|---|---|---|---|---|---|---|---|---|
| 0.55 | $TE_0$ | 1.4759 | 14.654 | 3.395 | 2.338 | 10.778 | 0.6885 | 3.174 | 0.2317 | 13.0 |
| | $TM_0$ | 1.4712 | 14.608 | 3.591 | 2.205 | 10.714 | 0.6096 | 6.848 | 0.2458 | 13.8 |
| 1.40 | $TE_0$ | 1.5040 | 14.933 | 1.809 | 3.704 | 11.154 | 2.047 | 6.165 | 0.1212 | 6.91 |
| | $TM_0$ | 1.5032 | 14.926 | 1.874 | 3.672 | 11.144 | 2.119 | 13.650 | 0.1255 | 7.16 |
| | $TE_1$ | 1.4728 | 14.624 | 3.526 | 2.136 | 10.736 | 0.6059 | 3.045 | 0.2411 | 13.6 |
| | $TM_1$ | 1.4701 | 14.597 | 3.635 | 1.944 | 10.700 | 0.5783 | 6.756 | 0.2490 | 14.0 |

虽然以上分析是针对各向同性介质情况，但是对于各向异性介质的情况也同样适用。因为在波导中导光波是 TE 模或 TM 模，保持一定的偏振状态，光传播方向也是一定的，即使是在各向异性介质中，折射率也有确定值，因此以上分析仍然适用。

在以上分析中，波导层的折射率 $n_f$ 设为常数，如果折射率分布是 $y$ 的函数时，本征值方程不同，但是结论性质没有改变。参考文献[7]给出了这些情况的解。

## 3.3　表面声波的基本方程和特性

表面声波是在压电固体材料表面产生和传播，且振幅随深入固体材料的深度增加而迅速减小的弹性波。现在分析波导中的表面声波解法和特性[8-11]，首先建

立非压电弹性体介质中的波动方程，选取坐标系如图3.3所示，为便于用简化下标表述，用 $x_1$、$x_2$、$x_3$ 表示 $x$、$y$、$z$ 三个坐标。在介质中取一个小长方体，其在三个坐标上的长度分别为 $\Delta x_1$、$\Delta x_2$、$\Delta x_3$，介质中有弹性波传播时，小长方体外面介质对长方体每个面的任意方向的作用力都可以分解为与这个面垂直和平行的两个分力。

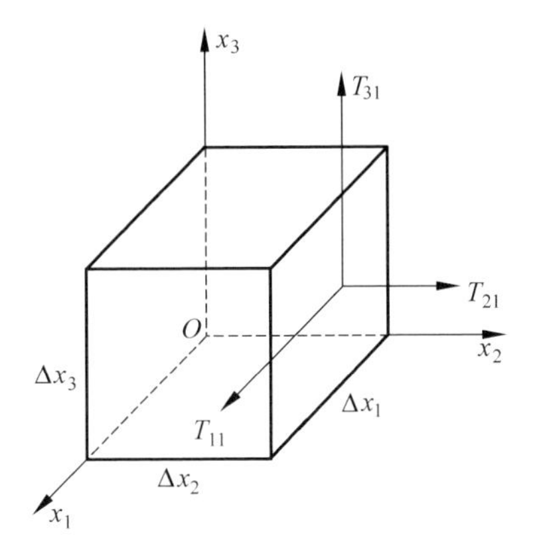


图3.3　介质对其中小体积元的作用力

分析与 $x_1$ 轴垂直的两个平面的应力，设作用在 $x_1=0$ 平面上，沿 $x_1$ 方向的作用力为 $T_{11}$，作用在 $x_1=\Delta x_1$ 的平面上，沿 $x_1$ 方向的作用力为 $T_{11}+\dfrac{\partial T_{11}}{\partial x_1}\Delta x_1$。在该方向上的合力为

$$\left(T_{11}+\frac{\partial T_{11}}{\partial x_1}\Delta x_1\right)\Delta x_2\Delta x_3-T_{11}\Delta x_2\Delta x_3=\frac{\partial T_{11}}{\partial x_1}\Delta x_1\Delta x_2\Delta x_3 \tag{3.48}$$

对于 $x_2$ 和 $x_3$ 轴有类似的结果。这样小长方体6个平面上有6个作用力，合力为

$$\left(\frac{\partial T_{11}}{\partial x_1}+\frac{\partial T_{12}}{\partial x_2}+\frac{\partial T_{13}}{\partial x_3}\right)\Delta x_1\Delta x_2\Delta x_3 \tag{3.49}$$

由连续介质中牛顿第二定律，

$$\rho\Delta x_1\Delta x_2\Delta x_3\frac{\partial^2 u_1}{\partial t^2}=\left(\frac{\partial T_{11}}{\partial x_1}+\frac{\partial T_{12}}{\partial x_2}+\frac{\partial T_{13}}{\partial x_3}\right)\Delta x_1\Delta x_2\Delta x_3 \tag{3.50}$$

式中，$\rho$ 为介质密度，$u_1$ 为介质在 $x_1$ 方向的位移，上式两边消去相同项 $\Delta x_1\Delta x_2\Delta x_3$，得到

$$\rho\frac{\partial^2 u_1}{\partial t^2}=\frac{\partial T_{11}}{\partial x_1}+\frac{\partial T_{12}}{\partial x_2}+\frac{\partial T_{13}}{\partial x_3} \tag{3.51a}$$

同样可以得到

$$\rho\frac{\partial^2 u_2}{\partial t^2}=\frac{\partial T_{21}}{\partial x_1}+\frac{\partial T_{22}}{\partial x_2}+\frac{\partial T_{23}}{\partial x_3} \tag{3.51b}$$

$$\rho\frac{\partial^2 u_3}{\partial t^2}=\frac{\partial T_{31}}{\partial x_1}+\frac{\partial T_{32}}{\partial x_2}+\frac{\partial T_{33}}{\partial x_3} \tag{3.51c}$$

合并表达为

$$\rho\frac{\partial^2 u_i}{\partial t^2}=\sum_{j=1}^{3}\frac{\partial T_{ij}}{\partial x_j},\quad i=1,2,3 \tag{3.52a}$$

记为

$$\rho\frac{\partial^2 u_i}{\partial t^2}=\frac{\partial T_{ij}}{\partial x_j},\quad i,j=1,2,3 \tag{3.52b}$$

当物理量下角标重复时，表示对其求和。例如张力 $T_{ij}$ 表示垂直于 $x_j$ 轴的单位面积两边相互作用力沿 $x_i$ 轴的分量

$$\frac{\partial T_{ij}}{\partial x_j}=\frac{\partial T_{i1}}{\partial x_1}+\frac{\partial T_{i2}}{\partial x_2}+\frac{\partial T_{i3}}{\partial x_3} \tag{3.53a}$$

一个因子的下标“,”后面 $j$ 表示该因子对坐标 $x_j$ 求导数，式(3.53a)也可以表示为

$$T_{ij,j}=\frac{\partial T_{ij}}{\partial x_j}=\frac{\partial T_{i1}}{\partial x_1}+\frac{\partial T_{i2}}{\partial x_2}+\frac{\partial T_{i3}}{\partial x_3} \tag{3.53b}$$

式(3.52b)改写为

$$T_{ij,j}=\rho\frac{\partial^2 u_i}{\partial t^2}=\frac{\partial v_i}{\partial t} \tag{3.53c}$$

式中，$\rho$ 为介质的密度，$v_i$ 为弹性波在介质中位移 $u_i$ 对时间的微分，即质点振动速度。

在弹性介质中，介质弹性性能方程是

$$T_{ij}=c_{ijkl}^{E}S_{kl} \tag{3.54}$$

此式即胡克定律，式中 $c_{ijkl}^{E}$ 是介质的劲度系数。

弹性介质中应力张量和应变张量是对称二阶张量，引用简化下标，

$$\begin{cases}T_I=T_{ij}\\ S_J=S_{kl},\quad J=1,2,3\\ S_J=2S_{kl},\quad J=4,5,6\end{cases} \tag{3.55}$$

式(3.54)写成矩阵形式为

$$\begin{bmatrix} T_{11} \\ T_{22} \\ T_{33} \\ T_{23} \\ T_{31} \\ T_{12} \end{bmatrix} = \begin{bmatrix} c_{1111} & c_{1122} & c_{1133} & c_{1123} & c_{1131} & c_{1112} \\ c_{2211} & c_{2222} & c_{2233} & c_{2223} & c_{2231} & c_{2212} \\ c_{3311} & c_{3322} & c_{3333} & c_{3323} & c_{3331} & c_{3312} \\ c_{2311} & c_{2322} & c_{2333} & c_{2323} & c_{2331} & c_{2312} \\ c_{3111} & c_{3122} & c_{3133} & c_{3123} & c_{3131} & c_{3112} \\ c_{1211} & c_{1222} & c_{1233} & c_{1223} & c_{1231} & c_{1212} \end{bmatrix} \begin{bmatrix} S_{11} \\ S_{22} \\ S_{33} \\ S_{23} \\ S_{31} \\ S_{12} \end{bmatrix} \tag{3.56}$$

应力张量 $\boldsymbol{T}$ 和应变张量 $\boldsymbol{S}$ 都有 6 个分量，劲度系数张量 $\boldsymbol{c}$ 有 36 个分量。应变张量 $S_{kl}$ 与质点位移 $u_j$ 的关系为

$$S_{kl} = \frac{\partial u_k}{\partial x_l}, \quad k, l = 1,2,3 \tag{3.57}$$

将式(3.54)和式(3.57)代入式(3.52b)，得到

$$\rho \frac{\partial^2 u_i}{\partial t^2} = c_{ijkl} \frac{\partial^2 u_k}{\partial x_l \partial x_j} \tag{3.58}$$

此即非压电弹性介质中的波动方程。

设介质上表面位于 $x_3=0$，介质在 $x_3 \leqslant 0$ 的体积为无限大(图 3.3)。对于沿波导上表面 $x_3=0$ 传播的表面声波，方程(3.58)的解的形式为

$$u_i = v_i \exp\{\mathrm{j}[\omega_\mathrm{a} t - K(l_1 x_1 + l_2 x_2 + l_3 x_3)]\}, \quad i = 1,2,3 \tag{3.59}$$

式中，$v_i$ 是质点振动速度，$l_1$、$l_2$、$l_3$ 是传播方向为 $\boldsymbol{l} = xl_x + yl_y + zl_z$ 的方向余弦，$\omega_\mathrm{a}$ 和 $\boldsymbol{K}$ 分别为声波的圆频率和波矢。

将式(3.59)代入式(3.58)，得到

$$K^2 c_{ijkl} l_l l_j v_k - \rho \omega_\mathrm{a}^2 v_i = 0 \tag{3.60}$$

或写为

$$K^2 \Gamma_{ik} v_k - \rho \omega_\mathrm{a}^2 v_i = 0$$

两边同时除以 $K^2$，得到

$$(\rho v_\mathrm{a}^2 \delta_{ik} - c_{ijkl} l_l l_j) v_k = 0, \quad i, j, k, l = 1,2,3 \tag{3.61a}$$

或写为

$$(\Gamma_{ik} - \rho v_\mathrm{a}^2 \delta_{ik}) v_k = 0 \tag{3.61b}$$

式中，

$$\delta_{ik} = \begin{cases} 1, & i = k \\ 0, & i \neq k \end{cases}$$

$$v_\mathrm{a}^2 = \omega_\mathrm{a}^2 / K^2$$

$v_\mathrm{a}$ 为声波的相速度，$v_k$ 是三个相应的质点速度。

式(3.61)为晶体声学的克里斯托费尔(Christoffel)方程。式中的矩阵

$$\Gamma_{ik} = c_{ijkl} l_l l_j \tag{3.62}$$

称为克里斯托费尔矩阵[8],其矩阵元仅为波传播方向和劲度常数的函数。

### 3.3.1 各向同性介质中的表面声波特性

表面声波在半无限大的各向同性介质中传播,本节选取表面声波传播矢量的坐标系如图 3.4 所示,设表面声波 $\boldsymbol{K}$ 沿 $x_1$ 方向传播,$x_3=0$ 是介质表面,$x_3<0$ 是无限深度的介质,$x_3>0$ 是自由空间。

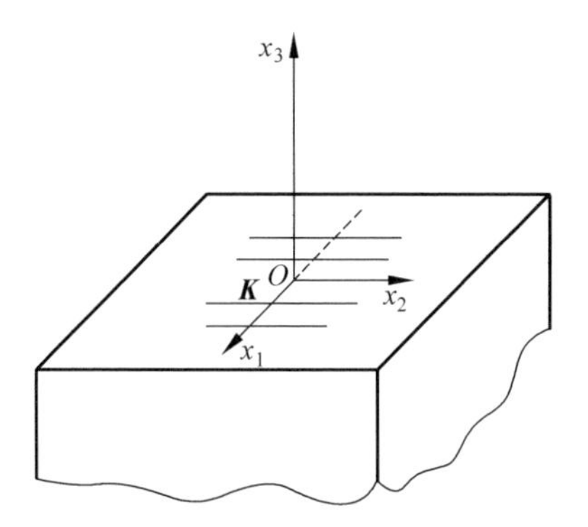


图 3.4 表面声波传播矢量的坐标系

首先确定各向同性对于顺度系数矩阵和劲度系数矩阵加的限制,在各向同性介质中三个坐标轴 $x$、$y$、$z$ 是等价的,三个坐标平面 $yz$、$xz$、$xy$ 也是等价的。因此,外加在介质沿任意轴的压缩应力产生的应变是相同的,

$$s_{11}=s_{22}=s_{33}, \quad s_{12}=s_{13}=s_{23}$$

同理,加到介质任意平面的切应力引起的切应变对于所有坐标平面都是相同的,即 $s_{44}=s_{55}=s_{66}$。

应力系数矩阵是对称矩阵,

$$\boldsymbol{T}=\begin{bmatrix} T_{xx} & T_{xy} & T_{xz} \\ T_{xy} & T_{yy} & T_{yz} \\ T_{xz} & T_{yz} & T_{zz} \end{bmatrix}=\begin{bmatrix} T_1 & T_6 & T_5 \\ T_6 & T_2 & T_4 \\ T_5 & T_4 & T_3 \end{bmatrix}$$

$T_1$ 在 $xy$ 平面产生切应变 $S_6$,对外加应力的一个解是 $S_6=s_{61}T_1=+|S|$,对于各向同性介质,把介质绕 $x$ 轴旋转 180°仍然是解,旋转 180°使得 $S_6$ 符号反号,$S_6=s_{61}T_1=-|S|$,因此,这个解只能是零,即 $s_{61}=0$。

类似有,

$$s_{14}=s_{15}=s_{24}=s_{25}=s_{26}=s_{34}=s_{35}=s_{36}=0$$

类似可以证明

$$s_{45}=s_{46}=s_{56}=0$$

此条件对于劲度系数矩阵也同样成立，由此各向同性介质中劲度系数矩阵是

$$[c_{IJ}]=\left[\begin{array}{ccc|ccc} c_{11} & c_{12} & c_{12} & 0 & 0 & 0 \\ c_{12} & c_{11} & c_{12} & 0 & 0 & 0 \\ c_{12} & c_{12} & c_{11} & 0 & 0 & 0 \\ \hline 0 & 0 & 0 & c_{44} & 0 & 0 \\ 0 & 0 & 0 & 0 & c_{44} & 0 \\ 0 & 0 & 0 & 0 & 0 & c_{44} \end{array}\right] \tag{3.63}$$

对于介质为各向同性的情况，矩阵(3.63)在坐标轴任意转动下保持不变，按照邦德(W. L. Bond)矩阵变换法则，此矩阵必须满足[8]

$$c_{12}=c_{11}-2c_{44} \tag{3.64}$$

式(3.63)是各向同性介质的普适条件。即有

$$c_{12}=c_{13}=c_{21}=c_{23}=c_{31}=c_{32}$$

$$c_{11}=c_{22}=c_{33}$$

$$c_{44}=c_{55}=c_{66}=\frac{1}{2}(c_{11}-c_{12})$$

$$c_{14}=c_{15}=c_{16}=c_{24}=c_{25}=\cdots=0$$

为简化，设表面声波 $\boldsymbol{K}$ 沿 $x_1$ 方向传播，即 $l_1=1, l_2=0, l_3$ 为求解方程确定的方向。

方程(3.61)存在非零解的条件是

$$\begin{vmatrix} \Gamma_{11}-\rho v_a^2 & \Gamma_{21} & \Gamma_{13} \\ \Gamma_{21} & \Gamma_{22}-\rho v_a^2 & \Gamma_{23} \\ \Gamma_{31} & \Gamma_{32} & \Gamma_{33}-\rho v_a^2 \end{vmatrix}=0 \tag{3.65}$$

式中，

$$\Gamma_{11}=c_{11}+c_{44}l_3^2$$

$$\Gamma_{22}=c_{44}(1+l_3^2)$$

$$\Gamma_{33}=c_{44}+c_{11}l_3^2$$

$$\Gamma_{13}=\Gamma_{31}=(c_{11}-c_{44})l_3$$

$$\Gamma_{12}=\Gamma_{21}=\Gamma_{22}=\Gamma_{32}=0$$

将式(3.65)展开整理得到

$$(c_{44}l_3^2+c_{44}-\rho v_a^2)^2(c_{11}l_3^2+c_{11}-\rho v_a^2)=0 \tag{3.66}$$

由此，各向同性介质只有两个独立的弹性常数 $c_{11}$ 和 $c_{44}$，它们分别对应于体纵波声速 $v_{al}$ 和体切变声速 $v_{at}$，

$$v_{\mathrm{al}}=(c_{11}/\rho)^{1/2} \tag{3.67}$$

$$v_{\mathrm{at}}=(c_{44}/\rho)^{1/2} \tag{3.68}$$

式(3.66)是关于 $l_3$ 的平方 $l_3^2$ 的三次方程，$l_3^2$ 有三个根，对应于 $l_3$ 有六个根：

$$\begin{cases} l_3^{(1)}=-\mathrm{j}\left(1-\dfrac{v_{\mathrm{a}}^2}{v_{\mathrm{at}}^2}\right)^{1/2} \\ l_3^{(2)}=-\mathrm{j}\left(1-\dfrac{v_{\mathrm{a}}^2}{v_{\mathrm{at}}^2}\right)^{1/2} \\ l_3^{(3)}=-\mathrm{j}\left(1-\dfrac{v_{\mathrm{a}}^2}{v_{\mathrm{al}}^2}\right)^{1/2} \\ l_3^{(4)}=\mathrm{j}\left(1-\dfrac{v_{\mathrm{a}}^2}{v_{\mathrm{at}}^2}\right)^{1/2} \\ l_3^{(5)}=\mathrm{j}\left(1-\dfrac{v_{\mathrm{a}}^2}{v_{\mathrm{at}}^2}\right)^{1/2} \\ l_3^{(6)}=\mathrm{j}\left(1-\dfrac{v_{\mathrm{a}}^2}{v_{\mathrm{al}}^2}\right)^{1/2} \end{cases} \tag{3.69}$$

因为表面波的能量分布在介质表面，在此半无限介质内部无限深处 $x_3\to-\infty$ 处，质点位移为0。从方程的解(3.69)分析，上面六个根中只有三个根 $l_3^{(1)}$、$l_3^{(2)}$、$l_3^{(3)}$ 可满足方程，另三个根 $l_3^{(4)}$、$l_3^{(5)}$、$l_3^{(6)}$ 使式(3.59)在 $x_3\to-\infty$ 时质点位移趋于无限大，因此不是方程的解。

满足方程的三个根 $l_3^{(i)}$ 对应于式(3.59) $u_i=v_i\exp\{\mathrm{j}[\omega_{\mathrm{a}}t-K(l_1x_1+l_2x_2+l_3x_3)]\}$ 形式的解，将三个根分别代入方程(3.61a)得到三组 $v_i$ 的值

$$\begin{cases} v_1^{(1)}=0,\quad v_1^{(2)}=\mathrm{j}\dfrac{v_{\mathrm{at}}}{v_{\mathrm{a}}}\left(1-\dfrac{v_{\mathrm{a}}^2}{v_{\mathrm{at}}^2}\right)^{1/2},\quad v_1^{(3)}=\dfrac{v_{\mathrm{al}}}{v_{\mathrm{a}}} \\ v_2^{(1)}=1,\quad v_2^{(2)}=0,\quad v_2^{(3)}=0 \\ v_3^{(1)}=0,\quad v_3^{(2)}=\dfrac{v_{\mathrm{at}}}{v_{\mathrm{a}}},\quad v_3^{(3)}=-\dfrac{v_{\mathrm{at}}}{v_{\mathrm{a}}}\left(1-\dfrac{v_{\mathrm{a}}^2}{v_{\mathrm{al}}^2}\right)^{1/2} \end{cases} \tag{3.70}$$

另外，波动方程要满足边界条件，介质的界面 $x_3=0$ 上没有外加应力，所以有

$$T_{13}=T_{23}=T_{33}=0 \tag{3.71}$$

从式(3.57)和式(3.54)，式(3.71)可写为

$$T_{i3}=c_{ijkl}\frac{\partial u_k}{\partial x_l}=0 \tag{3.72}$$

要同时满足波动方程(3.58)和边界条件式(3.71)，需要将 $l_3$ 的三个根 $l_3^{(1)}$、

$l_3^{(2)}$、$l_3^{(3)}$ 对 $u_i = v_i \exp\{j[\omega_a t - K(l_1 x_1 + l_2 x_2 + l_3 x_3)]\}$ 形式的解进行线性叠加，则波动方程的解为

$$u_i = \sum_{n=1}^{3} C_n v_i^{(n)} \exp\{j[\omega_a t - K(l_1 x_1 + l_3^{(n)} x_3)]\}, \quad n = 1,2,3 \tag{3.73}$$

式中，$C_n$ 为线性组合的加权系数。

将式(3.73)代入边界条件式(3.72)，得到

$$\sum_{n=1}^{3} c_{ijkl} v_i^{(n)} l_3^{(n)} C_n = 0, \quad i,n = 1,2,3 \tag{3.74}$$

将各向同性介质劲度矩阵常数式(3.63)代入式(3.74)，得到三个联立方程

$$0 \cdot C_1 + (v_3^{(2)} + v_1^{(2)} l_3^{(2)}) C_2 + (v_3^{(3)} + v_1^{(3)} l_3^{(3)}) C_3 = 0 \tag{3.75a}$$

$$l_3^{(1)} C_1 + 0 \cdot C_2 + 0 \cdot C_3 = 0 \tag{3.75b}$$

$$0 \cdot C_1 + (c_{11} v_3^{(2)} l_3^{(2)} + c_{12} v_1^{(2)}) C_2 + (c_{11} v_3^{(3)} l_3^{(3)} + c_{12} v_1^{(3)}) C_3 = 0 \tag{3.75c}$$

联立方程存在非零解的条件是系数行列式等于零，即

$$\begin{vmatrix} 0 & v_3^{(2)} + v_1^{(2)} l_3^{(2)} & v_3^{(3)} + v_1^{(3)} l_3^{(3)} \\ l_3^{(1)} & 0 & 0 \\ 0 & c_{11} v_3^{(2)} l_3^{(2)} + c_{12} v_1^{(2)} & c_{11} v_3^{(3)} l_3^{(3)} + c_{12} v_1^{(3)} \end{vmatrix} = 0 \tag{3.76}$$

此式展开为

$$\begin{aligned} l_3^{(1)} [ & (v_3^{(2)} + v_1^{(2)} l_3^{(2)})(c_{11} v_3^{(3)} l_3^{(3)} + c_{12} v_1^{(3)}) - \\ & (v_3^{(3)} + v_1^{(3)} l_3^{(3)})(c_{11} v_3^{(2)} l_3^{(2)} + c_{12} v_1^{(2)})] = 0 \end{aligned} \tag{3.77}$$

将式(3.69)和式(3.70)代入式(3.77)，得到两个解：

第一个解是

$$l_3^{(1)} = j\left(1 - \frac{v_a^2}{v_{at}^2}\right)^{1/2} = 0 \tag{3.78}$$

由此即有 $v_a = v_{at}$，相应有 $C_2 = C_3 = 0$，解的质点位移平行于自由表面，是线性偏振波，波的振幅是常数，不随垂直于表面的深度变化，此解为一个体切变波，不是表面波。

第二个解满足方程

$$\left[2 - \left(\frac{v_a}{v_{at}}\right)^2\right]^2 = 4\left[1 - \left(\frac{v_a}{v_{at}}\right)^2\right]^{1/2}\left[1 - \left(\frac{v_a}{v_{al}}\right)^2\right]^{1/2} \tag{3.79}$$

对于一定的介质，从式(3.67)和式(3.68)可以得到 $v_{al}$ 和 $v_{at}$，所以可从式(3.79)求出波的相速度 $v_a$，然后从式(3.75)可计算 $C_1$、$C_2$ 和 $C_3$ 之间的比例，即可得到表面波的质点位移

$$u_1 = C\left[\exp(\mathrm{j}Kl_3^{(3)}x_3) - \alpha\exp(\mathrm{j}Kl_3^{(2)}x_3)\right]\exp\left[\mathrm{j}K(x_1 - v_a t)\right] \tag{3.80a}$$

$$u_2 = 0 \tag{3.80b}$$

$$u_3 = -\mathrm{j}KC\left[1 - \frac{v_{\mathrm{ava}}^2}{v_{\mathrm{al}}^2}\right]^{1/2}\left[\exp(\mathrm{j}Kl_3^{(3)}x_3) - \frac{1}{\alpha}\exp(\mathrm{j}Kl_3^{(2)}x_3)\right]\exp\left[\mathrm{j}K(x_1 - v_a t)\right] \tag{3.80c}$$

式中，

$$\alpha = \frac{1}{2}\left(2 - \frac{v_a^2}{v_{\mathrm{at}}^2}\right) \tag{3.81}$$

式(3.80)的一组表达式表示的是一个沿固体表面传播的表面波，称为瑞利波。式中的常数 $C$ 由声波传播方向 $x_1$ 单位长度上表面波能流决定[6]。由式(3.80)可知，瑞利波的质点位移有两个分量，一个 $u_1$ 与波的传播方向 $x_1$ 平行(P 波，记为 $u_{/\!/}$)，另一个 $u_3$ 与固体表面垂直(SV 波，记为 $u_{\perp}$)，而且两个分量的相位相差 90°。如图 3.5(a)所示。

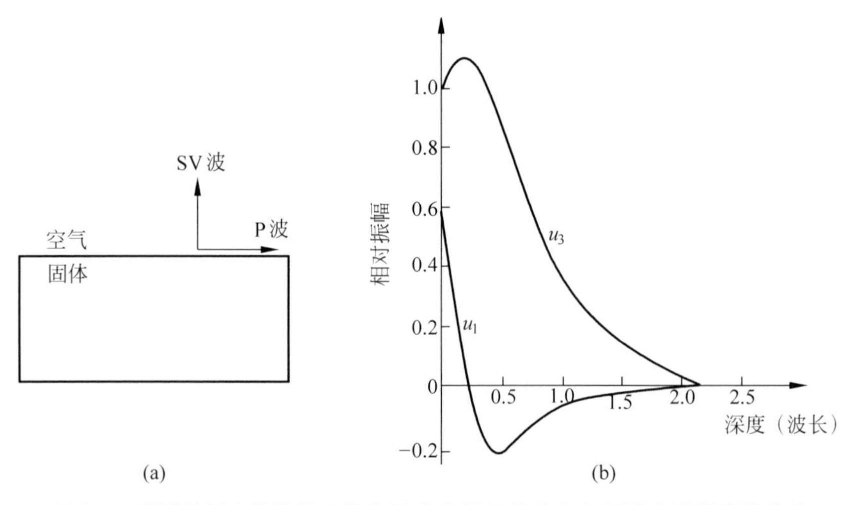


图 3.5　瑞利波质点位移的水平和垂直分量及其随各向同性介质深度的变化

(a) 瑞利波质点位移的水平和垂直分量；

(b) 各向同性介质瑞利波质点位移分量随介质归一化深度 $|x_3|/\lambda_R$ 的变化关系

图 3.5(b)是各向同性介质瑞利波质点位移分量随归一化深度 $|x_3|/\lambda_R$ 的变化关系[9]。由图中可见，质点振动的振幅随着离开介质表面的深度 $|x_3|$ 增大呈指数函数衰减，一般在 1～2 个波长距离以后振动基本消失。其中，$\lambda_R = 2\pi/K_R$，$\lambda_R$ 和 $K_R$ 分别为瑞利波的波长和传输常数。

瑞利波在介质中的质点位移合成的运动轨迹为椭圆，椭圆的长轴垂直于介质表面，表面层的质点运动椭圆是逆时针方向，在离开表面大于 0.18 个波长后椭圆

是顺时针方向运动。质点位移的振幅随着离开固体表面的距离增大呈指数衰减，弹性表面波的能量主要集中在表面下 1～2 个波长的范围。瑞利波的椭圆度 $\left|\dfrac{u_3}{u_1}\right|$ 也随着深度变化。

瑞利波质点位移速度、运动轨迹以及质点速度离开表面距离的变化如图 3.6 所示[10]。从图 3.6(a)中可以看到，瑞利波质点的速度场是由纵波 $v_z(z)$ 和切变波 $v_x(z)$ 两部分组合建立的。

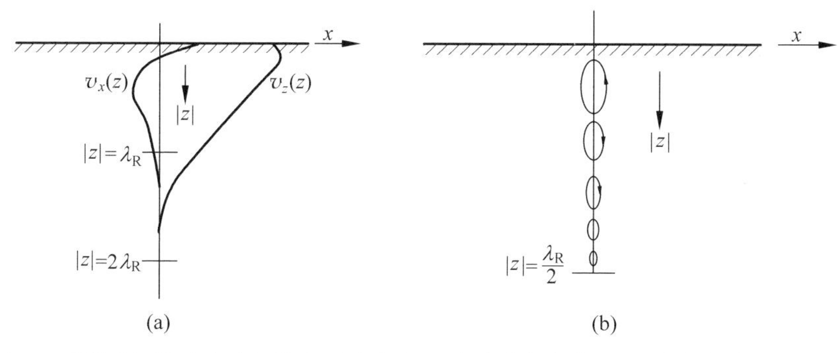


图 3.6　瑞利表面波在各向同性基底上向右运动时质点速度(a)和质点位移(b)的场分布

如本节开始所述，为便于用简化下标表述，本节用 $x_1$、$x_2$、$x_3$ 表示 $x$、$y$、$z$ 三个坐标。图 3.6 中的 $x$、$y$、$z$ 即 $x_1$、$x_2$、$x_3$。

与沿固体介质内部传播的体声波相比，表面声波有两个显著特点，一是能量密度高，其中约 90%的能量集中于厚度等于一个波长的表面薄层中；二是传播速度慢，约为纵波速度的 45%，是横波速度的 90%。

式(3.79)近似表达为[11]

$$\frac{v_a}{v_{at}}=\frac{0.72-(v_{at}/v_{al})^2}{0.75-(v_{at}/v_{al})^2} \tag{3.82a}$$

由于实际各向同性固体的 $v_{at}/v_{al}$ 最大值为 0.5，可以得到 $0.87<v_a/v_{at}<0.96$，因此瑞利波的相速度 $v_a$ 比体切变波相速度 $v_{at}$ 小 10%左右。

瑞利波的速度 $v_a$ 只取决于传播介质的材料参数而与频率无关，所以瑞利波是无色散的。一些相关文献常用的瑞利波速度的近似计算公式为

$$v_a=\frac{0.87+1.12\sigma}{1+\sigma}v_{at} \tag{3.82b}$$

式中，$\sigma$ 为材料的泊松比，$v_{at}$ 为介质中体切变波的速度。材料的泊松比变化范围是 0～0.5，所以瑞利波的速度为 $0.87v_{at}$～$0.995v_{at}$。这种近似公式计算与式(3.82a)基本一致。

## 3.3.2 各向异性介质中的表面声波特性

表面声波除了各向同性介质的情况,没有解析解。前面说明了弹性表面波所共有的一阶特征,这些属性一般对各向异性衬底是有效的,下面介绍各向异性介质和压电效应。它们是波传播本身具有的二阶特性。

在各向异性晶体中,几乎所有现象都可以借助于在立方晶体的基底平面(主平面)用一般传播几何图形来说明。本节讨论将局限于非压电立方晶体中的这些平面。

立方晶体有三个独立的弹性常数[12],分别为 $c_{11}$、$c_{12}$、$c_{44}$,体纵波沿晶体轴的速度为 $v_{al}=\sqrt{\dfrac{c_{11}}{\rho}}$,而在同一轴上有两个速度为 $v_{at}=\sqrt{\dfrac{c_{44}}{\rho}}$ 的简并切变波。一般来说,在晶体中的其他传播方向体波速度是不同的[8]。例如,沿[110]轴两个剪切速度是非简并的,偏振面垂直于基底平面,其中一个波速度 $v_{at1}=\sqrt{\dfrac{c_{44}}{\rho}}$,而另一个偏振面在基底平面上,波速度 $v_{at2}=\sqrt{\dfrac{c_{44}}{\eta\rho}}$,式中,

$$\eta=\frac{2c_{44}}{c_{11}-c_{12}} \tag{3.83}$$

其表现出各向异性程度。对于各向同性介质,$2c_{44}=c_{11}-c_{12}$,因此 $\eta=1$。表 3.2 给出了立方晶系各向异性程度的度量和一些典型值,以及沿晶轴传播的相应简并切变速度[9,13]。

表 3.2 立方晶系各向异性性质

| 晶体 | 各向异性 $\eta=\dfrac{2c_{44}}{c_{11}-c_{12}}$ | 切变波速[100]方向 $v_{at}$/(m/s) | 表面波沿[100]方向,(001)平面 $v_a/v_{at}$ | 椭圆离心率 |
|---|---|---|---|---|
| 钠 | 7.00 | 2080 | 0.503 | 1.03 |
| 铜 | 3.20 | 2901 | 0.693 | 1.11 |
| 金 | 2.85 | 1526 | 0.736 | 1.18 |
| 镍 | 2.38 | 3832 | 0.759 | 1.14 |
| 锑化铟 | 1.99 | 2284 | 0.803 | 1.19 |
| 硅 | 1.57 | 5844 | 0.841 | 1.23 |
| 钨 | 0.995 | 2857 | 0.926 | 1.51 |
| 硫化铅 | 0.508 | 1818 | 0.975 | 2.02 |
| 氯化钾 | 0.375 | 1780 | 0.984 | 2.31 |

立方晶系中具有$\eta$接近于1的晶体的体波和表面波性质与各向同性晶体相似，例如表3.2所示的钨，因此，对于这种晶体上的任意自由表面，表面波速与传播方向无关，其值由式(3.82)近似给出，其位移形式如图3.5(b)所示。而当$\eta$背离1时，就会出现差异。为了便于说明，我们将考虑两种不同的立方晶体，镍($\eta=2.38$，明显大于1)和氯化钾($\eta=0.375$，明显小于1)。其他立方晶体的行为可以从这两个例子的结果插值得出。

首先考虑自由表面是立方晶系的基底平面或(001)面。图3.7表明两种切变波的相速度[9]，它们是沿晶体立方轴传播方向相应的归一化简并值。一个标记为SV的体切变波垂直于自由表面偏振，其速度与在这个平面上的传播方向无关。另一种标记为SH波是水平偏振的，即在基面上偏振，其速度和偏振方向随传播角度的改变而变化。在轴上和沿[110]方向上SH波的偏振垂直于弧矢平面，并且体波在基底满足自由表面边界条件$x_3=0$时，$T_{3j}=0$，在图3.7中，这两个方向用小方块表示。

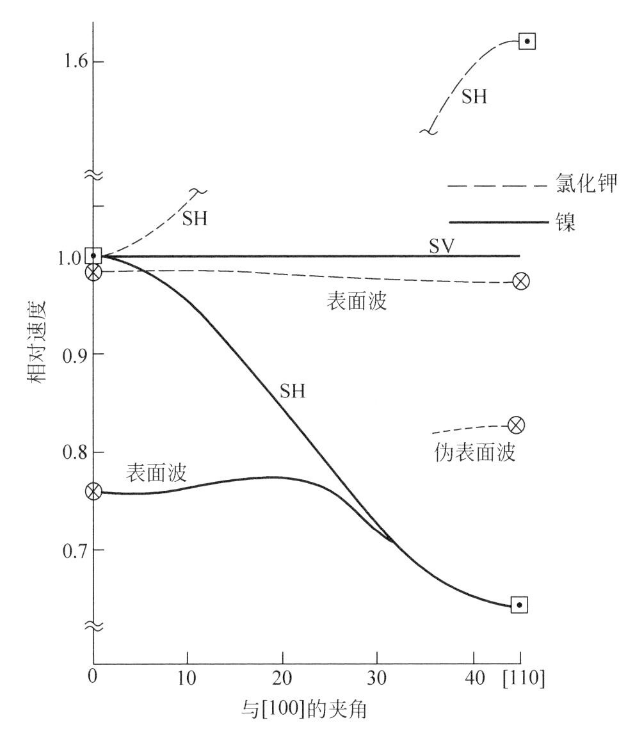


图3.7 镍和氯化钾在基底平面的表面波和切变波速度

⊗表示仅具有弧矢面位移的表面波；⊡表示满足边界条件的SH切变波

表面波在各向异性介质中传播的简单情况发生在非压电立方晶系中，当传播矢量沿立方体轴线并且自由表面是基底时[14]，此时弧矢平面是晶体的镜对称面，波动方程不受边界条件影响，两个弧矢平面的分量位移 $u_1$ 和 $u_3$ 相互耦合，但 $u_2$ 是独立的。波动方程中涉及 $u_2$ 的部分满足前述的边界条件，成为 SH 体波。另外两个分量 $u_1$ 和 $u_3$ 成为弧矢平面内的表面波，其波速略小于切变波的速度。随着各向异性比 $\eta$ 的减小，该方向的表面波速度更接近切变波速度。

由于只涉及位移分量 $u_1$ 和 $u_3$，且它们的相位正交，所以与各向同性情况一样，表面波位移是椭圆的，椭圆的平面是弧矢平面。从表 3.2 可以看到，垂直轴与水平轴的比值随着 $\eta$ 的减小而增大。

表面波在各向同性和各向异性基底上传播的一个区别是相速度对于传播方向的依赖性，如在图 3.7 中氯化钾和镍所示的基面上，对于 $\eta<1$ 的晶体，传播速度随方向有变化，但变化不大。而对于沿与立方轴成 45°[110]传播方向，$\eta<1$ 的这些晶体，弧矢平面又是一个镜像面，因此表面波只包含两个分量，其性质与沿立方轴传播的基本相同。存在的两个弧矢平面分量由图 3.7 和图 3.8 中符号⊗表示。

各向异性介质与各向同性介质的另一个不同特性是在基底平面上的一般传播方向，因为位移的三个分量都包含在内，表面声波位移垂直分量与水平分量之间的相位差不是 90°，所以椭圆振动的主轴不再是垂直和平行于自由表面，椭圆在任何深度有一个长轴垂直于自由表面，但另一个轴不在弧矢平面。只有当晶体自由表面是晶体的镜对称面时，主轴才分别垂直和平行于自由表面。同样，可能存在的体波解，相速度方向一般也不沿晶体表面，但能量传播方向仍沿表面。

对于 $\eta$ 明显大于 1 的立方晶体，如图 3.7 中的镍，波在基底平面的传播产生了另一种现象。前面已讨论过沿立方轴传播的行为，当传播矢量偏离立方轴时，相速度发生显著变化。此外，在这种情况下，表面波位移的特性是连续变化的。当从[100]开始的传播角度增加时，质点轨迹的椭圆平面越来越远离弧矢平面，椭圆平行于表面的方向拉长，表面波对基底的穿透变得更深。当传播矢量接近[110]时，表面波退化为满足自由表面边界条件的 SH 体切变波。

在 $\eta$ 明显大于 1 的立方晶体基底平面上沿[110]方向传播的波，存在一种表面波解，它仅具有弧矢平面位移，形式与沿立方轴相似，波的速度介于 SV 和 SH 体切变波之间，在图 3.7 中用⊗标记。从某种意义上说，这种波是一个奇异点，因为它只存在于沿[110]方向传播时。当传播方向与[110]成小角度时，只有低端分支上表面波的解具有真实的传播矢量。

图 3.7 中虚线表示的第二种解与表面波非常相似，只是它包含了一个小的来自体波的部分，体波与表面成一定角度向下辐射到基底中，当波中的大部分能量被输送到接近并且平行于表面时，有一小部分能量被辐射，因此质点的位移沿传播方向衰减。但是每个波长的衰减非常小，例如对于镍，在与[110]偏离 15°时，每个波长的衰减小于 0.01dB，因此，从实验的角度来看，这种波具有正常表面波的所有特

征。这种波类似于在某些电磁边界情况下遇到的含有辐射分量的"漏波",如果包括基底上方空气中微小的声辐射损失,就属于弹性表面波。但是,由于基底的各向异性,只可能有倾斜辐射波与表面波之间的相位匹配,因此在图3.7和图3.8中使用更合适的"伪表面波"一词。图3.7中,随着$\eta<1$,出现了速度在SH波和SV波速度之间、沿[110]方向传播的表面波。当表面波传播角度稍微远离这个方向,除了存在小辐射项,还有具有表面波性质的伪表面波。

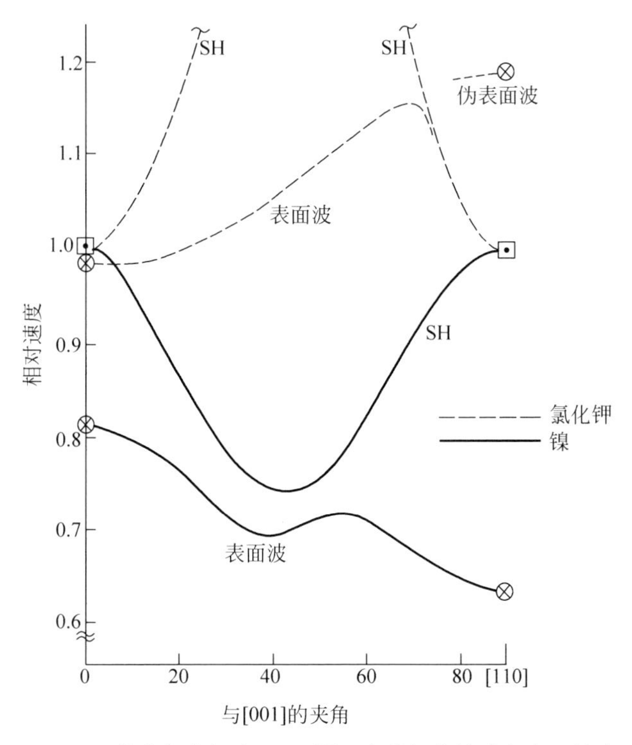


图3.8 镍和氯化钾在(110)平面上的切变波速和表面波速

我们用立方晶体主平面上的传播来说明衬底各向异性时所遇到的各种不同的二阶表面波现象。现在考虑(110)平面作为自由表面[15],这样自由表面垂直于如图3.7所示的基底平面,包含一个立方轴和[110]方向。对于在这个平面上各个方向传播的波,同样有SH、SV和纵向偏振的体波,SH波的速度如图3.8所示。小方块表示SH波满足沿立方轴和沿[110]方向传播的自由表面边界条件。在图3.7中,后一个体波相对于基面被标记为SV。可以看出,对于$\eta>1$,图3.8中SH体波的速度曲线是上凸的,而对于$\eta<1$是下凹的。对$\eta$明显大于1的情况(例如镍),表面波在各个角度都可以传播,它的速度取决于传播的角度,当传播沿[001]或者[110]方向时,这时弧矢平面是镜像平面,表面波只包含弧矢平面位移。但对于

[001]和[110]之间的传播方向，存在三个位移分量。另外，对于 $\eta$ 明显小于 1 的晶体结构，对于沿着立方轴传播的表面波只有弧矢平面分量，如图 3.8 中氯化钾所示。但随着传播角度接近底面，表面波逐渐退化成 SH 波，渗透到衬底变得更深，垂直于弧矢平面的位移分量开始占优势。

各向异性介质（镍）在基底平面上沿立方轴传播的表面声波的质点位移分量随归一化深度 $|x_3|/\lambda_a$ 的变化关系如图 3.9 所示[9]。$\lambda_a$ 是表面声波的波长。

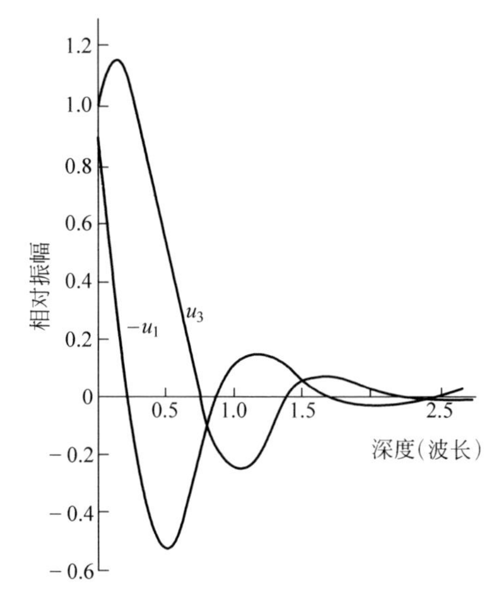


图 3.9　各向异性介质中的表面声波的质点位移分量随归一化深度 $|x_3|/\lambda_a$ 的变化

表面声波质点位移的三个分量随着深度增加而衰减，从式(3.101)可以看到，式中衰减系数 $b$ 的本征值可以有实数部分，不是纯虚数，因此各向异性介质中表面波振幅随深度的变化不再是单纯的指数衰减，而是阻尼振动式衰减。

各向异性介质中表面声波的相速度与频率无关，即无色散。表面声波能量传播方向 $\boldsymbol{W}$（即能流密度方向）一般与相速度方向（波矢 $\boldsymbol{K}$ 方向）不重合，能量传播方向常沿表面波倒声速曲线的法线方向。图 3.10 是镍的表面波在(110)平面传播的倒声速曲线。传播矢量 $\boldsymbol{K}$ 和相应的能量密度矢量 $\boldsymbol{W}$ 同向时的方向，即图中圆圈所示位置，称为纯模方向。

图 3.10 中镍的倒声速曲线与图 3.8 的固体表面波速曲线相对应，采用相同的归一化处理。图 3.10 中带点的圈表示纯模方向，轴上的两个圈是由立方晶体的对称性决定的，而其他位置的圈则取决于材料的特定弹性常数。其中，远离纯模方向的能量密度与波矢之间偏离的角度可能非常大，超过 10°的常应用于表面波的基底材料中[16]。

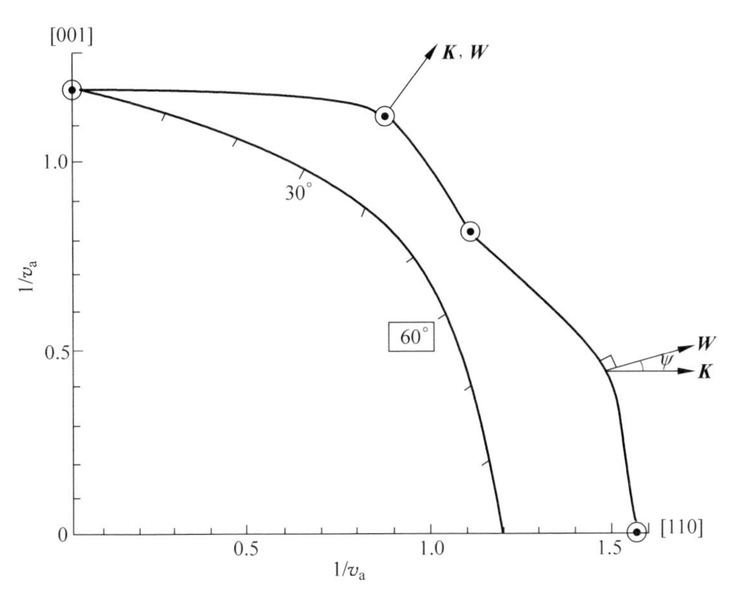


图 3.10　在(110)平面上传播的镍的表面波倒声速曲线,图中标示出传播矢量 $K$ 和相应的能量密度矢量 $W$ 的方向

显然,相速度曲线(图 3.7 和图 3.8)或相应的倒声速曲线(图 3.10)随表面波的传播角度变化,其极值是在纯模方向,此时能流密度矢量方向与波矢方向重合。更多相关内容可参见参考文献[9]。

## 3.3.3　压电材料中表面声波特性

利用压电效应激发的表面声波,波导层或基底至少一个是压电材料,表面声波可以通过光弹性效应、电光效应和光波导界面的波纹效应产生波导层折射率的周期性变化,使光波导中的光导波发生衍射。表面声波比导光波复杂。因为声的基本方程需由张量而非矢量表示,表面声波器件中表面声波是由压电效应产生的,需要同时考虑声场和电场方程,边界条件也存在力学和电学条件。更进一步还需要考虑表面声波在声波导层的传输,但是因为光波导层的厚度对于声波波长而言很薄,本节不考虑包含声波导层的更复杂的情况。

分析表面声波的性质,需要推导表面声波的基本方程和边界条件并求解。本处选取的坐标系如图 3.2 所示,$y$ 轴为介质表面法线方向,表面为 $y=0$,介质深度是 $y$ 轴负方向,表面声波沿 $z$ 轴方向传播。同样为便于表达,图 3.2 中坐标 $x$、$y$、$z$,在公式中用 $x_1$、$x_2$、$x_3$ 表示。

研究压电介质中的表面声波,需要同时求解介质中的弹性波方程和电磁波方程,这两个方程是通过压电方程相互耦合的。

包括力学和电磁场的压电本构(压电性能)方程为

$$T_{ij}=c_{ijkl}^{E}S_{kl}-e_{kij}E_{k} \tag{3.84}$$

$$D_{i}=e_{ikl}S_{kl}+\varepsilon_{ik}^{S}E_{k} \tag{3.85}$$

式中用应变 $S$(而不是应力)作独立变量,$c_{ijkl}^{E}$ 是无电场时的介质弹性劲度系数张量,系数由介质的性质决定,其独立元素的数目由晶体的点群对称性决定。$\varepsilon_{ij}^{S}$ 是零应变或者恒应变时介质的介电系数张量(介电常数),$e_{ikl}$ 是压电系数张量(压电应力常数),它反映力学机械运动和电磁场运动的相互转换($i$、$j$、$k$、$l$ 都包括 3 个坐标分量)。

$\boldsymbol{T}$ 为连续介质的应力张量,$\boldsymbol{S}$ 为应变张量,两者皆为二阶张量,分量表示式分别为 $T_{ij}$ 和 $S_{kl}$,$S_{kl}$ 是介质内质点位移矢量 $\boldsymbol{u}$ 的对称梯度。矢量 $\boldsymbol{u}(u_1,u_2,u_3)$为介质内质点 $\boldsymbol{r}(r_1,r_2,r_3)$的位移。对于沿 $x_1$ 轴方向传播的平面波,$S_{11}$ 表示沿 $x_1$ 轴传播,质点运动方向沿 $x_1$ 轴的纵波;$S_{12}$ 表示沿 $x_1$ 轴传播,质点运动方向沿 $x_2$ 轴的切变波,余可类推。应变张量的表达式为

$$S_{kl}=\frac{1}{2}\left(\frac{\partial u_k}{\partial x_l}+\frac{\partial u_l}{\partial x_k}\right)=\frac{1}{2}(u_{k,l}+u_{l,k}) \tag{3.86}$$

式中因子下标“,”后面的 $j$ 表示该因子对坐标 $x_j$ 求导数。依此类推。

张力 $T_{ij}$ 表示垂直于 $x_j$ 轴的单位面积两边相互作用力沿 $x_i$ 轴的分量,如同下式所示:

$$T_{ij,j}=\frac{\partial T_{i1}}{\partial x_1}+\frac{\partial T_{i2}}{\partial x_2}+\frac{\partial T_{i3}}{\partial x_3} \tag{3.87}$$

式中,$T_{ij,j}$ 下标的“,$j$”表示 $T_{ij}$ 对 $x_j$ 求导($j=1,2,3$),重复下标表示对该下标求和。

压电效应所产生的电场 $E$ 的旋度为零,因此 $E$ 可表示为一标量势能的梯度,压电效应都可以用准静电场近似,此时电场

$$E_i=-\frac{\partial \Phi}{\partial x_i} \tag{3.88}$$

式中,$\Phi$ 为电势。

电磁场的基本运动方程包括静电场方程和连续介质中牛顿第二定律,静电场方程为$\nabla\cdot\boldsymbol{D}=0$,即$\frac{\partial D_i}{\partial x_i}=D_{i,i}=0$ 或展开写为

$$\frac{\partial D_1}{\partial x_1}+\frac{\partial D_2}{\partial x_2}+\frac{\partial D_3}{\partial x_3}=0 \tag{3.89}$$

连续介质中牛顿第二定律为(参见式(3.52b))

$$\frac{\partial T_{ij}}{\partial x_j}=\rho\frac{\partial^2 u_i}{\partial t^2} \tag{3.90}$$

式中，$\rho$ 为介质的密度。方程(3.84)～方程(3.90)组成压电效应的基本方程。

介质弹性性能方程是

$$T_{ij}=c_{ijkl}^{E}S_{kl} \tag{3.91}$$

此式即胡克定律，式中 $c_{ijkl}^{E}$ 是介质的劲度系数。

利用式(3.86)和式(3.88)，性能方程(3.84)和方程(3.85)分别变为

$$T_{ij}=c_{ijkl}^{E}\frac{\partial u_k}{\partial x_l}+e_{ijk}\frac{\partial \Phi}{\partial x_k} \tag{3.92}$$

$$D_i=-\varepsilon_{ij}^{S}\frac{\partial \Phi}{\partial x_j}+e_{ijk}\frac{\partial u_j}{\partial x_k} \tag{3.93}$$

将式(3.92)和式(3.93)分别代入式(3.90)和式(3.89)，得到介质中弹性波(表面声波)的基本方程(此处和后文的 $c_{ijkl}^{E}$ 均省略了上标 $E$，$\varepsilon_{ijk}^{S}$ 省略了上标 $S$)，

$$\rho\frac{\partial^2 u_j}{\partial t^2}-c_{ijkl}\frac{\partial^2 u_k}{\partial x_i\partial x_j}=e_{ijk}\frac{\partial^2 \Phi}{\partial x_i\partial x_k},\quad 在\ y\leqslant 0\ 区域 \tag{3.94}$$

$$\varepsilon_{ij}\frac{\partial^2 \Phi}{\partial x_i\partial x_j}=e_{ijk}\frac{\partial^2 u_j}{\partial x_i\partial x_k} \tag{3.95}$$

在 $y\geqslant 0$ 区域是自由空间。在 $y=0$ 的自由表面，力学边界条件为

$$T_{2j}=0 \tag{3.96}$$

电学边界条件有两种情况，当介质表面镀有理想导体时，是短路边界条件，此情况下介质表面的金属膜将压电材料的表面电场短路，短路后的表面可以近似视为无压电性的介质表面，介质波导中的电势 $\Phi(y)$ 在 $y=0$ 处的值为

$$\Phi(0)=0 \tag{3.97a}$$

介质表面没有金属镀层，为电学自由表面时，在 $y>0$ 的空间区域也有电场，电势满足拉普拉斯方程，在 $y\to+\infty$ 时，$\Phi\to 0$。因此上半平面电势随 $y$ 的变化为

$$\Phi_{y>0}=\Phi(0)\exp(-Ky) \tag{3.97b}$$

在 $y>0$ 的自由空间介电常数为 $\varepsilon_0$。在 $y=0$ 的平面，电场的边界条件是电位移矢量 $\boldsymbol{D}$ 的法向分量连续，即

$$D_2(0)=-\varepsilon_0\frac{\partial \Phi}{\partial y}\bigg|_{y=0}=-K\varepsilon_0\Phi(0) \tag{3.98}$$

其中 $D_2(0)$ 是下半平面波导层电场在表面处的法向分量。

下面求基本方程(3.94)和方程(3.95)的解，与导光波情况类似，因为平面波解不能满足边界条件，解的振幅要具有横向分布，又因为表面波振幅要随深度衰减，因此将解的形式在 $y\leqslant 0$ 区域设为

$$u_j=A_j\exp(-\mathrm{j}Kbx_2)\exp[\mathrm{j}(\omega_{\mathrm{a}}t-Kx_3)] \tag{3.99}$$

$$\Phi=A_4\exp(-\mathrm{j}Kbx_2)\exp[\mathrm{j}(\omega_{\mathrm{a}}t-Kx_3)] \tag{3.100}$$

在此组方程中，$\exp(-\mathrm{j}Kbx_2)$是反映振幅的横向分布，并且随深度 $y$(即 $x_2$)衰减，$\exp[\mathrm{j}(\omega_a t-Kx_3)]$反映出表面声波沿 $z(x_3)$轴方向，其中 $K$ 为介质中弹性波的传输常数，$A_j$ 表示表面弹性波在 $y=0$ 处的振幅。$A_4$ 表示电势函数的振幅。$b$ 是衰减系数，一般为复数，需要通过边界条件确定，因为振幅随着深度衰减，要求其虚部大于零，

$$\mathrm{Im}b > 0$$

为便于公式表达，在 $y$ 方向的 $b$ 写为

$$b_i=(0,b,1) \tag{3.101}$$

在 $y\leqslant 0$ 区域，式(3.99)和式(3.100)变为

$$u_j=A_j\exp[\mathrm{j}(\omega_a t-Kb_i x_i)] \tag{3.102}$$

$$\Phi=A_4\exp[\mathrm{j}(\omega_a t-Kb_i x_i)] \tag{3.103}$$

此组方程中，将式(3.102)和式(3.103)代入式(3.94)消去指数因子，引用表面声波的相速度 $v_a=\omega_a/K$，得到

$$\begin{cases}(\rho v_a^2\delta_{jk}-c_{ijkl}b_i b_l)A_k=e_{ijk}b_i b_k A_4\\ e_{ijk}b_i b_k A_j=\varepsilon_{ij}b_i b_j A_4\end{cases} \tag{3.104}$$

式中，$\delta_{jk}=\begin{cases}1(j=k)\\0(j\neq k)\end{cases}$，$\delta_{44}\equiv 0$。

将式(3.102)和式(3.103)代入式(3.95)得到

$$A_4=\frac{e_{ijk}b_i b_k A_j}{\varepsilon_{ij}b_i b_l},\quad i,j,k,l\ \text{下标取值为}\ 1,2,3,4 \tag{3.105}$$

引入克里斯托费尔(Christoffel)矩阵

$$\Gamma_{ij}=l_{ik}c_{kl}l_{Lj}$$

式中，$l$ 为声波传播方向。因此有

$$\begin{cases}\Gamma_{jk}=b_i c_{ijkl}b_l=\Gamma_{kj}\\ \Gamma_{j4}=b_i e_{ijk}b_k=\Gamma_{4j},\quad i,j,k,l\ \text{下标取值为}\ 1,2,3,4\\ \Gamma_{44}=-b_i\varepsilon_{ij}b_j\end{cases} \tag{3.106}$$

和

$$\delta_{\mu\nu}=\begin{bmatrix}1&0&0&0\\0&1&0&0\\0&0&1&0\\0&0&0&0\end{bmatrix} \tag{3.107}$$

将式(3.105)代入式(3.104)，合并为一个矩阵方程

$$[\Gamma_{\mu\nu}-\rho v_a^2\delta_{\mu\nu}]A_\nu=0,\quad \mu,\nu\ \text{下标取值}\ 1\sim 4 \tag{3.108a}$$

写为行列式形式，即

$$\begin{bmatrix} (\Gamma_{11}-\rho v_a^2) & \Gamma_{12} & \Gamma_{13} & \Gamma_{14} \\ \Gamma_{12} & (\Gamma_{11}-\rho v_a^2) & \Gamma_{23} & \Gamma_{24} \\ \Gamma_{13} & \Gamma_{23} & (\Gamma_{11}-\rho v_a^2) & \Gamma_{34} \\ \Gamma_{14} & \Gamma_{24} & \Gamma_{34} & \Gamma_{44} \end{bmatrix} \begin{bmatrix} A_1 \\ A_2 \\ A_3 \\ A_4 \end{bmatrix} = 0 \tag{3.108b}$$

方程存在非零解的条件是其系数行列式为零，久期方程是对于 $b$ 以表面声波的相速度 $v_a$ 为参数的实系数的8次方程，方程可以确定 $b$ 与 $v_a$ 的关系，$v_a$ 需要从边界条件确定。由于只有波导层的半个平面存在表面声波，所以至多有4个可能满足条件的解，称为4个分波，记为 $b^\nu$，按照式(3.101)可写为 $b_i^\nu=(0,b^\nu,1)$。从方程(3.108)可以确定 $A_\nu$ 的比例关系。为便于计算，方程(3.106)中的张量 $c_{ijkl}$ 和 $e_{ijk}$ 改用简化下标表示(简化下标的下标用大写字母，取值为1～6)。$b$ 也改用张量

$$b_{JI}=\left[\begin{array}{ccc:ccc} 0 & 0 & 0 & 0 & 1 & b \\ 0 & b & 0 & 1 & 0 & 0 \\ 0 & 0 & 1 & b & 0 & 0 \end{array}\right] \tag{3.109}$$

$b_{IJ}$ 是其转置矩阵。

$$b_{JI}=\begin{bmatrix} 0 & 0 & 0 \\ 0 & b & 0 \\ 0 & 0 & 1 \\ 0 & 1 & b \\ 1 & 0 & 0 \\ b & 0 & 0 \end{bmatrix}$$

式(3.106)可写为

$$\begin{cases} \Gamma_{jk}=b_i c_{ijkl} b_l = b_{jI} c_{IJ} b_{Jk} = \Gamma_{kj} \\ \Gamma_{j4}=b_i e_{ijk} b_k = b_{jI} e_{Ik} b_k = \Gamma_{4j} \\ \Gamma_{44}=-b_i \varepsilon_{ij} b_j \end{cases} \tag{3.110}$$

为了满足耦合波方程和边界条件，需要将式(3.99)、式(3.100)和式(3.102)、式(3.103)的4个分波形式的解线性叠加组合在一起，假设满足耦合波方程和边界条件的解的形式为

$$\begin{aligned} u_j &= \sum_{\nu=1}^{4} C_\nu A_j^\nu \exp(-\mathrm{j}Kb^\nu x_2)\exp[\mathrm{j}(\omega_a t - Kx_3)] \\ &= \sum_{\nu=1}^{4} C_\nu A_j^\nu \exp[\mathrm{j}(\omega_a t - Kb_i^\nu x_i)] \end{aligned} \tag{3.111}$$

$$\Phi = \sum_{\nu=1}^{4} C_\nu A_4^\nu \exp(-\mathrm{j}Kb^\nu x_2)\exp[\mathrm{j}(\omega_a t - Kx_3)]$$
$$= \sum_{\nu=1}^{4} C_\nu A_4^\nu \exp[\mathrm{j}(\omega_a t - Kb_i^\nu x_i)], \quad y \leqslant 0 \tag{3.112}$$

将式(3.111)和式(3.112)代入边界条件,通过选择加权因子 $C_\nu$ 使其满足边界条件,首先代入力学边界条件式(3.96),由式(3.92)消去指数因子,得到

$$T_{2j} = -\mathrm{j}K\left[\sum_{\nu=1}^{4}(c_{2jkl}A_k^\nu b_l^\nu + e_{2jk}A_4^\nu b_k^\nu)C_\nu\right] = 0 \tag{3.113}$$

如果设

$$d_{j\nu} = c_{2jkl}A_k^\nu b_l^\nu + e_{2jk}A_4^\nu b_k^\nu \tag{3.114}$$

力学边界条件可以写为

$$\sum_{\nu=1}^{4} d_{j\nu}C_\nu = 0 \tag{3.115}$$

再将式(3.91)和式(3.92)代入电学边界条件式(3.98),利用式(3.93)消去指数因子,得到

$$D_2(0) = -\mathrm{j}K\left[\sum_{\nu=1}^{4}(-\varepsilon_{2j}A_4^\nu b_j^\nu + e_{2jk}A_j^\nu b_k^\nu)C_\nu\right]$$
$$= -K\left[\sum_{\nu=1}^{4}\varepsilon_0 A_4^\nu C_\nu\right] \tag{3.116}$$

如果设

$$d_{4\nu} = e_{2jk}A_j^\nu b_k^\nu - (\varepsilon_{2j}b_j^\nu + \mathrm{j}\varepsilon_0)A_4^\nu \tag{3.117}$$

电学自由边界条件可以为

$$\sum_{\nu=1}^{4} d_{4\nu}C_\nu = 0 \tag{3.118}$$

再将式(3.100)代入电短路边界条件式(3.97a),消去指数因子,得到

$$\Phi(0) = \sum_{\nu=1}^{4} A_4^\nu C_\nu = 0 \tag{3.119}$$

如果在电短路边界条件,令

$$d_{4\nu} = A_4^\nu \tag{3.120}$$

电短路边界条件亦同样为式(3.118)。

将力学边界条件式(3.115)和电学边界条件式(3.118)合并,得到

$$\sum_{\nu=1}^{4} d_{\mu\nu}C_\nu = 0 \tag{3.121}$$

式中,$d_{j\nu}$ 表达式由式(3.114)得到,$d_{4\nu}$ 在自由边界条件时由式(3.117),电短路边界条件时由式(3.120)分别给出。

方程(3.121)的久期方程$|d_{\mu\nu}|=0$给出对于$b^\nu$的方程，结合方程(3.108)的久期方程$|\Gamma_{\mu\nu}-\rho v_a^2\delta_{\mu\nu}|=0$可以确定$b^\nu$与表面声波速$v_a$之间的关系。当$v_a$可以确定后，即可以确定$b^\nu$。从力学和电学边界条件式(3.121)可以确定权重因子$C_\nu$之间的比例关系。结合方程(3.108)确定$A_\mu^\nu$之间的比例关系。即可以从式(3.111)和式(3.112)确定$u_j$的偏振状态和$u_j$与$\Phi$之间的比例关系。从方程(3.108)和边界条件方程(3.121)只是确定$A_\mu^\nu$和$C_\nu$的比例关系，它们的值需要由单位长度表面声波的能流$W$来确定。

对于非压电材料，力学量和电学量之间没有耦合，可以不考虑电学量和电学边界条件。每个分波简化为三阶(每个分波有三个分量$A_k$)，方程(3.108a)简化为

$$[\Gamma_{jk}-\rho v_a^2\delta_{jk}]A_k=0 \tag{3.122}$$

式中，$\Gamma_{jk}$由式(3.110)中第一式确定。久期方程$|\Gamma_{jk}-\rho v_a^2\delta_{jk}|=0$给出$b$的六次方程，在波导上半平面只有三个解，对应三个分波$b^n$。对于每一个$b^n$，从方程(3.122)可以确定$A_k^n$的比例关系，$A_1^n:A_2^n:A_3^n$。类似于式(3.111)，为了满足耦合波方程和边界条件，需要将三个分波形式的解线性叠加组合在一起，设定满足耦合波方程和边界条件的解的形式为

$$u_j=\sum_{n=1}^{3}C_nA_j^n\exp(-\mathrm{j}Kb^nx_2)\exp[\mathrm{j}(\omega_a t-Kx_2)],\quad x_2 \text{ 或 } y\leqslant 0 \tag{3.123}$$

将此方程代入力学边界条件式(3.96)，利用介质弹性性能方程胡克定律($T_{ij}=c_{ijkl}u_{k,l}$)消去指数因子，得到

$$\sum_{n=1}^{3}d_{jn}C_n=0 \tag{3.124}$$

式中，$d_{jn}=c_{2jkl}A_k^nb_l^n$。方程(3.124)的久期方程$|d_{jn}|=0$可确定表面声波的相速度$v_a$，从方程(3.124)可以确定各分波的权重因子$C_n$的比例关系，从而确定各分波导的权重。

下面介绍主要压电基底材料的表面声波特性，表面声波器件所用压电基底有压电单晶、压电陶瓷和压电薄膜。这些材料需要具有的性能包括：表面平整度达到微米级，以便制作叉指换能器；机电耦合系数$k^2$在0.5%以上，以提高能量转换效率；传输损耗在0.2dB/λ以下；温度系数小；重复性好；成本低以及适合于批量生产等。

压电晶体材料主要有石英、铌酸锂($LiNbO_3$)、钽酸锂($LiTaO_3$)、锗酸铋(BGO)等。石英具有良好的温度稳定性，但其机电耦合系数很小，$LiNbO_3$晶体的机电耦合系数大，但有较大的负温度系数，$LiTaO_3$温度系数比$LiNbO_3$好，然而其机电耦合系数仅不到$LiNbO_3$的1/4。主要压电基底材料的特性见表3.3[17]。

**表 3.3 主要压电基底材料的声波特性**

| 材料 | 切型 | 传播方向 | 速度/(m/s) | 耦合系数 $K^2$/% | 温度系数/($10^{-6}$/℃) | 相对介电系数 $\varepsilon_r$ | 传播损耗/(dB/cm(MHz)) |
|---|---|---|---|---|---|---|---|
| 石英单晶(ST) | $y$<br>42.75°$y$ | $x$<br>$x$ | 3159<br>3157 | 0.22<br>0.16 | −24<br>0 | 4.5<br>4.5 | 0.82(1000)<br>0.95(1000) |
| $LiNbO_3$ | $y$<br>131°$y$ | $z$<br>$x$ | 3485<br>4000 | 4.3<br>5.5 | −85<br>−74 | 38.5<br>38.5 | 0.31(1000)<br>0.26(1000) |
| $LiTaO_3$ | $y$ | $z$ | 3230 | 0.66 | −35 | 44 | 0.35(1000) |
| $Bi_{12}GeO_{20}$ | (100) | (011) | 1681 | 1.2 | −122 | 38 | 0.89(1000) |
| $Bi_{12}SiO_{20}$ | (110) | (001) | 1622 | 0.69 | | | 0.17(1000) |
| PZT-8A | $z$ | | 2200 | 4.3 | | 1000 | 2.3(40) |
| ILW系陶瓷 | $z$ | | 2270 | 1.0 | 10 | 690 | 0.45(22) |
| ZnO | $x$ | $z$ | 2675 | 1.12 | | 8.84 | 2.25(600) |
| ZnO膜<br>熔融石英 | $h\approx0.35\lambda$<br>$h\approx0.9\lambda$ | | | | | | 0.55(214)<br>3.0(630) |
| ZnO膜<br>玻璃 | $h\approx0.04\lambda$<br>$h\approx0.45\lambda$ | | | 0.64<br>1.0 | −15<br>−30 | <br>−8.5 | <br>4.5(58) |
| CdS | $x$ | $z$ | 1720 | 0.62 | | 0.53 | |
| $Li_2GeO_3$ | $y$ | $z$ | 3350 | 0.94 | | 9.5 | |

兼作声传播介质和电声换能材料的压电基底材料有：铌酸锂、石英、锗酸铋和钽酸锂等压电单晶，或者在非压电材料（如玻璃）基底上沉淀的 $z$ 轴取向氧化锌薄膜，在低频段压电材料有压电陶瓷。

除了压电基底，表面声波器件需要的另一种重要材料是压电薄膜。在表面声波器件中，表面声波的能量集中在压电基底的表面层内，表面层的厚度为一个表面波的波长甚至百分之几的声波长。因此可以不用压电单晶或压电陶瓷作基底，而在非压电材料如玻璃的基底上面覆盖厚度约一个波长的压电薄膜，如 $z$ 轴取向的氧化锌薄膜，即可制作表面声波器件。表面声波的传输特性取决于压电薄膜和衬底的特性以及它们复合的特性，压电薄膜要具有类似压电晶体的优良特性，可采用有取向性的多晶压电薄膜或外延单晶压电薄膜。常用的压电薄膜材料特性见表 3.4[17]。其中包括表面声波传播速度快，适用于高频的如氮化铝（AlN）和蓝宝石衬底上的氧化锌薄膜；传播速度慢，适用于制作延迟线的硫化镉（CdS）或 $\gamma$-$Bi_2O_3$ 族的锗酸铋（$Bi_{12}GeO_{20}$）薄膜；以及传播速度慢铅玻璃衬底上的 ZnO 薄膜。机电耦合系数大的材料如铌酸锂压电薄膜。温度稳定性高的材料如石英玻璃衬底上的 ZnO 薄膜等。

表 3.4 压电薄膜材料的特性

| 材料 | 形成方法 | 衬底材料 | 结晶性 | 表面声波传播速度/(km/s) | 机电耦合系数/% | 膜厚/波长 | 传播损耗/(dB/μs) | 温度系数/(ppm/℃) |
|---|---|---|---|---|---|---|---|---|
| ZnO | 射频溅射 | 玻璃 | $C$ 轴取向 | 3.15 | 7.7 | 0.03 | 1.3(57MHz) | 15 |
| | 直流溅射 | 熔融石英 | $C$ 轴取向 | 3.61 | 15 | 0.36 | 1.5(212MHz) | — |
| | 化学气相沉积(CVD) | 蓝宝石 | 外延生长 | 2.8 | 14 | 0.8 | — | — |
| | 射频溅射 | 蓝宝石 | 外延生长 | 5.0 | 9.5 | 0.13 | $<6$(460MHz) | 30 |
| AlN | 射频溅射 | 蓝宝石 | 外延生长 | 5.5 | 4.2 | 0.24 | — | — |
| | 化学气相沉积 | 蓝宝石 | 外延生长 | 6.1 | 8.9 | 0.2 | — | 42 |
| CdS | 真空蒸发 | 熔融石英 | $C$ 轴取向 | 1.7* | 11.8** | — | — | — |
| ZnS | 化学气相沉积 | 蓝宝石 | 外延生长 | 3.9 | — | 0.4 | — | — |
| $Bi_{12}PbO_{19}$ ($\gamma$-$Bi_2O_3$) | 射频溅射 | 玻璃硅 | 〈310〉取向 | 1.7* | 20** | — | — | — |
| $LiNbO_3$ | 溅射 | 熔融石英 | 取向性 | 3.5* | 7.7** | — | — | — |

* 厚度大于波长时的数据。

** 纵波、厚度振动时的数据。

# 3.4 表面波声光相互作用耦合波方程

表面波声光相互作用和体波声光相互作用在声光相互作用原理上是相同的，都是由于介质的折射率受到超声波应变的调制而产生周期性变化，使入射光发生衍射。表面波声光相互作用与体波声光相互作用的主要不同之处在于导光波和表面声波的本征函数都具有横向分布，不能视为平面波，并且与体声波的平面波产生的应变不同，在表面声波中总是同时存在几个应变分量。虽然表面波比体波声光耦合波方程复杂，但可以采用与体波类似的方法推导表面波声光耦合波方程[5-6]。

当介质表面存在声波导层时，原来的SH波将成为乐甫波，而原来的瑞利波将成为兰姆波(有的文献中称为广义兰姆波，因为平板声波导中的波称为兰姆波)。与光波导中的导光波一样，这些表面声波存在一系列的解，称为导波模。它们的本征值不仅与材料性质及导波模的阶数有关，而且与波导厚度有关。这是因为导光模的有效折射率 $N_\nu$ 和波矢量的模 $\beta_\nu = N_\nu k_f$($k_f = 2\pi/\lambda_0$ 为光导波在真空中波矢的模)与波导层的厚度有关,所以导光波具有波导色散,这些特点对表面波声光相互作用产生影响。由于在最常用的 $yz$-$LiNbO_3$ 表面波声光器件中,$LiNbO_3$ 表面垂直于 $y$ 轴,表面声波沿 $z$ 轴传播,而入射导光波和衍射导光波的传播方向十分接近于 $x$ 轴,因而本节选取如图 3.11 所示的坐标系,表面声波沿 $z$ 轴传播,入射导光波和衍射导光波在接近 $x$ 轴方向传播,波导厚度在 $y$ 方向。介质波导层结构及各层折射率的分布仍如图 3.2 所示。

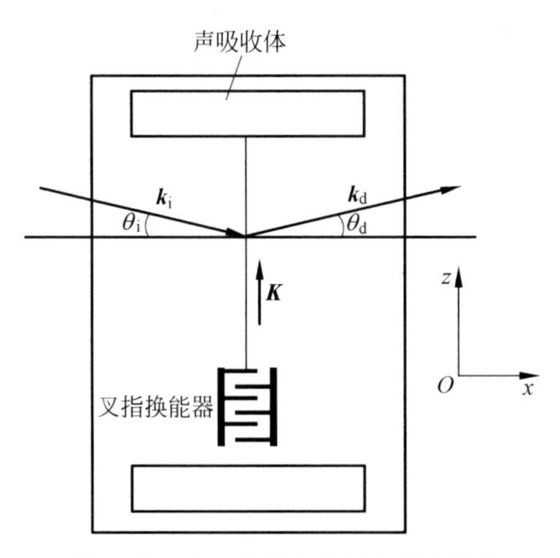


图 3.11　表面波声光相互作用示意图

由于导光波具有横向分布,不仅需要把总电场按各级衍射光传播方向进行分解,还必须按导光模进行分解,因而相当复杂,但从实用上可以仅考虑布拉格衍射。布拉格衍射只能发生在动量匹配附近,动量失配很小的情况,此时只有入射光和+1 级衍射光(或−1 级衍射光),动量失配

$$\Delta \boldsymbol{k}_1 = \boldsymbol{\beta}_d - (\boldsymbol{\beta}_i + \boldsymbol{K}) \tag{3.125}$$

式中,$\boldsymbol{\beta}_i$ 是入射导光模,$\boldsymbol{\beta}_d$ 是衍射导光模,它们的电场分布分别为

$$E_i(\boldsymbol{r},t) = \frac{1}{2}\left[A_i(x)E_i(y)e^{j(\omega_i t - \boldsymbol{\beta}_i \cdot \boldsymbol{r})} + \text{c. c.}\right] \tag{3.126a}$$

$$E_d(\boldsymbol{r},t) = \frac{1}{2}\left[A_d(x)E_d(y)e^{j(\omega_d t - \boldsymbol{\beta}_d \cdot \boldsymbol{r})} + \text{c. c.}\right] \tag{3.126b}$$

式中,$E_i(y)$和 $E_d(y)$分别为入射模和衍射模的横向分布,c. c. 表示前一项的复共轭。当为 TE 模时,它们由式(3.28)给出。

$A_i(x)$和 $A_d(x)$分别取决于入射光和衍射光在单位长度上的能流,由于声光相互作用使入射模和衍射模之间存在耦合,在表面声波中有几个应变分量同时存在,但各个应变分量可分别加以考虑。设其中一个应变分量为

$$S(\boldsymbol{r},t)=\frac{1}{2}\left[S\Omega(y)\mathrm{e}^{\mathrm{j}(\omega_a t-\boldsymbol{k}_a\cdot\boldsymbol{r})}+\mathrm{c.c.}\right] \tag{3.127}$$

式中，$\Omega(y)$是声场的横向分布。按照参量互作用，入射光$E_i(\boldsymbol{r},t)$与声场耦合产生极化波，从第2章可知，非线性极化矢量为

$$P_d^{(\mathrm{NL})}=-\varepsilon_0 N_i^2 N_d^2\left[\frac{pS\Omega(y)}{2}\frac{A_i(x)E_i(y)}{2}\mathrm{e}^{\mathrm{j}[\omega_d t-(\boldsymbol{\beta}_i+\boldsymbol{K})\cdot\boldsymbol{r}]}+\mathrm{c.c.}\right] \tag{3.128}$$

式中，$N_i$和$N_d$分别为入射光和衍射光的有效折射率，$p$为有效声光系数，由所考虑的应变分量以及入射和衍射导光模的偏振状态决定。$P_d^{(\mathrm{NL})}$为因声光相互作用而激发出衍射光$E_d(\boldsymbol{r},t)$的源。对于表面波情况，$E_d(\boldsymbol{r},t)$还包括横向分布因子$E_d(y)$，所以与体波参量互作用基本方程的推导方法不同，通过下面的关系式推导耦合波方程：

$$\frac{\mathrm{d}A_d(x)}{\mathrm{d}r_d}=\cos\theta_d\frac{\mathrm{d}A_d(x)}{\mathrm{d}x} \tag{3.129}$$

式中，$r_d$是沿$\beta_d$方向的距离。

从能量关系出发容易得到$\dfrac{\mathrm{d}A_d(x)}{\mathrm{d}x}$。从麦克斯韦方程组

$$\frac{\partial \boldsymbol{D}}{\partial t}=\nabla\times\boldsymbol{H},\quad \frac{\partial H}{\partial t}=-\frac{1}{\mu_0}\nabla\times\boldsymbol{E} \tag{3.130}$$

可以得到

$$\nabla\cdot(\boldsymbol{E}\times\boldsymbol{H}^*)=-\boldsymbol{E}\cdot\frac{\partial\boldsymbol{D}^*}{\partial t}-\boldsymbol{H}^*\cdot\frac{\partial\boldsymbol{B}}{\partial t} \tag{3.131}$$

考虑式(3.131)中声光相互作用所引起的电场变化，由式(1.44)$\boldsymbol{D}=\varepsilon_0\boldsymbol{\varepsilon}_r\cdot\boldsymbol{E}+\boldsymbol{P}^{(\mathrm{NL})}$，可知电位移矢量$\boldsymbol{D}$对应于声光相互作用的非线性极化矢量$\boldsymbol{P}^{(\mathrm{NL})}$，故对于衍射光有

$$\nabla\cdot(\boldsymbol{E}_d\times\boldsymbol{H}_d^*)=-\boldsymbol{E}_d\cdot\frac{\partial\boldsymbol{P}_d^{(\mathrm{NL})*}}{\partial t} \tag{3.132}$$

式(3.132)对体积$V$积分，左端用高斯定理化为面积分，两边取复共轭，得到能量关系式为

$$\int_S\boldsymbol{E}_d\times\boldsymbol{H}_d\cdot\mathrm{d}S=-\int_V\boldsymbol{E}_d^*\cdot\frac{\partial\boldsymbol{P}_d^{(\mathrm{NL})}}{\partial t}\mathrm{d}V \tag{3.133}$$

式中，$S$为包围体积的闭曲面。

我们将用如下的立方体作为积分体积$V$，沿$k_d$方向的长度为无穷小量$\mathrm{d}r_d$，沿垂直于$k_d$方向(仍在表面，即图3.11的$xz$平面内)为单位长度，沿$y$轴方向为$-\infty\to+\infty$。

入射光$E_i(\boldsymbol{r},t)$与声应变$S(\boldsymbol{r},t)$耦合产生极化波，由此激发衍射光$E_d(\boldsymbol{r},t)$。

将式(3.126b)和式(3.128)代入式(3.133),设取 TE 模式,并利用式 TE 模式的式(3.10),可得

$$\frac{\beta_d}{2\omega_d\mu_0}\int_{-\infty}^{+\infty}|E(y)|^2 dy\cdot[|A_d(x)|^2]_{r_d}^{r_d+dr_d}$$
$$=j\omega_d\varepsilon_0 N_i^2 N_d^2\frac{pS}{4}\int_{-\infty}^{+\infty}E_d^*(y)\Omega(y)E_i(y)dy\cdot A_d^*(x)A_i(x)dr_d e^{j\Delta\boldsymbol{k}_1\cdot\boldsymbol{r}} \tag{3.134a}$$

因为

$$\omega_d^2\varepsilon_0\mu_0 N_d^2=\left(\frac{N_d\omega_d}{C}\right)^2=\beta_d^2$$
$$\frac{1}{dr_d}[|A_d(x)|^2]_{r_d}^{r_d+dr_d}=\frac{d|A(x)|^2}{dr_d}=2\cos\theta_d\cdot A_d^*(x)\frac{dA_d(x)}{dx} \tag{3.134b}$$

引入

$$\kappa_{di}\equiv\frac{N_i^2\beta_d}{4\cos\theta_d}pS\cdot F_{di}$$
$$F_{di}\equiv\int_{-\infty}^{0}E_d^*(y)\Omega(y)E_i(y)dy\Big/\int_{-\infty}^{+\infty}|E_d(y)|^2 dy \tag{3.135}$$

式中,$\kappa_{di}$ 是衍射模与入射模之间的耦合系数,$F_{di}$ 是衍射模与入射模之间的重叠积分。因为 $y>0$ 时,$\Omega(y)=0$,积分限可以取 $-\infty$ 到 0,即可将式(3.134a)写为

$$\frac{dA_d(x)}{dx}=j\kappa_{di}A_i(x)e^{j\Delta\boldsymbol{k}_1\cdot\boldsymbol{r}} \tag{3.136}$$

与入射光类似,衍射光 $E_d(\boldsymbol{r},t)$ 与声应变 $S(\boldsymbol{r},t)$ 耦合产生极化波,由此转而激发入射光 $E_i(\boldsymbol{r},t)$。与上面同样方法,可得到

$$\kappa_{id}=\frac{\beta_i N_d^2}{4\cos\theta_i}pS^* F_{id}$$
$$F_{id}\equiv\int_{-\infty}^{0}E_i^*(y)\Omega^*(y)E_d(y)dy\Big/\int_{-\infty}^{+\infty}|E_i(y)|^2 dy \tag{3.137}$$

式中,$\kappa_{id}$ 是入射模与衍射模之间的耦合系数,$F_{id}$ 是入射模与衍射模之间的重叠积分。

$$\frac{dA_i(x)}{dx}=j\kappa_{id}A_d(x)e^{j\Delta\boldsymbol{k}_1\cdot\boldsymbol{r}} \tag{3.138}$$

式(3.136)和式(3.138)即入射模和衍射模之间的耦合模方程。

表面波声光相互作用与体波声光相互作用的差别仅在于在耦合系数 $\kappa_{id}$ 和 $\kappa_{di}$ 中多了一个因子 $F$,称为重叠积分,因为 $F$ 的数值主要取决于电场的横向分布 $E_i(y)$、$E_d(y)$ 和声场的横向分布 $\Omega(y)$ 的重叠情况。由耦合波方程(3.136)和方

程(3.138),可解出表面波布拉格衍射的衍射效率为

$$\eta=\frac{|A_{\mathrm{d}}(L)|^2}{|A_{\mathrm{i}}(0)|^2}=|\kappa_{\mathrm{di}}L|^2\cdot\left(\frac{\sin TL}{TL}\right)^2 \tag{3.139}$$

式中,

$$T=\left(\kappa^2+\frac{\Delta k_1^2}{4}\right)^{1/2} \tag{3.140a}$$

$$\kappa=(\kappa_{\mathrm{di}}\cdot\kappa_{\mathrm{id}})^{1/2}=\frac{k_{\mathrm{f}}(N_{\mathrm{i}}N_{\mathrm{d}})^{3/2}}{4(\cos\theta_{\mathrm{i}}\cos\theta_{\mathrm{d}})^{1/2}}p\mid S\mid\cdot F\approx-\frac{\pi}{\lambda_0}\Delta N\cdot F \tag{3.140b}$$

$$F=(F_{\mathrm{di}}\cdot F_{\mathrm{id}})^{1/2}=\frac{\left|\int_{-\infty}^{0}E_{\mathrm{d}}^{*}(y)\Omega(y)E_{\mathrm{i}}(y)\right|}{\left[\int_{-\infty}^{+\infty}|E_{\mathrm{d}}(y)|^2\mathrm{d}y\cdot\int_{-\infty}^{+\infty}|E_{\mathrm{i}}(y)|^2\mathrm{d}y\right]^{1/2}} \tag{3.140c}$$

式中,$\Delta k_1$ 为动量失配式(3.125)的模,而有效折射率的变化为(参阅式(2.66))

$$\Delta N=-\frac{1}{2}(N_{\mathrm{i}}N_{\mathrm{d}})^{3/2}\cdot p\mid S\mid$$

特别是当满足动量匹配条件,即 $\Delta k_1=0$ 时,由式(3.140a)得出 $T=\kappa$,从式(3.139)有

$$\eta\approx\sin^2(\kappa L)=\sin^2\left(\frac{\pi}{\lambda_0}\Delta NL\cdot F\right) \tag{3.141}$$

除去重叠积分 $F$,它和体波情况的式(2.48)完全一样;在写出超声功率(即平均能流)$P_{\mathrm{a}}$ 和声应变 $S$ 之间的关系后,式(3.141)可进一步写成

$$\eta=\sin^2\left(\frac{\pi}{\lambda_0}\sqrt{\frac{L}{2H}M_{2\mathrm{eff}}P_{\mathrm{a}}}\right) \tag{3.142}$$

式中,$L$ 是声光相互作用长度(单通道体波器件一般为换能器的长度),$H$ 是声波的宽度,$M_{2\mathrm{eff}}$ 是有效声光优值,

$$M_{2\mathrm{eff}}=\frac{(N_{\mathrm{i}}N_{\mathrm{d}})^3p^2}{\rho v_{\mathrm{a}}^3}\cdot F^2=M_2F^2 \tag{3.143a}$$

式中,

$$M_2=\frac{(N_{\mathrm{i}}N_{\mathrm{d}})^3p^2}{\rho v_{\mathrm{a}}^3} \tag{3.143b}$$

为达到70%的衍射需要的声功率为

$$P_{\mathrm{a}}=\frac{\lambda^2\cos^2\theta_{\mathrm{i}}}{\pi^2}\frac{2H}{M_{2\mathrm{eff}}L} \tag{3.144}$$

表达式(3.142)～式(3.143a)除去重叠积分以外与体波情况是类似的。体波情况可参见式(2.70b)和式(2.71)。

表面波声光器件的主要优点之一是 $H$ 只有声波长微米数量级,而 $L$ 为毫米数

量级，故$\frac{L}{H}\approx\frac{10\text{mm}}{10\mu\text{m}}=10^3$。而在体波声光器件中，由于体波声波和光波在传播时存在衍射，$H$ 不可能做到接近声波长的数量级，通常体波器件$\frac{L}{H}\approx\frac{10\text{mm}}{1\text{mm}}=10$，因此，表面波声光器件的驱动功率可以比体波器件小两个数量级。但是当平面波导的声光相互作用引起导光波 TE-TM 的模式转换或阶数 $\nu$ 改变时，由于不同导光模的本征函数是互相正交的，当光波导层的厚度 $h$ 很小，对表面声波横向分布的影响不大时，在 $0\leqslant y\leqslant h(y)$波导层内，声 $\Omega(y)$的横向变化很小，近似为一常数，因为一般总有 $h\approx\lambda\ll\lambda_a$。从式(3.140c)可知重叠积分 $F$ 的数值很小。在介质表面引入声波导结构可以改变表面声波的横向分布 $\Omega(y)$，从而提高 $F$ 的值，但相应的理论分析和工艺都比较复杂。

表面波声光器件除了上述声光效应引起的折射率的变化外，还存在电光效应和波导界面波纹效应，也会引起折射率的周期性变化。

可将声光效应、电光效应和波导交界面的波纹三种效应的重叠因子归纳如下。

(1) 声光效应：如上所述，重叠因子由式(3.140c)求出。

(2) 电光效应：为了能通过叉指换能器激发表面声波，衬底层和光波导层至少有一个是压电材料，而具有压电效应的材料又必定具有一级电光效应，因此当有表面声波传过时，将因压电效应而产生周期性电场，并通过一级电光效应

$$\Delta\eta_{ij}=\Delta\eta_I=r_{Ik}e_k \tag{3.145}$$

引起折射率的周期性变化。对于 $LiNbO_3$ 这种压电效应和电光效应都很强的材料，有些情况下，由电光效应引起的变化比由声光效应引起的还大，因而必须加以考虑。对于表面声波，电势 $\phi$ 和质点位移 $u$ 一般是 $y$ 和 $z$ 的函数(表面波沿 $z$ 轴传播时)，所以压电效应的电场 $e_2$ 和 $e_3$ 经常同时存在。对于每一个 $e=-\nabla\phi$ 的横向分布 $w(y)$，由式(3.145)可以得到与电光效应对应的耦合常数 $\kappa$ 和重叠积分 $F$

$$\kappa=\frac{k_f(N_iN_d)^{3/2}}{4(\cos\theta_i\cos\theta_d)^{1/2}}r_e\cdot F\approx-\frac{\pi}{\lambda_0}\Delta N\cdot F \tag{3.146a}$$

$$F=\frac{\left|\int_0^{+\infty}E_d^*(y)w(y)\mathrm{d}y\right|}{\left[\int_{-\infty}^{+\infty}|E_d(y)|^2\mathrm{d}y\cdot\int_{-\infty}^{+\infty}|E_i(y)|^2\mathrm{d}y\right]^{1/2}} \tag{3.146b}$$

式中，

$$\Delta N=-\frac{1}{2}(N_iN_d)^{3/2}\cdot r_e \tag{3.146c}$$

式(3.146)与声光效应的耦合常数 $\kappa$ 和重叠积分 $F$ 的表达式(3.140)是类似的。

(3) 表面波纹：瑞利波中质点作椭圆振动，故在两个界面上均引起波纹，由于

$n_f \neq n_s \neq n_c$，界面波纹也会引起折射率的周期性变化。$n_f$ 和 $n_s$ 的差别通常很小，故一般只需考虑表面波纹的质点位移 $u_s(0)$，它是表面处质点的垂直位移，设 $n_c=1$，$n_f=n$（参见图3.2介质层的折射率分布），则有

$$\Delta\chi = \Delta\varepsilon = (n_c^2 - n_f^2)u_s(0) = -(n-1)u_s(0) \tag{3.147}$$

式中，$\Delta\chi$ 是声光效应产生的极化率的变化。

由式(2.10b)的极化波表达式，结合式(3.126a)，得到

$$P_d^{NL} = -\varepsilon_0(n^2-1)\delta(y)\left[\frac{\delta_0}{2}\frac{A_i(x)E_i(y)}{2}e^{j[\omega_d t - (\boldsymbol{\beta}_i + \boldsymbol{K})]\cdot\boldsymbol{r}} + \text{c. c.}\right] \tag{3.148}$$

式中，$\delta_0$ 为 $u_s(0)$ 的振幅，$\delta(y)$ 为 δ 函数。和电光效应与声光效应类似，可以得到与表面波纹对应的耦合常数 $\kappa$ 和重叠积分 $F$ 为

$$\kappa = \frac{k_f}{4(\cos\theta_i\cos\theta_d)^{1/2}}\frac{(n^2-1)\delta_0}{(N_iN_d)^{1/2}}\cdot F \approx -\frac{\pi}{\lambda_0}\Delta N\cdot F \tag{3.149a}$$

$$F = \frac{|E_d^*(0)E_i(0)|}{\left[\int_{-\infty}^{+\infty}|E_d(y)|^2\mathrm{d}y\cdot\int_{-\infty}^{+\infty}|E_i(y)|^2\mathrm{d}y\right]^{1/2}} \tag{3.149b}$$

式中，

$$\Delta N = -\frac{1}{2}(N_iN_d)^{3/2}\cdot\frac{(n^2-1)\delta_0}{(N_iN_d)^2} \tag{3.149c}$$

为了计算方便，用上述重叠积分的定义可把动量匹配的衍射效率式(3.141)写成

$$\eta = \sin^2\left[\frac{2\pi\delta_0}{\lambda_a}\cdot\frac{2\pi L}{\lambda_0}\cdot\frac{(N_iN_d)^{3/2}}{4}\cdot F'\right] \tag{3.150}$$

由式(3.140c)、式(3.146b)和式(3.149b)，可以得到重叠积分 $F'$ 为

$$F' = \frac{\left|\int_0^{+\infty}E_d^*(y)f(y)E_i(y)\mathrm{d}y\right|}{\left[\int_{-\infty}^{+\infty}|E_d(y)|^2\mathrm{d}y\cdot\int_{-\infty}^{+\infty}|E_i(y)|^2\mathrm{d}y\right]^{1/2}} \tag{3.151}$$

式中，$f(y)$ 称为重叠积分因子，

$$f(y) = F_{ao}(y) + f_{eo}(y) + f_{sr}(y)$$

式中，声光重叠积分因子

$$f_{ao}(y) = \frac{\lambda_a}{2\pi\delta_0}p_{IJ}S_J(y) \tag{3.152}$$

电光重叠积分因子

$$f_{eo}(y) = \frac{\lambda_a}{2\pi\delta_0}r_{Ik}e_k(y) \tag{3.153}$$

波纹重叠积分因子

$$f_{sr}(y)=\frac{\lambda_a}{2\pi}\frac{n^2-1}{N_i^2N_d^2}\delta_I(y) \tag{3.154}$$

式(3.152)～式(3.154)中，

$$S_I(y)=S\Omega(y),\quad e(y)=ew(y) \tag{3.155}$$

$\delta_I(y)$中下标 $I$ 的值取决于入射光和衍射光的偏振状态；$\lambda_a/2\pi\delta_0$ 是归一化因子，$\phi$ 和$u_2$、$u_3$ 可按 $\delta_0$ 归一化，$y$ 按$\lambda_a$ 归一化，即取归一化深度$|y|/\lambda_a$。一般波纹重叠积分因子小于声光重叠积分因子和电光重叠积分因子，所以表面波纹的影响常可忽略不计。

下面分析表面声波通过光波导的情况。

表面声波通过光波导产生折射率的周期性变化，或者说是电介质介电常数的周期性变化，在波导中形成折射率变化光栅，使导光波发生衍射偏转。表面声波可以通过声光效应、电光效应和光波导界面波纹三种不同的效应在波导中形成折射率周期性变化。

(1) 声光效应产生介电张量$\boldsymbol{\varepsilon}$ 的逆变化$\boldsymbol{\eta}$，引起的声应变为[5,12,17]

$$\Delta\eta_{ij}=p_{ijkl}S_{kl} \tag{3.156}$$

式中，$p_{ijkl}$ 是在恒定电场测量的声光系数张量，$S_{kl}$ 是声应变张量。重复下标 $k$ 和 $l$ 表示求和(参见式(1.32))。

(2) 在压电晶体情况下，当有表面声波传播时，由于压电效应产生周期性电场 $E_m$，通过电光效应产生的电介质的介电张量(常数)变化，引起的声应变为[18]

$$\Delta\eta_{ij}=\gamma_{ijm}E_m \tag{3.157}$$

式中，$\gamma_{ijm}$ 是在恒定应变下测量的电光系数，$E_m$ 是压电现象产生的电场。

从式(3.158)可得到相关的电介质介电常数变化[19]

$$\Delta\varepsilon_{ij}=-\varepsilon_{in}\Delta\eta_{nm}\varepsilon_{mj} \tag{3.158}$$

式中，$\varepsilon_{ij}$ 是相应电介质的介电常数。介电常数张量对角线元素对应纯折射率的变化，而非对角元素的变化产生旋转光，衍射光与入射光的偏振方向不同。

(3) 波导交界面的波纹效应，光导波在波导-覆盖层和波导-基底界面的波纹作用下的偏转取决于光波导的参数和垂直于界面的声位移大小。这种类型的相互作用类似于光波导光栅滤波器[20]。这种情况下，因为表面波的穿透深度通常大于波导的厚度，电介质介电常数的波纹在波导的两个界面出现。

如图 3.2(a)所示的波导上存在一个圆频率 $\omega_a$，传播常数 $K$，位移的法线分量 $u_2(y)\cos(\omega_a t-Kz)$的表面波，则波导与覆盖层交界面的坐标 $h_{cf}(z)$及波导与基底的交界面的坐标 $h_{fs}(z)$分别为

$$h_{cf}(z)=u_2(0)\cos(\omega_a t-Kz) \tag{3.159}$$

$$h_{fs}(z) = -h + u_2(-h)\cos(\omega_a t - Kz) \tag{3.160}$$

因此,在覆盖层-波导界面相应的电介质介电常数变化为

$$\begin{cases} \Delta\varepsilon = n_f^2 - n_c^2 \\ h_{cf}(z) > 0 \end{cases} \tag{3.161a}$$

$$\begin{cases} \Delta\varepsilon = -(n_f^2 - n_c^2) \\ h_{cf}(z) < 0 \end{cases} \tag{3.161b}$$

在波导-基底界面相应的电介质介电常数变化为

$$\begin{cases} \Delta\varepsilon = -(n_f^2 - n_s^2) \\ h_{fs}(z) > -h \end{cases} \tag{3.162a}$$

$$\begin{cases} \Delta\varepsilon = n_f^2 - n_s^2 \\ h_{fs}(z) < -h \end{cases} \tag{3.162b}$$

如果声位移的法线分量在两个界面是同方向的,介电常数改变的符号是相反的,这两个光栅会趋于抵消。

在这三种效应中,声光性效应在大多数晶体中占主导地位。但是在强压电晶体如 $LiNbO_3$ 中,电光效应是声光效应的几倍[21-22]。

下面以平板声光偏转器为例,分析表面声波通过光波导的情况。大多数平板声光布拉格偏转器构型如图3.12所示[5]。在厚度为 $h$ 的波导中,光发生布拉格衍射,声波宽度即声光的相互作用长度 $L$,而表面声波的大部分能量都集中在表面下的深度 $H$ 以内。图中坐标系设置为光沿 $z$ 方向,声沿 $x$ 方向,波导厚度为 $y$,介质表面 $y=0$。

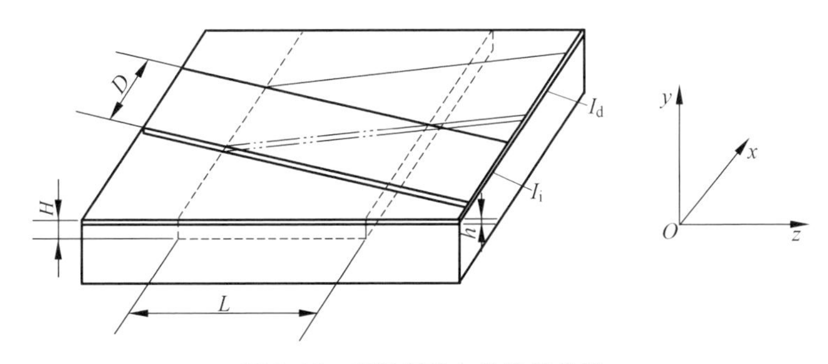


图3.12　平板声光布拉格偏转器

表面波声光相互作用包括正常声光相互作用,衍射光与入射光处于同一模式;以及反常声光相互作用,衍射光与入射光处于不同的模式,例如相同偏振方向的更高阶模,或与入射光处于正交偏振的导光模。图3.13给出了正常和反常布拉格衍

射的相位匹配图。

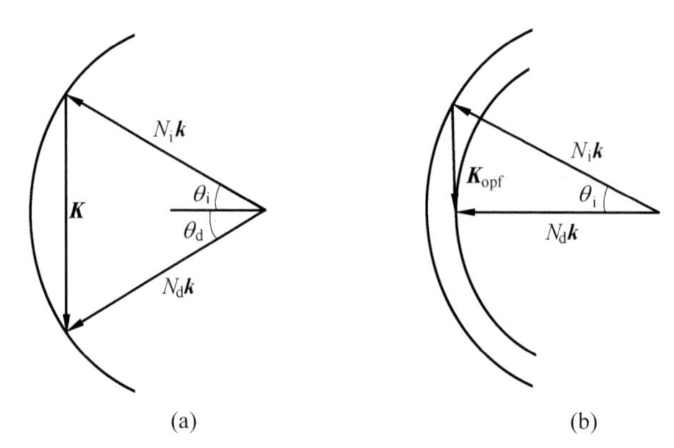


图 3.13　表面波声光相互作用相位匹配图

(a) 正常布拉格衍射；(b) 反常布拉格衍射

正常布拉格衍射：如果衍射模的有效折射率 $N_d$ 等于入射模的有效折射率 $N_i$，相位匹配如图 3.13(a)所示。它与体波声光偏转器在光学各向同性材料中得到的结果相同，参见式(2.27)或式(2.39)。这种类型的衍射偏转角等于入射角，即

$$\sin\theta_d = \frac{K}{2N_i k} = \frac{\lambda}{2N_i v_a} f \tag{3.163}$$

可分辨点数(number of resolvable spots，NRS)为[23]

$$\mathrm{NRS} = \Delta f \cdot \tau \tag{3.164}$$

式中，$\tau = D/v_a$ 是声波穿过光波的渡越时间。

在 4dB 偏转带宽下，表面声波和导光波能保持相位匹配的最大互作用长度 $L_{max}$ 与体波偏转器类似，为

$$L_{max} = \frac{2v_a^2 N_i}{\lambda f \Delta f} \tag{3.165}$$

反常布拉格衍射：如果入射导光模是 $TE_0$，衍射为具有相同偏振方向的不同级的导光模，例如 $TE_1$，或者不同偏振方向的导光模，例如 $TM_0$，其相位匹配图如图 3.13(b)所示。因为衍射模与入射模的有效折射率不同，入射波与衍射波具有不同的相速度，这种衍射在各向同性和各向异性材料组成的表面声波器件中都可以存在，其相位匹配图类似于在各向异性介质中的体波偏转器。

反常声光偏转器比正常声光布拉格偏转器具有更大的声光偏转角，所以反常声光偏转器可以具有更大的可分辨点数。而对于第 2 章描述的体波情况，这种反常衍射只存在于各向异性晶体的体波声光衍射中。

设光波以 $\theta_i$ 角入射时可以满足上述反常声光衍射条件，这个角度是

$$\sin\theta_i = \frac{\lambda f_{opt}}{N_i v_a} \tag{3.166}$$

式中，

$$f_{opt} = \frac{v_a}{\lambda}(N_i^2 - N_d^2)^{1/2} \tag{3.167}$$

式中，$f_{opt}$ 是在最佳相位匹配条件衍射角 $\theta_d = 0$ 时的声频率，称为表面声波反常布拉格衍射的极值频率(亦称最佳频率)，与体波反常布拉格衍射的极值频率式(2.97)相当。体波的极值频率在给定器件中是固定的，而在平面波导情况下，有效折射率 $N_i$、$N_d$ 可以通过控制波导各层折射率 $n_c$、$n_f$、$n_s$ 和介质厚度 $h$ 来改变，并且导光模的有效折射率 $N_i$ 和 $N_d$ 一般相差很小，使得极值频率比较低，这些都有利于其应用。

这种情况下，4dB 带宽时表面声波最大声光相互作用长度为[23]

$$L_{max} = \frac{8v_a^2 N}{\lambda \Delta f^2} \tag{3.168}$$

式中，$N$ 是波导中导光模的有效折射率，$N = (N_i N_d)^{1/2}$。对于给定的带宽 $\Delta f$，表面声波反常布拉格衍射可以比正常布拉格声光相互作用长度更长。

表面波声光器件的一个特点是不同的波导模之间相速度不同，称为波导双折射。波导双折射不仅提供了在各向同性波导材料中得到反常声光衍射的方法，而且提供了在自然双折射晶体中控制最佳频率(极值频率)$f_{opt}$ 的方法。因为最佳频率正比于双折射平方差的平方根，如式(3.167)所示。选择波导厚度和材料可以在一定程度上控制波导模折射率之间的变化，因此可以改变最佳频率。一般表面波声光偏转器的最佳频率是吉赫兹范围，对于通常应用来说过高。减少双折射的方法是可以使用所需的各向异性晶体制作基底，并用各向同性的薄膜制作波导层。这样可以减小双折射和降低极值频率。这是与体波器件不同的情况，对于体波偏转器而言，$f_{opt}$ 是由晶体的自然双折射决定的。

各种类型表面声波器件的效能依赖于光波导的性能，衍射光强与入射光强的关系是

$$I_d / I_i = \sin^2(\kappa_{id} L) \tag{3.169}$$

式中，$\kappa_{id}$ 是入射第 i 模与衍射第 d 模之间的耦合系数，表达式为

$$\kappa_{id} = \frac{\omega\varepsilon_0}{2\cos\theta_i}\int \bar{\varepsilon}_i^* \cdot \delta\bar{\varepsilon} \cdot \overline{\varepsilon_d}\,dy \tag{3.170}$$

式中，$\overline{\varepsilon_i}$ 和 $\overline{\varepsilon_d}$ 分别是入射模和衍射模的电场，$\delta\bar{\varepsilon}$ 是介电常数振幅变化，相关电介质介电常数张量的变化为

$$\Delta\bar{\varepsilon} = \delta\bar{\varepsilon}\cos(\omega_a t - Kz) \tag{3.171}$$

上面耦合系数的推导可参见文献[24]和[25]。

为了将表面声波和导光波相互作用特性与表面波非均匀应变分布的特性分开，这里只考虑表面波从波导的表面到表面以下深度 $H$ 为均匀应变的情况。前式(3.142)已经得到

$$\eta=\sin^2(\kappa_{id}L)=\sin^2\left[\frac{k}{2\cos\theta_i}\left(\frac{L}{2H}M_{2eff}P_a\right)^{1/2}\right]$$

其中声光优值为式(3.143a)

$$M_{2eff}=\frac{(N_iN_d)^3p^2}{\rho v_a^3}\cdot F^2$$

式中，$F$ 是衍射模和入射模之间的重叠积分因子，$N_i$ 和 $N_d$ 是波导模的有效折射率。

对于一个有效的相互作用，重叠积分应该接近于1。由于光能量大部分是在波导和基底中，从式(3.135)和式(3.137)可知，如果入射模和衍射模是相同的，重叠积分会非常接近于1，从而得到有效的波导相互作用。

当声波穿透深度大于光波导厚度时，由于不同偏振的波导模的正交性，重叠积分将变得较小。因此，如果波导是从 $TE_0$ 模变为 $TE_1$ 模，通常不如入射模式和衍射模式相同的波导更有效。如果声波的衰减深度小于波导厚度，或者声光性质在相互作用深度上有很大变化，有效相互作用的重叠积分可能会降低到 $F_{id}\approx 0.5$。

虽然 TE 模式和 TM 模式是正交的，但是因为这些正交性是由极化引起的，而不是场分布积分的零值引起的，这些模式之间仍可能存在有效的 $F_{id}\approx 1$ 的相互作用。例如，如果 $z$ 方向传播声波产生 $\delta\varepsilon_{yz}$ 介电常数变化，则重叠积分在 TE 波和 TM 波的横向电场上。从图 3.2 可以看到，TM 模式的横向电场分布通常与 TE 模式的横向电场分布非常相似，从而得到一个接近于1的重叠积分。

与交界面波纹相关的耦合系数也能从式(3.159)～式(3.162)和式(3.170)计算出来。假设光场穿过波纹区域没有变化，耦合系数可以近似表达为

$$\kappa_{id}=\frac{\omega\varepsilon_0}{2\cos\theta_i}\left[(n_f^2-n_e^2)u_2(0)\varepsilon_i^*(0)\varepsilon_d(0)-(n_f^2-n_s^2)u_2(-h)\varepsilon_i^*(-h)\varepsilon_d(-h)\right] \tag{3.172}$$

对于同阶 TE 模之间的相互作用，式(3.172)变为

$$\kappa_{id}=\frac{\pi}{\lambda\cos\theta_i}\frac{n_f^2-N^2}{Nh_{eff}}\left[u_2(0)-u_2(-h)\right] \tag{3.173}$$

式中导光模的有效模宽度为

$$h_{eff}=h+\frac{1}{k(N^2-n_c^2)^{1/2}}+\frac{1}{k(N^2-n_s^2)^{1/2}} \tag{3.174}$$

这个耦合系数与光波导光栅滤波器相似[26]，并且对波导参数有很强的依赖性。

平面波导独特的特性是[7]

$$\varepsilon^2(0)(n_f^2-n_s^2)=\varepsilon^2(-h)(n_f^2-n_c^2) \tag{3.175}$$

这是基底-波导界面的声位移直接减去波导-覆盖层的声位移的情况。

由式(3.173)可以看出,如果两个界面的质点位移具有相同的符号和相似的大小,当入射光和衍射光是相同的模式,表面波纹效果不会强。在相同的偏振但阶次不同的模式之间相互作用时,表面波纹明显依赖于波导的参数和材料性质,尤其在弹光耦合弱的情况下更是如此。对于 TM 波之间的耦合,情况要复杂得多。

表面波声光器件可以在比体波声光器件更低的驱动功率下运转,这是因为表面波声光器件的光波和声波都被限制在波导的表面附近,通常是微米数量级,并允许较长的相互作用长度,而体波器件不具备这些特性。从式(3.142)可以看出,要在低驱动功率下具有有效声光相互作用,希望声光相互作用长度 $L$ 尽可能大,声场宽度 $H$ 尽可能小,表面声波和导光波可以满足这些要求。对于声场宽度 $H$ 而言,表面声波主要包含在介质表面的声波长 $\lambda_a$ 的深度内,因此深度为 $H\approx\lambda_a$ 的波导层内具有较小的驱动功率即可实现声光衍射。由于导光波也被限制在表面附近,光线可以包含在一个深度为 $H$、长度为 $L$ 的声柱内。当光束很宽时,衍射光束仍可以保持在深度为 $H$ 的波导层内。但是在体波器件的情况下,光束只能在仅约为 $H^2/\lambda$ 的短距离内聚焦到直径为 $H$ 的光斑上,然后随光传播距离增加,衍射光束直径将扩展到大于声波深度。对于声光相互作用长度 $L$ 而言,导光波没有衍射限制,表面波器件的相互作用长度只是受器件的带宽要求的限制,所以表面波声光相互作用长度比体波声光相互作用长度长。正常布拉格衍射和反常布拉格衍射声光相互作用长度分别可用式(3.165)和式(3.168)计算。

一种共线型的表面声波与导光波相互作用是光波从一个波导模式到另一个波导模式的共线变换,类似于体波的可调谐光滤波器。它的相位匹配如图 3.14(a)所示。当声波波长 $\lambda_a$ 满足

$$\lambda_a=\lambda/(N_i-N_d) \tag{3.176}$$

一个有效折射率为 $N_i$ 的入射导光模被衍射为有效折射率为 $N_d$ 的导光模。

如果光波在相对的方向传播,也能发生相互作用,此情况下式(3.176)中的减号变为加号,并且需要非常高的声频率。这种相互作用可以用于光滤波器,因为声波长确定可发生模式转换的光的波长。这种滤波器的带宽近似用 $1/2(N_i-N_d)L(\mathrm{cm}^{-1})$ 给出[27]。与平面各向异性布拉格器件类似,它原则上可以控制波导参数以获得所需带宽或者工作频率。这种相互作用只是前面描述的声光相互作用的共线形式,所以入射光和衍射光强之间的关系由式(3.169)给出,耦合系数由式(3.170)给出,但由于相互作用是共线的,所以 $\theta_i=0$。

在共线情况时,对于如图 3.12 所示的深度为 $H$ 的均匀应变结构器件,入射导

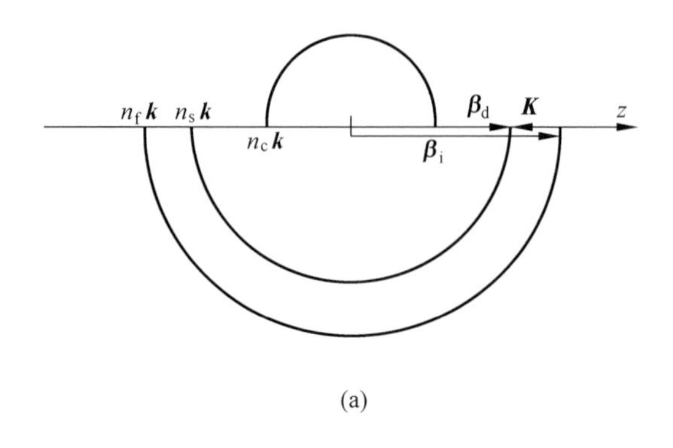


(a)

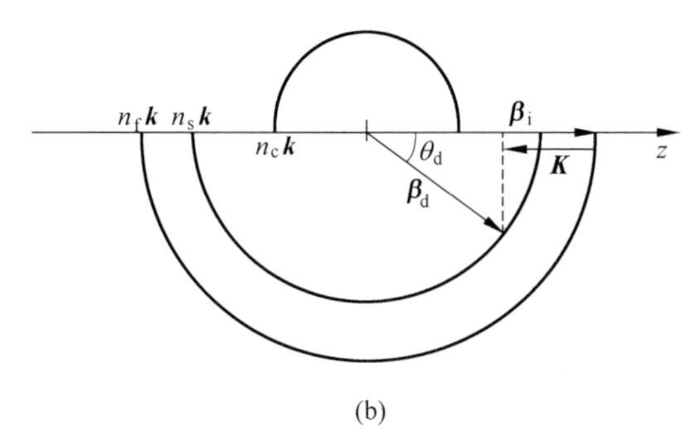


(b)

图 3.14　共线声光相互作用的相位匹配图

(a) 入射导光波、出射导光波和声波的共线布拉格相互作用；

(b) 导光波、光辐射模和声波的共线相互作用

光波和衍射导光波都在介质的表面内平行传播，声波与入射光和衍射光的相互作用长度 $L$ 为整个器件的长度，且入射光、衍射光和声波有相同的宽度 $D$，则 70%模式转换所需的声功率为

$$P_a = \frac{\lambda^2}{\pi^2} \frac{1}{M_{2\text{eff}}} \frac{2HD}{L^2} \tag{3.177}$$

式中，$M_{2\text{eff}}$ 与式(3.143a)相同。公式中相互作用的重叠积分表明，将 TE 模式转换为 TM 模式的共线相互作用比具有相同偏振模之间的相互作用更有效。这种平面共线相互作用的一个优点是，利用声波导和光波导可以很容易控制入射光、衍射光和声波的横向范围，这样就在声光相互作用长度 $L$ 上没有衍射限制，因此用小宽度 $D$ 就可以实现有效的相互作用。

有一种薄膜偏转器中的导光波被反向运行的共线声波偏转到基底中，其相位匹配如图 3.14(b)所示。这种偏转器声波的传播常数必须足够大，即 $K>(N_i-n_s)k$ 才能使波导模偏转到基底上。如果声频能够高到 $K>(N_i-n_c)k$，波导模将偏转到基底和覆盖层两个区域。这种情况通常需要在吉赫兹范围内的频率。现在只讨论在基底上的偏移，波导光偏转到基底的角度 $\theta_d$ 为

$$\cos\theta_d = \frac{N_i - (\lambda / v_a) f}{n_s} \tag{3.178}$$

通过改变声频率可改变这个偏转角。可分辨点数如式(3.164)所示由声光相互作用的时间带宽积 $\Delta f \tau$ 决定，$\tau$ 是声波穿过相互作用长度 $L$ 的渡越时间。衍射光的强度为

$$I_d = I_i[1 - \exp(-2\alpha L)] \tag{3.179}$$

式中，$\alpha$ 是描述波导模和衍射模之间耦合的衰减系数。$I_d/I_i$ 随长度成指数增长，其原因在于衍射过程是由于波导模的损耗而发生的，而不是像前面讨论的那样由于能量的交换而发生的。衰减系数 $\alpha$ 与波导模与辐射模之间的耦合系数的平方成正比[28]。基于上述讨论，如图3.12所示的深度为 $H$ 的均匀应变声光相互作用，63%的偏转所需的声功率是[5]

$$P_a = \frac{\lambda^2 \cos^2\theta_d}{\pi^2} \frac{1}{M_{2\text{eff}}} \frac{2HD}{4\lambda L} \tag{3.180}$$

式中，

$$M_{2\text{eff}} = M_2 F_{ir}^2 \tag{3.181}$$

式中，

$$F_{ir} = \frac{2(N_i^2 k^3)^{1/2}}{\omega \mu_0} \int_0^\infty \varepsilon_i(y) \varepsilon_r(y) \mathrm{d}y \tag{3.182}$$

是波导模场分布 $\varepsilon_i$ 和辐射模场分布 $\varepsilon_r$ 的重叠积分。这种类型的偏转器所需功率与声光相互作用长度 $L$ 成反比，这是非共线平板偏转器的情况，而共线可调谐滤波器所需功率与长度平方成反比。这是由于声光相互作用带来了类似损耗的机制，而不是波导模之间的能量交换。这种偏转器的一个主要问题是，当声穿透深度远大于光波导深度时，即使是正交偏振模式，波导模与辐射模之间的重叠积分往往也很小，这是辐射模驻波场分布的结果。如果选择适当的声波穿透深度，或者使用声光特性在相互作用深度上有较大差异的波导，就有可能获得一个可接受的重叠积分值。对于这种类型的偏转器，如同共线可调谐滤波器，波导限制相互作用的横向尺寸 $D$ 将有利于降低所需的声驱动功率。

## 3.5 叉指换能器及其频率响应特性

叉指换能器(interdigital transducer，IDT)是目前用得最广泛和有效的瑞利表面声波换能器，基本结构如图3.15所示。叉指换能器由若干压合在压电基底材料上的金属膜电极组成，这些电极条互相交叉放置，叉指换能器两端由汇流条连在一起，其形状像手指交叉状的图案，故称为叉指电极。电极宽度即叉指宽度 $a$ 和叉指

间隔 $b$。$p=a+b$ 称为叉指间距(pitch),$a/p$ 称为金属化率(metallization ratio),$T=2a+2b$ 称为叉指周期。两相邻电极构成一电极对,其相互重叠的长度为有效指长,即换能器的孔径,记为 $W$(width)。这些参数不仅表征了叉指换能器的结构特征,而且对换能器的电学和频率特性也有着重要影响。如果换能器的各电极对的重叠长度相等,称为等孔径或等指长换能器。叉指宽度 $a$、指间距 $p$ 和孔径 $W$ 都为常数,且 $a$ 与 $b$ 相等(即金属化率为 0.5)的叉指换能器称为均匀(或非色散)换能器。叉指换能器的金属条电极是铝膜或金膜,通常用蒸发镀膜设备镀膜,并采用光刻方法制出所需图形。叉指电极的条宽在 1$\mu$m 到 100$\mu$m。

表面声波滤波器是重要的表面波声光器件,它由叉指换能器组合构成,如图 3.15 所示,滤波性能是输入和输出叉指换能器特性的函数。

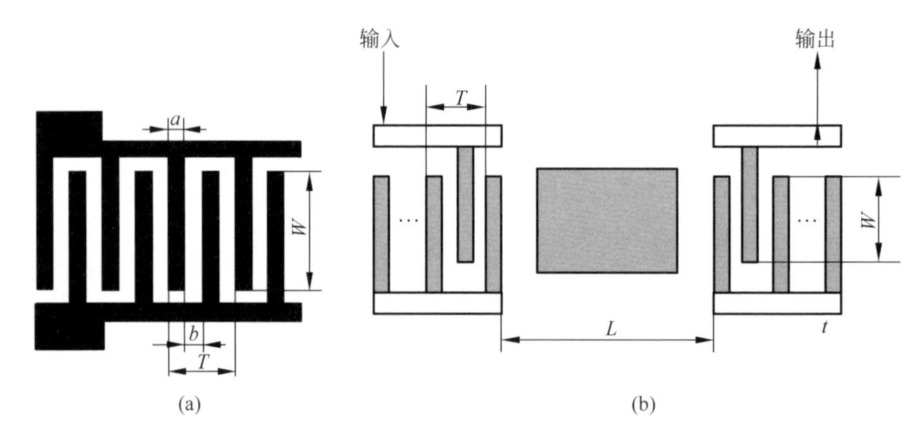


图 3.15　叉指换能器结构示意图

(a) 叉指换能器结构;(b) 输入和输出叉指换能器组合

叉指换能器激励表面声波的物理过程如下:当适当频率的交变电信号加到周期排列的叉指换能器的电极上,叉指电极的电压正负交替,因为表面波声光器件的基底是压电体,所以极间电压在基片上形成交变电场。在基底内部的瞬间电场分布如图 3.16 所示,这个电场可分解为垂直与水平两个分量 $E_v$ 和 $E_h$。由于基底的逆压电效应,电场使得叉指电极间的材料发生形变,质点发生位移。水平电场分量使质点产生平行于表面的压缩或伸张位移,垂直电场分量则产生垂直于表面的切变位移。当外加的交变激励电场的周期(频率)与叉指换能器电极的周期长度匹配时,各对叉指激发的表面声波互相加强,此时换能器的效率最大。这个频率称为同步频率。

这种周期性应变产生沿基底表面,向叉指换能器两侧传播的表面声波。其频率等于所加电信号的频率。向一侧的波传播到输出叉指换能器,通过压电效应将声信号转换为电信号输出。向另一侧传播的无用信号用高吸收介质吸收。叉指换能器既可激励声信号,也可接收表面声波,因而这种换能器是可逆的。

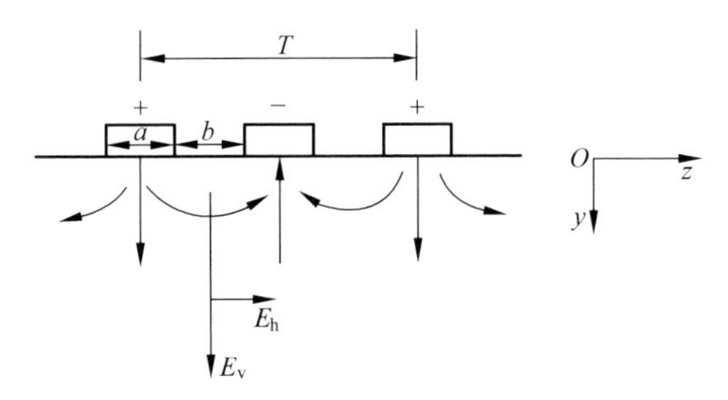


图3.16　叉指电极的瞬间电场分布

下面讨论在 $y$ 切 $z$ 方向传输的 $LiNbO_3$ 基底表面上的叉指换能器激励 $z$ 向传播的表面声波的机理。$LiNbO_3$ 是各向异性三角晶系 $3m$ 点群的压电晶体,叉指换能器的叉指周期记为 $T$(即任意一个叉指电极两侧的两个叉指电极中心的距离),电极的电压正负交替。

根据压电应变方程

$$S_l = d_{jl}E_j + S_{ij}^E T_j \tag{3.183}$$

式中,$S_l$ 为应变张量,$d_{jl}$ 为介质的压电常数,$E_j$ 为电场分量,$S_{ij}^E$ 为介质的顺度常数,它是介质可形变度的量度,$T_j$ 为介质表面应力。不考虑外界因素时,基底表面无应力,则式中 $T_j$ 为零,$d_{jl}$ 用铌酸锂的压电常数矩阵表示为

$$\begin{bmatrix} S_1 \\ S_2 \\ S_3 \\ S_4 \\ S_5 \\ S_6 \end{bmatrix} = \begin{bmatrix} 0 & -2d_{22} & d_{31} \\ 0 & d_{22} & d_{31} \\ 0 & 0 & d_{33} \\ 0 & d_{15} & 0 \\ d_{15} & 0 & 0 \\ -2d_{22} & 0 & 0 \end{bmatrix} \begin{bmatrix} E_x \\ E_y \\ E_z \end{bmatrix} \tag{3.184}$$

式中,$E_x$、$E_y$、$E_z$ 分别是电场沿 $x$、$y$、$z$ 方向的分量。从式(3.184)可知换能器应变在介质中只产生 $x$ 和 $z$ 方向的分量,

$$\begin{cases} S_1 = S_{11} = \dfrac{\partial u_1}{\partial x_1} = d_{31}E_z \\ S_2 = S_{22} = \dfrac{\partial u_2}{\partial x_2} = d_{31}E_z \\ S_3 = S_{33} = \dfrac{\partial u_3}{\partial x_3} = d_{33}E_z \\ S_5 = S_{13} = S_{31} = \dfrac{1}{2}\left(\dfrac{\partial u_1}{\partial x_3} + \dfrac{\partial u_3}{\partial x_1}\right) = d_{15}E_x \\ S_6 = S_{12} = S_{21} = \dfrac{1}{2}\left(\dfrac{\partial u_1}{\partial x_2} + \dfrac{\partial u_2}{\partial x_1}\right) = -2d_{22}E_x \end{cases} \tag{3.185}$$

对沿 $z$ 轴传播的表面声波而言，$S_4$ 没有作用，$S_1$、$S_2$、$S_3$ 可产生 $E_z$ 形成表面声波中体纵波分量，而 $S_5$、$S_6$ 共同产生 $E_x$ 形成切变波分量。

叉指换能器在介质中所产生的交变电场分量 $E_x$ 和 $E_z$ 的相位差为 $\pi/2$，它们所激发的质点位移分量 $u_1$ 和 $u_3$ 的相位差也是 $\pi/2$。这样，叉指结构在 $LiNbO_3$ 表面上可以形成一对沿 $z$ 轴传播、相位差为 $\pi/2$ 的体切变和体纵波，两者叠加合成为沿 $z$ 轴传播的瑞利表面声波。

整体叉指换能器激发的表面声波是每一对叉指电极激发的波的叠加。当施加的激励电信号频率与叉指换能器的周期长度所确定的表面声波的频率相等时，即只有当声波波长等于换能器叉指电极周期长度时，叉指换能器每一对叉指电极所激发的表面声波才是同相的，可以相互加强，形成强的表面声波。反之，叉指换能器激发出的声波将明显减弱。由此可见，叉指换能器具有频率选择性，由其叉指电极周期长度决定。

下面分析叉指换能器的输出特性、相关参数及基本特征。均匀（等指宽、等间隔）叉指换能器由数对电极构成，以一定间隔排布。因而不同电极对所激励的表面声波传到最后一对电极处的相位不同。相邻两个电极产生的表面声波的相位差为

$$\Delta\theta=\omega_a\tau=\omega_a\frac{T/2}{v_a} \tag{3.186}$$

式中，$T$ 是叉指电极的周期长度，$\omega_a$ 和 $v_a$ 分别是表面声波的圆频率和传播速度，$\theta$ 是表面声波的相位。设每对电极激发的表面声波振幅相同，不考虑表面声波的传输损耗，则全部电极输出到最后一对电极中心处的总声场是各对电极激发声场的矢量和，

$$E_t=E_0e^{j\omega_a t}\left[1-e^{j\Delta\theta}+e^{j2\Delta\theta}-e^{j3\Delta\theta}+\cdots+(-1)^{N-1}e^{-j(N-1)\Delta\theta}\right] \tag{3.187}$$

式中，$E_0$ 是每一对电极激发声波的振幅，$N$ 为叉指换能器电极的数目，括号中正负号是因为加在叉指换能器相邻电极上的电压极性相反所致。

当 $\Delta\theta=\pi$ 时，式(3.187)括号中每一项都等于 $+1$，叉指换能器输出的总表面声波场为

$$E_t=\frac{N}{2}E_0e^{j\omega_a t} \tag{3.188}$$

从式(3.186)可以得知，此时表面声波的圆频率为 $\omega_0=2\pi v_a/T$，或者频率为

$$f_0=v_a/T \tag{3.189}$$

这个频率称为声同步频率。此时激励产生的表面声波的波长 $\lambda_0$ 等于叉指换能器电极的周期 $T$。由此可知，当外加激励电信号频率等于叉指换能器的声同步频率，即 $\omega_a=\omega_0$，或者 $\lambda_0=T$ 时，叉指换能器激发的表面声波最强。

当外加信号频率不等于但是接近声同步频率 $\omega_a=\omega_0+\Delta\omega$ 时，相邻两个电极产生的表面声波的相位差

$$\Delta\theta=(\omega_0+\Delta\omega)\frac{T/2}{v_a}=\pi+\frac{\Delta\omega}{\omega_0}\pi \tag{3.190}$$

将此式代入式(3.187)，得到

$$E_t = NE_0 \frac{\sin\left(N\pi \frac{\Delta\omega}{\omega_0}\right)}{N\pi \frac{\Delta\omega}{\omega_0}} \exp\left(\omega_a t + N\pi \frac{\Delta\omega}{\omega_0}\right)$$

$$= NE_0 \operatorname{sinc}\left(N\pi \frac{\Delta\omega}{\omega_0}\right) \exp\left(\omega_a t + N\pi \frac{\Delta\omega}{\omega_0}\right) \tag{3.191}$$

由此可以得到如下叉指换能器的基本特征。

(1) 叉指换能器的输出是频率的函数，带宽取决于指对数。

式(3.191)输出的是对于变量 $N\pi \frac{\Delta\omega}{\omega_0}$ 的 sinc 函数，为等指长的频率响应。当 $\Delta\omega=0$ 时，$N\pi \frac{\Delta\omega}{\omega_0}=0$，即有 $\operatorname{sinc}\left(N\pi \frac{\Delta\omega}{\omega_0}\right)=\frac{\sin\left(N\pi \frac{\Delta\omega}{\omega_0}\right)}{N\pi \frac{\Delta\omega}{\omega_0}}=1$，此时换能器输出

$$E_t = NE_0 \exp(\mathrm{j}\omega_0 t) \tag{3.192}$$

这是声同步的情况，输出是最大的。

当 $N\pi \frac{\Delta\omega}{\omega_0}=\pm\pi$，即 $\frac{\Delta\omega}{\omega_0}=\pm\frac{1}{N}$，将圆频率改写为常用的频率形式，即

$$\Delta f = f_0/N \tag{3.193}$$

此时式(3.191)中 sinc 函数为 0，换能器输出 $E_t=0$。式中 $f_0$ 为中心频率(同步频率)，$N$ 为叉指电极对数。它对应于叉指换能器频率响应的第一对零值点，每一对零值点之间频率间隔为

$$2\frac{\Delta\omega}{\omega_0}=\frac{2}{N} \tag{3.194}$$

从此式可知，叉指换能器电极对的数目 $N$ 越大，频率间隔越小，频率响应带宽越窄。对于均匀叉指换能器，带宽可以根据式(3.193) $\Delta f = f_0/N$ 决定。由此式可知，中心频率一定时，带宽只取决于指对数。指对数愈多，换能器带宽愈窄。表面波器件的带宽具有很大的灵活性，相对带宽可窄至 0.1%，宽则可达到一个倍频程(即 100%)。

当 $N\pi \frac{\Delta\omega}{\omega_0}=\pm\frac{3\pi}{2}$，$N\pi \frac{\Delta\omega}{\omega_0}=\pm\frac{5\pi}{2}$，$N\pi \frac{\Delta\omega}{\omega_0}=\pm\frac{7\pi}{2}$ 时，换能器频率响应出现第1、2、3个旁瓣的峰值，从式(3.191)可以计算出主峰和各个旁瓣的峰值数值。其中第一旁瓣峰值比式(3.192)的主峰值低 13.26dB，后面旁瓣峰值依次减小。

(2) 从式(3.192)可知，叉指换能器激发的表面声波的强度与叉指换能器电极对的数目 $N$ 成正比。

(3) 从式(3.186)可知，叉指换能器激发的表面声波的相位与频率成线性关系。

从上述内容可以看出，叉指换能器的电极数目越多，频率带宽越窄，激励的表面声波强度越强。因此叉指换能器激励的表面声波强度与频率带宽是相互矛盾的参数。

(4) 工作频率高。当叉指换能器指宽 $a$ 与间隔 $b$ 相等时，$T=4a$，从式(3.189)可知，工作频率为

$$f_0=\frac{1}{4}\cdot\frac{v_a}{a} \tag{3.195}$$

由此可知，对同一声速度 $v_a$，叉指换能器的最高工作频率只受工艺上最小电极宽度 $a$ 的限制。叉指电极由平面工艺制备，性能随着集成电路工艺技术的发展而提高。目前商品化的表面声波器件工作频率在 10MHz～3GHz 范围，相对带宽为 20%～70%，并且已有 5GHz 的表面声波滤波器产品。

(5) 时域(脉冲)响应与叉指电极空间具有对应性。叉指换能器的每对叉指电极的空间位置直接对应于时间波形的取样。图 3.17(a)所示的等距多对叉指换能器发射和接收情况，将一个脉冲加到发射换能器，在接收端收到的信号输出波形为两个单一换能器脉冲响应的卷积。如果单一换能器的脉冲为矩形调制脉冲，则卷积输出为三角形调制脉冲，声波幅度大小正比于叉指指长[17,29]。换能器的传输函数为脉冲响应的傅里叶变换[29]。这为换能器设计提供了简便的方法。

图 3.17(b)采用可变周期的啁啾叉指换能器[9]，短脉冲激励产生啁啾序列，几个这样的列可以交叠，并可通过接收叉指换能器实施的自相关操作将它们分开。

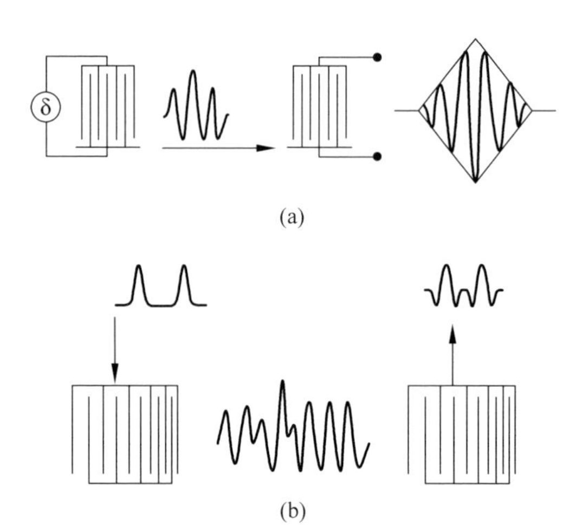


图 3.17　叉指换能器脉冲响应的输入输出几何图形示意图

(6) 具有互易性。作为激发表面声波的叉指换能器，也可作为接收换能器。这在设计和应用时都很方便，但这会产生声电再生次级效应，使器件性能变坏。

(7) 可作内加权。设计表面声波器件的叉指换能器就是确定输入、输出叉指换能器的加权量和叉指电极位置以及实现加权。几种主要加权的方法包括：变迹

加权法，即改变有效激励孔径，改变指电极密度分布，亦称切指加权法或者抽指加权法；分压加权法，即控制加在各指电极之间的电压；串联加权法，即把指电极分成几部分，改变加在指电极之间的电压。

叉指换能器中每对叉指辐射的能量与指长重叠长度有关，这就可以用改变指长重叠长度实现对脉冲信号幅度的加权。同时因为在叉指位置进行信号相位取样，改变指的位置即可改变信号的相位，就可实现信号的相位加权。亦可以两者同时使用，以获得某种特定的信号谱，如脉冲压缩滤波器。图3.18表示了几种加权的方法[9,17]。如切指加权换能器（apodized transducer）或称为切趾加权、变迹加权、不等指长换能器，属于幅度加权。抽指加权属于相位加权。表面声波器件加权无需体波器件加权所需要的外加权网络，因此比体波器件优越。

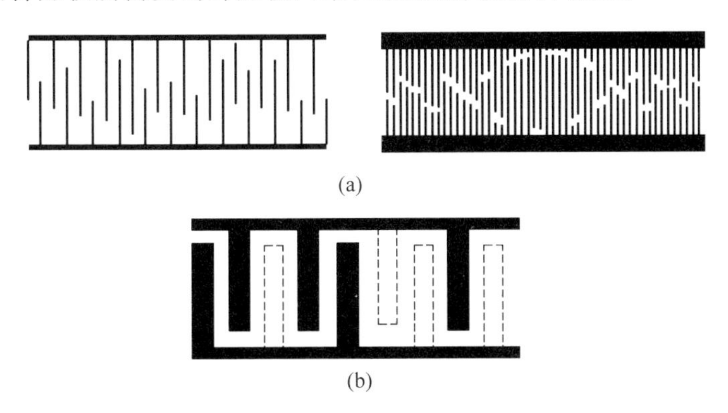

图3.18　叉指换能器的内加权类型

（a）切指加权换能器；（b）抽指加权换能器

图3.18(a)是切指加权换能器示意图，3.18(b)是抽指加权换能器示意图，图中实心矩形框代表实际指条，虚线矩形框代表已抽掉的指条。常见的抽指加权叉指换能器的指条宽度和指条间隙相等。

（8）选择性高。理想的表面声波滤波器对通频带内的频谱分量具有相同的放大作用，而对通频带以外的频谱分量完全抑制，理想的频率响应曲线是矩形的。但实际的频响曲线与矩形有较大的差异。用矩形系数描述截止频率处频率响应曲线的陡峭程度，它的值是60dB带宽与3dB带宽的比值，通常矩形系数用$K_rV0.1$来表示。

$$K_rV0.1=\frac{2\Delta f0.1}{2\Delta f0.7}$$

是表征滤波器选择性的参量，矩形系数越高，滤波效果越好。表面声波滤波器的矩形系数范围在1.05～4，具有较大的可调节范围和较高的选择度。

（9）插入损耗。插入损耗是不带表面声波器件时从源到负载转换的信号电压与带器件时从源到负载转换的信号电压之比（单位是dB）。表面声波器件滤波器的最大缺陷是插入损耗大，一般在 15dB 以上，无法满足低功耗通信设备的接收前端的要求，国内外研究改进压电材料和叉指换能器设计，将插入损耗降低至 3～4dB，最低可达 1dB。日本株式会社村田制作所发明的 ZnO/蓝宝石基片及其制作方法(专利公开号 JP2003063893A)，已制造出 1.5GHz 用于个人数字峰高网(personal digital cellular network，PDC)的射频表面声波(SAW)滤波器，其插入损耗仅 1.2dB[30]。

(10) 稳定性好。表面声波器件的能量转换是通过晶体表面的声波实现的，不涉及电子的迁移过程，因此，表面声波滤波器的抗辐射能力强，稳定性好，可靠性高。

(11) 灵活性大。表面声波滤波器可以实现所需精度的幅频和相频特性的滤波，并且原则上可以分别进行控制。

(12) 器件制造简便，重复性和一致性好。表面声波器件制造采用类似半导体集成电路工艺的方法，可获得重复性批量器件。表面声波滤波器的尺寸小、质量轻，其重量只是陶瓷介质滤波器的 1/40。

叉指换能器有两个常见的由于叉指电极存在造成的问题[9,11]，需要通过设计换能器几何形状来解决。如上所述，叉指换能器由交叉排列的金属电极梳组成，每一组电极梳从一个共同的汇流条延伸出来。最简单的单电极均匀周期叉指换能器如图 3.19 所示。

第一个问题是由于波不连续产生的电极反射。叉指的金属电极在压电基底自由表面形成近似短路，改变了表面声波传播的局部边界条件，会导致波的不连续和速度的下降，由波不连续产生电极反射。从如图 3.19 所示的换能器几何结构，可以看到来自连续间隙的激励间隔为半个阵列周期，并且它们具有相反的电极性。因此，在同步频率下，相邻间隙之间的传播相移为 $\pi$ 弧度，与电驱动信号的相位相等。但是，驱动信号的相位增加时，相邻电极的反射的相位也以同步频率增加。因此，虽然图 3.19 中的几何结构最大限度地提高了同步频率下的表面波产生，但也最大限度地产生了电极反射的不利影响。

图 3.20 是将换能器的几何结构修改为双电极或分裂指几何结构，在不改变激励间隙周期性的情况下，将金属电极的周期性增加到一倍，相邻电极的反射波的传播相移减小到 $\pi$。因此，激励继续以同步频率增加相位，而个体的反射成对地取消[31-32]，从而大大减少了电极反射的问题。表面波滤波器推荐使用这种双电极几何结构换能器。

第二个问题是由于叉指金属电极的存在导致表面波速降低，即在声波路径中电极引起的延迟时间的变化，可以重新进行电极定位来校正速度的均匀变化[33]。此外还需要解决的是，当换能器采用不等指长的切趾换能器(变迹换能器)的叉指电极时，叉指电极有不同的重叠长度，在图 3.21 中的长换能器用实心条表示电极，

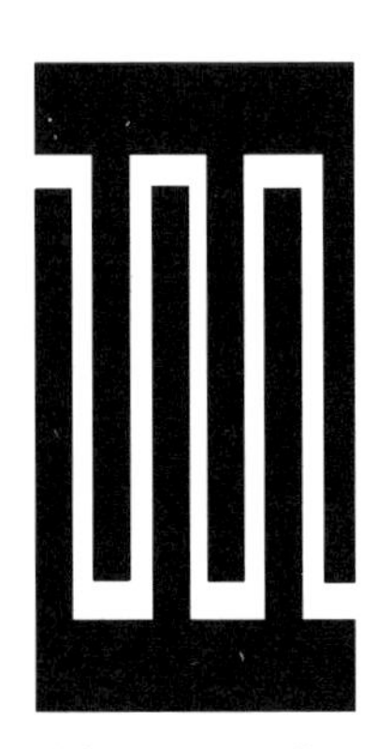

图3.19　单电极均匀周期叉指换能器

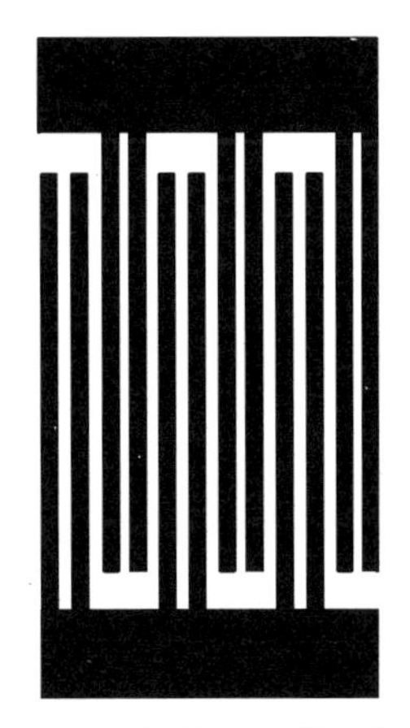

图3.20　双电极均匀周期叉指换能器

沿换能器中部传播的表面声波穿过更多的电极，因此比靠近汇流条传播的表面声波慢得多。因此，波前为直线的表面声波入射到换能器上，在通过变迹换能器时，不能保持直线波前。出射表面声波的波前的曲率，相当于光束的散焦，在换能器响应中产生严重的畸变[34]。解决这个问题的一个简单方法是在换能器中制作“假”电极或者称为虚拟电极，如图3.21中虚线条所示。这种变化并不影响换能器的电学特性，但它使换能器内部的物理条件更接近于滤波器的设计条件，即采用虚拟电极可以使得表面波速在换能器孔径宽度上保持均匀，防止散焦。因此，虚拟电极在变迹换能器中常常使用。

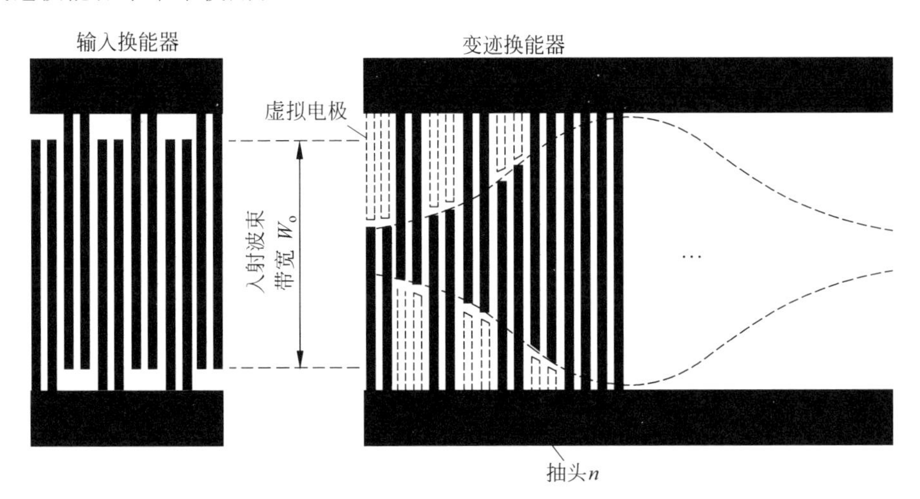


图3.21　采用一个均匀周期换能器和一个变迹换能器的典型的几何结构

## 3.6 表面波声光器件与可调谐声光滤波器的原理和结构

表面波声光器件中最重要的是表面波声光波滤波器,表面波声光器件传输信号的延迟是由表面声波在基底表面传播所形成的。表面波声光滤波器是通过输入信号的重复延迟和采样实现的,属于横向滤波器[9,35],它与理想的横向滤波器的相似之处可以使其设计简单且通用性强。但是表面波声光滤波器并不完全等同于理想的横向滤波器,其差异对表面波声光滤波器的性能有影响,通过换能器设计来控制这些差异是很重要的。

图 3.22 是理想横向滤波器的示意图,其由带通滤波器与均匀抽头延迟线(tapped delay line,TDL)串联而成。将振幅和相位加权应用于抽头输出,然后将其累加形成横向滤波器输出。下面计算这个复合结构的脉冲响应。首先,从带通滤波器传递函数的傅里叶变换得到理想带通滤波器 $s(t)$ 的脉冲响应,TDL 的输入是

$$s_1(t)=\frac{1}{2\pi}\int_{\omega_0-\pi B}^{\omega_0+\pi B}\exp(\mathrm{i}\omega t)\mathrm{d}\omega=B\,\frac{\sin\pi Bt}{Bt}\exp(\mathrm{i}\omega_0 t) \tag{3.196}$$

式中,$B$ 为带通滤波器的带宽。TDL 的作用是将 $s_1(t)$ 延迟一个量 $n\tau$,其中 $n$ 是抽头的编号,$\tau$ 是抽头之间的延迟。因此,如果 TDL 的输入是 $s_1(t)$,则第 $n$ 个理想抽头的输出是 $s_1(t-n\tau)$,如图 3.22 所示。将该输出与复合加权 $A_n\exp(\mathrm{i}\varphi_n)$ 相乘,再与其他 $N-1$ 抽头的加权输出相加,得到横向滤波器脉冲响应,

$$s(t)=B\sum_{n=1}^{N}A_n\,\frac{\sin\pi B(t-n\tau)}{\pi B(t-n\tau)}\exp\{\mathrm{i}[2\pi f_0(t-n\tau)+\varphi_n]\} \tag{3.197}$$

对此脉冲响应进行傅里叶变换,得到横向滤波器的传递函数

$$s(f)=\int_{-\infty}^{\infty}s(t)\exp(-\mathrm{i}2\pi ft)\mathrm{d}t \tag{3.198}$$

所得到的积分可以转换成标准的狄利克雷(Dirichlet)积分的形式[36],从而得到

$$\begin{cases}s(f)=\sum\limits_{n=1}^{N}A_n\exp(\mathrm{i}\varphi_n)\exp(-\mathrm{i}2\pi fn\tau), & |f-f_0|\leqslant B/2\\ s(f)=0, & \text{在其他范围}\end{cases} \tag{3.199}$$

这个表达式是使用均匀抽头延迟线与抽头加权构成的滤波器,调整相应的脉冲响应合成为理想的传递函数。这 $N$ 个加权是所需传递函数的展开系数,以 $N$ 项傅里叶级数的形式表示。因此,从傅里叶级数的性质来看,这样合成的滤波器提供了 $N$ 项最小均方值以满足所需的传递函数。

横向滤波器设计的实用性取决于图 3.22 中结构组件的实用性。最关键的是抽头延迟线，为了使加权采样是独立的，它必须包含小且精确的非交互的抽头。

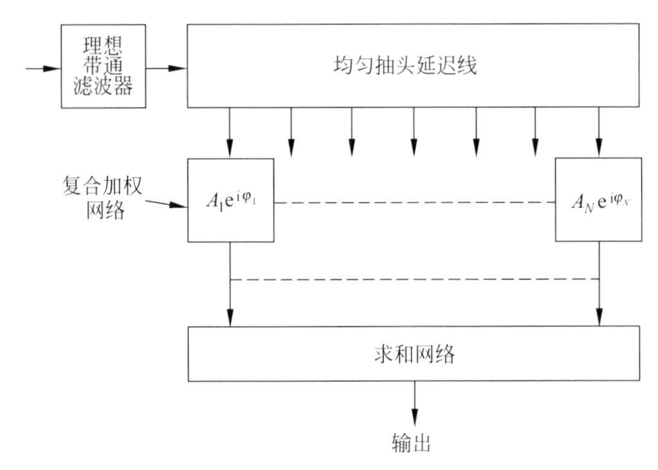


图 3.22　基于均匀抽头延迟线的理想横向滤波器结构示意图

表面声波叉指换能器与横向滤波器的结构非常相似，叉指换能器的响应被限制在由电极间距范围决定的带宽内。叉指换能器的"电极对"起着抽头的作用，它对传播的声波进行采样，并将它们的输出传送到一个求和网络接触点。由于叉指换能器是无源器件，需要收取信号功率产生超声波，叉指换能器的"电极对"(抽头)必然会吸收声波束的能量。因此，抽头并不是严格独立的，输出抽头的耦合强度不能太大，这样主声束才不致明显衰减。这相当于滤波器插入损耗。此外，对多个电极电流汇合在一起的接触点仅在零负载阻抗的情况下才符合理想的求和网络"弱耦合"条件。

表面波滤波具有非理想换能器的特性，表面波滤波技术由于能够表征和控制非理想换能器的特性而具有实用价值。电路模型传递函数规定了给定设计的抽头耦合强度的限制，以便使滤波器的振幅和相位响应保持在可允许的范围内，即建立了一个损失与准确性的权衡关系。虽然传递函数可以准确地计算抽头耦合和多次抽头迭代的结果，但由于基本电路模型过于简化，未包括声传播衰减、声衍射损耗等影响，通常通过对期望的滤波器响应特性的预失真来抵消[37-38]。在电路模型处理中也忽略了金属电极的电阻，在大多数情况下，可以通过在每个换能器的等效电路中添加一个集总电路电阻来设置后置电阻[39]。

现在考虑表面声波滤波器的设计方法，横向滤波器理论表明，利用具有复杂加权的抽头延迟线可以实现所需要的传递函数。这些加权对应于所需传递函数的脉冲响应的振幅和相位。

我们将叉指换能器视为一个横向滤波器，其中叉指电极作为抽头。首要考虑实现所需的叉指电极加权。振幅加权很容易通过切指法(apodization)引入，即抽头效率由重叠电极拦截的入射波的比例控制(图 3.21)。相位加权比较困难，从抽头输出相加的方式可以看出，采样的极性必须是+1 和-1(有效相位加权为 0 或者 π)，这是由采样信号的路径所经的电极触点决定的。然而在一般情况下，实现具有均匀抽头延迟线的任意传递函数所需的相位加权在+π 和-π 之间是连续的。因此，表面波叉指电极抽头不可能总是均匀间隔，必须重新定位，使得所需的滤波器脉冲响应是真实的采样时间。也就是选择电极采样时间以使所需的抽头相位加权变为 0 或 π。

如果所需要的换能器脉冲响应(它来自所需要的传递函数的傅里叶变换)用复数表示为

$$h(t)=a(t)\exp[\mathrm{i}\theta(t)] \tag{3.200}$$

然后通过相位加权约束得到

$$\theta(t_n)=0 \quad 或 \quad \pi \tag{3.201}$$

假设物理采样点位于间隙的中心，由式(3.201)确定所需的采样数值次数以及每个电极连接到的接触点(contact pad)。该采样方法如图 3.23 所示[9]，图中显示了叠加在电极图形上的脉冲响应实部。

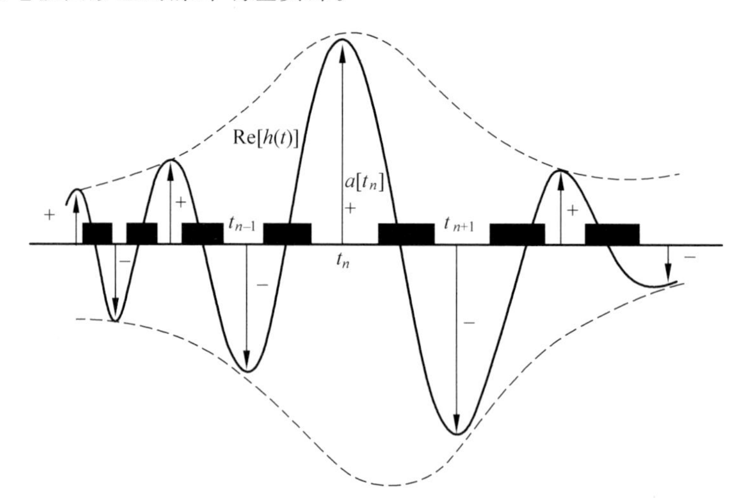


图 3.23 采样时间和电极位置之间的关系

电极位置 $x_n$ 与采样时间 $t_n$ 的关系简单为 $x_n=v_a t_n$，其中 $v_a$ 为有效表面声波速度(包括前面所述金属电极存在引起波速降低的效应)。确定这个速度非常重要，因为决定传感器响应的是采样时间，而不是电极位置，一旦确定了采样时间，将式(3.201)代入式(3.200)即可得到此时所需的幅值加权值，即

$$a(t_n)=|h(t_n)| \tag{3.202}$$

从振幅加权回到切指(变迹)换能器方法,实际应用中通常不允许将一个表面波滤波器的两个换能器都作切指。然而将这两个换能器组合为传递函数是可取的。这是通过使用图3.24和图3.25中所示的两种配置之一来实现的[9]。在图3.24中,一个换能器没有变迹,而是通过选择电极位置和极性来控制其传递函数。在图3.25中,在两个变迹换能器之间使用了一个多条带耦合器(multistrip coupler,MSC)[40-41]。MSC的意义在于,将输入换能器发射的声波束转移到输出换能器的通道上时,使输出声波在剖面上变得均匀,因为它是由未变迹的换能器产生的,因此,MSC方法的优点是允许最大限度地自由确定两个换能器的位置,但它仅适用于强耦合压电基底的情况,此时采用MSC是实用的方法。

对于图3.24和图3.25中的任何一种配置,完整的滤波器传递函数 $H(f)$ 是单个换能器的传递函数的乘积 $H_1(f)\times H_2(f)$,因此有必要计算两个傅里叶变换 $H_1(f)$ 和 $H_2(f)$,它们用于定义两个换能器各自的电极位置和幅值加权。如果使用MSC配置,两个换能器都可以定位,并且可以使用相同的换能器实现所需的滤波器。在这种情况下,换能器的传递函数是

$$H_1(f)=H_2(f)=\sqrt{H(f)} \tag{3.203}$$

对于不适用MSC配置的情况,例如在弱压电石英基底上,必须设计未变迹换能器。图3.24中的未变迹换能器显示一种使用电极相位的选择性反转(如垂直箭头所示)的振幅加权技术。如果未变迹换能器具有对称中心,电极的对称相位反转是形成滤波器响应的一种方法,可以实现幅度加权和满足线性相位加权(恒定延迟)的滤波器响应[42]。如果需要实现非线性相位加权,则需设计不对称的变迹换能器,可参见参考文献[43]—[45]。

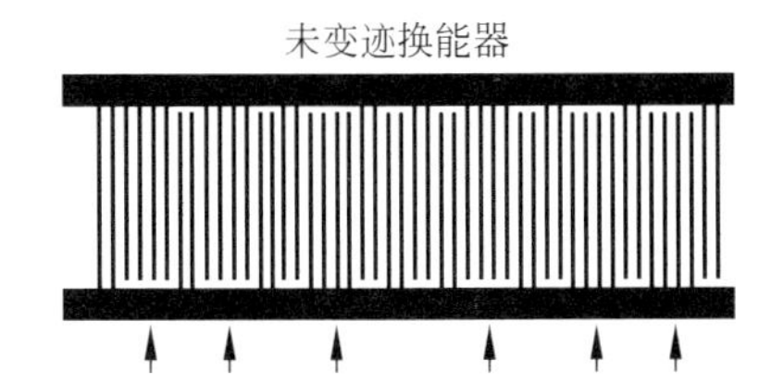

图3.24 使用一个反相未变迹换能器和一个变迹换能器的滤波器结构图

变迹换能器设计要求具有通用性和独特性,既可以采用通用的设计来合成多种精密复杂的滤波器,又可以对给定所需要的换能器传递函数有单一的方法设计变迹换能器,变迹换能器的设计包括确定电极位置和电极切指重叠参数等。

表面声波滤波器有多种类型,如延迟型滤波器、脉冲压缩滤波器和可调谐滤波器等,分别介绍如下。

(1) 延迟线型表面声波滤波器

双延迟线型滤波器由发送端和输入端的叉指换能器、基底、接收端和输出端的

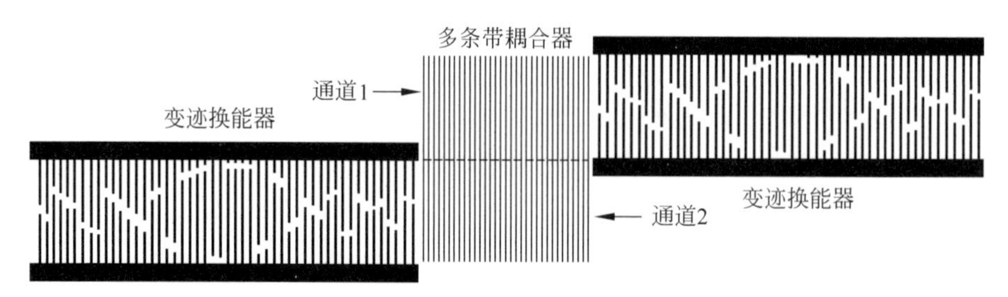

图 3.25 使用两个变迹换能器和一个多条带耦合器的滤波器结构图

叉指换能器和吸收材料组成,如图 3.26 所示。发送端叉指换能器将电磁波转换为机械波,接收端叉指换能器将机械波转换为电磁波。假设使用依照线性调频变化的叉指换能器,以从左向右的方向为正方向,则输入端的叉指换能器的频率变化方向为 $f_1 \rightarrow f_2$,输出端叉指换能器的频率变化方向为 $f_2 \rightarrow f_1$。机械波沿基底表面传播了一段距离后,将被位于另一端的叉指换能器转换回电磁波。当叉指换能器的电极数呈现规律变化时,将产生频率随时间变化的线性调频啁啾信号。接收与发送换能器的频率变化趋势相反。发送、接收换能器的原理与无线通信中的发送、接收天线极为相似。两个叉指换能器中间间隔一定距离 $L$,就可构成一延迟线。延迟时间 $T=L/v_a$,式中 $v_a$ 是表面声波传播速度。时延可达 $100\mu s$ 左右。如果接收换能器由一系列距发射换能器距离不同的叉指换能器组成,则可构成抽头延迟线。这种换能器可以倒相,因此可构成双向编码的码发生器。如果用一个放大器和一个移相器将延迟线的发射换能器和接收换能器连接起来,就可构成一个延迟线振荡器,其频率可达吉($10^9$)赫兹级。

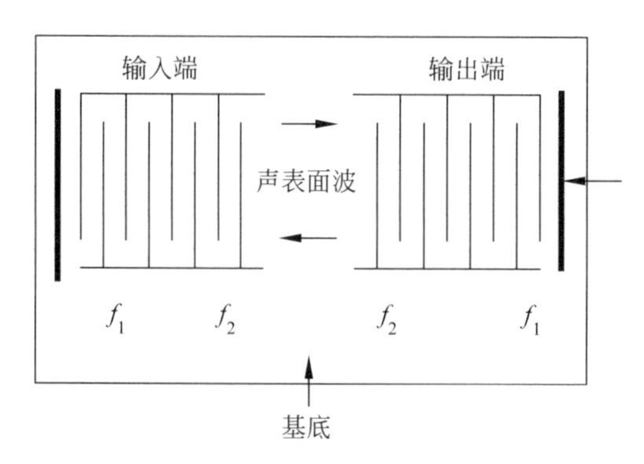

图 3.26 双延迟线型滤波器结构

(2) 表面声波带通滤波器

叉指换能器的每一对叉指可以看成是一个声激发源,其不同叉指对数相对于某一固定位置的时延也不同,而每对叉指又可做成幅度加权(通常是改变指长),实际上就构成一个横向滤波器。原则上可以把它制成具有任意通带形状的带通滤波器,可以分别控制带内的幅度和相位。这种滤波器大量应用于电视中频滤波器。如把不同频带的表面声波滤波器组合在一个基底上,就可以制成滤波器组。

(3) 表面声波脉冲压缩滤波器

如果一个叉指换能器的每对叉指宽度(周期)随其不同位置按一定规律变化(如线性变化),当加上一足够宽的δ脉冲时,就能得到频率随时间变化(如线性变化)的调频信号,然后被另一端的宽带叉指换能器接收。这样就可以将一窄脉冲扩展成按一定规律变化的调频宽脉冲,称为色散延迟线。如果将这个信号发射出去,经过目标反射后再馈送到一个与发射色散延迟线斜率相反的色散延迟线,信号可重新被压缩成窄脉冲,所以又称为脉冲压缩滤波器。为了抑制重新被压缩脉冲的时间旁瓣,常常需要对色散延迟线作幅度加权。

另一类表面声波脉冲压缩滤波器称为沟槽反射栅脉冲压缩滤波器[9,46-47],如图3.27所示。它是用两列相互倾斜的沟槽阵列构成一个U形通道,用以获得调频脉冲。脉冲压缩滤波器的压缩比可达10000。这种滤波器是产生线性调频信号的重要核心器件。

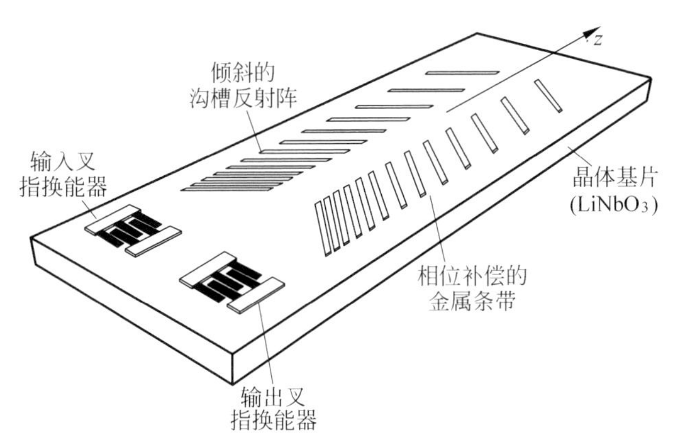


图3.27 沟槽反射栅脉冲压缩滤波器

(4) 表面波可调谐声光滤波器

声光可调谐滤波器(acousto optic tunable filter,AOTF)是最重要的声光器件之一,它具有波分复用开关的功能,光滤波技术是密集波分复用(dense wavelength division multiplexing,DWDM)光网络的关键技术之一。体波滤波器已经在第2章介绍过,本部分将论述表面声波器件构成的集成光学声光可调谐滤波器(integrated acousto optic tunable filter,IAOTF)。表面波可调谐声光滤波器的核心器件之一是TE/TM模式转换器,声光模式转换器在满足相位匹配条件时,在互相正交的两个偏振模(TE模和TM模)之间会互相转换。

表面波可调谐声光滤波器由具有压电性能的基底和叉指换能器构成，其工作机理是当交流电压加载输入到叉指换能器，将产生周期性的电场，由于压电效应，会产生相应机械形变。如果叉指换能器的周期等于或接近声波表面波的波长，会产生高效的能量耦合并激发出相应频率的表面声波，并沿基底传播，到达输出端的叉指换能器通过压电效应将声波信号转换成电信号输出。即输入换能器将电信号转化为声波信号，经基底表面传播到输出端，输出换能器再将接收到的声信号变成电信号输出。通过电-声-电波信号的转换，实现频率选择和信号处理过程。

表面声波器件常用 $LiNbO_3$ 晶体作为基底材料，其他晶体如 GaAs 和 GaAlAs 也具有良好的光电性能，比 $LiNbO_3$ 材料更容易实现光电子器件的集成，亦为制作集成化声光器件的理想材料。

$LiNbO_3$ 具有电光和声光双重性能，是负单轴晶体，即 $n_x = n_y = n_o, n_z = n_e$，$n_o > n_e$。它所属的三方晶系 $3m$ 点群，电光系数有 $\gamma_{22}$、$\gamma_{13}$、$\gamma_{33}$、$\gamma_{51}$，由此可得 $LiNbO_3$ 晶体在外加电场后的折射率椭球方程为

$$\left(\frac{1}{n_0^2} - \gamma_{22}E_y + \gamma_{15}E_z\right)x^2 + \left(\frac{1}{n_0^2} + \gamma_{22}E_y + \gamma_{13}E_z\right)y^2 +$$

$$\left(\frac{1}{n_e^1} + \gamma_{33}E_z\right)z^2 + 2\gamma_{51}(E_z yz + E_x xz) - 2\gamma_{22}E_x xy = 1 \quad (3.204)$$

表面声波可调谐滤波器通常采用 $x$ 切 $y$ 方向传输铌酸锂晶体(其声光耦合系数较大)作为基底。在晶体表面溅射两个钛(Ti)条，两个钛条之间的通道构成声波导。在两个钛条之间制作一钛条构成光波导。在基底上制作叉指换能器，并在声场两端贴敷声波吸收层。两吸收器之间的长度即有效声光相互作用长度。共线表面声波滤波器的典型结构如图 3.28 所示。

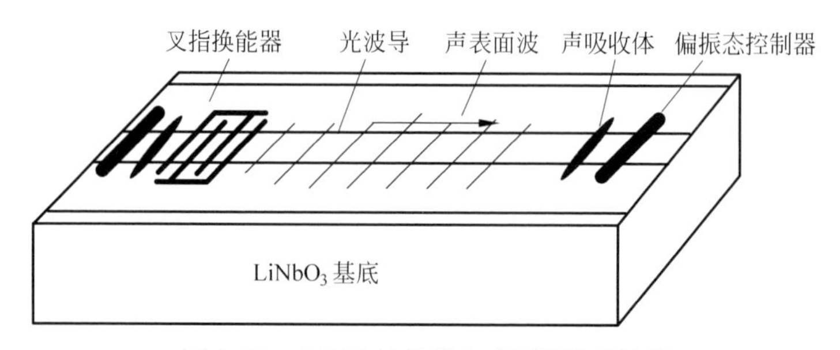


图 3.28　表面声波共线声光可调谐滤波器

集成声光可调谐滤波器的声光模转换器当满足相位匹配条件时，在互相正交的两个偏振模(TE 模和 TM 模)之间会互相转换。通常情况下，声光耦合的权重是不随传播距离改变的，模转换效率与光波波长之间为 $\sin^2 c$ 的函数关系。

波导中光的偏振模式转换可以用耦合模理论来描述，光波传播有 TE 模和 TM

模两种偏振模式。射频电信号加在叉指换能器上，激发出沿波导方向传播的表面声波，对光波导的折射率产生周期性的扰动，从而实现TM模与TE模的相互转换。当入射光以偏振态TE模(或TM模)入射，且光波波长满足布拉格相位匹配条件时，经过一定的声光相互作用距离后，TE(或TM)模式完全转化为偏振方向与入射光垂直的TM(或TE)模式，器件的出射端的TM(或TE)模式通过偏振器后，就可以得到相应波长的输出光信号。

对于一定波长的表面声波，只能对满足布拉格相位匹配条件的特定波长的光波发生模式转换，通过改变驱动电信号的频率，即改变表面声波的频率，可以改变滤波器输出光波的频率，得到可调谐波长的输出光波。

(5) 偏振无关的集成声光可调谐滤波器

声光效应本身是偏振相关的，上述滤波器需要入射光为偏振光，对于非偏振光的激光器，入射需要用一个偏振器，滤波器的出射端需要加上一个与入射光偏振方向垂直的偏振器。这增加了器件结构尺寸，并且使得光利用率减少。在光网络光纤通信系统中，由于在传输过程中光信号的偏振态无法保证，所以要求光器件对偏振不敏感，实现偏振无关(polarization independent)滤波。偏振无关滤波是史密斯(D. A. Smith)首次提出的[48]，偏振无关的集成声光可调谐滤波器是采用定向耦合器将互相正交的两个偏振模(TE模和TM模)分束，再在波导中间利用声光效应对偏振光信号实现模式转换和可调谐滤波，最后再用第二个定向耦合器将转换后的两个偏振模合束。只有满足相位匹配条件光波长的光发生模式转换，通过改变表面声波频率，符合相位匹配条件的光波波长发生相应变化，实现可调谐滤波[49-51]。

偏振无关的集成光学波导型声光滤波器的基本结构如图3.29所示。在$x$切$y$方向传输的$LiNbO_3$基底上制作两个光波导作为模式转换器，两端用两个定向

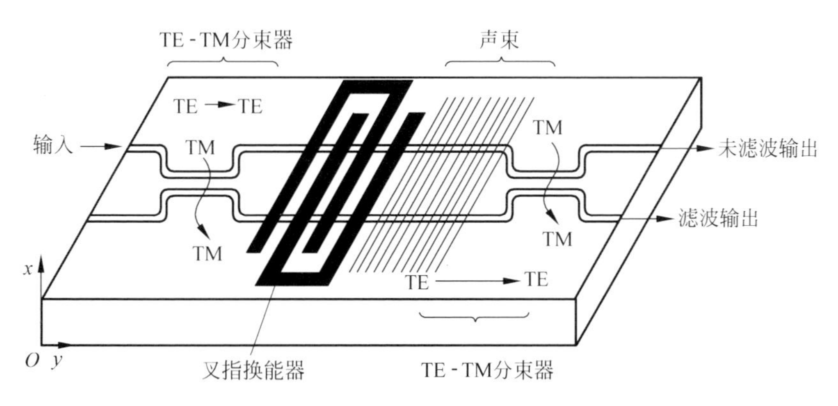


图3.29 2×2偏振无关表面波声光滤波器结构图

耦合器作为模分离器。定向耦合器的两个相邻波导中，模式之间发生功率交换，只要选取适当的耦合长度，就可以使两种偏振光(TE 模和 TM 模)在耦合器末端分别发生相长干涉和相消干涉，这样，TE 模和 TM 模的光波就分别从不同的端口直通和叉通出射，实现了偏振模式的分离，其原理可以用耦合模理论来分析。设两个条形波导为 $a$ 和 $b$，在经过波导距离 $L=\pi/2k$ 处会发生完全的功率转换[52]。

与此相应的理论包括如下内容。

(i) 波导中的 TE-TM 模式转换的耦合模理论

沿光波传播方向 $y$ 的介质折射率受到周期性扰动时，介电张量为

$$\varepsilon(x,y)=\varepsilon_0(x,y)+\Delta\varepsilon(x,y) \tag{3.205}$$

式中，$\varepsilon_0$ 是介电张量主要部分，$\Delta\varepsilon$ 是微扰部分，它沿 $y$ 方向周期性变化。加上微扰后的波动方程为

$$\nabla^2\boldsymbol{E}-\mu\left[\varepsilon_0(x,y)+\Delta\varepsilon(x,y)\right](\partial^2\boldsymbol{E}/\partial t^2)=0 \tag{3.206}$$

将周期性微扰进行傅里叶展开得到

$$\Delta\varepsilon(x,y)=\sum_m \Delta\varepsilon_m(x,y)\exp(-\mathrm{i}m2\pi\Lambda^{-1}y) \tag{3.207}$$

式中，$m$ 表示式(3.206)的第 $m$ 个分立的本征模，$\Lambda$ 为周期。

沿 $x$ 切 $y$ 方向传输的 Ti：$LiNbO_3$ 单模波导中，TE 模和 TM 模的传播方向相同，它们之间的耦合为同向耦合，并且在布拉格条件下耦合模方程为

$$\frac{\mathrm{d}A_{\mathrm{TE}}(y)}{\mathrm{d}y}=\mathrm{i}\kappa A_{\mathrm{TM}}(y)\exp(\mathrm{i}\Delta\beta y) \tag{3.208}$$

$$\frac{\mathrm{d}A_{\mathrm{TM}}(y)}{\mathrm{d}y}=\mathrm{i}\kappa^* A_{\mathrm{TE}}(y)\exp(-\mathrm{i}\Delta\beta y) \tag{3.209}$$

式中，

$$\kappa=\frac{\omega}{4}\int_{-\infty}^{+\infty}E^*_{\mathrm{TE(TM)}}(x,y)\Delta\varepsilon(x,y)E_{\mathrm{TM(TE)}}(x,y)\mathrm{d}x \tag{3.210}$$

式中，$A_{\mathrm{TE}}$ 和 $A_{\mathrm{TM}}$ 分别为 TE 模和 TM 模的振幅，$\kappa$ 为耦合系数，$\Delta\beta=|\beta_{\mathrm{TE}}-\beta_{\mathrm{TM}}|-m\pi/\Lambda$ 为相位失配量，其中 $\Lambda$ 为声波引起的微扰周期。

方程的解为

$$\begin{aligned}&A_{\mathrm{TE}}(y)\\&=\mathrm{e}^{\mathrm{i}(\Delta\beta/2)}\{[\cos(sy)-(\mathrm{i}\Delta\beta/2s)\cdot\sin(sy)]A_{\mathrm{TE}}(0)+(\mathrm{i}\kappa/s)\sin(sy)A_{\mathrm{TM}}(0)\}\end{aligned} \tag{3.211a}$$

$$\begin{aligned}&A_{\mathrm{TM}}(y)\\&=\mathrm{e}^{-\mathrm{i}(\Delta\beta/2)}\{[\cos(sy)+(\mathrm{i}\Delta\beta/2s)\cdot\sin(sy)]A_{\mathrm{TM}}(0)+(\mathrm{i}\kappa^*/s)\sin(sy)A_{\mathrm{TE}}(0)\}\end{aligned} \tag{3.211b}$$

式中，

$$s=[|\kappa|^2+(\Delta\beta/2)^2]^{1/2} \tag{3.211c}$$

若 $y=0$ 时，只有 TE 模，即 $A_{TE}(0)=1, A_{TM}(0)=0$，则坐标 $y$ 处的模振幅为

$$A_{TE}(y)=e^{i(\Delta\beta/2)y}\{[\cos(sy)-(i\Delta\beta/2s)\cdot\sin(sy)]A_{TE}(0)\} \tag{3.212a}$$

$$A_{TM}(y)=e^{-i(\Delta\beta/2)y}\{(i\kappa^*/s)\sin(sy)A_{TE}(0)\} \tag{3.212b}$$

能量从 TE 模耦合到 TM 模的比率，即转换效率为

$$T=\frac{A_{TM}^2(y)}{A_{TE}^2(0)}=\frac{|\kappa|^2}{s^2}\sin^2(sy)=\frac{|\kappa|^2}{|\kappa|^2+(\Delta\beta/2)^2}\cdot\sin^2\{y[|\kappa|^2+(\Delta\beta/2)^2]^{1/2}\} \tag{3.213}$$

当满足位相匹配条件，即布拉格条件时，

$$\Delta\beta=|\beta_{TE}-\beta_{TM}|-m2\pi/\Lambda=0 \tag{3.214}$$

此时模式转换效率最高，

$$T=\sin^2(sy) \tag{3.215}$$

在如图 3.29 所示的滤波器中，当入射光由上端口 1 进入，经过第一个模分离器(TE 直通，TM 叉通)，TE 模与 TM 模分别进入上下两条光波导，在无声波信号输入的情况下，传输光的偏振模式并不发生转换，在经过第二个模分离器(TE 直通，TM 叉通)后，重新合成一束光波从输出上端口出射。而当在叉指换能器上施加满足相位匹配条件的射频信号时，由于声光相互作用，上下两条波导中所传播的光波中满足相位匹配条件的光波长的偏振模式则发生相应的转换(TE→TM，TM→TE)，在经过第二个模分离器后，重新合成一束光波从输出下端口出射。通过控制射频信号的频率，就可以使一束偏振无关的入射光分别从不同的端口可调谐滤波输出。

(ii) 介质波导定向耦合器原理

两根互相靠近的条形介质光波导就形成了一个介质波导耦合器，如图 3.30 所示。

偏振无关的表面波声光可调谐滤波器动画

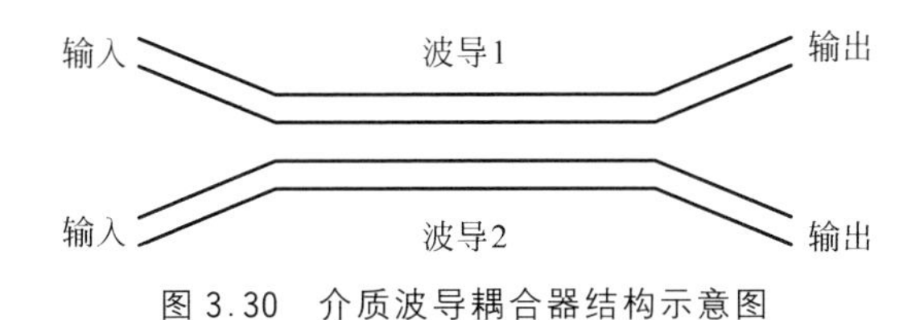


图 3.30　介质波导耦合器结构示意图

对于集成器件来说，偏振分束器是钛扩散矩形波导定向耦合器，其耦合模方程为(设光波沿 $y$ 方向传播)

$$\frac{dA_1}{dy}=-i\kappa_{a2}e^{-i\Delta\beta y} \tag{3.216a}$$

$$\frac{\mathrm{d}A_2}{\mathrm{d}y}=-\mathrm{i}\kappa_{a1}\mathrm{e}^{-\mathrm{i}\Delta\beta y} \tag{3.216b}$$

式中，$\Delta\beta=\beta_2-\beta_1$，$\kappa$ 是耦合系数，$\beta$ 为传播常数。

如果信号从波导 2 进入，即

$$A_2(0)=A_2(0),\quad A_1(0)=0 \tag{3.217}$$

则在相位匹配条件($\Delta\beta=0$)下，有

$$A_2(y)=A_2(0)\cos(\kappa y) \tag{3.218a}$$

$$A_1(y)=\mathrm{i}A_2(0)\sin(\kappa y) \tag{3.218b}$$

两波导中的光功率为

$$P_1(y)=|A_2(0)|^2\sin^2(\kappa y) \tag{3.219a}$$

$$P_2(y)=|A_2(0)|^2\cos^2(\kappa y) \tag{3.219b}$$

当耦合长度 $y=\pi/2\kappa$ 时，两波导模式的功率全部转换。在相位失配时，两波导模式只有部分转换，在相位严重失配时，两波导模式基本没有转换。这种器件消光比可达－25dB 左右。

声光可调谐滤波器的主要性能是滤波带宽窄、可调谐范围大和驱动功率低。其性能主要由以下几个参数描述。

(1) 光波的中心波长

从布拉格条件式(2.122)，有

$$\lambda_0=(n_o-n_e)v_a/f \tag{3.220}$$

式中，$n_o$ 和 $n_e$ 分别是 o 光 e 光的折射率，$\lambda_0$ 是光波的波长，$v_a$ 为表面声波传播速度，$f$ 为声波频率。由此确定声波的中心频率(声波是由叉指换能器产生，其中心频率由叉指的周期决定)，即决定了滤波光波的中心波长。

(2) 滤波带宽

滤波带宽可由下式确定：

$$\Delta\lambda=r\lambda_0^2/\Delta NL \tag{3.221}$$

式中，$r$ 是与器件结构有关的系数，近似为 1，$\lambda_0$ 为真空中的光波长，$L$ 为声光相互作用长度，$\Delta N$ 为不同偏振时的有效折射率差。

滤波带宽是滤波器中最重要的性能参数，要根据设计的系统的通道数和通道间隔确定。一般用半峰值全宽度(full width at half maximum，FWHM)表征，当透过率 $T=0.5$ 时，根据式(3.221)可以得到透过光波长的范围。

从式(3.221)可以看出，滤波带宽与光波长的平方成正比，与声光相互作用长度及模折射率差成反比。要获得窄的滤波带宽，需要增加声光相互作用长度 $L$ 及有效折射率差 $\Delta N$。$x$ 切 $y$ 方向传输的 Ti∶$LiNbO_3$ 单模波导的折射率差在 0.07 左右，因器件的尺寸所限，声光相互作用长度不能很长，一般选择在 30mm 以下。

（3）波长调谐范围

波长调谐范围由式(3.222)给出，

$$\lambda_0 = v_a \Delta N / f = \lambda_a \Delta N \tag{3.222}$$

滤波器调谐范围要尽量大，光波长透过范围由换能器的频率响应范围决定。

叉指换能器是电极交错互连的两端器件，当交变电压加载到器件的两个电极上，在压电体的基底内就建立起交变电场，经过压电效应在基底内激发产生弹性振动，产生表面波。由于叉指电极是极性正负交替周期性排列，所以各电极激发的弹性表面波互相加强。其频率响应范围与换能器叉指对数成反比，叉指对数越多，频率响应范围就越小。适当选择叉指换能器的形状、尺寸和叉指对数可以实现高转换效率、宽带频率响应、低插入损耗。换能器相对带宽与叉指对数的关系可以近似表示为 $\Delta f / f_c = 1/N$，$N$ 是换能器叉指对数，$f_c$ 是透过光波的中心频率。图 3.31 给出中心波长 $\lambda_c = 1523\text{nm}$ 时，换能器叉指对数与滤波器波长调谐范围之间的关系。可以看出，当 $N$ 取 8～12 时，波长调谐范围在 130～190nm，比其他类型的可调谐滤波器更宽。

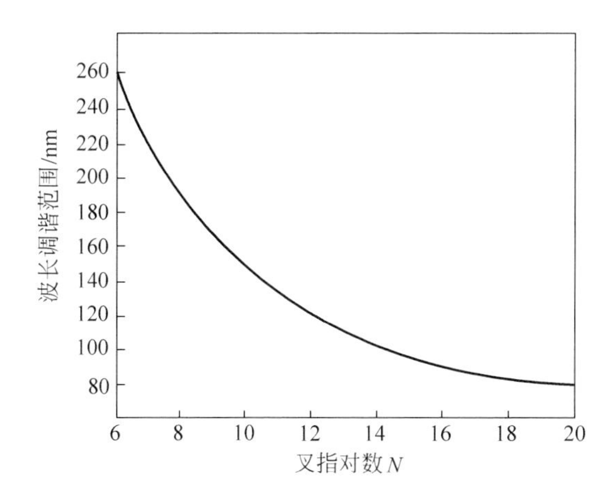


图 3.31　叉指对数与滤波器波长调谐范围之间的关系曲线

（4）驱动功率

在动量匹配情况下，实现完全的模式转化，此时衍射效率如式(3.142)所示

$$\eta = \sin^2\left[\frac{\pi}{\lambda_0 \cos\theta_0}\left(\frac{M_2 P_a L}{2H}\right)^{1/2}\right]$$

在衍射效率最大时的情况(这时入射角 $\theta_0 = 0$)，即

$$\frac{\pi}{\lambda_0}\left(\frac{M_2 P_a L}{2H}\right)^{1/2} = \frac{\pi}{2} \tag{3.223}$$

所需的声功率为

$$P_a=\frac{\lambda_0^2 H}{2LM_2}=\frac{\lambda_0^2 A}{2L^2 M_2} \tag{3.224}$$

式中，$\lambda_0$ 为光波波长，$L$ 为声光相互作用长度，$H$ 为声场宽度，$A=HL$ 为声场面积，$M_2$ 为声光优值。

声光滤波器工作在相位匹配条件下，峰值转换所需的声功率最小。声光器件的驱动功率过大，将导致器件发热损坏。在多信号同时运用时，驱动功率更需要小。

衍射效率 $\eta$ 可以通过实验测试得到，是影响插入损耗的主要因素之一。

(5) 旁瓣状况

以 $LiNbO_3$ 为基底的表面声波滤波器，所需射频驱动功率较低，但是带宽(3dB)和旁瓣较大，而滤波器需要窄带宽，尤其在波分复用系统中更是如此。体声波器件的优点是旁瓣低，但是所需要的射频功率较高，并且带宽也被声光相互作用长度所限制。

(6) 串扰分析

串扰使声光可调谐滤波器输出产生旁瓣[53]，这是由于在模式转换效率公式中的 sinc 函数造成的，理论上，一阶旁瓣为－13dB，应用于光分插复用器(optical add-drop multiplexer，OADM)多波长操作时，将会产生强度串扰，在网络应用时，它应小于－25dB。所以必须对旁瓣进行抑制。抑制旁瓣效应的主要方法有级联和加权耦合技术，其中加权耦合技术通过选择不同的窗口函数加权来抑制旁瓣，主要包括对叉指换能器加权和对声波导结构加权。采用加权耦合技术的旁瓣抑制可以达到－30dB 以下。集成表面声波滤波器中还存在因声光作用产生的光波频移，大小等于声波的频率，造成相干串扰。当存在多个频率的声波时，光波可能有多种频率成分，一般通过合理的分配光波长和调整光分插复用结构，减少相干串扰带来的影响。

无论是对于体声波还是表面声波可调谐滤波，偏振分束器的一个重要的性能指标是消光比，其定义为$\dfrac{P_{TE(TM)}}{1-P_{TE(TM)}}$，它影响输出光信号相邻波长的串扰程度，直接关系到滤波器性能。体声波滤波器的偏振分束器是独立的线偏振器，可以使 o 光和 e 光分离，具有较高的消光比(－20dB 以上)，并且容易与声光晶体耦合，具有较宽的光谱范围和较低的损耗。体波滤波器调谐范围大，旁瓣小，但是所需驱动功率较大。表面声波滤波器便于集成，所需驱动功率小，但是存在旁瓣较大和串扰问题，其性能正在不断改进。

目前几种主要的可调谐滤波器各有优缺点，适用于不同的场合，光纤光栅型可调谐滤波器具有良好的调谐速度和带宽，而且价格较低。有关波导和表面波声光滤波器的内容可分别参阅参考文献[54]—[58]和文献[59]—[66]。

## 3.7　全光纤声光相互作用

由于光纤材料声光系数大，声光效应非常适合于光纤调制。全光纤声光器件可以把高频超声波引入光纤，与光纤中的光导波相互作用，采用外调制的方法处理光纤导波而无需把光从光纤中取出，也不需要在光纤传播通道内插入集成光学和电子器件，避免了耦合损耗、光学精密定位和噪声引入等问题，具有体积小、带宽大、效率高和兼容性好等优点。全光纤声光器件是光纤技术的关键器件，在全光通信、分布式光纤传感、光纤阵列水听器、光纤陀螺、外差检测、航天、生命科学、医疗，以及军事等领域具有重要的学术意义和应用前景。

可将全光纤声光器件的结构归纳为几种主要类型：体波型，用体波声光器件调制光纤中的导光波；表面波型，将光纤嵌入表面声波器件，用叉指换能器产生表面声波调制导光波；以及体波和表面声波结合的光纤声光器件；切向波型，在光纤芯上制作叉指或环形换能器，产生沿光纤传播的挠性声波以调制导光波，以及利用压电陶瓷(PZT)换能器的光纤声光器件等。其中表面声波类型器件体积小、驱动功率小、易于集成批量制作，是最具有发展前景的器件。

本节分析研究基于单模光纤的全光纤声光相互作用，推导光纤受到周期性微扰时的耦合模方程，进而得到光纤受到声波调制时声光耦合模方程的解。

全光纤声光器件的机理是声波输入光纤产生沿光纤传播的弹性波，并且光纤具有可以产生光能量相互转换的两个波导模式。如果光波的两个模式之间的拍长与声波波长满足布拉格条件，可以使光纤中两个光模式之间发生功率耦合，实现光纤声光调制。

全光纤声光器件较多采用单根多模光纤(通常为双模)，也采用普通的单模光纤和双芯光纤及高双折射光纤。多模光纤输出的光功率是光纤各个模式功率之和，它是由光纤中传播的各个模式的相位决定的。将超声波导入光纤改变了这些模式的相位，使得输出光的强度变化，可实现幅度调制。超声波改变两个光偏振模式之间的相位差，可实现相位调制。

单模光纤中传输光是具有相同传播常数但偏振方向互相正交的基模。声光效应使得两个偏振模式之间产生相位差，这可以看作偏振态旋转，通过检偏器可得到对应于声致双折射的强度调制信号，实现对输出光相位调制。

从光纤中声光耦合的方式，可以分为光纤中的空间模式耦合或者光纤中的偏振模式耦合，在所有情况下，模式耦合都是光纤中声波行波与导光波相互作用形成的。文献[67-72]分别介绍了空间模式耦合和偏振模式耦合的实例。

(1) 光纤偏振模之间的耦合是光纤中的两个正交偏振模之间发生耦合。通常情况下,光纤中的两正交偏振模之间不会发生能量交换。超声波导入光纤后由于声光效应,光纤中折射率将发生周期性变化,使光纤的两个正交偏振轴发生偏转,两偏振模之间发生能量交换。

(2) 光纤空间模之间的耦合是将超声波引入到光纤中,使光纤发生周期性微弯,引起光纤发生周期性形变。微弯内侧传播的光波比外侧光波相移小,空间模的波前发生形变使得光纤空间相位发生变化。其主要参数包括弯曲的空间周期和形变的数值。根据耦合模理论,光纤存在轴向周期性微弯,会使光纤基模和高阶模以及辐射模之间发生耦合,当耦合周期等于光纤空间模之间的拍长时,相应的空间模之间就会产生能量转换。这种情况是光纤中光波两个空间模式之间的周期性耦合,而非两个偏振模式之间的耦合。在弱导近似下,光纤的两个最低阶模分别为 $LP_{01}$ 和 $LP_{11}$,其传播常数分别为 $\beta_{01}$ 和 $\beta_{11}$($\beta_{11}<\beta_{01}$)。在无扰动的直光纤中,这两个模式沿光纤传播时不交换光功率。引入声波后,当声波振动周期与光纤耦合模式之间的拍长 $L_B=2\pi/\Delta\beta$ 相匹配时(式中 $\Delta\beta=\beta_{01}-\beta_{11}$),这些模式之间产生耦合,这种耦合是由光纤中导入的声波提供的。与使用高双折射光纤相比,这种耦合不需要光纤轴或其他部分的角度对准。并且由于在光纤中引导声波,因此可以更有效地利用声能,而不影响载波和边带抑制比。

由于偏振模之间的耦合对偏振状态敏感,因此光纤声光器件主要基于空间模式之间的耦合。在满足相位匹配条件的情况下,光纤声光耦合可以实现同向或反向结构的模式之间耦合或模式内耦合[72]。

如前所述,当声波与光波相互作用时光波的频率发生变化,即产生移频。光纤中声波与光波同向传播时,从慢模($LP_{01}$)到快模($LP_{11}$)耦合的光信号频率下移,而从快模到慢模耦合时频率上移,频移量等于声频。当声波与光波的传播方向相反时,频移的变化就会反转。

从光纤光栅角度分析,光纤声光耦合是由于声波在光纤中产生声光效应,引起纤芯折射率发生周期性变化,相当于在光纤中形成动态的光纤光栅,使得光纤的模式之间发生耦合。两个同方向的光波模式经过两个空间光纤光栅可以互相耦合成为第三个反方向传播模式[73]。在单模光纤中,相干模耦合可以通过一对具有正交偏振的简并模和两个偏振相关的光栅实现。在双模光纤中,可以用双侧紫外写入倾斜光栅将正交偏振模与 $LP_{11}$ 模耦合[74]。只有控制好两个光栅之间的相对振幅和相位,才能完全实现相干耦合,这需要采用声光光纤耦合的动态光栅,文献[75]首次报道了由两个正交偏振声光栅在色散补偿光纤(dispersion compesation fiber, DCF)中产生相干模耦合的实验。

下面分析光纤中声光调制的微扰理论,推导光纤声光耦合模方程[76-78]。

从麦克斯韦方程组出发,可以得到波动方程

$$\nabla^2 \boldsymbol{E}(\boldsymbol{r},t)=\mu_0\varepsilon_0 \frac{\partial^2 \boldsymbol{E}(\boldsymbol{r},t)}{\partial t^2}+\mu_0 \frac{\partial^2 \boldsymbol{P}(\boldsymbol{r},t)}{\partial t^2} \tag{3.225}$$

介质的总极化强度可写成

$$\boldsymbol{P}(\boldsymbol{r},t)=\boldsymbol{P}_0(\boldsymbol{r},t)+\boldsymbol{P}_{\text{pert}}(\boldsymbol{r},t) \tag{3.226}$$

式中,

$$\boldsymbol{P}_0(\boldsymbol{r},t)=[\varepsilon(\boldsymbol{r})-\varepsilon_0]\boldsymbol{E}(\boldsymbol{r},t) \tag{3.227}$$

式中,$\boldsymbol{P}_0$ 为未受微扰的光纤中由 $\boldsymbol{E}(\boldsymbol{r},t)$感生的极化强度,$\varepsilon(\boldsymbol{r})$是光纤的介电常数,$\boldsymbol{P}_{\text{pert}}(\boldsymbol{r},t)$是微扰极化强度,它代表受到微扰与无微扰时的极化强度的偏离。将式(3.226)和式(3.227)代入式(3.225),得到

$$\nabla^2 \boldsymbol{E}_{\text{t}}(\boldsymbol{r},t)-\mu_0\varepsilon(\boldsymbol{r}) \frac{\partial^2 \boldsymbol{E}_{\text{t}}(\boldsymbol{r},t)}{\partial t^2}=\mu_0 \frac{\partial^2 [\boldsymbol{P}_{\text{pert}}(\boldsymbol{r},t)]_{\text{t}}}{\partial t^2} \tag{3.228}$$

式中下标 t 代表横场分量。

设光纤中沿光轴传播方向为 $z$,将总电磁场展开为各分立理想模的叠加:

$$\boldsymbol{E}_{\text{t}}(\boldsymbol{r},t)=\sum_{\nu} a_\nu \boldsymbol{\varepsilon}_{\nu\text{t}}(\boldsymbol{r})\exp[\text{i}(\omega t-\beta_\nu z)] \tag{3.229}$$

$$\boldsymbol{H}_{\text{t}}(\boldsymbol{r},t)=\sum_{\mu} b_\mu \boldsymbol{h}_{\mu\text{t}}(\boldsymbol{r})\exp[\text{i}(\omega t-\beta_\mu z)] \tag{3.230}$$

式中属于 $\nu$ 和 $\mu$ 模式的电场和磁场分别用下标 $\nu$ 和 $\mu$ 来表示,$\boldsymbol{h}_{\mu\text{t}}(\boldsymbol{r})$是光纤中磁场第 $\mu$ 个本征模的横向部分。$\boldsymbol{\varepsilon}_{\nu\text{t}}(\boldsymbol{r})\exp[\text{i}(\omega t-\beta_\nu z)]$代表理想光纤中电场的第 $\nu$ 个本征模的横场部分,它满足

$$\nabla^2 [\boldsymbol{\varepsilon}_{\nu\text{t}}(\boldsymbol{r})\text{e}^{\text{i}(\omega t-\beta_\nu z)}]-\mu_0\varepsilon(\boldsymbol{r}) \frac{\partial^2 [\boldsymbol{\varepsilon}_{\nu\text{t}}(\boldsymbol{r})\text{e}^{\text{i}(\omega t-\beta_\nu z)}]}{\partial t^2}=0 \tag{3.231}$$

式中 $\varepsilon(\boldsymbol{r})=\varepsilon_0 n^2(\boldsymbol{r})$。将式(3.229)代入式(3.228),得到

$$\sum_{\nu}\left[\frac{\text{d}^2 a_\nu}{\text{d}z^2}\boldsymbol{\varepsilon}_{\nu\text{t}}(\boldsymbol{r})\text{e}^{\text{i}(\omega t-\beta_\nu z)}+2\frac{\text{d}a_\nu}{\text{d}z}(-\text{i}\beta_\nu)\boldsymbol{\varepsilon}_{\nu\text{t}}(\boldsymbol{r})\text{e}^{\text{i}(\omega t-\beta_\nu z)}\right]=\mu_0 \frac{\partial^2 [\boldsymbol{P}_{\text{pert}}(\boldsymbol{r},t)]_{\text{t}}}{\partial t^2} \tag{3.232}$$

设缓慢变化的条件成立,即

$$\left|\frac{\text{d}^2 a_\nu}{\text{d}z^2}\right| \ll \left|\beta_\nu \frac{\text{d}a_\nu}{\text{d}z}\right| \tag{3.233}$$

从式(3.232)可得

$$\sum_{\nu}\left[2\frac{\text{d}a_\nu}{\text{d}z}(-\text{i}\beta_\nu)\boldsymbol{\varepsilon}_{\nu\text{t}}(\boldsymbol{r})\text{e}^{\text{i}(\omega t-\beta_\nu z)}\right]=\mu_0 \frac{\partial^2 [\boldsymbol{P}_{\text{pert}}(\boldsymbol{r},t)]_{\text{t}}}{\partial t^2} \tag{3.234}$$

用式(3.234)和 $\boldsymbol{h}_{\mu\text{t}}^*$ 矢量运算得到的矢量积,其结果与 $z$ 方向的电场单位矢量 $\boldsymbol{e}_z$ 的

运算得到标量积，再对幅角和半径积分，幅角积分限从 $0\sim2\pi$，半径积分限从 $0\sim\infty$，利用在极坐标下的正交关系[25]得到

$$\int_0^{\infty}\int_0^{2\pi}\boldsymbol{e}_z\cdot(\boldsymbol{\varepsilon}_{\nu t}\times\boldsymbol{h}_{\mu t}^*)r\mathrm{d}r\mathrm{d}\varphi=2S_\mu\beta_\mu^*P_\mu\delta_{\nu\mu}\Big/|\beta_\mu| \tag{3.235}$$

式中，$\delta_{\nu\mu}$ 是克罗内克符号，$P_\mu$ 代表第 $\mu$ 个模的功率，当传播常数为实数时，对分立模和连续模，都有因子 $S_\mu=1$。可得到

$$\frac{\mathrm{d}a_\mu^{(-)}}{\mathrm{d}z}\mathrm{e}^{\mathrm{i}(\omega t+\beta_\mu z)}-\frac{\mathrm{d}a_\mu^{(+)}}{\mathrm{d}z}\mathrm{e}^{\mathrm{i}(\omega t-\beta_\mu z)}=\frac{-\mathrm{i}\mu_0}{4\beta_\mu P_\mu}\frac{\partial^2}{\partial t^2}\int_0^{\infty}\int_0^{2\pi}\boldsymbol{e}_z\cdot\{[\boldsymbol{P}_{\mathrm{pert}}(\boldsymbol{r},t)]_{\mathrm{t}}\times\boldsymbol{h}_{\mu t}^*\}r\mathrm{d}r\mathrm{d}\varphi \tag{3.236}$$

式中，$a_\mu^{(+)}\mathrm{e}^{\mathrm{i}(\omega t-\beta_\mu z)}$ 是前向模，$a_\mu^{(-)}\mathrm{e}^{\mathrm{i}(\omega t+\beta_\mu z)}$ 是后向模，二者传播方向相反。纵场部分对式(3.235)的左边没有贡献。这种情况下传播常数 $\beta_\mu^*$ 的复共轭符号没有作用，$\mathrm{e}^{\mathrm{i}(\omega t-\beta z)}$ 中 $\beta$ 可为正数或负数，现令 $\beta$ 为正数，将向前后方向传播的波相位分别记为 $\mathrm{e}^{\mathrm{i}(\omega t-\beta z)}$ 和 $\mathrm{e}^{\mathrm{i}(\omega t+\beta z)}$。对每一个 $\nu$，式(3.234)中对 $\nu$ 的求和中，与$\boldsymbol{\varepsilon}_{\nu t}(\boldsymbol{r})$相关的有两项，一项由(－)号表示，代表沿 $-z$ 方向传播，另一项由(＋)号表示，代表沿 $+z$ 方向传播。式(3.236)即光纤中的耦合模方程。

考虑一段长度为 $L$ 的光纤，由于声光作用在光纤中产生光栅引起的周期性微扰。这种周期性可以由电介质的微扰来描述

$$\Delta\varepsilon(\boldsymbol{r})=\varepsilon_0\Delta n^2(\boldsymbol{r}) \tag{3.237}$$

总的介电常数是

$$\varepsilon'(\boldsymbol{r})=\varepsilon(\boldsymbol{r})+\Delta\varepsilon(\boldsymbol{r}) \tag{3.238}$$

从式(3.227)微扰极化强度为

$$\boldsymbol{P}_{\mathrm{pert}}(\boldsymbol{r},t)=\Delta\varepsilon(\boldsymbol{r})\boldsymbol{E}(\boldsymbol{r},t)=\Delta n^2(\boldsymbol{r})\varepsilon_0\boldsymbol{E}(\boldsymbol{r},t) \tag{3.239}$$

因为 $\Delta n^2(\boldsymbol{r})$是标量，且仅考虑横模的传播。由式(3.229)和式(3.239)，可得

$$[\boldsymbol{P}_{\mathrm{pert}}(\boldsymbol{r},t)]_{\mathrm{t}}=\Delta n^2(\boldsymbol{r})\varepsilon_0\left\{\sum_\nu a_\nu\boldsymbol{\varepsilon}_{\nu t}(\boldsymbol{r})\exp[\mathrm{i}(\omega t-\beta_\nu z)]\right\} \tag{3.240}$$

将式(3.240)代入式(3.236)，可得

$$\begin{aligned}&\frac{\mathrm{d}a_\mu^{(-)}}{\mathrm{d}z}\mathrm{e}^{\mathrm{i}(\omega t+\beta_\mu z)}-\frac{\mathrm{d}a_\mu^{(+)}}{\mathrm{d}z}\mathrm{e}^{\mathrm{i}(\omega t-\beta_\mu z)}\\&=\frac{-\mathrm{i}\mu_0}{4\beta_\mu P_\mu}\frac{\partial^2}{\partial t^2}\int_0^{\infty}\int_0^{2\pi}\boldsymbol{e}_z\cdot\left\{\left[\Delta n^2(\boldsymbol{r})\varepsilon_0\sum_\nu a_\nu\boldsymbol{\varepsilon}_{\nu t}(\boldsymbol{r})\mathrm{e}^{\mathrm{i}(\omega t-\beta_\nu z)}\right]\times\boldsymbol{h}_{\mu t}^*(\boldsymbol{r})\right\}r\mathrm{d}r\mathrm{d}\varphi\end{aligned} \tag{3.241}$$

$\frac{\partial^2}{\partial t^2}[\Delta n^2(\boldsymbol{r})a_\nu\mathrm{e}^{\mathrm{i}\omega t}]=-\omega^2\Delta n^2(\boldsymbol{r})a_\nu\mathrm{e}^{\mathrm{i}\omega t}$ 代入式(3.241)，得到

$$\frac{\mathrm{d}a_\mu^{(-)}}{\mathrm{d}z}\mathrm{e}^{\mathrm{i}(\omega t+\beta_\mu z)}-\frac{\mathrm{d}a_\mu^{(+)}}{\mathrm{d}z}\mathrm{e}^{\mathrm{i}(\omega t-\beta_\mu z)}$$

$$=\frac{\mathrm{i}\mu_0\omega^2}{4\beta_\mu P_\mu}\int_0^\infty\int_0^{2\pi}\boldsymbol{e}_z\cdot\left\{\left[\Delta n^2(\boldsymbol{r})\varepsilon_0\sum_\nu a_\nu\boldsymbol{\varepsilon}_{\nu\mathrm{t}}(\boldsymbol{r})\mathrm{e}^{\mathrm{i}(\omega t-\beta_\nu z)}\right]\times\boldsymbol{h}_{\mu\mathrm{t}}^*(\boldsymbol{r})\right\}r\mathrm{d}r\mathrm{d}\varphi \tag{3.242}$$

式(3.242)左边的两项只与右边具有相同相位的项有关。产生耦合的模由 $\Delta n^2(\boldsymbol{r})$ 中 $z$ 的因素决定。

假设 $\Delta n^2(\boldsymbol{r})$ 能被写成

$$\begin{aligned}\Delta n^2(\boldsymbol{r})&=2n(\boldsymbol{r})\Delta n(\boldsymbol{r})=2n(\boldsymbol{r})\Delta n\sin(2\pi z/\lambda_\mathrm{a})\\&=n(r,\varphi)\Delta n[\exp(\mathrm{i}2\pi z/\lambda_\mathrm{a})-\exp(-\mathrm{i}2\pi z/\lambda_\mathrm{a})]\end{aligned} \tag{3.243}$$

式中，$\lambda_\mathrm{a}$ 是声波波长。式(3.242)等式右边包括与 $a_\mu^{(+)}\exp[\mathrm{i}2\pi z/\lambda_\mathrm{a}-\mathrm{i}\beta_\mu z]$成正比的一项($\nu=\mu$)。如果

$$2\pi/\lambda_\mathrm{a}-\beta_\mu\approx\beta_\mu \tag{3.244}$$

则这一项能够同步地驱动式(3.242)左方的 $a_\mu^{(-)}\mathrm{e}^{\mathrm{i}\beta_\mu z}$ 的振幅。有

$$\frac{\mathrm{d}a_\mu^{(-)}}{\mathrm{d}z}=\frac{\mathrm{i}\mu_0\omega^2}{4\beta_\mu P_\mu}a_\mu^{(+)}\int_0^\infty\int_0^{2\pi}\boldsymbol{e}_z\cdot\{[n(r,\varphi)\Delta n\varepsilon_0\mathrm{e}^{\mathrm{i}(2\pi/\lambda_\mathrm{a}-2\beta_\mu)z}\boldsymbol{\varepsilon}_{\mu\mathrm{t}}(\boldsymbol{r})]\times\boldsymbol{h}_{\mu\mathrm{t}}^*(\boldsymbol{r})\}r\mathrm{d}r\mathrm{d}\varphi \tag{3.245}$$

则由第 $\nu$ 个模引起的后向模 $a_\mu^{(-)}$ 和前向模 $a_\mu^{(+)}$ 之间的耦合可表示为

$$\mathrm{d}a_\mu^{(-)}/\mathrm{d}z=\kappa a_\mu^{(+)}\exp[-\mathrm{i}2(\Delta\beta)z] \tag{3.246}$$

式中，

$$\kappa=\frac{\mathrm{i}\mu_0\omega^2}{4\beta_\mu P_\mu}\int_0^\infty\int_0^{2\pi}\boldsymbol{e}_z\cdot\{[n(r,\varphi)\Delta n\varepsilon_0\boldsymbol{\varepsilon}_{\mu\mathrm{t}}(\boldsymbol{r})]\times\boldsymbol{h}_{\mu\mathrm{t}}^*(\boldsymbol{r})\}r\mathrm{d}r\mathrm{d}\varphi \tag{3.247}$$

$$\Delta\beta=\beta_\mu-\pi/\lambda_\mathrm{a} \tag{3.248}$$

类似可得

$$\mathrm{d}a_\mu^{(+)}/\mathrm{d}z=\kappa^*a_\mu^{(-)}\exp[\mathrm{i}2(\Delta\beta)z] \tag{3.249}$$

两个模式携带的总的电磁能量守恒，有

$$\frac{\mathrm{d}}{\mathrm{d}z}[|a_\mu^{(+)}|^2-|a_\mu^{(-)}|^2]=0 \tag{3.250}$$

下面求耦合模方程的解。

为了公式表达简化，令 $a_\mu^{(-)}\equiv A$，$a_\mu^{(+)}\equiv B$，将方程(3.246)和方程(3.249)分别写成

$$\mathrm{d}A(z)/\mathrm{d}z=\kappa_\mathrm{ab}B\exp[-\mathrm{i}2(\Delta\beta)z] \tag{3.251}$$

$$\mathrm{d}B(z)/\mathrm{d}z=\kappa_\mathrm{ab}^*A\exp[\mathrm{i}2(\Delta\beta)z] \tag{3.252}$$

式中，$\kappa_\mathrm{ab}$ 是耦合系数。

如果一个振幅为 $B(0)$的波从左边入射到周期性微扰区域，在 $A(L)=0$ 的情

况下式(3.251)和式(3.252)的解为($0\leqslant z\leqslant L$)

$$A(z)e^{i\beta_\mu z}=B(0)\frac{i\kappa_{ab}e^{i\pi z/\lambda_a}}{-\Delta\beta\sinh(SL)+iS\cosh(SL)}\sinh[S(z-L)] \tag{3.253}$$

$$\begin{aligned}&B(z)e^{-i\beta_\mu z}\\&=B(0)\frac{e^{-i\pi z/\lambda_a}}{-\Delta\beta\sinh(SL)+iS\cosh(SL)}\{\Delta\beta\sinh[S(z-L)]+iS\cosh[S(z-L)]\}\end{aligned} \tag{3.254}$$

式中，

$$S=\sqrt{\kappa^2-(\Delta\beta)^2},\quad \kappa\equiv|\kappa_{ab}| \tag{3.255}$$

在相位匹配条件($\Delta\beta=0$)下，

$$A(z)=B(0)(\kappa_{ab}/\kappa)\{\sinh[\kappa(z-L)]/\cosh(\kappa L)\} \tag{3.256}$$

$$B(z)=B(0)\{\cosh[\kappa(z-L)]/\cosh(\kappa L)\} \tag{3.257}$$

在这种调制情况下式(3.243)中的 $\Delta n$ 随时间变化，为简单起见，设声光调制为正弦函数，如式(2.71)和式(3.142)，将 $\Delta n$ 表达为 $\Delta n\cos\omega_a t$，相应地 $\kappa_{ab}$ 变为 $\kappa_{ab}\cos\omega_a t$，$\kappa=|\kappa_{ab}\cos\omega_a t|$，从式(3.251)和式(3.252)可得到

$$dA(z)/dz=\kappa_{ab}\cos(\omega_a t)B\exp[-i2(\Delta\beta)z] \tag{3.258}$$

$$dB(z)/dz=\kappa_{ab}^*\cos(\omega_a t)A\exp[i2(\Delta\beta)z] \tag{3.259}$$

一个幅度为 $B(0)$ 的波从调制区的左边入射，在 $A(L)=0$ 的情况下式(3.258)和式(3.259)的解为($0\leqslant z\leqslant L$)

$$A(z)e^{i\beta_\mu z}=B(0)\frac{i\kappa_{ab}\cos(\omega_a t)\exp(i\pi z/\lambda_a)}{-\Delta\beta\sinh(SL)+iS\cosh(SL)}\sinh[S(z-L)] \tag{3.260}$$

$$\begin{aligned}&B(z)e^{-i\beta_\mu z}\\&=B(0)\frac{\exp(i\pi z/\lambda_a)}{-\Delta\beta\sinh(SL)+iS\cosh(SL)}\{\Delta\beta\sinh[S(z-L)]+iS\cosh[S(z-L)]\}\end{aligned} \tag{3.261}$$

在位相匹配条件($\Delta\beta=0$)下有

$$A(z)=B(0)(\kappa_{ab}\cos(\omega_a t)/\kappa)\{\sinh[\kappa(z-L)]/\cosh(\kappa L)\} \tag{3.262}$$

$$B(z)=B(0)\{\cosh[\kappa(z-L)]/\cosh(\kappa L)\} \tag{3.263}$$

调制光波输出，在 $z>L$

$$\begin{aligned}B(z)&=B(0)\{\cosh[\kappa(z-L)]/\cosh(\kappa L)\}\\&=B(0)\frac{2}{\exp(\kappa L\cos\omega_a t)+\exp(-\kappa L\cos\omega_a t)}\end{aligned} \tag{3.264}$$

即光纤声光耦合模方程的解。

图 3.32 是一种全光纤声光调制器[77]，在 $LiNbO_3$ 基底上蒸镀电极制作叉指换能器，光纤紧密贴敷在基底表面，将驱动电信号加到叉指换能器产生表面声波，表面声波引入光纤使光纤折射率发生周期性变化，从而调制光纤导波，相关内容将在第 4 章分析。

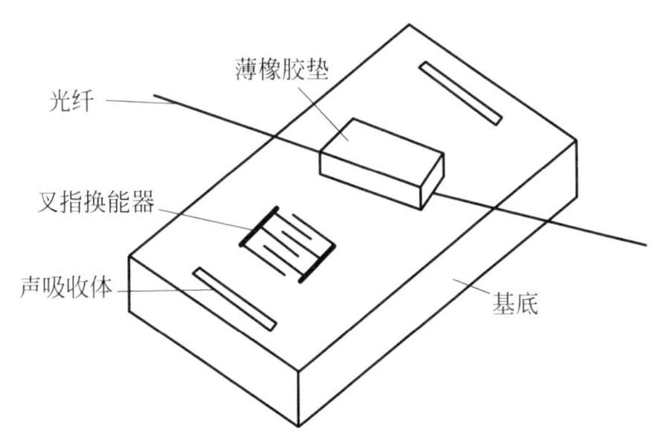


图 3.32 一种表面声波光纤调制器

全光纤声光调制器是光纤技术的关键器件，我们将光纤嵌入表面声波器件，用表面声波调制光纤中的光导波研制出表面波全光纤声光调制器，实现全光纤相干调制、解调。并研制出多个换能器结构的波分复用全光纤声光调制器，建立多频声波与光纤中的光波相互作用的耦合波理论[76-83]。相关内容将在第 4 章介绍。有关表面波全光纤声光器件的资料可参阅参考文献[67-90]。

# 参考文献

[1] RAYLEIGH L. On waves propagated along the plane surface of elastic solid body[J]. Proceedings of the London Mathematical Society，1885，17(1)：4-11.

[2] WHITE R M，VOLTMER F W. Direct piezoelectric couple to surface elastic waves[J]. Appl. Phys. Lett.，1965，7(12)：314-316.

[3] KUHN L，DAKSS M L，HEIDRICH P F，et al. Deflection of an optical guided wave by a surface acoustic wave[J]. Appl. Phys. Lett.，1970，17：265-267.

[4] CHANG W S C. Acoustooptic deflections in thin films[J]. IEEE Journal of Quantum Electronics，1971，7(4)：167-170.

[5] SCHMIDT R V. Acoustooptic interactions between guided optical waves and acoustic surface waves[J]. IEEE Transaction on Sonics and Ultrasonics，1976，SU-23(1)：22-33.

[6] 徐介平. 声光器件的原理、设计和应用[M]. 北京：科学出版社，1982.

[7] KOGELNIK H. Theory of dielectric waveguides：integrated optics[M]. Boston MA：

Springer-Verlag,1975.
[8] AULD B A. 固体中的声场和波[M]. 孙承平,译. 北京:科学出版社,1982.
[9] OLINER A A. Acoustic surface waves: topics in applied physics volume 24[M]. New York: Springer Verlag,1978.
[10] AULD B A. Acoustic fields and waves in solids Vol. Ⅱ[M]. New York: John Wiley&Sons,1973.
[11] VIKTOROV I A. Rayleigh and lamb waves[M]. New York: Plenum Press,1967.
[12] NYE J F. Physical properties of crystal[M]. London: Oxford Press,1995.
[13] FARNELL G W,ADLER E L. Elastic wave propagation in thin layers: physical acoustics [M]. New York: Academic Press,1972.
[14] FARNELL G W. Properties of elastic surface waves: physical acoustics[M]. New York: Academic Press,1970.
[15] CAMPBELL J J,JONES W R. Propagation of piezoelectric surface waves on cubic and hexagonal crystals[J]. J. Appl. Phys. ,1970,41: 2796-2801.
[16] SLOBODNICK A J,DELMONICO R T,CONWAY E D. Microwave acoustics handbook [M]. Bedford,Mass: Air Force Cambridge Research Laboratories,1974.
[17] 日本电子材料工业会. 表面声波器件及其应用[M]. 许昌昆,孟秀林,林江,等译. 北京:科学出版社,1984.
[18] KAMIOW I P. An introduction to electrooptic devices[M]. New York: Academic Press,1974.
[19] COLLET B,DESTRADE M. Explicit secular equations for piezoacoustic surface waves: Rayleigh modes[J]. J. Appl. Phys. ,2005,98(5): 054903-1-054903-6.
[20] GU C L, JIN F. Shear-horizontal surface waves in a half-space of piezoelectric semiconductors[J]. Philosophical Magazine Letters,2015,95(2): 92-100.
[21] WHILE J M,HEIDRICH P F,LEAN E G. Thin-film acousto-optic interaction in $LiNbO_3$ [J]. Electronic Letters,1975,10: 510-511.
[22] LEAN E G,HEIDRICH P F,WHITE J M. Thin film acousto-optic devices-review and assessment[C]. Ultrasonics Symposium,Milwaukee,WI,USA,1974: 81-84.
[23] ADLER R. Interaction between light and sound[J]. IEEE Spectrum,1967,4(5): 42-54.
[24] KOGELNIK H. Theory of dielectric optical waveguides: integrated optics[M]. New York: Springer Verlag Publisher,1975.
[25] MARCUSE D. Theory of dielectric optical waveguides[M]. New York: Academic Press,1974.
[26] FLANDERS D C,KOGELINK H,SCHMIDT R V,et al. Grating filters for thin film optical waveguides[J]. Appl. Phys. Lett. ,1974,24: 194-196.
[27] HARRIS E,WALLACE R W. Acousto-optic tunable filter[J]. Opt. Soc Am. ,1969,59: 744-747.
[28] MARCUSE D. Light scattering from periodic refractive-index fluctuations in assymmetric slab waveguides[J]. IEEE Jour. Quant. Elect. ,1975,11: 162-168.
[29] 吴连法. 声表面波叉指换能器[J]. 1994-2009 China Academic Journal Electronic

Publishing House,1983,6: 91-99.
[30] 常伯乐,陈磊.谈表面声波滤波器技术的最新进展[J].中国发明与专利,2015,6: 56-59.
[31] BRISTOL T W,JONES W R,SNOW P B,et al. Principles of surface wave filter design [C]. Proc. Ultrasonics Symp. ,Boston,MA,USA,1972,3: 343-345.
[32] DEVRIES A J,MILLER R L,WOJCIK T J. Reflection of a surface wave from three types of ID transducers[C]. Proc. Ultrasonics Symp. ,Boston,MA,USA,1972: 353-358.
[33] GERARD H M,SMITH W R,JONES W R,et al. Simplified surface acoustic wave synthesizer[J]. IEEE Transactions on Microwave Theory and Techniques,1973,MTT-21: 176-186 .
[34] SMITH W R,GERARD H M,JONES W R. Analysis and design of dispersive interdigital surface-wave transducers[J]. IEEE Trans. On Microwave Theory & Tech. ,1972,MTT-20: 458-471.
[35] HASHIMOTO K-Y.表面声波器件模拟与仿真[M].王景山,译.北京: 国防工业出版社,2002.
[36] DWIGHT H B. Tables of integrals and other mathematical data [M]. New York: McMillan Company,1947.
[37] SZABO T L,SLOBODNIK A J. The effect of diffraction on the design of acoustic surface wave devices[J]. IEEE Transaction on Sonics and Ultrasonics,1973,SU-20(3): 240-251.
[38] MAINES J D,MOULE G L,OGG N R. Correction of diffraction errors in acoustic surface wave pulse compression filters[J]. Electron. Lett. ,1972,8: 431-433.
[39] LAKIN K M. Electrode resistance effects in interdigital transducers[J]. IEEE Trans. MTT,1974,22: 418-424.
[40] MARSHALL F G,NEWTON C O,PAIGE E G S. Theory and design of the surface acoustic wave multistrip coupler [J]. IEEE Transactions on Microwave Theory and Techniques,1973,21: 206-215.
[41] TANCRELL R H. Improvement of an acoustic-surface-wave filter with a multistrip coupler[J]. Electron. Lett. ,1973,9: 316-317.
[42] BRISTOL T W. Synthesis of periodic unapodized surface wave transducers[C]. Proc. Ultrasonics Symp IEEE,Boston,MA,USA,1972: 377-380.
[43] SMITH W R,PEDLER W F. Fundamental and harmonic frequency circuit model analysis of interdigital transducers with arbitrary metallization ratios and polarity sequences[J]. IEEE Trans. MTT,1975,23: 853-864.
[44] HARTMANN C S. Weighting interdigital surface wave transducers by selective withdrawal of electrodes[C]. Proc. Ultrasonics Symp. ,Boston,MA,USA,1973: 423-426.
[45] VASILE C F. A numerical fourier transform technique and its application to acoustic-surface-wave bandpass filter synthesis and design[J]. IEEE Transaction on Sonics and Ultrasonics,1974,SU-21(1): 7-11.
[46] LEHTONEN S,PLESSKY V. Unidirectional SAW transducer for gigahertz frequencies [J]. IEEE Trans UFFC,2000,50(11): 1404-1406.
[47] REINDL L,SCHOLL G,OSTERTAG T,et al. Theory and application of passive SAW

radio transponders as sensors[J]. IEEE Trans. Ferroelec. Freq. Contr. ,1998,45(5): 1281-1292.

[48] SMITH D A, BARAN J E, CHEUNG K W, et al. Polarization independent acoustically tunable optical filter[J]. Appl. Phy. Lett. ,1990,56(3): 209-211.

[49] POHLMANN T, NEYER A, VOGES E. Polarization independent Ti: $LiNbO_3$ switches and filters[J]. IEEE Journal of Quantum Electronics,1991,27(3): 602-607.

[50] D'ALESSANDRO A, SMITH D A, BARAN J E. Polarization independent low power integrated acousto-optic tunable filter/ switch using APE/ Ti polarization splitter on lithium niobate[J]. Electron Lett. ,1993,29(20): 1767-1769.

[51] TIAN F, HARIZI C, HERRMANN H, et al. Polarization Independent integrated optical, acoustically tunable double stage wavelength filter in $LiNbO_3$[J]. J Lightwave Technol. , 1994,12(7): 1192-1196.

[52] YARIV A. Coupled-mode theory for guided-wave optics[J]. IEEE Journal of Quantum Electronics,1973,9(9): 919-933.

[53] KAR-ROY A, TSAI C S. Ultralow sidelobe level integrated acoustooptic[J]. Lightwave Technol,1994,12(6): 977-982.

[54] YARIV A. 现代通信光电子学: 第五版[M]. 陈鹤鸣,施伟华,张力,等译. 北京: 电子工业出版社,2004.

[55] BINH L N, LIVINGSTONE J, STEVEN D H. Tunable acousto-optic TE-TM mode converter on a diffused optical waveguide[J]. Opt. Lett. ,1980,5(3): 83-84.

[56] MARUYAMA H, HARUNA M, NISHIHARA H. TE-TM mode splitter using directional coupling between heterogenbous waveguides in $LiNbO_3$[J]. Journal of Lightwave Technology,1995,13(7): 1550-1554.

[57] TAMIR T. Guided wave optoelectronics[M]. 北京: 世界图书出版社,1992.

[58] LEAN E G H, WHITE J M, WILKINSON W. Thin film acoustooptic devices [J]. Proceedings of the IEEE,1976,64(5): 779-788.

[59] KAR-ROY A, TSAI C S. Integrated acoustooptic tunable filters using weighted coupling [J]. IEEE Journal of Quantum Electronics,1994,30(7): 1574-1586.

[60] TRAN C D, HUANG G C. Characterization of the collinear beam acousto-optic tunable filter and its comparison with the noncollinear and the integrated acousto-optic tunable filter[J]. Opt. Eng. ,1999,38(7): 1143-1148.

[61] ÖSTLING D, ENGAN H E. Acousto-optic tunable filters in two-mode fibers[J]. Optical Fiber Technology,1997,3: 177-183.

[62] ÖSTLING D, ENGAN H E. Narrow-band acousto-optic tunable filtering in a two-mode fiber[J]. Opt. Lett. ,1995,20(11): 1247-1249.

[63] YUN S H, HWANG I K, KIM B Y. All-fiber tunable filter and laser based on two-mode fiber[J]. Opt. Lett. ,1996,21(1): 27-29.

[64] STARODUBOV D S, GRUBSKY V, FEINBERG J. All-fiber bandpass filter with adjustable transmission using cladding-mode coupling[J]. IEEE Photonics Technology Letters,1998,10(11): 1590-1592.

[65] MENDIS H, MITCHEII A, BELSKI I, et al. Design realization and analysis of an anodized, film loaded acousto-optic tunable filter [J]. Applied Physics B, 2001, 73: 489-493.

[66] TSAREV A. A new type of small size acousto-optic tunable filter with super narrow optical linewidth[J]. Applied Physics B,2001,73: 495-498.

[67] KIM B Y,BLAKE J N,ENGAN H E,et al. All fibre acoustooptic frequency shifter[J]. Opt. Lett. ,1986,11(6): 389-391.

[68] GREENHALGH P A, FOORD A P, DAVIES P A. All-fibre frequency shifter using piezoceramic SAW device[J]. Electron. Lett. ,1989,25(18): 1206-1207.

[69] RISK W P,YOUNGQUIST R C,KINO G S,et al. Acousto optic frequency shifting in birefringent fibre[J]. Opt. Lett. ,1984,9(7): 309-311.

[70] RISK W P,KINO G S. Acousto optic fiber optic frequency shifter using periodic contact with a copropagating surface acoustic wave[J]. Opt. Lett. ,1986,11(5): 336-338.

[71] WALKER G R, WALKER N G. Alignment of polarisation-maintaining fibres by temperature modulation[J]. Electron. Lett. ,1987,6(13): 689-691.

[72] ERDOGAN T. Fiber grating spectra[J]. Journal of Lightwave Technology,1997,15(8): 1277-1294.

[73] YARIV A. Frustration of Bragg reflection by cooperative dual-mode interference: a new mode of optical propagation[J]. Opt. Lett. ,1998,23(23): 1835-1836.

[74] LEE K S,ERDOGAN T. Fiber mode conversion with tilted gratings in an optical fiber [J]. J. Opt. Soc. Am. A,2001,18(5): 1176-1185.

[75] DASHTI P Z, LI Q, LEE H P. All-fiber narrowband polarization controller based on coherent acousto-optic mode coupling in single-mode fiber[J]. Opt. Lett. ,2004,29(20): 2426-2428.

[76] 廖帮全,赵启大,冯德军,等. 全光纤声光调制器的耦合模理论研究[J]. 光子学报,2001,31(10): 1213-1215.

[77] 赵路明,赵启大. 两通道表面声波全光纤声光调制器的研究[J]. 光电子激光,2009,20(8): 1000-1003.

[78] ZHAO L M, ZHAO Q D. Multiple-channel surface acoustic waves device and its application on all-fiber acousto-optic modulation[J]. Chinese Optics Letters,2010,8(1): 107-110.

[79] ZHAO L M,ZHAO Q D. A novel all fiber modulator based on two channels surface acoustic wave device[J]. 南开大学学报,2009,42(6): 1-14.

[80] ZHAO L M,ZHAO Q D,LIAO B Q,et al. Multi-channel all-fiber acousto-optic modulator [C]. Proc. SPIE,Beijing,China,2005: 5644: 99-102.

[81] LIAO B Q,ZHAO Q D,ZHANG Y M. Theoretical research of multiple-channel all-fiber acousto-optic modulator of polarization maintaining fiber[J]. Optic Communication,2004, 242: 361-369.

[82] 廖帮全,赵启大,冯德军,等. 光纤耦合模理论及其在光纤布拉格光栅上的应用[J]. 光学学报,2002,22(11): 1340-1344.

[83] 刘维，何士雅，赵启大. 单模光纤声光移频器[J]. 首都师范大学学报（自然科学版），1999，20(2)：24-27.

[84] ALHASSEN F，BOSS M R，HUANG R，et al. All-fiber acousto-optic polarization monitor [J]. Opt. Lett.，2007，32(7)：841-843.

[85] GREENHALGH P A，FOORD A P，DAVIES R A. All fiber frequency shifter using piezoceramic SAW device[J]. Electron Lett.，1998，25(18)：1206-1207.

[86] ROE M P，WACOGNE B，PANNELL C N. High efficiency all-fiber phase modulator using an annular zinc oxide piezoelectric transducer[J]. IEEE Photon Technology. Lett.，1996，8(8)：1026-1028.

[87] KOCH M H，JANOS M，LAMB R N. All-fiber acoustooptic phase modulators using chemical vapor deposition zinc oxide films[J]. J. Lightwave Technology，1998，16(3)：472-476.

[88] BOWERS J E，JUNGERMAN R L，KHURI-YAKUB B T，et al. An all fiber-optic sensor for surface acoustic wave measurements[J]. J. Lightwave Technology，1993，LT-1(2)：429-436.

[89] ENGAN H E，ASKAUTRUD T M J O. All-fiber AO frequency shifter excited by focused surface acoustic waves[J]. Opt. Lett.，1991，16(1)：24-26.

[90] KIM H S，YUN S H，KWANG I K，et al. All-fiber A-O tunable filter with electronically controllable spectral profile[J]. Opt. Lett.，1997，22(19)：1476-1478.

# 新型体波和表面波声光相互作用理论及器件

声光相互作用是将高频驱动电信号加到声光器件换能器的电极，经压电换能器在声光介质中产生超声波信号，与入射到介质中的光波相互作用产生衍射光。为提高信号处理能力，可将多个声频信号同时加到声光器件的同一电极或者分别加到多个并列电极或多维方向的几个电极上，形成多频、多通道、多维和多维多通道声光衍射。

第 2 章和第 3 章已阐述了一维单声频和单通道的体波和表面波声光相互作用理论及器件，我们还进一步研究了一维多频和多通道以及二维和多维单通道声光理论及器件。一维多频和多通道声光相互作用是在同一声光介质中，从一个或多个并列换能器引入多个互相独立的超声波信号，二维和多维单通道声光相互作用是在同一声光介质中，引入沿两个或多个方向传播的互相独立的超声波信号，这些超声波同时与一束光波发生作用。在此基础上进一步发展为二维多通道声光相互作用，即在声光介质中，从二维多个通道分别引入互相独立的超声波信号，同时与一束入射光波相互作用，每一维多个通道的多束衍射光同时被另一维多个通道的并行超声波再次衍射，形成空间分布的衍射光阵列。我们研究了以上不同类型的声光相互作用的耦合波理论，分析声光衍射产生的各种线性和非线性效应，用我们研制的相关声光器件进行实验。本章分 5 节阐述我们在多频、多维(多方向)、多通道、二维多通道以及多通道表面声波全光纤声光相互作用和器件方面的研究内容和结果。

## 4.1 多频声光相互作用理论和器件

第 2 章已经论述了只有一个超声波信号与光波相互作用时，正常和反常声光相互作用，二者可以统一用声光相互作用耦合波方程描述[1-3]。本节研究多频声光相互作用，着重研究反常多频声光相互作用，并与正常多频声光相互作用进行比较[4-6]。

当多个频率的超声波信号同时与激光束相互作用时，光束被多个声波衍射，出现多种非线性效应[7-13]。每一频率的超声波产生的一级衍射光（以下简称主衍射光）可与其他频率的超声波相互作用，发生再衍射和多次衍射，产生多级附加的互调制光束，同时主衍射光因产生压缩和交叉调制而减小。这些效应在多频声光应用中限制衍射光的动态范围[14-15]和最大衍射效率[16]。

多频正常声光相互作用及多频声光调制引起的各种效应已经有很多研究报道[7-8]，本节我们进一步推导包括正常和反常声光相互作用在内的多频声光相互作用耦合波方程，进而研究反常多频声光相互作用及其产生的各种线性和非线性效应[4-6]，以及对声光信号产生的影响。在多频声光相互作用下，每一频率 $f_m$ 的超声波产生的一级衍射光（以下简称主衍射光）可与其他频率的超声波发生相互作用，产生多次衍射，引起对应于频率 $f=\sum_{m=1}^{N} n_m f_m$（$n_m=0,\pm 1,\pm 2,\cdots,\pm N$）的各级互调制光束，同时主衍射光因产生压缩和交叉调制而减小。式中 $n_m$ 表示第 $m$ 个声波信号的衍射级次，可取任何正数、负数和零，$N$ 为声信号数。

研究结果表明，反常多频声光相互作用时，各级互调制模相对强度（互调制模强度与主衍射模强度的比值）小于正常多频声光相互作用时相应调制模式的相对强度，而主衍射光比正常多频声光相互作用时强。

我们设计和研制了正常与反常两种声光器件，分别在多个频率同时输入运转的情况下，进行了实验测试和理论验证，实验结果与理论分析相符。

### 4.1.1 多频声光相互作用耦合波方程

设入射光是单色平面波，在 $xz$ 平面内沿与 $z$ 轴成 $\theta$ 角的方向入射到声场，在 $z$ 方向声光相互作用长度为 $L$。频率为 $f$ 的超声波沿 $x$ 轴方向传播。对正常和反常声光衍射，均可推导出衍射光与入射光夹角，即光束偏转角为

$$\alpha = 2\arcsin\left(\frac{\lambda_0 f}{2\mu_0 v_a}\right) \approx \frac{\lambda_0}{\mu_0 v_a} f \tag{4.1}$$

式中，$\lambda_0$ 为真空中光的波长，$\mu_0$ 为介质中入射光的折射率，$v_a$ 是声速。反常声光衍射入射光与衍射光偏振方向不同，折射率不同。当两折射率相减时，要考虑两者的差别，而在其他情况下可以忽略其差别。现以二频声光衍射为例进行分析，如图 4.1 所示为二频声光衍射几何关系。

两个超声波信号 $f_1$ 和 $f_2$（设 $f_2>f_1$）对应的波长分别为 $\lambda_{a1}$ 和 $\lambda_{a2}$，均沿 $x$ 方向传播。声光衍射如图 4.2 所示，其中 $n_1$ 和 $n_2$ 分别为两个信号的衍射级次，

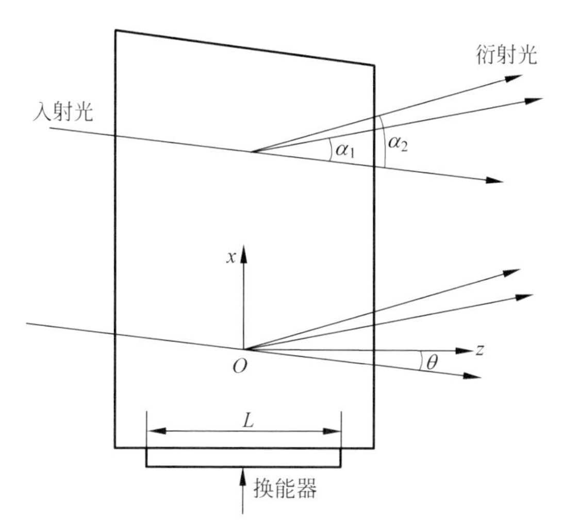


图 4.1 二频声光衍射示意图

$G=n_1+n_2$ 表示相应衍射光的衍射级，$D=|n_1|+|n_2|$ 表示声光相互作用级。图 4.3 表示其频谱分布。

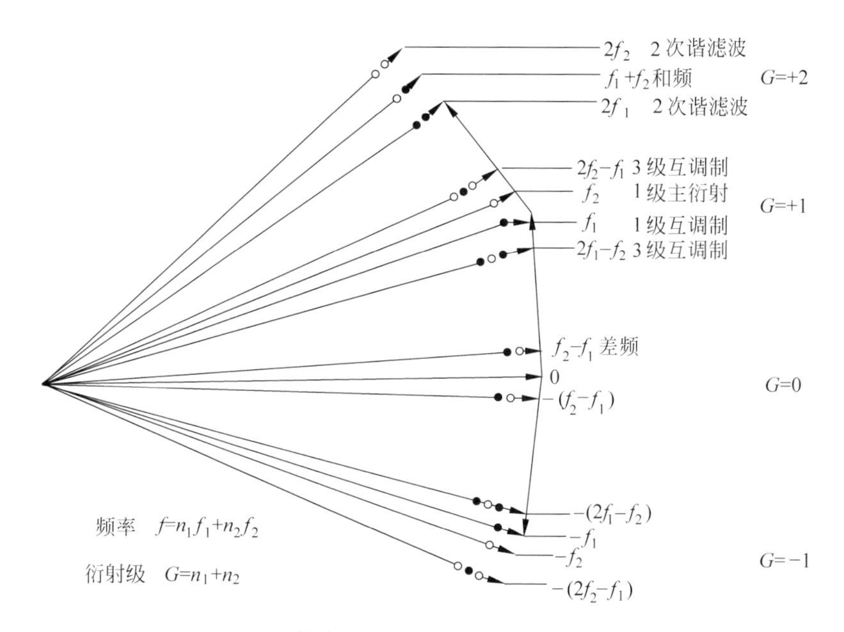


图 4.2 二频声光相互作用的衍射光分布示意图

除了产生主衍射光 $f_1$ 和 $f_2$ 外，出现了差频 $f_2-f_1$、$f_1-f_2$ 及互调制光 $2f_1-f_2$、$2f_2-f_1$ 等多级互调制光。

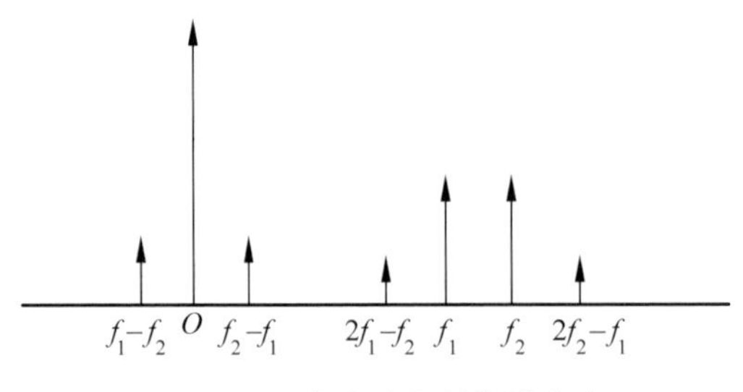


图 4.3 二频声光衍射频谱分布

在 $m$ 个超声波与光波相互作用的多频声光衍射中,各级互调光束产生的假点占有一部分入射光能量,并且有些出现在各超声信号相应的一级主衍射光附近,干扰一级主衍射光的运用。多频运用的重要问题是消除这些假点的影响,为此推导多频声光相互作用耦合波方程来进行分析。

入射光与 $m$ 个频率的超声波在介质中耦合产生具有一系列复合频率的极化波,极化波又激发出具有这些频率的衍射光。极化波的圆频率和波矢分别为

$$\omega_{(\bar{n})}=\omega+\sum_{m=1}^{N}n_m\omega_m^* \tag{4.2a}$$

$$\boldsymbol{K}_{(\bar{n})}=\mu_0\boldsymbol{k}+\sum_{m=1}^{N}n_m\boldsymbol{K}_m^* \tag{4.2b}$$

式中 $\omega$ 和 $\boldsymbol{k}$ 分别是入射光在真空中的圆频率和波矢,$\omega_m^*$ 和 $\boldsymbol{K}_m^*$ 分别是第 $m$ 个超声波信号在介质中的圆频率和波矢,$\mu_0$ 是入射光在介质中的折射率,$(\bar{n})$ 表示 $(n_1, n_2,\cdots,n_m,\cdots,n_{N-1},n_N)$。如前所述,$n_m$ 表示第 $m$ 个声波信号的衍射级次,可取任何正数、负数和零,$N$ 为声信号数。

光波(包括入射光和各级衍射光)的总电场强度为

$$\boldsymbol{E}(\boldsymbol{r},t)=\exp(\mathrm{i}\omega t)\sum_{n_1=-\infty}^{\infty}\sum_{n_2=-\infty}^{\infty}\cdots\sum_{n_N=-\infty}^{\infty}\boldsymbol{e}_{(\bar{n})}E_{(\bar{n})}(z)\exp\left[\mathrm{i}\left(\sum_{m=1}^{N}n_m\omega_m^*t-\boldsymbol{K}_{(\bar{n})}\cdot\boldsymbol{r}\right)\right] \tag{4.3}$$

式中,$\boldsymbol{e}_{(\bar{n})}$ 是 $\boldsymbol{E}_{(\bar{n})}$ 的单位矢量。

设超声波是 $N$ 个频率的平面波,应变张量为

$$\begin{aligned}\boldsymbol{S}(\boldsymbol{r},t)&=\sum_{m=1}^{N}s_mS_m\sin(\omega_m^*t-\boldsymbol{K}_m^*\cdot\boldsymbol{r})\\&=\frac{1}{2\mathrm{i}}+\sum_{m=1}^{N}\boldsymbol{s}_mS_m\{\exp[\mathrm{i}(\omega_m^*t-\boldsymbol{K}_m^*\cdot\boldsymbol{r})]-\mathrm{c.c.}\}\end{aligned} \tag{4.4}$$

式中,$\boldsymbol{s}_m$ 是单位应变张量。声光相互作用产生的非线性极化矢量为[3,7]

$$
\begin{aligned}
\boldsymbol{P}^{(\mathrm{NL})}(\boldsymbol{r},t) &= \varepsilon_0 \boldsymbol{\chi}^{(\mathrm{NL})} : \boldsymbol{S}(\boldsymbol{r},t) \cdot \boldsymbol{E}(\boldsymbol{r},t) \\
&= (\varepsilon_0/2\mathrm{i}) \sum_{n_1=-\infty}^{\infty} \sum_{n_2=-\infty}^{\infty} \cdots \sum_{n_N=-\infty}^{\infty} \sum_{m=1}^{N} [\boldsymbol{\chi}^{(\mathrm{NL})} : \boldsymbol{s}_m \cdot \boldsymbol{e}_{(\bar{n}-\bar{a}_m)} S_m E_{(\bar{n}-\bar{a}_m)}(z) - \\
&\quad \boldsymbol{\chi}^{(\mathrm{NL})} : \boldsymbol{s}_m \times \boldsymbol{e}_{(\bar{n}+\bar{a}_m)} S_m E_{(\bar{n}+\bar{a}_m)}(z)] \cdot \\
&\quad \exp[\mathrm{i}(\omega_{(\bar{n})} t - \boldsymbol{K}_{(\bar{n})} \cdot \boldsymbol{r})]
\end{aligned} \tag{4.5}
$$

式中，$\chi^{(\mathrm{NL})}$是介质的非线性极化率张量，

$(\bar{n}-\bar{a}_m)$ 表示$(n_1, n_2, \cdots, n_{m-1}, n_m - 1, n_{m+1}, \cdots, n_{n-1}, n_N)$

$(\bar{n}+\bar{a}_m)$ 表示$(n_1, n_2, \cdots, n_{m-1}, n_m + 1, n_{m+1}, \cdots, n_{n-1}, n_N)$

将式(4.3)～式(4.5)代入参量相互作用的基本方程(参见式(1.46))

$$
\nabla^2 \boldsymbol{E} + (1/c^2) \boldsymbol{\varepsilon} \cdot \ddot{\boldsymbol{E}} = (1/c^2 \varepsilon_0) \ddot{\boldsymbol{P}}^{(\mathrm{NL})} \tag{4.6}
$$

在一级近似下，比较系数可得

$$
\begin{aligned}
&\frac{\mathrm{d}E_{(\bar{n})}}{\mathrm{d}z} - \mathrm{i}\Delta k_{(\bar{n})} E_{(\bar{n})} \\
&= \sum_{m=1}^{N} \frac{\left[\left(\omega + \sum_{m=1}^{N} n_m \omega_m^*\right)/c\right]^2}{4\mu_0 k \cos\theta} [\chi_{(\bar{n}+\bar{a}_m)} S_m E_{(\bar{n}+\bar{a}_m)} - \chi_{(\bar{n}-\bar{a}_m)} S_m E_{(\bar{n}-\bar{a}_m)}]
\end{aligned} \tag{4.7}
$$

式中，$\chi_{(\bar{n})} = \boldsymbol{e}_{(\bar{n})} \cdot \boldsymbol{\chi}^{(\mathrm{NL})} : \boldsymbol{s}_m \cdot \boldsymbol{e}_{(\bar{n}-\bar{a}_m)}$。

由声光系数之间的关系 $\chi_{ijkl} = -\mu_i^2 \mu_j^2 p_{ijkl}$，有

$$
\chi_{(\bar{n})} = -\mu_{(\bar{n}-\bar{a}_m)}^2 \mu_{(\bar{n})}^2 e_i^{(\bar{n})} p_{ijkl} s_{kl} e_j^{(\bar{n}-\bar{a}_m)} = -\mu_{(\bar{n}-\bar{a}_m)}^2 \mu_{(\bar{n})}^2 p \tag{4.8}
$$

式中，$\mu_{(\bar{n})}$ 和 $\mu_{(\bar{n}-\bar{a}_m)}$ 分别为相应模式衍射光在介质中的折射率，$p = e_i^{(\bar{n})} p_{ijkl} s_{kl} e_j^{(\bar{n}-\bar{a}_m)}$ 是有效声光系数。类似有

$$
\chi_{(\bar{n}+\bar{a}_m)} = -\mu_{(\bar{n})}^2 \mu_{(\bar{n}+\bar{a}_m)}^2 p \tag{4.9}
$$

将式(4.8)、式(4.9)代入式(4.7)，即得

$$
\begin{aligned}
&\frac{\mathrm{d}E_{(\bar{n})}}{\mathrm{d}z} - \mathrm{i}\Delta k_{(\bar{n})} E_{(\bar{n})} \\
&= -\sum_{m=1}^{N} \frac{k_{(\bar{n})}^2}{4\mu_0 k \cos\theta} p S_m [\mu_{(\bar{n}+\bar{a}_m)}^2 E_{(\bar{n}+\bar{a}_m)} - \mu_{(\bar{n}-\bar{a}_m)}^2 E_{(\bar{n}-\bar{a}_m)}]
\end{aligned} \tag{4.10}
$$

式中 $k_{(\bar{n})}$ 为衍射光波矢的模

$$
k_{(\bar{n})} = \left[\frac{\omega_{(\bar{n})}}{c}\right] \mu_{(\bar{n})} = \left[\left(\omega + \sum_{m=1}^{N} n_m \omega_m^*\right)\Big/c\right] \mu_{(\bar{n})}
$$

式(4.7)、式(4.10)中动量失配 $\Delta k_{(\bar{n})}$ 被限制在 $z$ 方向,其值为

$$\Delta k_{(\bar{n})}=K_{(\bar{n})z}-k_{(\bar{n})z}\approx\frac{K_{(\bar{n})z}^{2}-k_{(\bar{n})z}^{2}}{2K_{(\bar{n})z}}\approx\frac{K_{(\bar{n})}^{2}-k_{(\bar{n})}^{2}}{2K_{(\bar{n})z}}$$

$$=\frac{\mu_0 k}{2\cos\theta}\left[1-\frac{\mu_{(\bar{n})}^{2}}{\mu_0^{2}}+2\frac{\sum_{m=1}^{N}n_m K_m^{2}}{\mu_0 k}\sin\theta+\left(\frac{\sum_{m=1}^{N}n_m K_m^{*}}{\mu_0 k}\right)^{2}\right] \tag{4.11}$$

式(4.10)和式(4.11)即包括正常和反常声光相互作用在内的多频声光耦合波方程的普适表达式。

式(4.7)和式(4.10)是取超声波传播方向与 $z$ 轴夹角 $\theta_a=\pi/2$ 的结果,其符合正常声光相互作用和主要的反常声光相互作用情况。反常声光相互作用 $\theta_a\neq\pi/2$ 时,可进行类似的推导。

下面分别讨论正常和反常声光相互作用情况。

**1. 正常声光相互作用**

各级衍射光与入射光偏振方向相同,各级衍射光与入射光之间的夹角很小,故各级衍射光折射率相等,$\mu_{(\bar{n})}=\mu_0=\mu$,方程(4.10)简化为

$$\frac{dE_{(\bar{n})}}{dz}-i\Delta k_{(\bar{n})}E_{(\bar{n})}=-\sum_{m=1}^{N}\frac{k\Delta\mu_m}{2\cos\theta}\left[E_{(\bar{n}+\bar{a}_m)}-E_{(\bar{n}-\bar{a}_m)}\right] \tag{4.12}$$

式中,$\Delta\mu_m=-\frac{1}{2}\mu^3 pS_m$ 是声致折射率变化。由此,式(4.11)变为

$$\Delta k_{(\bar{n})}=\tan\theta\sum_{m=1}^{N}n_m K_m^{*}+\frac{\left(\sum_{m=1}^{N}n_m K_m^{*}\right)^2}{2\mu_0 k\cos\theta} \tag{4.13}$$

引入参量

$$\begin{cases}V_m=\dfrac{k\Delta\mu_m L}{\cos\theta}\\ Q=\dfrac{\bar{K}^{*2}L}{\mu_0 k\cos\theta}\\ \alpha=-\dfrac{\mu_0 k}{\bar{K}^{*}}\sin\theta\\ G_{(\bar{n})}=\sum_{m=1}^{N}n_m\\ \beta_m=\dfrac{K_m^{*}-\bar{K}^{*}}{\bar{K}^{*}}\end{cases} \tag{4.14}$$

式中，$L$ 是声光相互作用长度，$V_m$ 是对应于 $\Delta\mu_m$ 的折射率调制振幅的归一化指数，表示声光相互作用引起的相移，$\alpha$ 描述光在声场的入射角度，$Q$ 是衍射级之间角度的度量，归一化为声场的衍射扩展角。$\beta_m$ 是 $K_m^*$ 对其平均值 $\overline{K}^*$ 的相对偏差，$G_{(\bar{n})}$ 是衍射级次*。

则式(4.12)、式(4.13)变为

$$\frac{\mathrm{d}E_{(\bar{n})}}{\mathrm{d}z}-\mathrm{i}\Delta k_{(\bar{n})}E_{(\bar{n})}=\sum_{m=1}^{N}\frac{V_m}{2L}\left[E_{(\bar{n}+\bar{a}_m)}-E_{(\bar{n}-\bar{a}_m)}\right] \tag{4.15}$$

$$\Delta k_{(\bar{n})}=\frac{Q}{2L}\left(G_{(\bar{n})}+\sum_{m=1}^{N}n_m\beta_m\right)\left(G_{(\bar{n})}+\sum_{m=1}^{N}n_m\beta_m-2\alpha\right) \tag{4.16}$$

由此可以求出多频声光相互作用耦合波方程的解[7-8,11]。

**2. 反常声光相互作用**

引入式(4.14)各参量，则式(4.11)变为

$$\Delta k_{(\bar{n})}=\frac{Q}{2L}\left[\left(\frac{\mu_0 k}{\overline{K}^*}\right)^2\left(1-\frac{\mu_{(\bar{n})}^2}{\mu_0^2}\right)+\left(G_{(\bar{n})}+\sum_{m=1}^{N}n_m\beta_m\right)\left(G_{(\bar{n})}+\sum_{m=1}^{N}n_m\beta_m-2\alpha\right)\right] \tag{4.17}$$

反常声光器件特征长度 $L_0$ 小，容易满足进入布拉格衍射区的条件 $L\geqslant 2L_0$，故可仅考虑布拉格衍射。把声光器件的方位角调节在一级衍射动量匹配附近（取 $\alpha=1/2$）。因零级衍射动量失配为0，所以

$$\Delta k_{(\bar{n})}^0=\frac{Q}{2L}\left[\left(\frac{\mu_0 k}{\overline{K}^*}\right)^2\left(1-\frac{\mu_{(\bar{n})}^2}{\mu_0^2}\right)+\left(\sum_{m=1}^{N}n_m\beta_m\right)\left(\sum_{m=1}^{N}n_m\beta_m-1\right)\right]=0 \tag{4.18}$$

又因为 $\sum_{m=1}^{N}n_m\beta_m\ll 1$，故一级衍射动量失配近似为

$$\Delta k_{(\bar{n})}^1=\frac{Q}{2L}\left[\left(\frac{\mu_0 k}{\overline{K}^*}\right)^2\left(1-\frac{\mu_{(\bar{n})}^2}{\mu_0^2}\right)+\left(1+\sum_{m=1}^{N}n_m\beta_m\right)\left(\sum_{m=1}^{N}n_m\beta_m\right)\right]=0 \tag{4.19}$$

而高级衍射动量失配较大，所以只考虑零级和一级衍射即可。利用式(4.18)和式(4.19)，从式(4.10)可得

$$\begin{cases}\dfrac{\mathrm{d}E_{(\bar{n})}^0}{\mathrm{d}z}=-\displaystyle\sum_{m=1}^{N}\frac{(k_{(\bar{n})}^0)^2}{4\mu_{(\bar{n})}^0 k\cos\theta}pS_m\left[\mu_{(\bar{n}+\bar{a}_m)}^1\right]^2E_{(\bar{n}+\bar{a}_m)}^1\\ \dfrac{\mathrm{d}E_{(\bar{n})}^1}{\mathrm{d}z}=\displaystyle\sum_{m'=1}^{N}\frac{(k_{(\bar{n})}^1)^2}{4\mu_{(\bar{n})}^1 k\cos\theta}pS_{m'}\left[\mu_{(\bar{n}-\bar{a}_{m'})}^0\right]^2E_{(\bar{n}-\bar{a}_{m'})}^0\end{cases} \tag{4.20}$$

---

* 本书中未指明是衍射级而单独提到“级”时，指相互作用级 $D_{(\bar{n})}=\sum_{m=1}^{N}|n_m|$。

式中上标 0、1 代表衍射级次。令

$$\begin{cases}\Delta\mu_m^0 = -\dfrac{1}{2}[\mu^0_{(\bar{n}-\bar{a}_m)}]^2\mu^1_{(\bar{n})}pS_m \\ \Delta\mu_m^1 = -\dfrac{1}{2}[\mu^1_{(\bar{n}+\bar{a}_m)}]^2\mu^0_{(\bar{n})}pS_m \\ V_m^0 = \dfrac{k^1_{(\bar{n})}\Delta\mu_m^0 L}{\mu^1_{(\bar{n})}\cos\theta} \\ V_m^1 = \dfrac{k^0_{(\bar{n})}\Delta\mu_m^1 L}{\mu^0_{(\bar{n})}\cos\theta}\end{cases} \tag{4.21}$$

则式(4.20)变为

$$\frac{\mathrm{d}E^0_{(\bar{n})}}{\mathrm{d}z} = \sum_{m=1}^{N}\frac{V_m^1}{2L}E^1_{(\bar{n}+\bar{a}_m)} \tag{4.22a}$$

$$\frac{\mathrm{d}E^1_{(\bar{n})}}{\mathrm{d}z} = -\sum_{m'=1}^{N}\frac{V_{m'}^0}{2L}E^0_{(\bar{n}-\bar{a}_{m'})} \tag{4.22b}$$

当 $N=2$ 时，解为级数形式*

$$E^0_{(n,-n)} = \sum_{r=0}^{\infty}\alpha_{nr}z^r \tag{4.23}$$

从式(4.22b)和初始条件 $E^1_{(\bar{n})}=0$，可得

$$E^1_{(n,-n+1)} = \sum_{r=0}^{\infty}\left(\frac{-1}{r+1}\right)\left[\frac{V_1^0}{2L}a_{(n-1)r} + \frac{V_2^0}{2L}a_{nr}\right]z^{r+1} \tag{4.24}$$

式中，

$$a_{nr} = \sum_{s=0}^{[(M-|n|)/2]} C_{M,n,s}\frac{(-1)^M}{(r)!}\left(\frac{V_1V_2}{4L^2}\right)^{2s+|n|}\cdot\left(\frac{V_1^2+V_2^2}{4L^2}\right)^{M-|n|-2s} \tag{4.25}$$

式中$[(M-|n|)/2]$表示不大于$(M-|n|)/2$ 的最大整数

$$M = \frac{r}{2}$$

$$C_{M,n,s} \approx \frac{M!}{(M-|n|-2s)!(s+|n|)!s!} \tag{4.26}$$

---

* 正常多频声光相互作用的解法和 $a_{nr}$ 表达式可参见参考文献[7]，本书为反常多频声光相互作用，必须注意 $V_m^0$ 与 $V_m^1$ 的差别，其中在求 $a_{nr}$ 时，相应项为 $V_m^0$ 和 $V_m^1$ 乘积，故可用 $V_m=\sqrt{V_m^0V_m^1}$ 代入 $a_{nr}$ 表达式。

由式(4.22a)和式(4.23)求出 $z=L$ 的解，即

$$|E_{1,-1}^{0}|^{2}=\frac{1}{4}\left(\frac{V_{1}}{2}\right)^{2}\left(\frac{V_{2}}{2}\right)^{2} \tag{4.27}$$

$$|E_{1,0}^{1}|^{2}=\left(\frac{V_{1}^{0}}{2}\right)^{2}\left\{1-\frac{1}{3}\left(\frac{V_{1}}{2}\right)^{2}-\frac{1}{3}\left[\left(\frac{V_{2}}{2}\right)^{2}+\frac{V_{1}}{V_{1}^{0}}\frac{V_{2}^{0}V_{2}}{4}\right]\right\} \tag{4.28}$$

对正常声光相互作用 $V_{1}^{0}=V_{1}^{1}=V_{1}$，$V_{2}^{0}=V_{2}^{1}=V_{2}$，式(4.28)为

$$|E_{1,0}^{1}|^{2}=\left(\frac{V_{1}}{2}\right)^{2}\left[1-\frac{1}{3}\left(\frac{V_{1}}{2}\right)^{2}-\frac{2}{3}\left(\frac{V_{2}}{2}\right)^{2}\right] \tag{4.29}$$

类似可求出其他解。

反常声光衍射，通常入射光为线偏振 e 光，一级衍射光是线偏振 o 光，反常声光器件所用氧化碲晶体的 e 光折射率大于 o 光折射率，从式(4.21)的 4 个公式可知 $V_{m}^{0}>V_{m}^{1}$，从式(4.28)解出的一级主衍射光强度与 $\left(\frac{V_{m}^{0}}{2}\right)^{2}$ 成正比，而压缩和交叉调制项中相应因子包含 $V_{m}(V_{m}<V_{m}^{0})$。从式(4.16)和式(4.17)可看出，除零级和一级光外，其他各级互调制光的多频反常声光衍射比多频正常声光衍射动量失配大，衍射效率低，所以与多频正常声光衍射相比，多频反常声光衍射的各级互调制光相对强度小，而一级主衍射光相对强度大。

### 4.1.2　反常与正常多频声光相互作用的分析比较

从典型的氧化碲($TeO_2$)反常声光器件分析反常声光衍射的特点。实验中根据器件的离轴角和入射光的波长，入射光可以用线偏振 e 光或右旋圆偏振光，衍射光则是线偏振 o 光或左旋圆偏振光[17]。由此可从以下几方面分析。

(1) 氧化碲是左旋正单轴晶体，本征模是右旋 e 光和左旋 o 光。离轴型反常声光器件，只要离轴角较大，一般采用线偏振 e 光作为入射光。因反常声光相互作用使衍射光偏振方向改变 90°，故一级衍射光是线偏振 o 光。在多次衍射中，前一次的衍射光相当于后一次的入射光，即二次衍射与一次衍射中光的模式相反，相当于以线偏振 o 光入射，三次和多次衍射类推。此过程中线偏振 e 光和光的利用率相差很大。

线偏振 e 光的电场可写为 $A_{0}\mathrm{e}^{\mathrm{i}\tau}$，其中 $\tau=\omega t-\boldsymbol{k}\cdot\boldsymbol{r}$ 将其按本征模分解(图 4.4)，

$$A_{0}\mathrm{e}^{\mathrm{i}\tau}\boldsymbol{i}=\left[a\mathrm{e}^{\mathrm{i}\tau}\boldsymbol{i}+\xi a\mathrm{e}^{\mathrm{i}\left(\tau+\frac{\pi}{2}\right)}\boldsymbol{j}\right]+\left[\xi^{2}a\mathrm{e}^{\mathrm{i}\tau}\boldsymbol{i}+\xi a\mathrm{e}^{\mathrm{i}\left(\tau-\frac{\pi}{2}\right)}\boldsymbol{j}\right]=a(1+\xi^{2})\mathrm{e}^{\mathrm{i}\tau}\boldsymbol{i} \tag{4.30}$$

上式利用了公式 $\mathrm{e}^{\mathrm{i}\frac{\pi}{2}}=-\mathrm{e}^{-\mathrm{i}\frac{\pi}{2}}=i$。式中等式中间的第一个方括号是椭圆度为 $\xi$ 的右旋 e 光分量，第二个方括号是左旋 o 光分量。

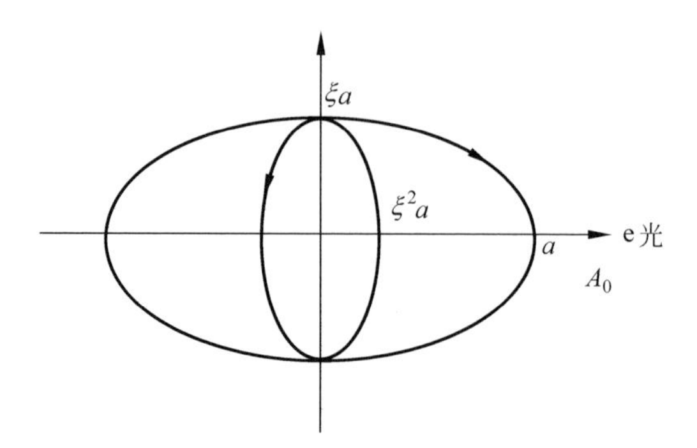


图 4.4　线偏振 e 光按本征模分解

由此得到

$$A_0=(1+\xi^2)a$$

线偏振 e 光中右旋 e 光分量的光强为

$$I=|a|^2+\xi^2|a|^2=(1+\xi^2)|a|^2$$

入射线偏振 e 光的光强为

$$I_0=|A_0|^2=(1+\xi^2)^2|a|^2$$

所以入射线偏振 e 光的利用率为

$$\frac{I}{I_0}=\frac{1}{1+\xi^2} \tag{4.31}$$

另外,线偏振 o 光的电场可写为 $A_0e^{i\left(\tau+\frac{\pi}{2}\right)}$,其中 $\tau=\omega t-\boldsymbol{k}\cdot\boldsymbol{r}$。将其按本征模分解(图 4.5)。

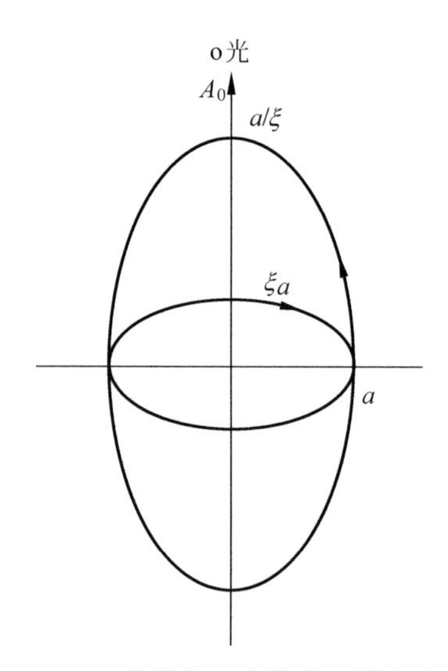


图 4.5　线偏振 o 光按本征模分解

$$A_0 e^{i\left(\tau+\frac{\pi}{2}\right)} \boldsymbol{j} = [a e^{i\tau} \boldsymbol{i} + \xi a e^{i\left(\tau+\frac{\pi}{2}\right)} \boldsymbol{j}] + \left[a e^{i(\tau+\pi)} \boldsymbol{i} + \frac{a}{\xi} e^{i\left(\tau+\frac{\pi}{2}\right)} \boldsymbol{j}\right] \tag{4.32}$$

式中等式右边的第一个方括号是椭圆度为 $\xi$ 的右旋 e 光分量，第二个方括号是左旋 o 光分量。由此得

$$A_0 = \left(\xi + \frac{1}{\xi}\right) a$$

线偏振 o 光中右旋 e 光分量的光强为

$$I = |a|^2 + \xi^2 |a|^2 = (1+\xi^2)|a|^2$$

入射线偏振 o 光的光强为

$$I_0 = |A_0|^2 = \left(\xi + \frac{1}{\xi}\right)^2 |a|^2$$

所以入射线偏振 o 光的利用率为

$$\frac{I}{I_0} = \frac{\xi^2}{1+\xi^2} \tag{4.33}$$

对常用的离轴型反常声光器件，只要离轴角较大，椭圆度 $\xi$ 就较小，例如 6328Å 激光，离轴角大于 5°，就有 $\xi < 0.35$[17]。从式(4.31)和式(4.33)可知，此时线偏振 e 光利用率大于 89%，而线偏振 o 光利用率小于 10.9%。多频反常声光衍射中，入射光采用线偏振 e 光，所以一级主衍射光的光强较强。一级主衍射光是线偏振 o 光，各级互调制、压缩、交叉调制均为线偏振 o 光的再次衍射，其相对于一级主衍射光的相对强度弱，相比多频正常声光衍射具有优势。

(2) 正常布拉格声光衍射，入射角等于衍射角并等于布拉格角。多次衍射时，前一次的衍射角相当于后一次的入射角，多次衍射的入射角总满足布拉格衍射条件，各级互调制、压缩和交叉调制强度大。

反常布拉格声光衍射的入射角和衍射角之间的关系由狄克逊方程[18-19]确定，多次衍射时，后一次衍射的入射角是前一次衍射的衍射角，而不等于前一次衍射的入射角。声光器件是以初始入射角满足一级衍射动量匹配条件来调整方位角的，所以多次衍射的入射角不满足动量匹配条件。故各级互调制、压缩和交叉调制均很弱，比一级主衍射光的相对强度小。

(3) 反常多频声光衍射的一次衍射为宽带匹配模式，各超声波信号频率均在带宽范围内，对应的主衍射都可满足动量匹配条件，衍射效率高且基本相等。再次衍射为窄带模式，各级互调制频率一般超出带宽范围，衍射效率低。正常多频声光衍射的各超声波信号及多个互调制频率都在带宽范围内，各级互调制强度较大。

(4) 由于一次衍射中入射光在介质中的折射率大于衍射光在介质中的折射

率，从式(4.21)有 $V_m^0 > V_m^1$。从式(4.28)可知，对应于频率 $f_m$ 的主衍射模强度与 $(V_m^0/2)^2$ 成正比，而压缩和交叉调制项包含 $V_m(V_m < V_m^0)$。与正常多频声光衍射 $(V_m^0 = V_m^1 = V_m)$ 相比，反常多频声光衍射的压缩和交叉调制减弱，主衍射模加强。从式(4.27)可知差频衍射模也减弱。

(5) 反常衍射的动量失配公式(4.17)比正常衍射的动量匹配公式(4.16)多了一项，大于或等于零的 $(\mu_0 k/\overline{K}^*)^2[1-(\mu_{(\overline{n})}^2/\mu_0^2)]$ 项，因 $\mu_{(\overline{n})} \leqslant \mu_0$，并且反常声光相互作用比正常声光相互作用时声速小，从式(4.14)可知反常声光衍射比正常声光衍射 $Q$ 值大，并且声光相互作用长度 $L$ 小。因此，除零级和一级衍射外，反常声光相互作用动量失配大，各级互调制衍射光强度小。

(6) 多频声光衍射除相应于各超声波信号的一级主衍射光外，还有三级互调制光束分布在一级衍射区内，会干扰一级主衍射光的运用。另外，当双频衍射选择的超声波频率 $f_1$ 和 $f_2$(设 $f_2 > f_1$)满足 $f_2 - f_1 > 2f_1 - f_2$，即 $f_2 > \frac{3}{2}f_1$ 时，差频 $f_2 - f_1$ 比三级互调制 $2f_1 - f_2$ 对应的衍射光更接近主衍射光(在实验中可观察到此现象)。它们占有一部分能量并干扰主衍射光，反常声光衍射各级衍射光之间的夹角大(反常声光衍射利用慢切变声波，声速比正常声光衍射的声速小半至一个数量级，衍射角相应加大)，有利于消除衍射光之间的干扰。并且偶级(包括差频和零级光)与一级衍射光的偏振状态不同，可以用检偏器从一级衍射光中滤去。反常声光器件还具有声光优值大、器件长度小、偏转器可分辨点数多等优点。

### 4.1.3 实验内容和结果

实验装置如图4.6所示，用HeNe激光器($\lambda_0 = 6328\text{Å}$)以线偏振e光入射，两个超高频信号发生器将电信号加到换能器上得到两个超声波信号，将依照声光器件中心频率调整并固定入射方位角，改变超高频信号发生器输出功率，从而改变超声波功率，即改变声致相移，测量各衍射光随声致相移的变化。

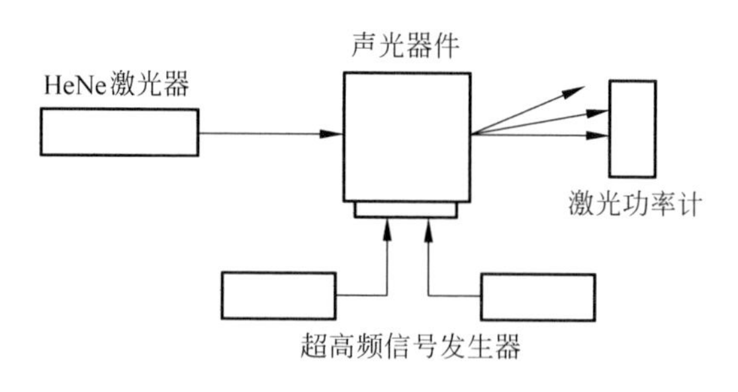


图4.6 二频声光衍射实验装置

**1. 钼酸铅($PbMoO_4$)正常布拉格声光器件**

所用器件换能器长 $L=25\text{mm}$,宽 $H=5\text{mm}$,选取频率 $f_1=75\text{MHz}$,$f_2=85\text{MHz}$。输入到声光器件换能器上的功率相等,声致相移 $V_1=V_2=V$,对应于 $f_1$ 和 $f_2$ 的主模和 $f_2-f_1$ 差频模衍射效率随$(V/2)^2$ 变化关系如图4.7所示。实验值与理论值很好地符合。

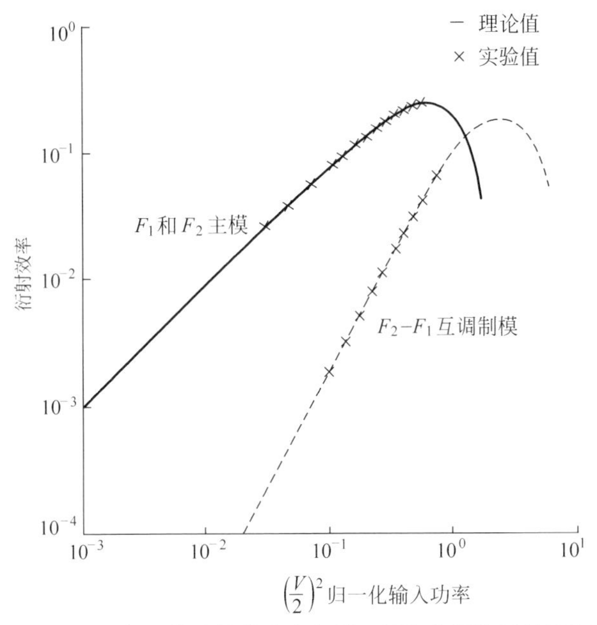


图4.7　二频正常布拉格声光衍射一级和差频的衍射效率

图4.8是实验所得各级衍射光分布照片,中心是零级光,向右依次是对应于 $f_2-f_1$、$2f_1-f_2$、$f_1$、$f_2$、$2f_2-f_1$、$2f_1$、$2f_2$ 的衍射光斑。向左则是相应的负衍射级光斑。

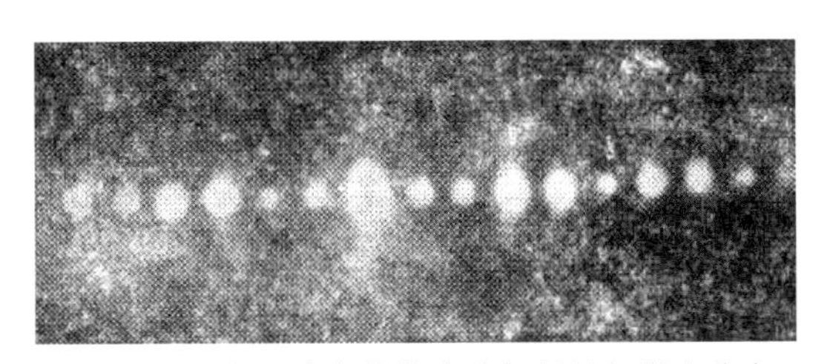

图4.8　二频正常布拉格声光衍射的衍射光分布

**2. 氧化碲反常布拉格声光器件**

所用器件换能器长 $L=8\text{mm}$,$H=4\text{mm}$,器件的离轴角 $6°$,选取频率 $f_1=$

75MHz,$f_2$=85MHz。声致相移$V_1=V_2=V$,测量对应于$f_1$和$f_2$的一级主衍射光的衍射效率随$(V/2)^2$变化关系如图4.9所示。实验值略低于理论值,这是因为理论值是按照入射光用氧化碲慢本征模即长轴沿e光方向的右旋椭圆偏振光计算的,而实验中用的是线偏振e光,计算可知,此时入射光中前者约占97%。

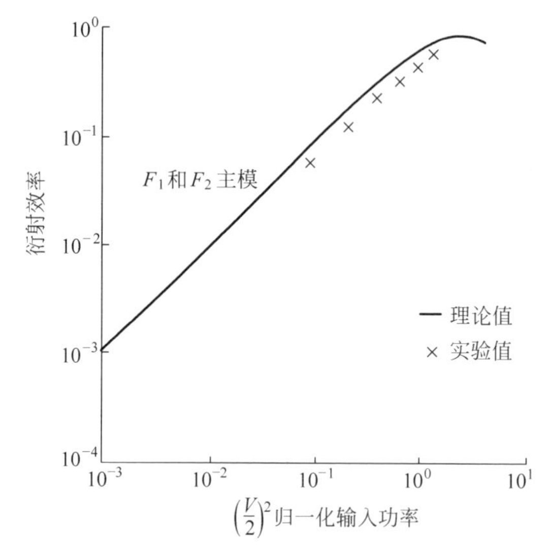


图4.9　二频反常布拉格声光衍射一级衍射效率

图4.10是实验所得各级衍射光分布照片,中心是零级光,向右依次是对应于$f_1$和$f_2$的一级主衍射光斑,向左是相应的负衍射级光斑。各级互调制光斑均因较弱而观察不到,与理论分析相符。

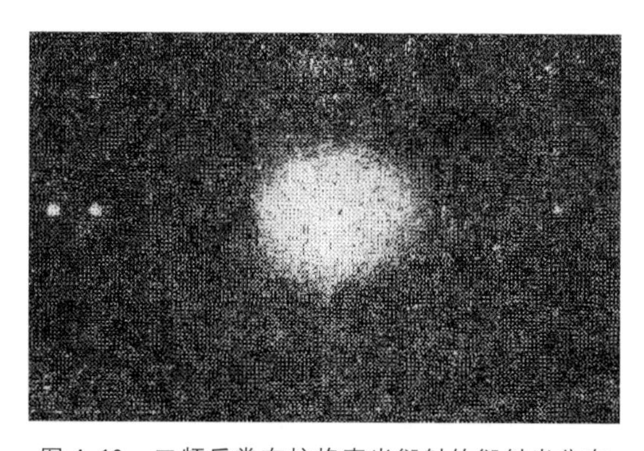

图4.10　二频反常布拉格声光衍射的衍射光分布

**3. 结论**

多频声光衍射的主衍射光强近似与$(V_m/2)^2$成正比,而各级互调制、压缩及交

叉调制是 $V_m/2$ 的更高次幂。对正常多频声光相互作用，当 $V_m$ 取值小时（一般小于 0.1），各级互调制光强与主衍射光强的比值才足够小，因此需减小超声波信号的驱动功率（小信号运用），但这时主衍射光强也相应减小。而反常多频声光相互作用，各级互调制光强与主衍射光强的比值小，可以用较大的驱动功率得到较强并且不受互调制光干扰的主衍射光（但驱动功率亦不宜过大，以避免发热损坏声光晶体和形成光点弥散[18]）。加上反常声光器件利用慢切变声波，声光优值 $M_2$ 大（$M_2$ 与声速三次方成反比），一级衍射效率高，反常声光偏转器可分辨点数多等优点，使得多频反常声光衍射更适于实际应用。

## 4.2 多维声光相互作用理论和器件及二维声光光学双稳态

### 4.2.1 多维声光相互作用理论和器件

#### 1. 概述

第 2 章讨论了沿同一方向传播的单一超声波信号作用下的正常和反常声光相互作用耦合波方程及其解，在 4.1 节推导了沿同一方向的多个频率的超声波信号同时作用时的正常和反常多频声光耦合波方程及其解。本节研究多维（多方向）声光相互作用，所谓多维声光相互作用是指在同一声光介质中，引入沿不同方向传播的相互独立的多个超声波信号，同时与一束光波发生声光作用，在多个方向产生声光衍射，形成空间分布的多束衍射光，这样便可以在一束光中载入多路信息。

当多个方向的超声波同时与一束光波发生相互作用时，每一方向的声波产生的主衍射光被其他方向的声波再次衍射，形成空间分布的多级互调制光束，并且每个声波相应的主衍射光因产生压缩、交叉调制而减小。由于声波是沿不同方向传播的，产生的各种非线性效应比单一方向声波时更复杂。

我们建立了沿不同方向的多个超声波信号同时与光波相互作用下的多维（多方向）声光衍射的耦合波方程，并求出相应的解。继而研究多维声光衍射的各种效应，包括衍射效率、压缩、交叉调制和互调制强度等特性。最后用我们研制的多维声光器件进行了实验测量，实验结果与理论分析一致[20-26]。

#### 2. 多维声光耦合波方程

频率为 $f_m$（$m=1,2,\cdots,N$，$N$ 是声波维数）的第 $m$ 维声波在 $xy$ 平面上沿一定方向传播，相邻声波传播方向之间夹角 $\theta_a=\pi/N$。平面单色光与 $z$ 轴成 $\theta$ 角入射到 $xy$ 平面。矢量 $\boldsymbol{k}$ 为真空中的光波矢，入射光束与一束声波相互作用产生的衍射光

与其他声波作用产生再次衍射和多次衍射，形成对应于频移 $f_m = \sum_{m=1}^{N} n_m f_m$ 的多维衍射光束，其中 $n_m$ 表示第 $m$ 维声波的衍射级，它可取任意正、负整数和零。空间分布光束的相互作用级 $D = \sum_{m=1}^{N} |n_m|$。

图 4.11 和图 4.12 分别是四维（方向）和二维声光相互作用的几何关系示意图。

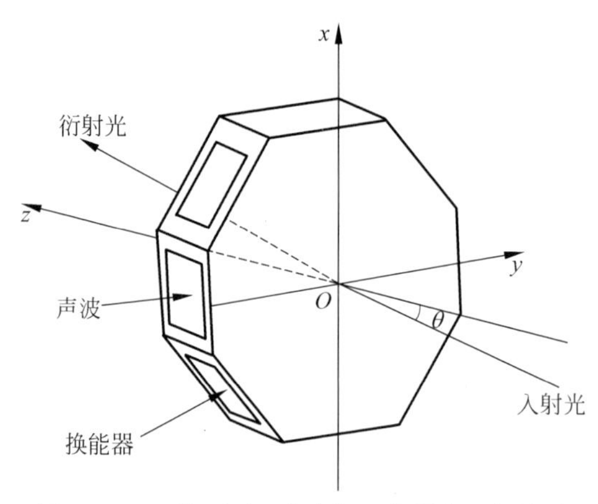


图 4.11　四维（方向）声光相互作用的几何关系

图 4.13 是互相垂直的二维拉曼-奈斯声光衍射的光斑分布（理论值）。

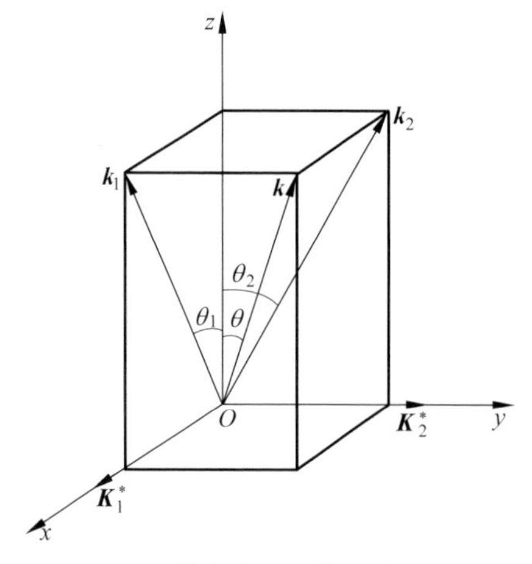


图 4.12　二维声光相互作用的几何关系

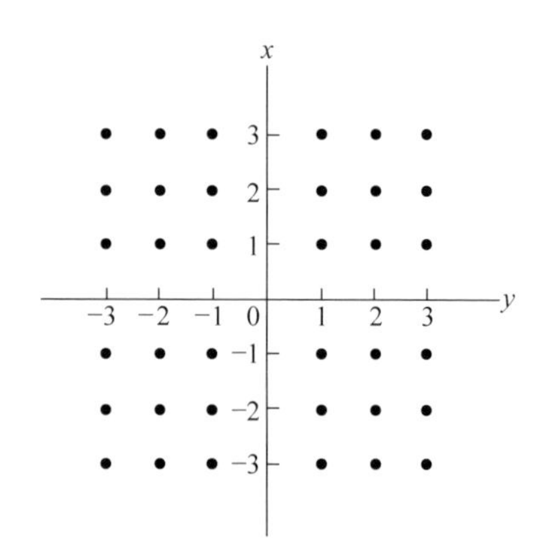


图 4.13　二维拉曼-奈斯声光衍射的光斑分布

图 4.14 是互相垂直的二维拉曼-奈斯声光衍射实验结果。

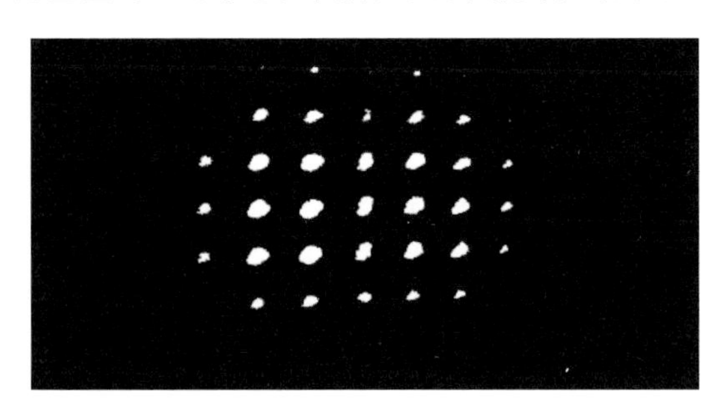

二维拉曼-奈斯声光衍射动画

图 4.14 互相垂直的二维拉曼-奈斯声光衍射实验结果

设入射光在真空中的圆频率和波矢分别为 $\omega$ 和 $\boldsymbol{k}$，入射光在介质中的折射率为 $\mu_0$，沿不同方向传播的超声波均为平面波，第 $m$ 维(方向)传播的超声波在介质中的圆频率和波矢分别为 $\omega_m^*$ 和 $\boldsymbol{K}_m^*$(设第 $m$ 方向的声波波矢与 $z$ 轴的夹角为 $\theta_m$)。

在图 4.12 中，二维波矢为 $\boldsymbol{K}_1^*$ 和 $\boldsymbol{K}_2^*$ 的声波分别沿 $x$ 和 $y$ 方向传播，光波波矢 $\boldsymbol{k}$ 在 $\boldsymbol{K}_1^*$ 和 $\boldsymbol{K}_2^*$ 与 $z$ 轴形成的平面上的分量分别为 $\boldsymbol{k}_1$ 和 $\boldsymbol{k}_2$，它们与 $z$ 轴的夹角分别为 $\theta_1$ 和 $\theta_2$，按照与 4.1 节类似的方法，可以推导出多方向声光耦合波方程。

注意到声应变 $\boldsymbol{s}_m$ 和光场 $\boldsymbol{e}_{(\bar{n})}$ 是不在同一方向的声波产生的空间分布的张量和矢量，对各向同性介质，类似于 4.1 节和参考文献[4][20][23]的计算，在一级近似下可以得到耦合波方程，

$$\frac{\mathrm{d}E_{(\bar{n})}}{\mathrm{d}z}-\mathrm{i}\Delta k_{(\bar{n})}E_{(\bar{n})}=-\sum_{m=1}^{N}\frac{k_m\Delta\mu_m}{2\cos\theta_m}\left[E_{(\bar{n}+\bar{a}_m)}-E_{(\bar{n}-\bar{a}_m)}\right] \tag{4.34}$$

$$\Delta k_{(\bar{n})}=\sum_{m=1}^{N}n_mK_m^*\tan\theta_m+\sum_{m=1}^{N}\frac{(n_mK_m^*)^2}{2\mu_0k\cos\theta_m} \tag{4.35}$$

式(4.35)为在 $z$ 方向的衍射光的自由光波波矢和极化波矢的差，即动量失配。

式中，$(\bar{n})$ 表示 $(n_1,n_2,\cdots,n_{N-1},n_N)$，是 $m$ 维声波分别为不同衍射级的组合，$n_m$ 表示第 $m$ 维声波信号的衍射级次，$(\bar{n}-\bar{a}_m)$ 表示 $(n_1,n_2,\cdots,n_{m-1},n_m-1,n_{m+1},\cdots,n_{n-1},n_N)$，$(\bar{n}+\bar{a}_m)$ 表示 $(n_1,n_2,\cdots,n_{m-1},n_m+1,n_{m+1},\cdots,n_{n-1},n_N)$。

式中，$\boldsymbol{k}_m$ 为入射光波矢 $\boldsymbol{k}$ 在 $z$ 轴和声波 $\boldsymbol{K}_m^*$ 确定的平面上的分量，$\theta_m$ 是 $\boldsymbol{k}_m$ 和 $z$ 轴之间的夹角(实际上，对各维声光相互作用，光波与 $z$ 轴夹角是相同的，$\theta_m$ 写为 $\theta$ 即可)。$\Delta\mu_m=-\frac{1}{2}\mu^3pS_m$ 是第 $m$ 维声波产生的声致折射率变化，$p$ 是有效声光系数，$\mu_0$ 为衍射光在介质中的折射率，对各向同性介质 $\mu=\mu_0$。

对于各向异性介质，也可以得到相应的耦合波方程[4-5]，但考虑到多维声波沿不同方向传播，要求介质的声光系数张量中相应分量具有较大数值，并希望各维得

到对称的衍射光场,因此应采用各向同性介质,特别是二维以上的情况更是如此。

在多维声光相互作用中,光与沿不同方向传播的多个声波同时发生相互作用,布拉格衍射的条件是光在声场的入射角应等于布拉格角,同一束入射光对不同方向的多维声波难以同时满足这个条件,即各维声波不能同时满足动量匹配条件。而对于拉曼-奈斯(Raman-Nath)衍射,当入射光垂直于各维声波所在的平面(图4.11中$\theta=0$)时,对各维声波均为衍射效率最大的情况,可形成空间分布的多维衍射光,因此主要讨论各向同性的正常拉曼-奈斯衍射的结果。

引入参量

$$V_m=\frac{k\Delta\mu_m L_m}{\cos\theta} \tag{4.36}$$

$$Q_m=\frac{K_m^{*2}L_m}{\mu_0 k\cos\theta} \tag{4.37}$$

$$\alpha_m=-\frac{\mu_0 k}{K_m^*}\sin\theta_m \tag{4.38}$$

已知边界条件为$E_{(0)}(0)=E_0$和$E_{(\bar{n})}(0)=0$,(在垂直入射的)条件下解方程(4.34)得到$z=L$的解,(可参考式(2.36)的一维情况)

$$E_{(\bar{n})}(z)=E_0\prod_{m=1}^{N}\mathrm{e}^{-\mathrm{j}\frac{n_m\alpha Q}{2L_m}}\mathrm{J}_{n_m}\left[\frac{2V_m}{\alpha Q}\sin\left(\frac{\alpha Q}{2L_m}z\right)\right] \tag{4.39}$$

式中,$\mathrm{J}_{n_m}$是整数级$n_m$的贝塞尔函数,$V_m=k_m\Delta\mu_m L_m/\cos\theta_m$是第$m$维声波声光相互作用引起的相移,在$V_m$表达式中,$\Delta\mu_m=-\frac{1}{2}\mu^3 pS_m$,$L_m$为第$m$维声光相互作用长度,各维取相等值$L$,当垂直入射时,$k_m=k$,$\theta_m=0$。

将式(4.39)与一维声光相互作用的解式(2.36)相比较,把多维声光衍射考虑为多维声波对光波的多次衍射,得到的解(式(4.39))显示出多维衍射的输出光强为每一维衍射的乘积,其物理意义是明显的。

由式(4.39)可得各级衍射光的衍射效率

$$I_{(\bar{n})}=\frac{|E_{(\bar{n})}(L)|^2}{|E_0|^2}=\prod_{m=1}^{N}\mathrm{J}_{n_m}^2\left[V_m\frac{\sin\left(\frac{1}{2}\alpha_m Q_m\right)}{\frac{1}{2}\alpha_m Q_m}\right] \tag{4.40}$$

将$K_1^*=2\pi f_1/V_1$,$K_2^*=2\pi f_2/V_2$,代入参量$Q$的表达式(4.37),可以得到衍射效率与频率的关系。

将$\Delta\mu_m=-\frac{1}{2}\mu^3 pS_m$代入$V_m$的表达式(式(4.36)),可以得到衍射效率与声功率的关系(参见式(2.28)、式(2.65)和式(2.69))。

可将式(4.40)中的声致相移 $V_m$,改用超声波功率 $P_{am}$ 表示[2,3],(参见2.2.2节)则有

$$I_{(\bar{n})}=\frac{|E_{(\bar{n})}(L)|^2}{|E_0|^2}=\prod_{m=1}^{N}\mathrm{J}_{n_m}^2\left[\frac{\pi}{\lambda_0\cos\theta_m}\left(\frac{2M_2L_mP_{am}}{H}\right)^{1/2}\frac{\sin\left(\frac{1}{2}\alpha_mQ_m\right)}{\frac{1}{2}\alpha_mQ_m}\right] \tag{4.41}$$

式中,$\lambda_0$ 为光波在真空中的波长,$P_{am}$ 表示第 $m$ 维超声波功率,$L$ 为第 $m$ 维声光相互作用长度,即换能器长度,$H_m$ 为第 $m$ 维换能器宽度,$M_2$ 为声光介质的声光优值。多维声光器件各维的 $L$、$H$ 可分别取相等值,使各维衍射光在相同驱动功率下分布对称。通过改变加在各维换能器上的驱动电功率即改变各维超声功率,可以控制相应的衍射光光强。

在二维情况下,衍射光的透过率为[22]

$$\begin{aligned}T_{n_1,n_2}=&\mathrm{J}_{n_1}^2\left[\frac{\pi}{\lambda_0\cos\theta_1}\left(\frac{2M_2L_1P_{a1}}{H}\right)^{1/2}\mathrm{sinc}(L_1\theta_1f_1/v_{a1})\right]\times\\&\mathrm{J}_{n_2}^2\left[\frac{\pi}{\lambda_0\cos\theta_2}\left(\frac{2M_2L_2P_{a2}}{H}\right)^{1/2}\mathrm{sinc}(L_2\theta_2f_2/v_{a2})\right]\end{aligned} \tag{4.42}$$

式中,$f_1$ 和 $f_2$ 分别是二维声波的频率,$v_{a1}$ 和 $v_{a2}$ 分别是二维声波的声速,式中引入了 $\mathrm{sinc}(x)=\sin(\pi x)/(\pi x)$。

二维拉曼-奈斯声光衍射光透过率(衍射光强)随二维声频率变化曲线如图4.15所示[22]。

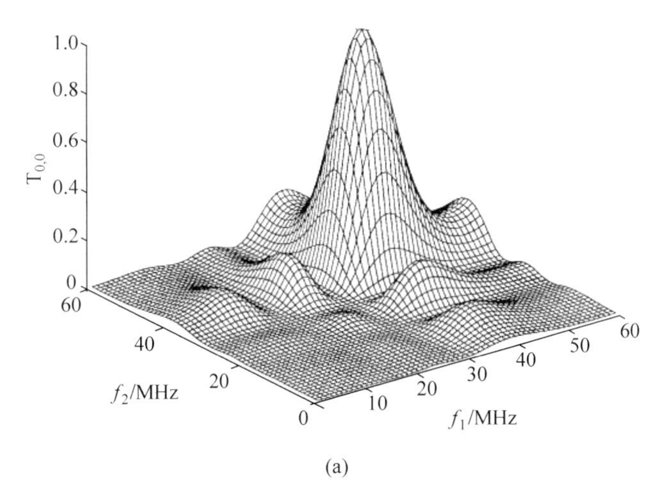


(a)

图4.15　二维声光衍射的输出光作为频率的函数的传输特性,对于不同衍射级($m$,$n$):(a) (0,0); (b) (0,1); (c) (1,1)

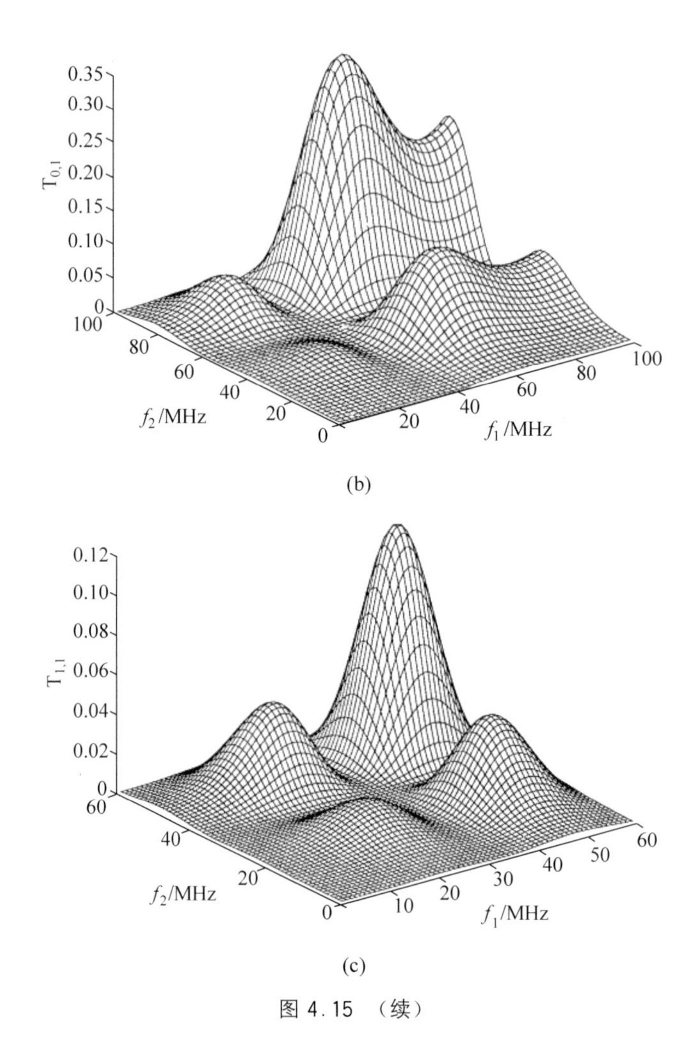


(b)

(c)

图 4.15 （续）

而以二维拉曼-奈斯声光相互作用的不同衍射级的衍射光强作为二维 $V_m$（即超声功率）的函数的模拟曲线，如图 4.16 所示[23]。该图亦是按照式(4.42)的函数关系描绘的，从图中可以看出，衍射级越高，衍射光越弱。

声光相互作用的衍射效率分别随输入的声频率和施加的驱动功率变化，它们具有不同的特点和应用意义。利用二维声光相互作用衍射光的这种变化特性，我们将二维声光器件用于空间相干光学双稳态的研究[22,25]。因为光学双稳态需要衍射光的调制曲线超过拐点，如果用功率反馈，就需要加大驱动功率，容易造成器件发热甚至损坏，在多维信号同时运用时此情况更为严重。为此我们设计使用了频率反馈的方法并研制了频率反馈的驱动电源，通过改变驱动频率控制来衍射光的调制曲线，所加驱动功率不必太大，即可形成理想的双稳态[22]。

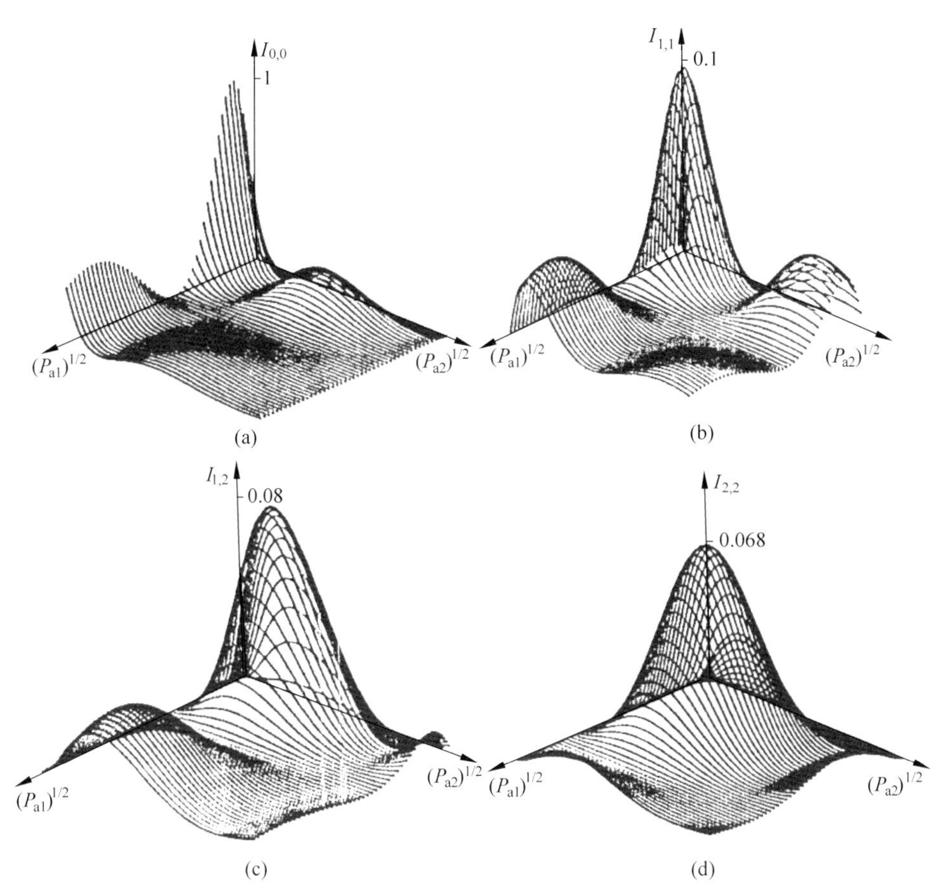


图 4.16　二维声光衍射的输出光作为声功率的函数的传输特性，对于不同衍射级($m$,$n$)：(a) (0,0)；(b) (0,1)；(c) (1,2)；(d) (2,2)

由于每一维声波信号形成的拉曼-奈斯衍射都可产生多级主衍射光，它们被其他方向的声波再次衍射时，可产生多个空间分布的各级互调制光束，在此过程中引起交叉调制和压缩等非线性效应[4-5,20-21,23-24]，每一维主衍射光的强度由于交叉调制和压缩而减小，其中第 $m$ 维声信号的一级主衍射模由于第 $n$ 维声信号存在而产生再次衍射，即交叉调制。产生的互调制模记为 $I_{m,n}$，另外，一级衍射模还可耦合回零级模(自压缩)，两种效应之和记为压缩 $c_1$。从耦合波方程的解(式(4.40))可以得到多维声光衍射的各级主衍射模、互调制模、交叉调制和压缩的解析结果。

表 4.1 给出在二维各自独立的声信号情况下，拉曼-奈斯衍射的结果，最后一列给出在小信号 $V_m/2 \ll 1$ 情况下，取贝塞尔函数截断级数，得到的相应小信号解。

**表 4.1　二维声光相互作用的解析结果**

| | 符号 | 解析解 | 小信号解 |
|---|---|---|---|
| 主衍射模衍射效率 | $I_{1,0}$ | $\lvert J_1(V_1)J_0(V_2)\rvert^2$ | $\left(\frac{V_1}{2}\right)^2\left[1-\left(\frac{V_1}{2}\right)^2-2\left(\frac{V_2}{2}\right)^2\right]$ |
| 主衍射模衍射效率 | $I_{2,0}$ | $\lvert J_2(V_1)J_0(V_2)\rvert^2$ | $\frac{1}{4}\left(\frac{V_1}{2}\right)^4\left[1-\frac{2}{3}\left(\frac{V_1}{2}\right)^2-2\left(\frac{V_2}{2}\right)^2\right]$ |
| 主衍射模衍射效率 | $I_{3,0}$ | $\lvert J_3(V_1)J_0(V_2)\rvert^2$ | $\frac{1}{36}\left(\frac{V_1}{2}\right)^6\left[1-2\left(\frac{V_1}{2}\right)^2\right]$ |
| 互调制模(2 级) | $I_{1,1}$ | $\lvert J_1(V_1)J_1(V_2)\rvert^2$ | $\left(\frac{V_1}{2}\right)^2\left(\frac{V_2}{2}\right)^2\left[1-\left(\frac{V_1}{2}\right)^2-\left(\frac{V_2}{2}\right)^2\right]$ |
| 互调制模(3 级) | $I_{2,1}$ | $\lvert J_2(V_1)J_0(V_2)\rvert^2$ | $\frac{1}{4}\left(\frac{V_1}{2}\right)^4\left(\frac{V_2}{2}\right)^2\left[1-\frac{2}{3}\left(\frac{V_1}{2}\right)^2-\left(\frac{V_2}{2}\right)^2\right]$ |
| 压缩 | $c_1$ | $1-\left\lvert\frac{2}{V_1}J_1(V_1)J_0(V_2)\right\rvert^2$ | $\left(\frac{V_1}{2}\right)^2+2\left(\frac{V_2}{2}\right)^2$ |
| 交叉调制 | $M_{1,2}$ | $1-\lvert J_0(V_2)\rvert^2$ | $2\left(\frac{V_2}{2}\right)^2$ |

表 4.2 给出 $N$ 维信号的相应小信号解。

**表 4.2　$N$ 维声光相互作用的解析结果**

| | 符号 | 小信号解 |
|---|---|---|
| 主衍射模衍射效率 | $I_{1,0,0,\cdots}$ | $\left(\frac{V_1}{2}\right)^2\left[1-\left(\frac{V_1}{2}\right)^2-2\sum_{i=2}^{N}\left(\frac{V_l}{2}\right)^2\right]$ |
| 主衍射模衍射效率 | $I_{2,0,0,\cdots}$ | $\frac{1}{4}\left(\frac{V_1}{2}\right)^4\left[1-\frac{2}{3}\left(\frac{V_1}{2}\right)^2-2\sum_{i=2}^{N}\left(\frac{V_l}{2}\right)^2\right]$ |
| 主衍射模衍射效率 | $I_{3,0,0,\cdots}$ | $\frac{1}{36}\left(\frac{V_1}{2}\right)^6\left[1-2\sum_{i=2}^{N}\left(\frac{V_l}{2}\right)^2\right]$ |
| 互调制模(3 信号 3 级) | $I_{1,1,1,0,0,\cdots}$ | $\left(\frac{V_1}{2}\right)^2\left(\frac{V_2}{2}\right)^2\left(\frac{V_3}{2}\right)^2\left[1-\left(\frac{V_1}{2}\right)^2-\left(\frac{V_2}{2}\right)^2-\left(\frac{V_3}{2}\right)^2-2\sum_{i=4}^{N}\left(\frac{V_l}{2}\right)^2\right]$ |
| 互调制模(3 信号 4 级) | $I_{2,1,1,0,0,\cdots}$ | $\frac{1}{4}\left(\frac{V_1}{2}\right)^4\left(\frac{V_2}{2}\right)^2\left(\frac{V_3}{2}\right)^2\left[1-\frac{2}{3}\left(\frac{V_1}{2}\right)^2-\left(\frac{V_2}{2}\right)^2-\left(\frac{V_3}{2}\right)^2-2\sum_{i=4}^{N}\left(\frac{V_l}{2}\right)^2\right]$ |
| 压缩 | $c_{1,0,0,\cdots}$ | $\left(\frac{V_1}{2}\right)^2+2\sum_{l=2}^{N}\left(\frac{V_l}{2}\right)^2$ |
| 交叉调制 | $M_{1,2}$ | $2\left(\frac{V_2}{2}\right)^2$ |

表 4.1 和表 4.2 中 $I_{n_1,n_2,\cdots,n_N}$ 的下标 $n_1,n_2,\cdots,n_N$ 是可交换的。

### 3. 实验内容和结果

我们采用的实验装置如图 4.17 所示，HeNe 激光器产生的光束垂直于声波所在平面入射，互相独立的超高频信号发生器将信号加到各维换能器上产生多个方向的超声波信号。

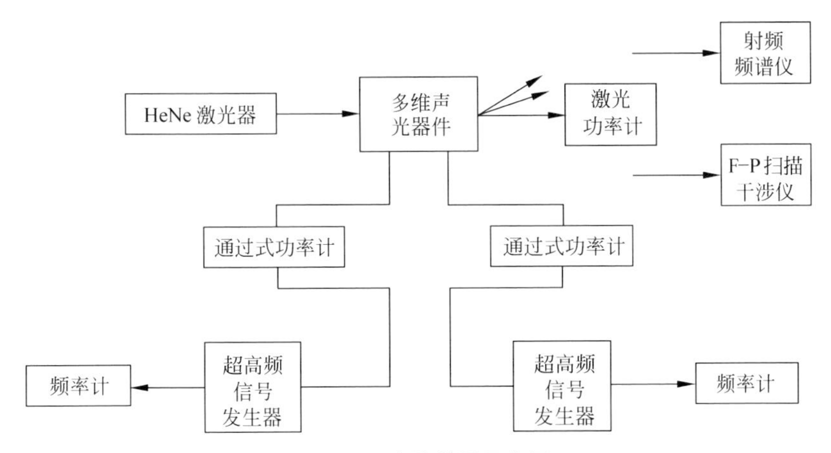


图 4.17　实验装置示意图

实验中改变超高频信号发生器的输出功率，从而改变超声功率，使声致相移 $V_m$ 随之变化。测量多维声光相互作用产生的各级主衍射光及各维互调制光的衍射效率随 $(V_m/2)^2$ 的变化关系。在小信号情况下二维声光相互作用部分理论与实验结果如图 4.18～图 4.20 所示。图 4.18 和图 4.19 分别给出了二维声致相移取相等值同时变化时，部分主衍射光和互调制光的衍射效率随声致相移的变化关系曲线。

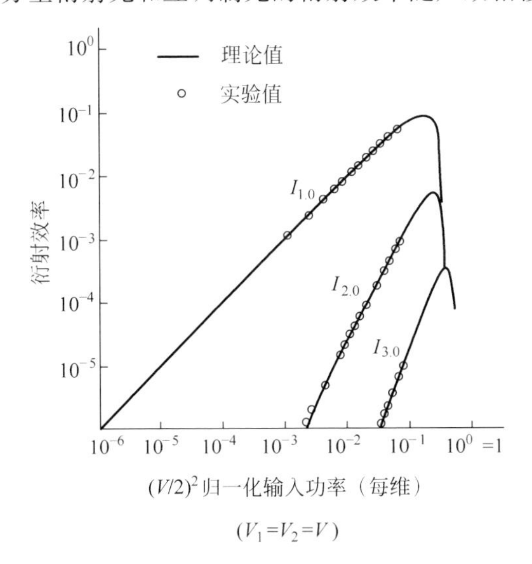


图 4.18　二维声光衍射主衍射模的衍射效率(一)

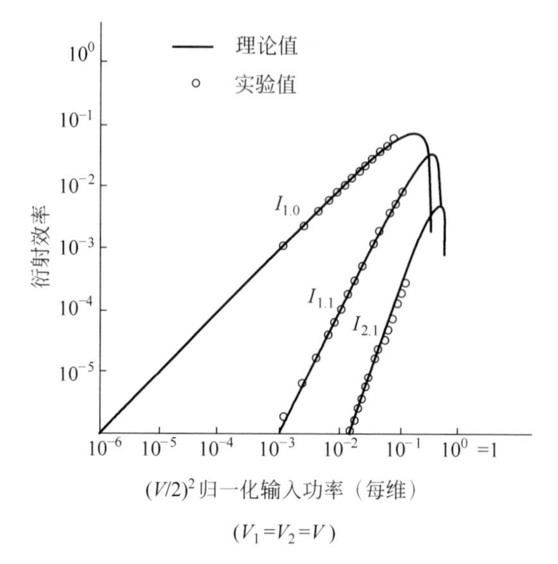


图 4.19　二维声光衍射互调制模的衍射效率(二)

图 4.20 是以一维的声致相移作为参变量时，另一维的一级主衍射光 $I_{0,1}$ 随该方向声致相移变化关系。

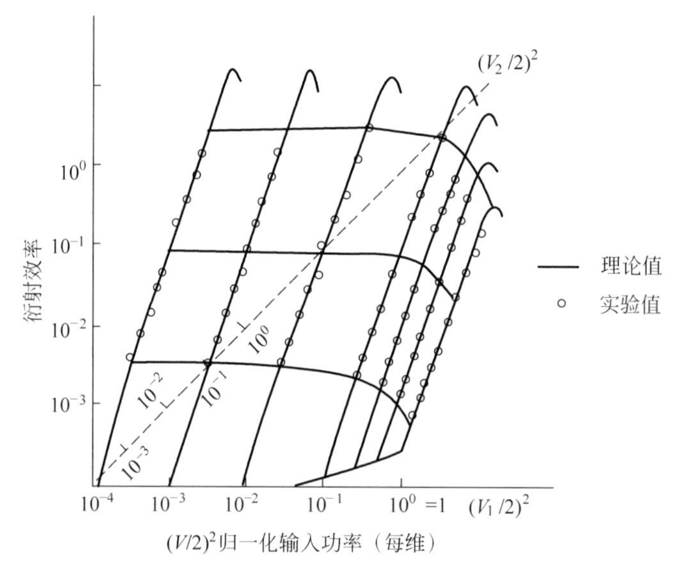


图 4.20　一级主衍射效率随二维驱动功率的变化关系

图中纵坐标为 $I_{0,1}$

实验还测量了二维至四维(方向)声光器件的中心频率和带宽，用射频频谱仪和 F-P 扫描干涉仪测量了各级衍射光的频谱。实验结果表明二维器件的衍射效率接近理论最大值，其中一级、二级衍射效率分别可达32%和20%以上，均接近它们的理论最大值。二维器件调制带宽可达20MHz，四维器件调制带宽大于18MHz，测试结果见表4.3。

**表4.3　二维和四维(方向)声光器件的衍射效率**

| | | | | | |
|---|---|---|---|---|---|
| 二维声光器件 | 衍射级 | 1,0 | 0,1 | 2,0 | 0,2 |
| | 衍射效率/% | 33.3 | 32.9 | 20.7 | 20.1 |
| 四维声光器件 | 衍射级 | 1,0,0,0 | 0,1,0,0 | 0,0,1,0 | 0,0,0,1 |
| | 衍射效率/% | 32.1 | 25.3 | 30.0 | 26.3 |

**4. 多维声光器件设计中的几个问题**

基于以上理论分析，我们设计和研制了二维至四维拉曼-奈斯声光器件，每维方向都可产生正负各四级以上的衍射光，得到空间分布的衍射光场。在设计中着重考虑了以下几个问题。

(1) 声光介质材料

采用各向同性的重火石玻璃，其声光优值在各向同性介质中较大($M_2=6.50\times 10^{-15}\mathrm{s^3/kg}$)，声速较高(3720m/s)，故衍射效率较高，调制速度较快。

(2) 声光相互作用长度

拉曼-奈斯声光器件一般选$L\leqslant L_0/2$，其中$L_0=\lambda_a^2\cos\theta/\lambda$为特征长度，式中$\lambda_a=v_a/f$为声波波长，$v_a$和$f$为声速和声频率，$\lambda=\lambda_0/\mu$为光波在介质内的波长，$\mu$为光波在介质中的折射率。计算可知超声波频率为30～35MHz时，$L_0$为42.5～31.1mm，$L$取值较小才能保证声光作用在拉曼-奈斯范畴。另外，从式(4.41)可知，$L$越大，则衍射效率越高，为达到同样衍射效率，所需超声功率$P_a$较小，器件发热也可减少。综合考虑取$L$为15～20mm，各维$L$取相等长度。

(3) 中心频率

声光器件中心频率越高，特征长度$L_0$越小，为保证声光作用在拉曼-奈斯衍射区，$L$取值要减小，致使衍射效率下降。但中心频率高可使声光器件带宽加大，声光驱动电路带宽也加大。综合考虑，选取器件各维的中心频率为30～35MHz。

(4) 声波的行波状态

如果多维超声波存在反射波，会与光波再次发生相互作用，形成多个附加的假调制光斑，因此需采用声行波器件。为此，每维声波的反射面磨成特殊形状以减少反射波，测试结果证明这种方法可保证行波性。

由于拉曼-奈斯型声光调制谱在声行波和声驻波时不同，在行波状况下，各级衍射光场为贝塞尔函数$\mathrm{J}_{n_m}(V_m)\exp[\mathrm{i}(\omega+n_m\omega_m^*)t]$，在第$n_m$衍射级产生1个为

$n_m\omega_m^*$ 的多普勒频移，各级衍射光的频率不同，但是因为贝塞尔函数的宗量不含时间变量，衍射光强度与时间无关，测量各级衍射光强均不含交变成分。在驻波状况下，各级衍射光场为 $J_{n_m}(V_m \sin\omega_m^* t)\exp(i\omega t)$，奇数级衍射光包含频率成分为 $\omega_0 \pm (2r+1)\omega_m^*$，偶数级衍射光包含频率成分为 $\omega_0 \pm 2r\omega_m^*$ $(r=0,1,2,\cdots)$，式中 $\omega_0$ 为入射光频率，即各级衍射光频谱均包含多成分多普勒频移，衍射光强中含有 $\omega_m^*$ 的多个成分的调制信号。用射频频谱仪测量多维声光器件各衍射级的声频成分，结果各级衍射光只有相应于 $n_m\omega_m^*$ 调制频率的频谱成分，也可以用 F-P 扫描干涉仪观测调制光束的纵模频谱成分及频移量，加驱动功率后只出现纵模平移，实验结果表明器件为纯行波调制。

(5) 采用散热装置

多维声光器件有多个超声波信号同时加到声光介质上，驱动功率较强时介质发热现象较严重，这可能导致器件发热较多而引起声光介质损坏，还会因发热造成光斑弥散。我们为此设计了散热装置，保证器件可在大信号下长时间连续工作。我们将声光器件用于光学矩阵运算和声光光学双稳态实验[22,24-26]，取得了理想的结果。

(6) 组合式多维声光器件

采用几个单维声光器件连续排列，各维器件方位可以微调。由于每一维衍射角度都比较小，拉曼-奈斯衍射对光的入射角度要求不太严格，所以能够实现多维声光衍射。每维器件采用声光优值大的声光介质，例如钼酸铅或氧化碲等，可以获得较高的衍射效率，这些分析从实验结果也可得到证明。

**5. 结论**

单一声波的一维布拉格或拉曼-奈斯声光相互作用可以产生一级或多级衍射光。一维多频声光相互作用是在一个方向引入多个超声波信号，产生相应的多级主衍射光和互调制光。但它们都分布在同一声光相互作用平面上，各衍射光束之间依靠超声频率不同而分开，容易互相干扰，限制了声波数目的增加，从而使衍射光数目不能太多。多维声光相互作用引入沿不同方向传播的相互独立的超声波信号，同时与一束光波发生相互作用，在多个方向产生声光调制和偏转，形成空间分布的多级衍射光，因此可在一束光波中载入多路信息，极大提高了传输信息的容量。多维声光器件可用作空间光调制器、多通道开关、空分复用通信光调制器件等。作为一种空间型光学功能器件，在光并行计算、光通信、光信息处理等高技术领域中具有广泛的应用前景和深刻的科学意义。

## 4.2.2 基于频率反馈的二维拉曼-奈斯声光光学双稳态

我们从拉曼-奈斯声光衍射光传输特性的频率依赖性出发，导出了二维拉曼-奈斯声光双稳态系统的动力学方程和稳态解。在这个系统中，反馈是通过一个声光相互作用的衍射光束控制声光器件的驱动频率来实现的。通过理论分析，得到了对应于几个不同级的输出衍射光与输入光的关系曲线，它们都可导致双稳态。滞后量是衍射光级数、偏置频率和反馈系数的函数，并进行了实验验证，实验结果与理论分析相符合[22]。

**1. 声光光学双稳态概述**

自从基于布拉格衍射的双稳态光开关首次被报道以来[27]，关于布拉格和拉曼-奈斯声光双稳态的报道越来越多[28-38]。声光相互作用可产生多级衍射光束，所以声光双稳态可作为多通道开关。相关报道多为基于单一驱动信号的一维声光双稳态系统。多频和多维声光相互作用可以产生更多的衍射光束。在二维声光相互作用，衍射光束形成空间矩阵，衍射光束的数目为 $M\times N$，其中 $M$ 和 $N$ 为各维衍射的数目。

传统的声光光学双稳态大多基于功率反馈，需要较大的驱动功率才能超过强度调制曲线的拐点实现双稳态，驱动功率产生的热可能导致器件损坏，尤其是多频、多维声光器件需要多个驱动信号同时输入到一个声光器件上，会产生更多热量，这是此类器件应用的一个主要问题。为解决此问题，除了声光器件采用改进的散热装置，更主要的方法是使用频率反馈，利用不同衍射级的透过率是超声波频率的非线性函数，用透射光反馈控制声光器件输入信号频率，即将透射光反馈输入压控振荡器，转换为频率随光透过率变化的电信号，经放大驱动声光器件。在较低的驱动功率下，透射光频率调制曲线可以达到最大值并经过拐点。

我们研究了频率反馈和强度反馈二维声光光学双稳态[22,25]，本节描述我们实现的基于频率反馈的二维声光双稳态，给出理论分析和实验结果。

**2. 二维声光衍射的频率相关性**

前面介绍了二维声光调制器的结构和二维声光衍射耦合波方程。图4.12描绘了二维声光相互作用的几何关系，平面单色光波沿与 $z$ 轴成 $\theta$ 角传播。$\boldsymbol{k}$ 为真空中的光波矢量，$\mu_0$ 为声光介质的折射率。二维平面声波分别沿 $x$ 轴和 $y$ 轴传播，波矢量分别为 $\boldsymbol{K}_1^*$ 和 $\boldsymbol{K}_2^*$。在由 $z$ 轴和 $\boldsymbol{K}_1^*$、$\boldsymbol{K}_2^*$ 组成的两个平面中，光波矢 $\boldsymbol{k}$ 的分量分别是 $\boldsymbol{k}_1$ 和 $\boldsymbol{k}_2$，它们与 $z$ 轴的夹角分别是 $\theta_1$ 和 $\theta_2$。

二维拉曼-奈斯声光衍射，衍射光的透过率为式(4.42)

$$T_{n_1,n_2}=\mathrm{J}_{n_1}^2\left[\frac{\pi}{\lambda_0\cos\theta_1}\left(\frac{2M_2L_1P_{\mathrm{a}1}}{H}\right)^{1/2}\mathrm{sinc}(L_1\theta_1f_1/v_{\mathrm{a}1})\right]\times$$
$$\mathrm{J}_{n_2}^2\left[\frac{\pi}{\lambda_0\cos\theta_2}\left(\frac{2M_2L_2P_{\mathrm{a}2}}{H}\right)^{1/2}\mathrm{sinc}(L_2\theta_2f_2/v_{\mathrm{a}2})\right]$$

式中，$v_{\mathrm{a}1}$ 和 $v_{\mathrm{a}2}$ 分别是二维声波的声速。

二维拉曼-奈斯声光衍射光透过率(衍射光强)随二维声频率变化曲线如图4.15

所示。

**3. 动态方程和稳态解**

二维频率反馈声光双稳态的实验装置如图4.21所示。来自HeNe激光器(L)的光进入一个二维声光调制器(M),传输系统由二维声光调制器和分束器 $P_1$ 和 $P_2$ 组成,两个反馈系统由探测器($D_1$、$D_2$)和两个压控振荡器($F_1$、$F_2$)组成。当光强增加时,振荡器频率也随之增加。电光调制器(E)由一个三角信号发生器(G)驱动,其频率为1kHz。受E调制的光强线性连续地增大到最大值,然后线性连续地减小到最小值。$S_1$ 和 $S_2$ 是偏振器,$S_3$ 是四分之一波片,S是一个狭缝,用来选择衍射光束的级。HeNe激光器($L_1$、$L_2$)和衰减器($A_1$、$A_2$)用来控制两个反馈回路的偏置频率。$D_3$ 是输出光的检测器,R是示波器。为了观察滞后曲线的跳跃方向,我们用旋转衰减器和 $x$-$y$ 记录仪代替电光调制器和示波器。

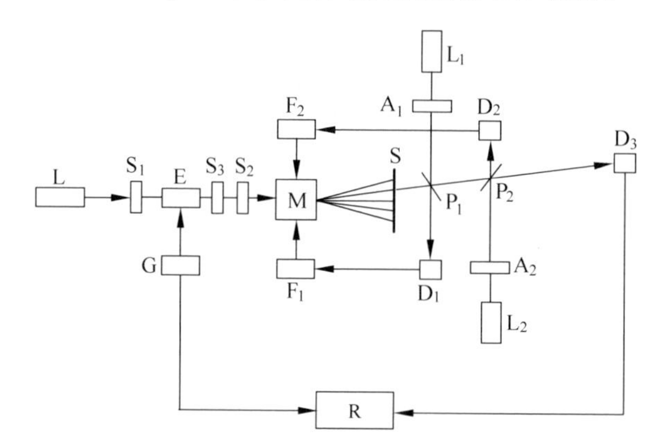


图4.21 二维频率反馈声光双稳态实验装置示意图

具有两个反馈回路的系统的瞬时动态行为可以用以下一组动态方程描述[28-29]:

$$\tau_1 \dot{I}_{m,n}(t) = -I_{m,n} + T_{m,n}(f_1, f_2) I_{\text{in}} \tag{4.43}$$

$$\tau_2 \dot{f}_1(t) = -(f_1 - f_{10}) + g_1 I_{m',n'} \tag{4.44}$$

$$\tau_3 \dot{f}_2(t) = -(f_2 - f_{20}) + g_2 I_{m'',n''} \tag{4.45}$$

式中,$I_{\text{in}}$ 和 $I_{m,n}$ 分别是双稳态系统的输入和输出光强度,$I_{m',n'}$ 和 $I_{m'',n''}$ 是进入两个反馈回路的光强度,$\tau_1$ 是光学系统的渡越时间,$\tau_2$ 和 $\tau_3$ 是两个电子反馈电路的转运时间,$f_{10}$ 和 $f_{20}$ 是两个反馈回路的偏置频率,$g_1$ 和 $g_2$ 是光强度和频率之间的反馈系数。在方程(4.43)~方程(4.45)输出信号和两个反馈光信号分别由($m$,$n$),($m'$,$n'$)和($m''$,$n''$)级的衍射光获得,输出和反馈可以是相同或不同级的衍射。

令 $\dot{I}_{m,n}(t)=0$,$\dot{f}_1(t)=0$ 和 $\dot{f}_2(t)=0$,可以得到系统的稳态解。

$$I_{m,n}=T_{m,n}(f_1,f_2)I_{\text{in}} \tag{4.46}$$

$$f_1=f_{10}+g_1 I_{m',n'} \tag{4.47}$$

$$f_2=f_{20}+g_2 I_{m'',n''} \tag{4.48}$$

不同阶的衍射光束可作为输出光或反馈光。通过选取合适的 $g_1$、$g_2$、$f_{10}$、$f_{20}$ 的值以及入射角度，可得到双稳态系统的滞回曲线。在方程(4.43)和方程(4.46)中，$I_{m,n}$ 为双稳态系统输出光的强度，它由图 4.21 和图 4.22 中的 $I_{\text{out}}$ 表示。

图 4.22 描述了输出光强 $I_{\text{out}}$ 与输入光强 $I_{\text{in}}$ 的模拟曲线。图中分别使用不同的衍射级作为输出和反馈，反馈系数和偏置频率也可以改变。当反馈系数在恒定偏置频率下增大，或偏置频率在恒定反馈系数下增大时，双稳区域的高度变低，宽度变窄。这些变化与所使用的衍射光级数和反馈回路参数的变化有关。

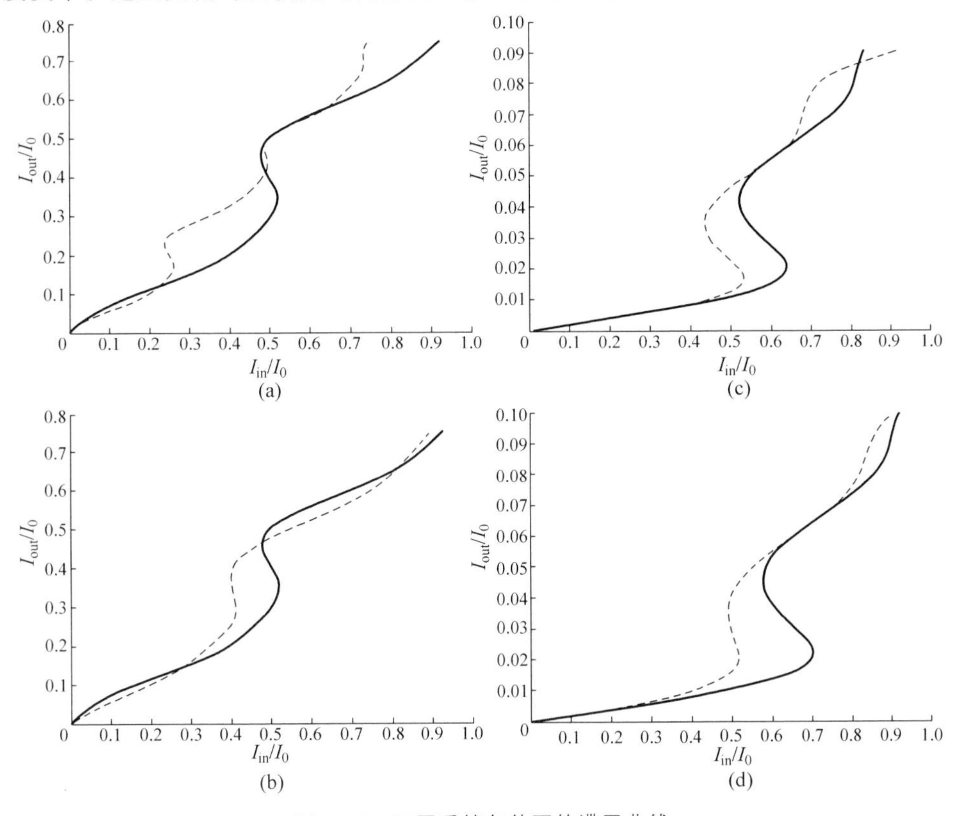


图 4.22　不同反馈条件下的滞回曲线

图 4.22 中选用不同的衍射级数$(m,n)$作为反馈和输出，$I_0$ 表示激光器的入射光强：

(a) (0,0)，$f_{10}=f_{20}=20\text{MHz}$，$g_1=g_2=10$(实曲线)，$g_1=g_2=20$(虚曲线)；

(b) (0,0)，$g_1=g_2=10$，$f_{10}=f_{20}=20\text{MHz}$(实曲线)，$f_{10}=f_{20}=23\text{MHz}$(虚曲线)；

(c) (0,1)，$f_{10}=f_{20}=25\text{MHz}$，$g_1=g_2=10$(实曲线)，$g_1=g_2=12$(虚曲线)；

(d) (0,1)，$g_1=g_2=10$，$f_{10}=f_{20}=25\text{MHz}$(实曲线)，$f_{10}=f_{20}=27\text{MHz}$(虚曲线)

**4. 实验结果**

二维声光器件的中心频率为 33～34MHz，反馈电路的－3dB 频率为 24～42MHz。采用 1W 的驱动功率，分别用(0,0)，(0,±1)，(0,±2)和(±1,±2)级光作为输出和反馈的组合，实现了双稳态，实验结果如下。

(1) 当反馈系数、偏置频率、入射角度和衍射光的级数发生变化时，各双稳态滞后曲线的高度和宽度也发生变化，开关时间也会受到影响。

(2) 利用一定衍射级光束作为输出，可以在两个频域实现稳态。这些衍射光束的透射系数在带宽内有两个最大值。

(3) 对于不同组合的衍射级作为输出和反馈，双稳态特性、开关时间、双稳的跳跃方向、光功率和频率的变化范围都是不同的。输出的衍射光束的级数越高，双稳区的高度就越低。在其他相同的实验条件下，高衍射级的光功率较弱。当较低的衍射级作为一个或两个反馈光束时，双稳区的高度和宽度减小。

(4) 改变反馈系数和偏置频率也可以实现双稳性。

图 4.23 显示了一些实验得到的滞回曲线。随着反馈系数和偏置频率的增加，这些曲线的高度和宽度都变小。图 4.23(a)和(b)与图 4.22(a)比较，图 4.23(c)和(d)与图 4.22(d)比较，可以看出，实验曲线的变化趋势与理论分析曲线的变化趋势是一致的。

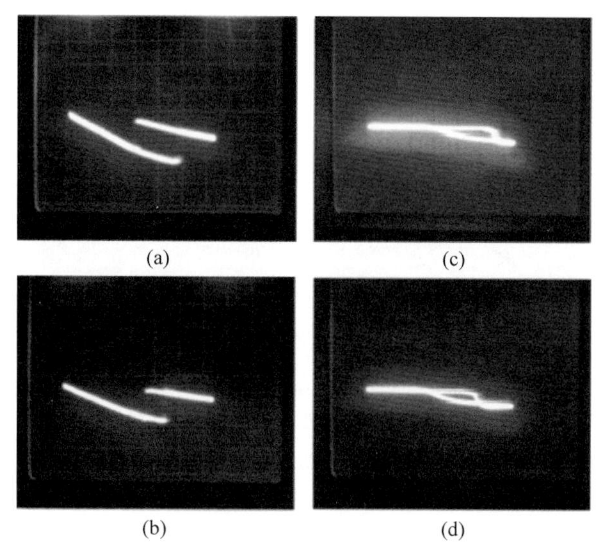

图 4.23　不同反馈条件下的实验测量滞回曲线

选择不同的衍射级数$(m,n)$作为反馈和输出：

(a) (0,0)，$f_{10}=f_{20}=20$MHz，$g_1=g_2=10$；

(b) (0,0)，$f_{10}=f_{20}=20$MHz，$g_1=g_2=20$；

(c) (0,1)，$f_{10}=f_{20}=25$MHz，$g_1=g_2=10$；

(d) (0,1)，$f_{10}=f_{20}=27$MHz，$g_1=g_2=10$；

$x=0.2$V/division，$y=0.5$V/division

由于检测电路的极性，$y$ 轴正方向实际上是向下的。

**5. 结论**

利用衍射光束控制声光驱动器的功率或频率，可以实现二维声光双稳态。输出光和反馈光可以使用几个不同级的衍射光束，可以获得各种不同的双稳态特性。

采用频率反馈的声光光学双稳态系统的驱动功率远小于采用功率反馈的双稳态系统的驱动功率。例如，利用(1,1)级衍射光输出和反馈，频率反馈所需驱动功率为0.5W，而用功率反馈需要的驱动功率为5W。功率损耗的减少保证了声光器件可以长时间稳定工作，提高了系统的可靠性，使多维多频声光光学双稳态系统能够成功运转。

## 4.3　多通道声光相互作用理论和器件

本节讨论一维多通道声光调制器的工作原理，我们研究由多个电极产生的互相独立的多束并行超声波信号同时与一束光波的相互作用，建立相应的耦合波方程并求出其解，并分析多通道超声波之间的交叉串扰及其对衍射光的影响，计算相邻电极之间的最佳距离。以最佳距离作为设计参数，研制多通道光调制器件，实验结果表明这样的声光器件可以完成多路并行调制[24,39-40]。

### 4.3.1　多通道声光调制器的结构

一维多通道声光调制器是在声光介质上制作多个并列的互相独立的电极，分别输入独立的驱动信号，经换能器在声光介质中输入多路并行的超声波信号构成的[39-43]。一扩束激光入射到多通道声光调制器，可同时与各通道的超声波信号发生相互作用，产生相应的衍射光阵列。图4.24是一维多通道布拉格声光衍射示意图。二维多通道情况将在4.4节讨论。

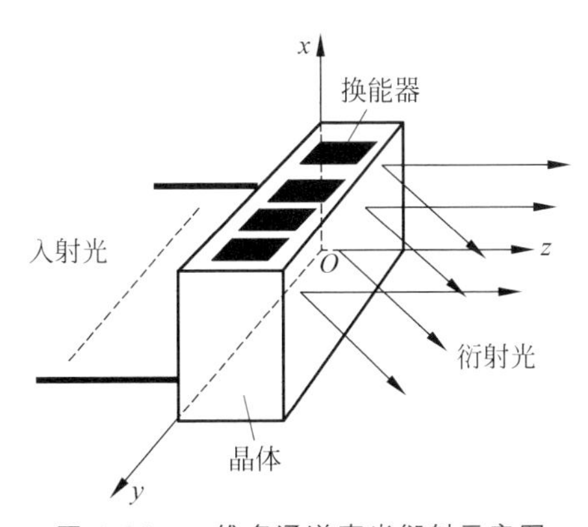


图4.24　一维多通道声光衍射示意图

### 4.3.2 多通道声光耦合波方程

设入射光为单色平面波，传播方向接近 $z$ 轴，波矢 $\boldsymbol{k}$ 与 $x$ 轴夹角为 $\theta_{\mathrm{i}}$，在 $yz$ 平面投影与 $z$ 轴夹角为 $\phi_{\mathrm{i}}$，$N$ 个电极产生的超声波接近 $x$ 方向传播，第 $m$ 通道超声波矢 $\boldsymbol{K}_{\mathrm{a}m}$ 与 $x$ 轴夹角为 $\theta_{\mathrm{a}m}$，在 $yz$ 平面投影与 $z$ 轴夹角为 $\phi_{\mathrm{a}m}$，第 $m$ 通道声光相互作用的几何关系如图 4.25 所示[39-40]。

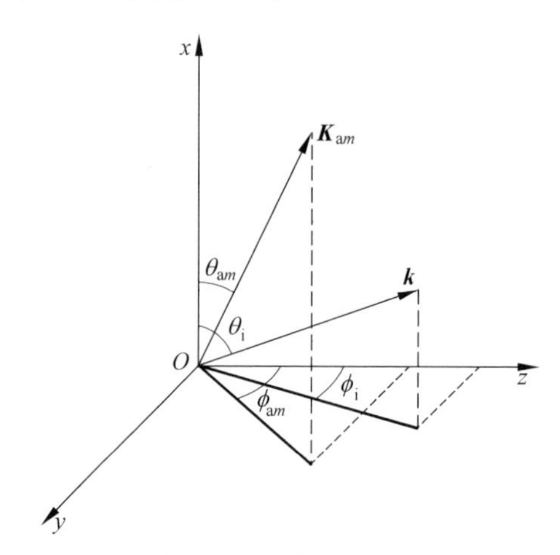


图 4.25 多通道声光相互作用的几何关系

与 4.1.1 节相比，多频声信号变为多通道声信号，如果通道输入的声频不同，会发生不同频率之间相互调制，与此同时各通道的声波也会发生空间串扰，产生相互调制。与 4.1.1 节的推导类似，入射光扩束后与多个通道声波在介质中同时发生相互作用，产生一系列具有复合频率的极化波，这些极化波激发具有这些新频率的光辐射，即各级衍射光。

设入射光在真空中的圆频率和波矢分别为 $\omega$ 和 $\boldsymbol{k}$，入射光在介质中的折射率为 $\mu_0$，第 $m$ 通道的超声波在介质中的圆频率和波矢分别为 $\omega_{\mathrm{a}m}$ 和 $\boldsymbol{K}_{\mathrm{a}m}$。则极化波的圆频率和波矢为

$$\begin{cases}\omega_{(\bar{n})}=\omega+\sum\limits_{m=1}^{N}n_m\omega_{\mathrm{a}m}\\ \boldsymbol{K}_{(\bar{n})}=\mu_0\boldsymbol{k}+\sum\limits_{m=1}^{N}n_m\boldsymbol{K}_{\mathrm{a}m}\end{cases}\tag{4.49}$$

式中，$(\bar{n})$表示$(n_1,n_2,\cdots,n_{N-1},n_N)$。$n_m$ 表示第 $m$ 声波信号的衍射级次，可取任何正数、负数和零，$N$ 为声信号数。

式中，$n_m=0,\pm1,\pm2,\cdots$，表示第 $m$ 通道的衍射极，$m=1,2,\cdots,N$。$(\bar{n})$表示

$(n_1, n_2, \cdots, n_m, \cdots, n_{N-1}, n_N)$，它代表声光器件的 $N$ 个通道分别为相应衍射极的一种工作模式。对于在某一模式下声光器件的任一个通道而言，式(4.49)中求和部分为该通道本身的和其他通道进入该通道的部分超声波所产生的作用之和。包括入射光和各极衍射光的总电场强度

$$\boldsymbol{E}(\boldsymbol{r},t)=\exp(\mathrm{i}\omega t)\sum_{n_1=-\infty}^{\infty}\sum_{n_2=-\infty}^{\infty}\cdots\sum_{n_N=-\infty}^{\infty}\boldsymbol{e}_{(\bar{n})}E_{(\bar{n})}(z)\exp\left[\mathrm{i}\left(\sum_{m=1}^{N}n_m\omega_{am}t-\boldsymbol{K}_{(\bar{n})}\cdot\boldsymbol{r}\right)\right] \tag{4.50}$$

式中，$\boldsymbol{e}_{(\bar{n})}$ 为 $E_{(\bar{n})}$ 的单位方向矢量。

设超声波为 $N$ 个平面波，应变张量为

$$\begin{aligned}\boldsymbol{S}(\boldsymbol{r},t)&=\sum_{m=1}^{N}\boldsymbol{s}_m S_m\sin(\omega_{am}t-\boldsymbol{K}_{am}\cdot\boldsymbol{r})\\&=\frac{1}{2\mathrm{i}}+\sum_{m=1}^{N}\boldsymbol{s}_m S_m\{\exp[\mathrm{i}(\omega_{am}t-\boldsymbol{K}_{am}\cdot\boldsymbol{r})]-\mathrm{c.c.}\}\end{aligned} \tag{4.51}$$

式中，$\boldsymbol{s}_m$ 为第 $m$ 个电极产生的超声波单位应变张量。

声光相互作用产生的非线性极化矢量为

$$\begin{aligned}\boldsymbol{P}^{(\mathrm{NL})}(\boldsymbol{r},t)&=\varepsilon_0\boldsymbol{\chi}^{(\mathrm{NL})}:\boldsymbol{S}(\boldsymbol{r},t)\cdot\boldsymbol{E}(\boldsymbol{r},t)\\&=(\varepsilon_0/2\mathrm{i})\sum_{n_1=-\infty}^{\infty}\sum_{n_2=-\infty}^{\infty}\cdots\sum_{n_N=-\infty}^{\infty}\sum_{m=1}^{N}[\boldsymbol{\chi}^{(\mathrm{NL})}:\boldsymbol{s}_m\cdot\boldsymbol{e}_{(\bar{n}-\bar{a}_m)}S_mE_{(\bar{n}-\bar{a}_m)}(z)-\\&\quad\boldsymbol{\chi}^{(\mathrm{NL})}:\boldsymbol{s}_m\times\boldsymbol{e}_{(\bar{n}+\bar{a}_m)}S_mE_{(\bar{n}+\bar{a}_m)}(z)]\exp[i(\omega_{(\bar{n})}t-\boldsymbol{K}_{(\bar{n})}\cdot\boldsymbol{r})]\end{aligned} \tag{4.52}$$

式中，$(\bar{n}-\bar{a}_m)$ 表示 $(n_1, n_2, \cdots, n_{m-1}, n_m-1, n_{m+1}, \cdots, n_{N-1}, n_N)$，$(\bar{n}+\bar{a}_m)$ 表示 $(n_1, n_2, \cdots, n_{m-1}, n_m+1, n_{m+1}, \cdots, n_{N-1}, n_N)$，$\boldsymbol{\chi}^{(\mathrm{NL})}$ 为介质的非线性极化率张量。

将式(4.50)～式(4.52)代入参量相互作用的基本方程，

$$\nabla^2\boldsymbol{E}+(1/c^2)\boldsymbol{\varepsilon}\cdot\ddot{\boldsymbol{E}}=(1/c^2\varepsilon_0)\ddot{\boldsymbol{P}}^{(\mathrm{NL})} \tag{4.53}$$

取一级近似时可得

$$\begin{aligned}&\frac{\mathrm{d}E_{(\bar{n})}}{\mathrm{d}z}-\mathrm{i}\Delta k_{(\bar{n})}E_{(\bar{n})}\\&=-\sum_{m=1}^{N}\frac{k_{(\bar{n})}^2}{4K'_{(\bar{n})_z}}pS_m[\mu_{(\bar{n}+\bar{a}_m)}^2E_{(\bar{n}+\bar{a}_m)}-\mu_{(\bar{n}-\bar{a}_m)}^2E_{(\bar{n}-\bar{a}_m)}]\end{aligned} \tag{4.54}$$

式中，$K'_{(\bar{n})_z}$ 为极化波矢在 $z$ 方向的分量，$k_{(\bar{n})}$ 为衍射光波矢，$\mu_{(\bar{n}+\bar{a}_m)}$ 和 $\mu_{(\bar{n}-\bar{a}_m)}$ 为相应模式的衍射光在介质中的折射率，$p$ 为有效声光系数，$\Delta k_{(\bar{n})}$ 为动量失配，是 $z$ 方向极化波矢和衍射光波矢之差，

$$\Delta k_{(\bar{n})}=K'_{(\bar{n})z}-k_{(\bar{n})z}\approx\frac{K'^2_{(\bar{n})z}-k^2_{(\bar{n})z}}{2K'_{(\bar{n})z}}\approx\frac{K'^2_{(\bar{n})}-k^2_{(\bar{n})}}{2K'_{(\bar{n})z}} \tag{4.55}$$

令 $c_{(\bar{n})}=K_{(\bar{n})z}/\mu_0 k$，考虑到 $\phi_i\approx0,\theta_{am}\approx0$，忽略高阶小量可得

$$\Delta k_{(\bar{n})}=\frac{\mu_0 k}{2c_{(\bar{n})}}\left[1-\frac{\mu^2_{(\bar{n})}}{\mu_0^2}+2\frac{\sum_{m=1}^{N}n_m K_{am}}{\mu_0 K}(\sin\theta_i\sin\theta_{am}\cos\phi_{am}+\cos\theta_i\cos\theta_{am})+\left(\frac{\sum_{m=1}^{N}n_m K_{am}\cos\theta_{am}}{\mu_0 K}\right)^2\right] \tag{4.56}$$

式(4.54)和式(4.55)为包括正常和反常声光相互作用的多通道声光耦合波方程。式(4.52)和式(4.54)中，$(\bar{n}-\bar{a}_m)$和$(\bar{n}+\bar{a}_m)$分别为模式$(\bar{n})$的第 $m$ 通道的衍射级减少或增加一级。公式在物理意义上反映出多通道中任意第 $m$ 通道相邻两级衍射光 $n_m-1$ 和 $n_m$ 以及 $n_m$ 和 $n_m+1$ 之间都可以通过声光相互作用耦合。在动量匹配条件下，即 $\Delta k_{(\bar{n})}=0$ 时，极化波在介质内各处激发的衍射光同向叠加，因而可以很强。

对于正常声光相互作用，各级衍射光与入射光偏振方向相同，所以 $\mu_{(\bar{n})}=\mu_0=\mu$，引入参数

$$\begin{cases}V_m=\dfrac{k\Delta\mu_m L_m}{c_{(\bar{n})}}\\[2ex]Q=\dfrac{\bar{K}_a^2 L_m}{\mu_0 k c_{(\bar{n})}}\\[2ex]\alpha=-\dfrac{\mu_0 k}{\bar{K}_a}\cos\theta_i\\[2ex]\beta_m=\dfrac{K_{am}\cos\theta_{am}-\bar{K}_a}{\bar{K}_a}\\[2ex]G_{(\bar{n})}=\sum_{m=1}^{N}n_m\end{cases} \tag{4.57}$$

式中，$\Delta\mu_m=-(1/2)\mu^3 pS_m$ 为声致折射率变化，$L_m$ 为第 $m$ 通道声光相互作用长度，亦即电极(换能器)长度，各通道取相等值 $L$。各参量的物理意义为：$V_m$ 是声致相移，$Q$ 是衍射级之间角度的度量，$\alpha$ 表示光的入射角度，$\beta$ 表示声波矢 $K_{am}$ 对其平均值 $\bar{K}_a$ 的相对偏差，$G$ 是衍射级。这时式(4.54)和式(4.56)分别变为

$$\frac{\mathrm{d}E_{(\bar{n})}}{\mathrm{d}z} - \mathrm{i}\Delta k_{(\bar{n})} E_{(\bar{n})} = \sum_{m=1}^{N} \frac{V_m}{2L} [E_{(\bar{n}+\bar{a}_m)} - E_{(\bar{n}-\bar{a}_m)}] \tag{4.58}$$

$$\Delta k_{(\bar{n})} = \frac{Q}{2L} \left[ \frac{2\mu_0 k}{\bar{K}_{\mathrm{a}}^2} \sum_{m=1}^{N} n_m K_{\mathrm{am}} (\sin\theta_{\mathrm{i}} \sin\theta_{\mathrm{am}} \cos\phi_{\mathrm{am}}) + \left( G_{(\bar{n})} + \sum_{m=1}^{N} n_m \beta_m \right) \left( G_{(\bar{n})} + \sum_{m=1}^{N} n_m \beta_m - 2\alpha \right) \right] \tag{4.59}$$

在布拉格衍射时，声光器件的方位角调节在一级动量匹配处，即 $\alpha=1/2$，因各通道超声波频率基本相同且 $\theta_{\mathrm{am}}$ 很小，故 $\sum_{m=1}^{N} n_m\beta_m \ll 1$，从式(4.59)可知零级和一级衍射动量失配近似为零，而高级衍射的动量失配较大，所以只考虑零级和一级衍射。此时式(4.58)变为

$$\frac{\mathrm{d}E_{(\bar{n})}^0}{\mathrm{d}z} = \sum_{m=1}^{N} \frac{V_m^1}{2L} E_{(\bar{n}+\bar{a}_m)}^1 \tag{4.60a}$$

$$\frac{\mathrm{d}E_{(\bar{n})}^1}{\mathrm{d}z} = -\sum_{m'=1}^{N} \frac{V_{m'}^0}{2L} E_{(\bar{n}-\bar{a}_{m'})}^0 \tag{4.60b}$$

式中上标表示衍射级次。

由于多个通道超声波同时存在，每一通道的衍射光可以被进入该通道的相邻以至更远通道的超声波再次或多次衍射，即产生交叉调制。交叉调制光的相应超声波频率 $f=\sum_{m=1}^{N} n_m f_m$，其中 $f_m$ 为第 $m$ 通道的超声波频率，$n_m$ 为第 $m$ 通道的衍射级。例如第一通道频率为 $f_1$ 的超声波产生的衍射光与第二通道频率为 $f_2$ 的超声波耦合可以产生差频 $f_1-f_2$，$f_1+f_2$，三级(互作用级)互调制 $2f_1-f_2$，$2f_1+f_2$ 等相应的交叉调制光。多通道声光衍射级次 $G=\sum_{m=1}^{N} n_m$，而互作用级次为 $D=\sum_{m=1}^{N} |n_m|$。同一衍射级 $G$ 可以包括多种工作模式，例如 $G$ 为 0 的有(1，−1，0，0，…)，(−1，1，0，0，…)等，$G$ 为 1 的有(1，0，0，0，…)，(0，1，0，0，…)，(2，−1，0，0，…)等，$G$ 为 2 的有(1，1，0，0，…)，(2，0，0，0，…)等。从式(4.59)可知对布拉格衍射 $G=0,1$ 的工作模式满足动量匹配条件，相应衍射光较强，而 $G$ 较高的工作模式动量失配较大，相应的衍射光较弱。

由于其他通道超声波存在产生的交叉调制光占有一部分光能量，使得每一通道本身超声波产生的一级衍射光因交叉调制而减小，这种减小可称为他压缩。同时，每一通道的一级主衍射光也可与本通道的超声波耦合为零级光，随着一级衍射

光增强,这种耦合逐渐加大,致使一级主衍射光减小,这种效应对单一通道的声光衍射也存在,可称为自压缩。在超声波信号较弱,即$|V_m/2|\ll 1$的弱声光相互作用情况下,从方程(4.60)可以解出衍射效率[4,7]为$I_{(\bar{n})}=|E_{(\bar{n})}(L)|^2/|E(0)|^2$,其中$|E(0)|^2$为入射光强,$|E_{(\bar{n})}(L)|^2$为经声光相互作用长度$L$后,各模式的衍射光强。其中

$$\begin{cases} I_{1,0,0,0,\cdots}=\left(\dfrac{V_1}{2}\right)^2\left[1-\dfrac{1}{3}\left(\dfrac{V_1}{2}\right)^2-\dfrac{2}{3}\sum_{l=2}^{N}\left(\dfrac{V_l}{2}\right)^2\right] \\ I_{0,1,0,0,\cdots}=\left(\dfrac{V_2}{2}\right)^2\left[1-\dfrac{1}{3}\left(\dfrac{V_2}{2}\right)^2-\dfrac{2}{3}\left(\dfrac{V_1}{2}\right)^2-\dfrac{2}{3}\sum_{l=3}^{N}\left(\dfrac{V_l}{2}\right)^2\right] \end{cases} \tag{4.61}$$

式中,$I_{1,0,0,0,\cdots}$,$I_{0,1,0,0,\cdots}$,…分别表示第1,2,…通道的一级主衍射光的衍射效率。计算结果中所减去部分的第一项为自压缩,后面项为他压缩,前者系数为后者系数的1/2,这是因为零级光比交叉调制光强度大很多,所以一级主衍射光耦合为零级光的自压缩比耦合为互调制光的他压缩弱。

当其他通道的超声波功率增加时,相应的声致相移增加,导致他压缩增加而主衍射光减弱。

从方程(4.60)还可以求出各通道交叉调制光的衍射效率

$$\begin{cases} I_{1,-1,0,0,\cdots}=\dfrac{1}{4}\left(\dfrac{V_1}{2}\right)^2\left(\dfrac{V_2}{2}\right)^2 \\ I_{1,-1,1,0,\cdots}=\dfrac{1}{9}\left(\dfrac{V_1}{2}\right)^2\left(\dfrac{V_2}{2}\right)^2\left(\dfrac{V_3}{2}\right)^2 \\ I_{2,-1,0,0,\cdots}=\dfrac{1}{36}\left(\dfrac{V_1}{2}\right)^4\left(\dfrac{V_2}{2}\right)^2 \end{cases} \tag{4.62}$$

以上各式的下标分别代表第1通道与第2、第3等通道耦合产生的差频$f_1-f_2$,$f_1-f_2+f_3$,$2f_1-f_2$等相应的互调制模式。由于$|V_m/2|\ll 1$,比较式(4.61)和式(4.62)可见,交叉调制光强远小于一级主衍射光强。

利用声致相移$V_m$、声应变$S_m$和超声波功率$P_{am}$之间的关系[3,7],可以得到

$$V_m=\frac{\pi}{\lambda_0 c_{(\bar{n})}}\left(\frac{2M_2L_mP_{am}}{H_m}\right)^{1/2} \tag{4.63}$$

式中,$M_2$为介质的声光优值,$\lambda_0$为光在真空中的波长,$H_m$为第$m$通道电极(换能器)宽度,$P_{am}$为第$m$通道本身的超声波功率。将式(4.63)代入式(4.61)和式(4.62),方程的解可用超声波功率表达。

### 4.3.3 电极间距对衍射光的影响

实际的声光器件每个电极经换能器产生的超声波具有一定的角分布[9-10],电

极(换能器)上的声场分布可以看作许多沿不同方向传播的单色平面波的线性组合,声光介质中声场分布看作宽度为电极宽度 $H_m$ 的单缝孔径的角谱(实际是长 $L_m$、宽 $H_m$ 的矩形平面孔径,在分析多个电极之间距离的影响时,只考虑宽度方向分布),这样,介质中声场分布是孔径平面上各平面波传播一段距离后,各自引入与传播方向有关的相移再线性叠加,叠加时各平面波的振幅和相位分别取决于相应角谱的模和幅角。因此,从平面波推导出的耦合波方程仍可适用。多通道声光器件第 $m$ 个电极产生的超声波功率的角谱为[7,43-44]

$$\frac{P_{am}(\theta)}{P_{am}(0)}=\left(\frac{\sin\gamma}{\gamma}\right)^2 \tag{4.64}$$

式中,$\gamma=\pi H_m\sin\theta/\lambda_a\approx\pi H_m\theta/\lambda_a$,其中 $\theta$ 为某方向传播的超声波偏离主方向的角度,$\lambda_a$ 为超声波波长,$P_{am}(0)$为超声波传播主方向即换能器法线方向的超声波功率,其分布如图 4.26 所示。

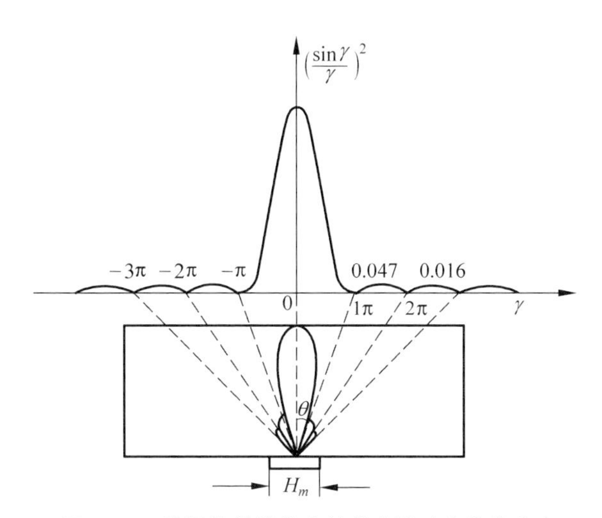


图 4.26　单极换能器发出的超声波功率的角分布

各束超声波的能量都集中在各自的中央主最大内,设多束超声波在声光介质中互不重叠时相邻电极之间的距离为 $S_0$,超声波发散角为 $\theta_0$,如图 4.27(a)所示。从式(4.64),$\gamma=\pi H_m\theta\lambda/\lambda_a=\pi$ 时,相邻通道超声波的中心主最大恰好互不影响,此时 $\theta=\theta_0=\arctan(S_0/2W)=\lambda_a/H_m$,式中 $W$ 为声光介质的高度。当电极间距小于 $S_0$ 时,每个通道的光波除去受本通道的超声波作用外,还受到相邻以至更远通道进入该通道的超声波的影响,对第 $m$ 通道产生影响的第 $n$ 通道的超声波功率为

$$P_{an}=\int_{\theta_1}^{\theta_2}P_{an}(\theta)\mathrm{d}\theta \tag{4.65}$$

式中，$P_{an}(\theta)$为第 $n$ 通道的超声波功率的角分布，由式(4.64)给出，积分区间为从第 $n$ 通道进入第 $m$ 通道的超声波分布的角度，例如图 4.27(b)中第 1 通道进入第 2 通道的超声波，积分限为 $\theta$ 到 $\theta_0$。

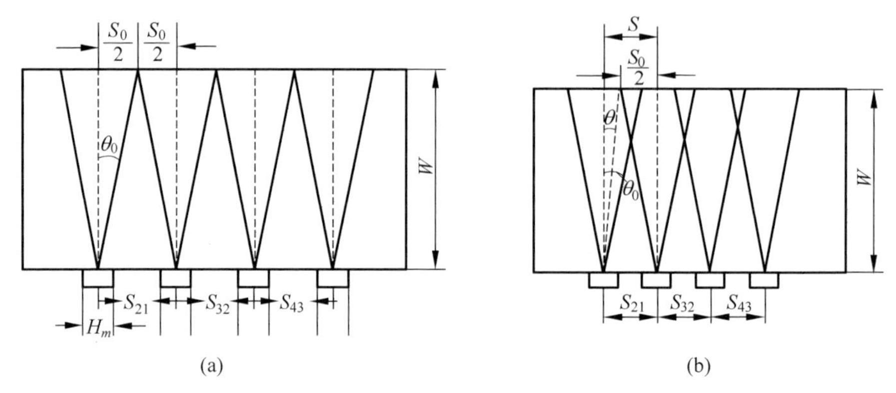


图 4.27　电极间距与各通道超声波发散角的关系示意图

(a) $S_{21}=S_{32}=S_{43}=S_0$；(b) $S_{21}=S_{32}=S_{43}<S_0$

将式(4.65)代入式(4.63)，得到第 $m$ 通道受到第 $n$ 通道超声波影响产生的声致相移

$$V_{mn}=\frac{\pi}{\lambda_0 c_{(\bar{n})}}\left[\frac{2M_2L_m}{H_m}\int_{\theta_1}^{\theta_2}P_{an}(\theta)\mathrm{d}\theta\right]^{1/2} \tag{4.66}$$

第 $m$ 通道超声波本身产生的声致相移

$$V_m=\frac{\pi}{\lambda_0 c_{(\bar{n})}}\left[\frac{2M_2L_m}{H_m}\int_{-\theta_0}^{\theta_2}P_{am}(\theta)\mathrm{d}\theta\right]^{1/2} \tag{4.67}$$

式中，$P_{am}(\theta)$亦由式(4.64)给出，$P_{am}(0)$由实验条件给定。

考虑到多通道超声波的分布，式(4.61)中某通道一级主衍射效率的相应项为该通道的超声波及这个通道受其他通道超声波影响产生的声致相移。式(4.62)中交叉调制衍射效率的相应项为各通道超声波重叠部分产生的声致相移。

从式(4.61)、式(4.63)和式(4.67)可知，电极宽度 $H_m$ 越小，一级主衍射效率越高，但 $H_m$ 还要受其他条件限制而不是任意选取的，为了使声光器件的输入阻抗与驱动电源匹配，电极面积(宽度 $H_m$ 与长度 $L_m$ 之积)要为一适当值，而电极长度 $L_m$，与声光器件的布拉格带宽、衍射效率、工作类型即工作在布拉格或拉曼-奈斯衍射区等密切相关，只有选定 $L_m$ 后才能确定 $H_m$ 的大小。在实际情况中，因电极宽度存在，极间距离最少为电极宽度，除去相邻通道的电极外，其他电极至所求解通道的电极之间的距离大于 $S_0$，故在 $N$ 个电极中可只考虑相邻电极之间的影响。对两端电极，只受一侧一个相邻电极产生的超声波的影响，而其他电极则受两侧各一个相邻电极产生的超声波的影响。从式(4.66)和图 4.27 亦可看出，较远的通道对所求解的通道产生的声致相移为 0，因此从式(4.61)得各通道的一级主衍射效率为

$$\begin{cases} I_{1,0,0,0,\cdots} = \left(\dfrac{V_1}{2}\right)^2 \left[1 - \dfrac{1}{3}\left(\dfrac{V_1}{2}\right)^2 - \dfrac{2}{3}\displaystyle\sum_{l=2}^{N}\left(\dfrac{V_{1l}}{2}\right)^2\right] \\ \qquad\qquad = \left(\dfrac{V_1}{2}\right)^2 \left[1 - \dfrac{1}{3}\left(\dfrac{V_1}{2}\right)^2 - \dfrac{2}{3}\left(\dfrac{V_{12}}{2}\right)^2\right] \\ I_{0,1,0,0,\cdots} = \left(\dfrac{V_2}{2}\right)^2 \left[1 - \dfrac{1}{3}\left(\dfrac{V_2}{2}\right)^2 - \dfrac{2}{3}\left(\dfrac{V_{21}}{2}\right)^2 - \dfrac{2}{3}\displaystyle\sum_{l=3}^{N}\left(\dfrac{V_{2l}}{2}\right)^2\right] \\ \qquad\qquad = \left(\dfrac{V_2}{2}\right)^2 \left[1 - \dfrac{1}{3}\left(\dfrac{V_2}{2}\right)^2 - \dfrac{2}{3}\left(\dfrac{V_{21}}{2}\right)^2 - \dfrac{2}{3}\left(\dfrac{V_{23}}{2}\right)^2\right] \end{cases} \tag{4.68}$$

类似地，只有相邻通道才能产生交叉调制，从式(4.62)可以得到各通道交叉调制光的衍射效率

$$\begin{cases} I_{1,-1,0,0,\cdots} = \dfrac{1}{4}\left(\dfrac{V_{12}}{2}\right)^2\left(\dfrac{V_{21}}{2}\right)^2 \\ I_{2,-1,0,0,\cdots} = \dfrac{1}{36}\left(\dfrac{V_{12}}{2}\right)^4\left(\dfrac{V_{21}}{2}\right)^2 \end{cases} \tag{4.69}$$

将式(4.66)、式(4.67)代入式(4.68)、式(4.69)，并将积分式中的角度用电极间距 $S$ 和已知的声光介质高度 $W$ 表示，即 $\theta = \arctan[(S - S_0/2)/W]$，可得到一级主衍射效率和交叉调制衍射效率与 $S$ 的关系，利用辛普森(Simpson)公式用计算机求出各衍射光与电极间距的近似关系，从而确定最佳极间距离。

### 4.3.4　多通道声光器件及实验结果

我们设计和研制了二维四通道布拉格型声光器件，入射光源用 HeNe 激光器 $\lambda = 0.6328\mu\text{m}$，换能器用 36°$y$ 切铌酸锂产生超声纵波，声光介质用各向同性的重火石玻璃，它的声光优值 $M_2 = 6.50 \times 10^{-15}\text{s}^3/\text{kg}$，光折射率 $\mu_0 = 1.75$，声速为 $3720\mu\text{m}/\mu\text{s}$，各通道电极和换能器长度均为 $L_m = 25.0\text{mm}$，宽度均为 $H_m = 1.30\text{mm}$，每个通道电极都采用两片串联同相驱动，以与驱动电源阻抗匹配。声光介质高度 $W = 17.0\text{mm}$，声光器件中心频率为 60MHz，并令各通道的 $P_a(0) = 0.56\text{W}$，将以上数据代入式(4.66)～式(4.68)，得到第 1、4 通道和第 2、3 通道一级主衍射效率(第 1、4 通道和第 2、3 通道一级主衍射效率分别相等)随电极间距 $S$ 的理论变化关系，如图 4.28 所示。其中 $S$ 最小取值为电极宽度。从图 4.28 可看出，当 $S$ 较小时，$I_{1,0,0,0} > I_{0,1,0,0}$，这是因为前者受到一侧相邻电极产生的超声波的影响，而后者受两侧相邻电极产生的超声波的影响，所以与后者相比，前者主衍射

光中因交叉调制产生的压缩较小而主衍射光较强。当 $S$ 增加时，各通道之间交叉调制减小，各通道的一级主衍射光强均增加，当 $S$ 达到 1.62mm 并继续增加时，各通道衍射光强趋于一定值。此即各通道电极之间距离较大时，各通道主衍射光不受其他通道影响的情况。

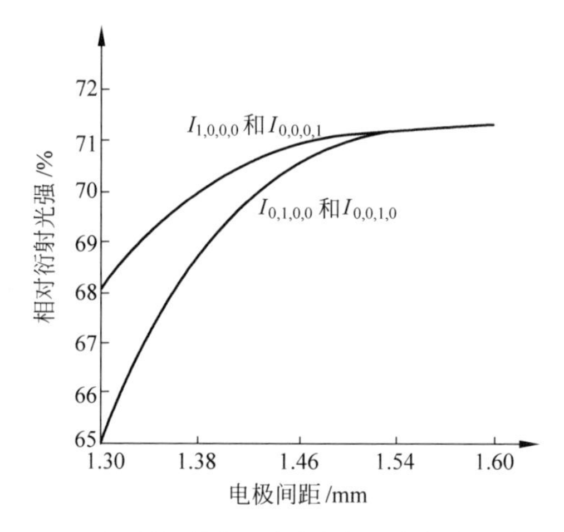


图 4.28　不同通道衍射光强随电极间距变化的理论关系曲线

我们研制的多通道声光器件的电极间距大于 1.62mm，在实验测试时将一个或几个电极同时加入驱动信号，分别测量各通道一级主衍射光的变化。实验结果表明，电极间距大于一定距离的多通道声光器件，一个通道的衍射光只取决于本通道的驱动信号，而基本上不受其他通道是否加入驱动信号及其变化以及其他通道衍射光变化的影响，各通道衍射光互相独立，可以完成多通道并行声光调制。图 4.29 为不同通道的电极分别或同时加入驱动信号时的实验照片。

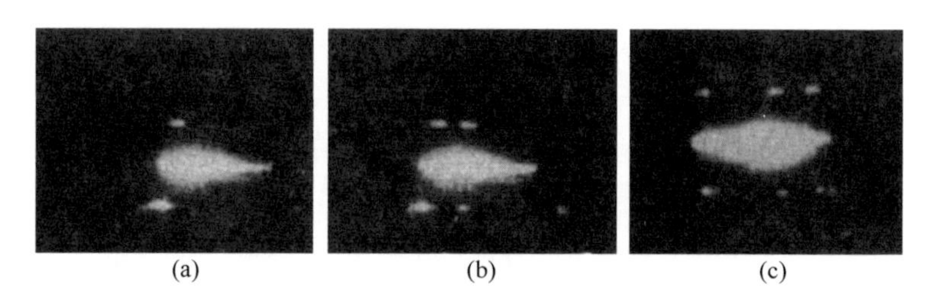


图 4.29　多通道声光衍射的实验照片

(a) 一个通道；(b) 两个通道；(c) 三个通道

### 结论

多通道声光器件可以在多个电极加入互相独立的驱动信号。产生多路并行的超声波信号，它们同时与一束光波相互作用，形成多通道衍射光。每个通道的主衍射光不仅与本通道的超声波信号有关，而且与其他通道的超声波强度分布及与本通道的距离有关。为提高声光信号并行处理能力，希望在声光介质的有限宽度内容纳更多的通道，但通道增加使各通道的电极间距减小，各通道之间产生交叉调制，形成各通道之间的交叉串扰并导致各通道的主衍射光减小。多通道声光相互作用的理论分析给出各通道电极之间距离连续变化时各通道主衍射光强和交叉调制强度的变化情况，由此可以选择主衍射光较强而各通道之间互相影响较小的最小极间距离作为相邻电极之间的最佳距离，从而给出多通道声光器件一个重要的设计参数。为减小各通道之间的交叉串扰，还要注意各通道电路的阻抗匹配、接地、屏蔽等问题。

在以上计算中选取声光介质高度 $W$ 作为参数，其结果对声光介质高度范围内，以任意光斑尺寸和位置入射的光束均适用。实用中常采用横向扩束、纵向压缩的入射光束贴近换能器一侧入射，这时可选取光束远端到换能器的距离即声光相互作用区域的高度代替声光介质整体高度进行计算，结果将允许极间距离减小，可容纳的通道数目增加。

精心设计和研制的多通道声光器件结构紧凑、交叉串扰小，可以完成几十至一百多个通道并行声光调制，在光并行计算、光信息处理、激光印刷等许多领域有重要应用。

## 4.4　二维多通道声光相互作用理论和器件

本节研究二维多通道并行超声波与光波相互作用的机理，推导并求解二维多通道声光相互作用的耦合波方程，分析二维多通道声光相互作用中各通道的互调制效应。用所研制二维多通道声光器件测试二维不同通道的主衍射光和互调制光的特性，并用二维多通道布拉格声光调制器进行二进制编码光学矩阵矢量和数字相乘运算[24,26,45-46]。

### 4.4.1　二维多通道声光耦合波方程

推导二维多通道声光耦合波方程如下，图 4.30 为二维多通道声光衍射示意图，在声光晶体的两个侧面沿 $x$ 方向和 $y$ 方向分别键合换能器阵列，构成二维多通道声光调制器件。在二维每一通道分别引入独立的超声波信号，扩束准直激光入射到声光器件上，各超声波同时与光波发生相互作用[45-46]。

设 $x$ 方向和 $y$ 方向上二维通道序号分别为 $m$ 和 $n$，$m=1,2,3,\cdots,M$；$n=1,2,3,\cdots,N$，$M$ 和 $N$ 分别是每一维通道总数。$p_m$ 和 $q_n$ 分别为 $x$ 方向第 $m$ 通道和

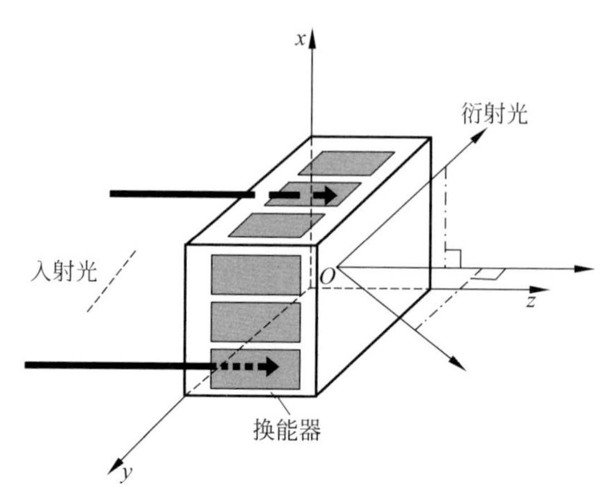


图 4.30　二维多通道声光衍射示意图

$y$ 方向第 $n$ 通道超声波与入射光波相互作用的衍射级，$p_m=0,\pm1,\pm2,\cdots$；$q_n=0,\pm1,\pm2,\cdots$。每一方向各通道超声波产生的衍射光都会被另一方向各通道超声波再次衍射，形成空间分布的各级互调制光束，将互调制级记为$(p_m,q_n)$，对于布拉格声光器件，二维声光衍射为每一维的0级光和1级(或$-1$级)衍射光及其互调制光。它们分别携带二维不同通道的信息，在声光信号处理中具有重要意义。

设入射光为平面单色光，在真空中的圆频率和波矢为 $\omega$ 和 $\boldsymbol{k}$，在介质中折射率为 $n_0$，入射光传播方向接近于 $z$ 轴，与 $z$ 轴夹角为 $\theta$，入射光在 $yz$ 平面和 $xz$ 平面上的投影与 $z$ 轴的夹角分别是 $\theta_1$ 和 $\theta_2$。设二维各通道的超声波均为平面波，沿 $x$ 方向第 $m$ 通道超声波的圆频率和波矢为 $\omega_m$ 和 $\boldsymbol{K}_m$，沿 $y$ 方向第 $n$ 通道超声波的圆频率和波矢为 $\omega_n$ 和 $\boldsymbol{K}_n$，$\boldsymbol{K}_m$ 和 $\boldsymbol{K}_n$ 分别在 $yz$ 平面和 $xz$ 平面上，与 $z$ 轴的夹角为 $\theta_{\mathrm{am}}$ 和 $\theta_{\mathrm{an}}$，它们均接近于90°。图4.31是 $x$ 方向第 $m$ 通道，$y$ 方向第 $n$ 通道的超声波与光波相互作用的几何关系。

在声光介质中，入射光波与二维多通道超声波耦合，产生一系列具有复合频率的极化波，极化波又激发具有这些频率的光辐射，即各通道本身及二维各通道互调制产生的衍射光。极化波的圆频率和波矢分别为

$$\omega_{p_m,q_n}=\omega+\sum_{m=1}^{M}p_m\omega_m+\sum_{n=1}^{N}q_n\omega_n \tag{4.70}$$

$$\boldsymbol{K}_{p_m,q_n}=n_0\boldsymbol{k}+\sum_{m=1}^{M}p_m\boldsymbol{K}_m+\sum_{n=1}^{N}q_n\boldsymbol{K}_n \tag{4.71}$$

入射光和各级衍射光波的总电场强度为

$$\boldsymbol{E}(\boldsymbol{r},t)=\sum_{p_m=-\infty}^{\infty}\sum_{q_n=-\infty}^{\infty}\sum_{m=1}^{M}\sum_{n=1}^{N}\boldsymbol{e}_{p_m,q_n}E_{p_m,q_n}(z)\exp[\mathrm{i}(\omega_{p_m,q_n}t-\boldsymbol{K}_{p_m,q_n}\boldsymbol{r})]$$

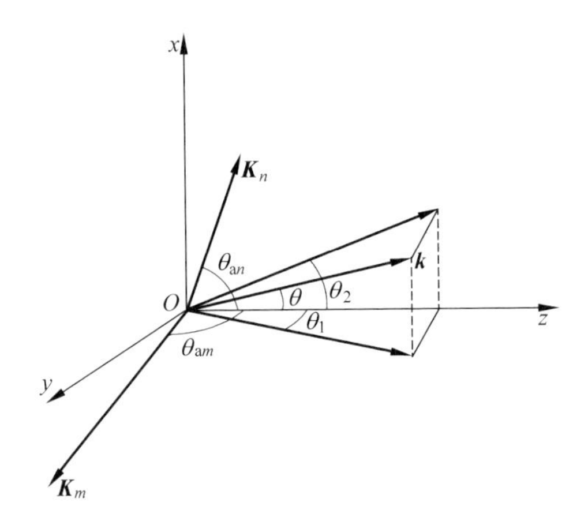


图 4.31　二维多通道声光相互作用的几何关系

式中，$\boldsymbol{e}_{p_m,q_n}$ 是$(p_m,q_n)$级衍射光电场的单位矢量。

二维多通道超声波的应变张量为

$$\boldsymbol{S}(\boldsymbol{r},t)=\sum_{m=1}^{M}\boldsymbol{s}_m S_m \sin(\omega_m t-\boldsymbol{K}_m\cdot\boldsymbol{r})+\sum_{n=1}^{N}\boldsymbol{s}_n S_n \sin(\omega_n t-\boldsymbol{K}_n\cdot\boldsymbol{r}) \tag{4.73}$$

式中，$\boldsymbol{s}_m$ 和 $\boldsymbol{s}_n$ 分别为二维第 $m$ 通道和第 $n$ 通道超声波单位应变张量。

声光作用引起的非线性极化矢量为

$$\begin{aligned}\boldsymbol{P}^{(\mathrm{NL})}(\boldsymbol{r},t)&=\varepsilon_0:\boldsymbol{\chi}^{(\mathrm{NL})}:\boldsymbol{S}(\boldsymbol{r},t)\cdot\boldsymbol{E}(\boldsymbol{r},t)\\&=(\varepsilon_0/2\mathrm{i})\sum_{p_m=-\infty}^{\infty}\sum_{q_n=-\infty}^{\infty}\sum_{m=1}^{M}\sum_{n=1}^{N}\{[\boldsymbol{\chi}^{(\mathrm{NL})}:\boldsymbol{s}_m\cdot\boldsymbol{e}_{p_m-1,q_n}S_m\boldsymbol{E}_{p_m-1,q_n}(z)-\\&\quad\boldsymbol{\chi}^{(\mathrm{NL})}:\boldsymbol{s}_m\cdot\boldsymbol{e}_{p_m+1,q_n}S_m\boldsymbol{E}_{p_m+1,q_n}(z)]+[\boldsymbol{\chi}^{(\mathrm{NL})}:\boldsymbol{s}_n\cdot\boldsymbol{e}_{p_m,q_n-1}S_n\boldsymbol{E}_{p_m,q_n-1}(z)-\\&\quad\boldsymbol{\chi}^{(\mathrm{NL})}:\boldsymbol{s}_n\cdot\boldsymbol{e}_{p_m,q_n+1}S_n\boldsymbol{E}_{p_m,q_n+1}(z)]\}\exp[\mathrm{i}(\omega_{p_m,q_n}t-\boldsymbol{K}_{p_m,q_n}\cdot\boldsymbol{r})]\end{aligned} \tag{4.74}$$

式中，$\boldsymbol{\chi}^{(\mathrm{NL})}$为介质的非线性极化率张量。将式(4.70)～式(4.74)代入参量相互作用基本方程

$$\nabla^2\boldsymbol{E}-\frac{1}{c^2}\boldsymbol{\varepsilon}\cdot\ddot{\boldsymbol{E}}=\frac{1}{c^2\varepsilon_0}\ddot{\boldsymbol{P}}^{(\mathrm{NL})} \tag{4.75}$$

在一级近似下，可得

$$\frac{\mathrm{d}}{\mathrm{d}z}E_{p_m,q_n}(z)-\mathrm{i}\Delta k_{p_m,q_n}E_{p_m,q_n}(z)$$

$$
= -\sum_{m=1}^{M}\sum_{n=1}^{N}\left\{\frac{(k_{p_m,q_n})^2}{(4K_{p_m,q_n})_z}p^{(m)}S_m[(n_{p_{m+1},q_n})^2E_{p_m+1,q_n}(z)-(n_{p_m-1,q_n})^2E_{p_m-1,q_n}(z)]-\frac{(k_{p_m,q_n})^2}{(4K_{p_m,q_n})_z}p^{(n)}S_n[(n_{p_m,q_n+1})^2\cdot E_{p_m,q_{n+1}}(z)-(n_{p_m,q_n-1})^2E_{p_m,q_{n-1}}(z)]\right\} \tag{4.76}
$$

式中，$\Delta\boldsymbol{k}_{p_m,q_n}$ 是介质中的极化波矢 $\boldsymbol{K}_{p_m,q_n}$ 和衍射光波矢 $\boldsymbol{k}_{p_m,q_n}$ 之间的动量失配量，它被限制在通光的 $z$ 方向，其值为

$$
\Delta k_{p_m,q_n}=K_{p_m,q_n}-k_{p_m,q_n}\approx\frac{(K_{p_m,q_n})_z^2-(k_{p_m,q_n})_z^2}{2(K_{p_m,q_n})_z}\approx\frac{K_{p_m,q_n}^2-k_{p_m,q_n}^2}{2(K_{p_m,q_n})_z}
$$

$$
=\frac{k}{2c_m}\left\{\left(1-\left(\frac{n_{p_m,q_n}}{n_0}\right)^2+\frac{2\sum_{m=1}^{M}p_mK_m}{n_0k}\cos(\theta_{am}+\theta_1)+\frac{2\sum_{n=1}^{N}q_nK_n}{n_0k}\cos(\theta_{an}+\theta_2)+\frac{\left(\sum_{m=1}^{M}p_mK_m\right)^2}{(n_0k)^2}+\frac{\left(\sum_{n=1}^{N}q_nK_n\right)^2}{(n_0k)^2}\right\} \tag{4.77}
$$

式中，

$$
c_m=\cos\theta+\frac{\sum_{m=1}^{M}p_mK_m}{n_0k}\cos\theta_{am}+\frac{\sum_{n=1}^{N}q_nK_n}{n_0k}\cos\theta_{an} \tag{4.78}
$$

对正常声光相互作用，$n_{p_m+1,q_n}=n_{p_m-1,q_n}=n_{p_m,q_n+1}=n_{p_m,q_n-1}=n_{p_m,q_n}=n_0$，式(4.76)和式(4.77)可简化为

$$
\frac{\mathrm{d}}{\mathrm{d}z}E_{p_m,q_n}(z)-\mathrm{i}\Delta k_{p_m,q_n}E_{p_m,q_n}(z)
=\sum_{m=1}^{M}\sum_{n=1}^{N}\left\{\frac{k\Delta\mu_m}{2\cos\theta_1}[E_{p_m+1,q_n}(z)-E_{p_m-1,q_n}(z)]+\frac{k\Delta\mu_n}{2\cos\theta_2}[E_{p_m,q_n+1}(z)-E_{p_m,q_n-1}(z)]\right\} \tag{4.79}
$$

和

$$
\Delta k_{p_m,q_n}=K_{p_m,q_n}-k_{p_m,q_n}
=\sum_{m=1}^{M}(p_mK_m)^2\Big/2n_0k\cos\theta_1+\sum_{n=1}^{N}(q_nK_n)^2\Big/2n_0k\cos\theta_2+\sum_{m=1}^{M}(p_mK_m)\tan\theta_1+\sum_{n=1}^{N}(q_nK_n)\tan\theta_2 \tag{4.80}
$$

式中，$n_{p_m,q_n}$ 表示（$p_m$，$q_n$）级衍射光在声光介质中的折射率，其他各级衍射光折射率符号类推。

以 $p^{(m)}$ 和 $p^{(n)}$ 表示二维方向的有效声光系数，$\Delta\mu_m=-(n_{p_m,q_n})^3p^{(m)}S_m$，$\Delta\mu_n=-(n_{p_m,q_n})^3p^{(n)}S_n$，分别为二维第 $m$ 通道和第 $n$ 通道声信号产生的折射率调制振幅[7]。

引入参量

$$\begin{cases}V_m=k\Delta\mu_mL_m/\cos\theta_1\\V_n=k\Delta\mu_nL_n/\cos\theta_2\\Q_m=K_m^2L_m/n_0k\cos\theta_1\\Q_n=K_n^2L_n/n_0k\cos\theta_2\\\alpha_m=n_0k\sin\theta_1/K_m\\\alpha_n=n_0k\sin\theta_2/K_n\end{cases}\tag{4.81}$$

式中，$V_m$ 和 $V_n$ 是对应于$\Delta\mu_m$ 和$\Delta\mu_n$ 的归一化折射率调制振幅，$Q_m$ 和 $Q_n$ 是反映声光相互作用失配程度的克莱因-库克（Klein-Cook）[1]参量，$\alpha_m$ 和 $\alpha_n$ 描述光的入射角度。$L_m$ 和 $L_n$ 是第 $m$ 通道和第 $n$ 通道声光相互作用长度。式（4.79）和式（4.80）变为

$$\frac{\mathrm{d}}{\mathrm{d}z}E_{p_m,q_n}(z)-\mathrm{i}\Delta k_{p_m,q_n}E_{p_m,q_n}(z)=\sum_{m=1}^{M}\frac{V_m}{2L_m}[E_{p_m+1,q_n}(z)-E_{p_m-1,q_n}(z)]+\sum_{n=1}^{N}\frac{V_n}{2L_n}[E_{p_m,q_n+1}(z)-E_{p_m,q_n-1}(z)]\tag{4.82}$$

$$\Delta k_{p_m,q_n}=\sum_{m=1}^{M}\frac{p_mQ_m}{2L_m}(p_m-2\alpha_m)+\sum_{n=1}^{N}\frac{q_nQ_n}{2L_n}(q_n-2\alpha_n)\tag{4.83}$$

由于 $p_m$ 和 $q_n$ 选取的值具有相互独立性和任意性，模式取如下形式：

$$E_{p_m,q_n}(z)=E_{p_m}(z)\cdot E_{q_n}(z)\tag{4.84}$$

方程（4.82）变为

$$\frac{\mathrm{d}}{\mathrm{d}z}E_{p_m}(z)-\frac{\mathrm{i}}{2L_m}p_mQ_m(p_m-2\alpha_m)E_{p_m}(z)=\sum_{m=1}^{M}\frac{V_m}{2L_m}[E_{p_m+1}(z)-E_{p_m-1}(z)]\tag{4.85}$$

$$\frac{\mathrm{d}}{\mathrm{d}z}E_{q_n}(z)-\frac{\mathrm{i}}{2L_n}q_nQ_n(q_n-2\alpha_n)E_{q_n}(z)=\sum_{n=1}^{N}\frac{V_n}{2L_n}[E_{q_n+1}(z)-E_{q_n-1}(z)]\tag{4.86}$$

对于布拉格衍射，$\alpha_m\approx1/2$，$\alpha_n\approx1/2$，只有 0 级和 1 级衍射光，方程（4.85）和

方程(4.86)简化为

$$\frac{\mathrm{d}}{\mathrm{d}z}E_0^m(z)=\sum_{m=1}^{M}\frac{V_m}{2L_m}E_1^m(z) \tag{4.87}$$

$$\frac{\mathrm{d}}{\mathrm{d}z}E_1^m(z)-\mathrm{i}\frac{Q_m}{2L_m}(1-2\alpha_m)E_1^m(z)=-\sum_{m=1}^{M}\frac{V_m}{2L_m}E_0^m(z) \tag{4.88}$$

$$\frac{\mathrm{d}}{\mathrm{d}z}E_0^n(z)=\sum_{n=1}^{N}\frac{V_n}{2L_n}E_1^n(z) \tag{4.89}$$

$$\frac{\mathrm{d}}{\mathrm{d}z}E_1^n(z)-\mathrm{i}\frac{Q_n}{2L_n}(1-2\alpha_n)E_1^n(z)=-\sum_{n=1}^{N}\frac{V_n}{2L_n}E_0^n(z) \tag{4.90}$$

式中，$E_0^m$、$E_1^m$ 和 $E_0^n$、$E_1^n$ 分别表示 $m$ 通道和 $n$ 通道 0 级光和 1 级衍射光电场的振幅。

方程(4.86)～方程(4.89)的边界条件为 $z=0$ 时，$E_0^m(0)=E_0^n(0)=1$ 和 $E_1^m(0)=E_1^n(0)=0$。用 $I_0^m$、$I_1^m$ 和 $I_0^n$、$I_1^n$ 分别表示在 $z=L_m$，$z=L_n$ $(L_m=L_n)$ 时，第 $m$ 通道和 $n$ 通道 0 级光和 1 级衍射光光强与入射光光强之比，即归一化衍射光强。其中 $I_1^m$ 和 $I_1^n$ 是在严格动量匹配条件下第 $m$ 通道和第 $n$ 通道 1 级衍射光的峰值强度。

类似于一维解法，方程的解为

$$I_1^m=|E_1^m(L_m)|^2/|E_0^m(0)|^2=(V_m/2\sigma_m)^2\sin^2\sigma_m \tag{4.91}$$

$$I_1^n=|E_1^n(L_m)|^2/|E_0^n(0)|^2=(V_n/2\sigma_n)^2\sin^2\sigma_n \tag{4.92}$$

$$I_0^m=|E_0^m(L_m)|^2/|E_0^m(0)|^2=1-I_1^m \tag{4.93}$$

$$I_0^n=|E_0^n(L_n)|^2/|E_0^n(0)|^2=1-I_1^n \tag{4.94}$$

式中，

$$\sigma_m=[\zeta_m^2+(V_m/2)^2]^{1/2}=(1/4)\{[Q_m(1-2\alpha_m)]^2+4V_m^2\}^{1/2} \tag{4.95}$$

$$\sigma_n=[\zeta_n^2+(V_n/2)^2]^{1/2}=(1/4)\{[Q_n(1-2\alpha_n)]^2+4V_n^2\}^{1/2} \tag{4.96}$$

$$\zeta_m=Q_m(2\alpha_m-1)/4 \tag{4.97}$$

$$\zeta_n=Q_n(2\alpha_n-1)/4 \tag{4.98}$$

对于严格的布拉格角入射，$\alpha_m=1/2$，$\alpha_n=1/2$，式(4.97)和式(4.98)变为 $\zeta_m=0$，$\zeta_n=0$，式(4.91)～式(4.94)简化为

$$I_0^m=\cos^2(V_m/2) \tag{4.99}$$

$$I_1^m=\sin^2(V_m/2) \tag{4.100}$$

$$I_0^n=\cos^2(V_n/2) \tag{4.101}$$

$$I_1^n = \sin^2(V_n/2) \tag{4.102}$$

对于二维声光衍射，从式(4.84)和式(4.99)～式(4.102)可得

$$I_{0,0}^{m,n} = |E_{0,0}^{m,n}(L)|^2/|E_{0,0}^{m,n}(0)|^2 = \cos^2(V_m/2)\cos^2(V_n/2) \tag{4.103}$$

$$I_{1,0}^{m,n} = |E_{1,0}^{m,n}(L)|^2/|E_{0,0}^{m,n}(0)|^2 = \sin^2(V_m/2)\cos^2(V_n/2) \tag{4.104}$$

$$I_{0,1}^{m,n} = |E_{0,1}^{m,n}(L)|^2/|E_{0,0}^{m,n}(0)|^2 = \cos^2(V_m/2)\sin^2(V_n/2) \tag{4.105}$$

$$I_{1,1}^{m,n} = |E_{1,1}^{m,n}(L)|^2/|E_{0,0}^{m,n}(0)|^2 = \sin^2(V_m/2)\sin^2(V_n/2) \tag{4.106}$$

式中，$E_{0,0}^{m,n}$、$E_{1,0}^{m,n}$、$E_{0,1}^{m,n}$、$E_{1,1}^{m,n}$ 表示二维第 $m$ 通道和第 $n$ 通道衍射级分别为 0 级和 1 级时的互调制衍射光电场的振幅。$I_{0,0}^{m,n}$、$I_{0,1}^{m,n}$、$I_{1,0}^{m,n}$、$I_{1,1}^{m,n}$ 表示在 $z=L_m=L_n=L$ 时二维相应互调制衍射光光强与入射光光强之比，即二维归一化衍射光强。

在以上各式中，$V_m$ 和 $V_n$ 可以用超声波功率 $P_{am}$ 和 $P_{an}$ 表示[3,17]，

$$V_m = (2\pi/\lambda_0\cos\theta_1)(M_2L_mP_{am}/2H_m)^{1/2} \tag{4.107}$$

$$V_n = (2\pi/\lambda_0\cos\theta_2)(M_2L_nP_{an}/2H_n)^{1/2} \tag{4.108}$$

式中，$P_{am}$ 和 $P_{an}$ 分别是二维第 $m$ 通道和第 $n$ 通道的超声波功率，$\lambda_0$ 是真空中的光波波长，$M_2$ 是介质的声光优质，$H_m$ 和 $H_n$ 分别是二维第 $m$ 通道和第 $n$ 通道换能器的高度。因此二维各通道衍射光强度可以用超声波强度表示。即上述方程给出衍射光强作为折射率调制相移 $V$ 的函数，从而作为声波强度的函数。

用图形表示理论计算出的二维各通道归一化衍射光强作为 $V$ 的函数，如图 4.32 所示[45]。

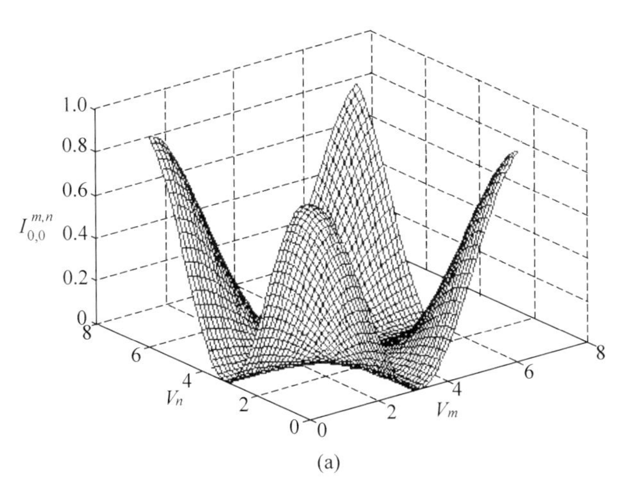


图 4.32　衍射光与入射光强度比随折射率调制相移的函数变化曲线，对应不同的衍射级：(a) (0,0)；(b) (1,0)；(c) (0,1)；(d) (1,1)

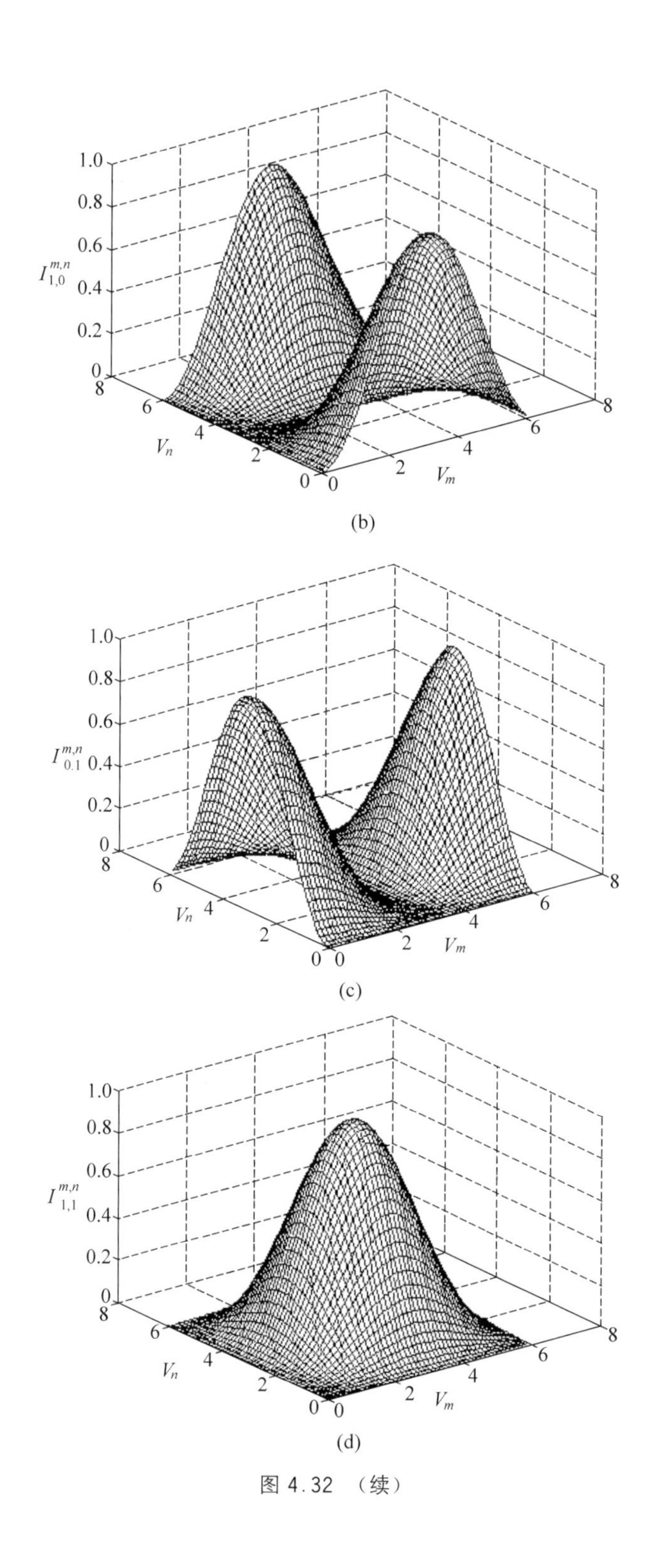

1.0
0.8
0.6
$I_{1,0}^{m,n}$
0.4
0.2
0
8
6
$V_n$
4
2
0
0
2
$V_m$
4
6
8
(b)
1.0
0.8
0.6
$I_{0,1}^{m,n}$
0.4
0.2
0
8
6
$V_n$
4
2
0
0
2
$V_m$
4
6
8
(c)
1.0
0.8
0.6
$I_{1,1}^{m,n}$
0.4
0.2
0
8
6
$V_n$
4
2
0
0
2
$V_m$
4
6
8
(d)


图 4.32 （续）

## 4.4.2　二维多通道声光器件及实验

我们设计与研制的二维三通道器件是用重火石玻璃作为介质，具有较高的声光优值和较低的声衰减系数($M_2=4.51\times10^{-15}s^3/kg$，折射率 $n_0=1.616$，声速 $v_a=3630m/s$)[2,48]。器件使用的压电换能器是 36°$y$ 切 $LiNbO_3$，其二维各个通道的长度 $L$ 和宽度 $H$ 分别为 10mm 和 1mm，即 $L_m=L_n=10mm$，$H_m=H_n=1mm$。它的克莱因-库克参量 $Q=20.59$，达到布拉格衍射区 $Q>4\pi$ 的指标，所以调制器是布拉格器件。

器件所用重火石玻璃材料的声光系数 $P_{11}$ 和 $P_{12}$ 近似相等($P_{11}=0.232$，$P_{12}=0.256$)，因此重火石玻璃适合作为二维声光器件的材料。反之，其他各向同性材料，例如熔石英($P_{11}=0.121$，$P_{12}=0.270$)[48]，由于二维方向不具有对称性，不适合应用于二维器件。

用我们研制的二维三通道布拉格声光器件进行了实验测量，实验装置如图 4.33 所示。HeNe 激光($\lambda_0=0.6328\mu m$)扩束后入射到二维三通道声光器件，分别从每一通道换能器输入独立的超高频驱动电信号，在二维各个通道产生超声波信号，经声光相互作用，器件的出射光为一维各通道主衍射和二维不同通道组合形成的互调制衍射光，如上所述，形成空间分布为 $M\times N$ 的衍射光束。用通过式功率计和频率计测量超高频驱动电信号的功率和频率，用光电探测器测量各级衍射光的光强。

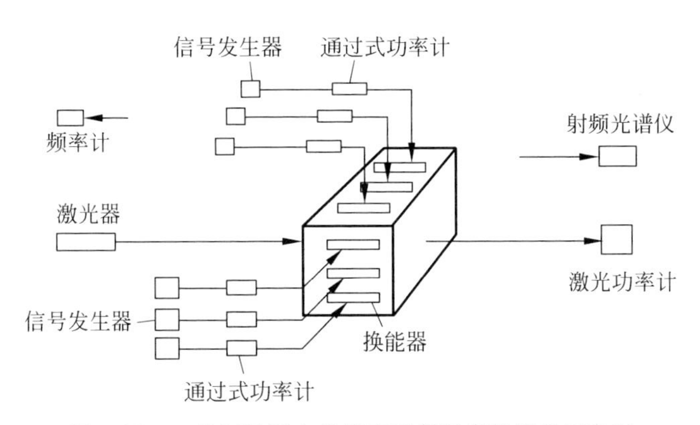


图 4.33　二维三通道布拉格声光衍射实验装置示意图

二维三通道布拉格声光衍射光的理论分布如图 4.34 所示。

图 4.35 是二维三通道布拉格声光调制器件的衍射光分布实验照片。因为器件的声光晶体尺寸所限，声光相互作用长度仅达布拉格区，在驱动信号比较强时，会出现−1 级和 2 级衍射。

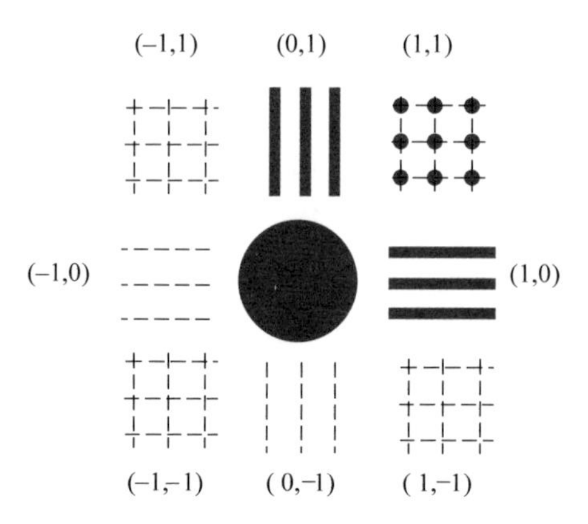


图 4.34　二维三通道布拉格声光衍射光场(理论值)分布

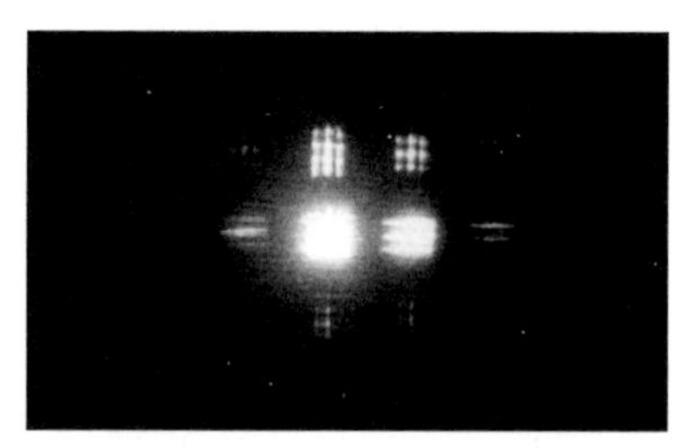

图 4.35　二维三通道布拉格声光衍射实验照片

测量器件各通道 1 级主衍射光和二维不同通道的互调制光随相应通道超高频信号频率的变化,可得到其频率特性和带宽,测量它们随相应通道超高频信号功率的变化,可得到其光透过率强度特性,进而可知其声光一维和二维调制特性。实验测得每通道中心频率分别为 105～114MHz,3dB 带宽为 24～30MHz。测出一维 0 级光和 1 级衍射光强和二维不同通道的互调制衍射光强,以及入射光强可得到相应的归一化衍射光强,分别用 $I_0^m$、$I_1^m$、$I_0^n$、$I_1^n$ 和 $I_{0,0}^{m,n}$、$I_{0,1}^{m,n}$、$I_{1,0}^{m,n}$、$I_{1,1}^{m,n}$ 表示。改变各个通道的驱动信号功率,可以得到一系列实验结果,其中部分结果见表 4.4。

二维通道拉格光衍动画

**表 4.4　二维三通道各级声光衍射效率和相对误差(RE)的实验结果**

| | $I_0^m$/% | $I_1^m$/% | $I_0^n$/% | $I_1^n$/% | $I_{0,0}^{m,n}$/% (RE) | $I_{0,1}^{m,n}$/% (RE) | $I_{1,0}^{m,n}$/% (RE) | $I_{1,1}^{m,n}$/% (RE) |
|---|---|---|---|---|---|---|---|---|
| $m=1$ | 73.0 | 26.2 | | | 65.6 | 7.9 | 23.0 | 2.6 |
| $n=1$ | | | 88.5 | 10.5 | (1.540) | (3.066) | (0.806) | (5.489) |
| $m=2$ | 94.6 | 5.4 | | | 71.4 | 22.3 | 4.5 | 1.6 |
| $n=2$ | | | 76.0 | 23.4 | (0.690) | (0.739) | (9.649) | (26.622) |
| $m=3$ | 87.0 | 12.0 | | | 74.1 | 13.5 | 10.2 | 2.0 |
| $n=3$ | | | 84.6 | 15.0 | (0.676) | (3.448) | (0.473) | (11.111) |

表 4.4 中，$I_0^m$、$I_1^m$、$I_0^n$、$I_1^n$ 是不同通道的 0 级光和 1 级衍射光对入射光的相对强度，$I_{0,0}^{m;n}$、$I_{0,1}^{m;n}$、$I_{1,0}^{m;n}$、$I_{1,1}^{m;n}$ 是二维互调制和交叉调制光的相对强度。实验数据符合式(4.99)～式(4.106)得到的 $I_{0,1}^{m;n}=I_0^m I_1^n$、$I_{1,0}^{m;n}=I_1^m I_0^n$、$I_{1,1}^{m;n}=I_1^m I_1^n$，以及式(4.103)～式(4.106)所得到的 $I_{1,1}^{m;n}=(I_{1,0}^{m;n}I_{0,1}^{m;n})/I_{0,0}^{m;n}$ 的理论分析。另外，表 4.4 还显示出对于每维单一通道单独施加声波信号时，其 0 级和 1 级衍射效率之和均超过 99%。我们也计算了各级衍射光强的相对误差，如表 4.4 和图 4.36 所示。结果表明实验测试与理论分析及计算符合得很好。

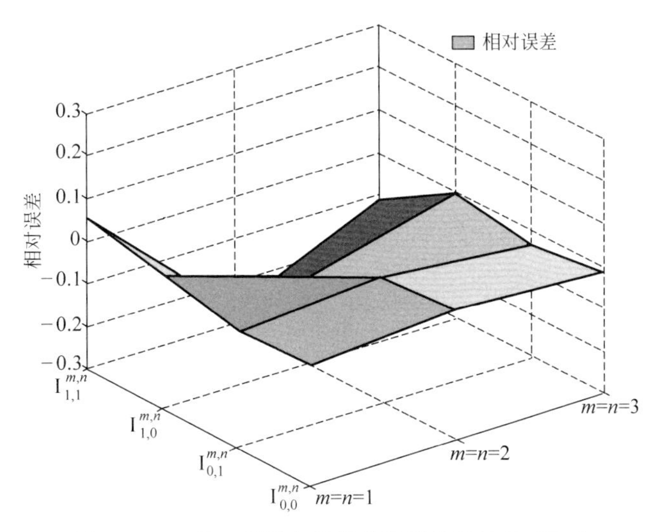


图 4.36　二维三通道各级声光衍射效率的相对误差

## 4.4.3　分析和总结

二维多通道声光相互作用中，每一维每一通道均产生衍射光，它们在声光介质中与另一维每一通道的超声波信号再次作用，又产生二级互调制衍射光，所以产生大量的空间衍射光束。这些衍射光中每一光束都可以携带信号，它们分别携带了二维不同通道的输入信号，因此器件传输信号的能力有很大提高。因为二维不同通道的互调制信号为两个一维相应通道调制信号相乘，在光信号处理和光计算中具有重要意义。利用二维多通道声光调制器可以实现矩阵向量的乘法运算。

在已有的报道中，很多声光矩阵矢量乘法处理器或声光矩阵运算由两个一维多通道声光调制器构成，将第一个一维多通道声光调制器件的衍射光经透镜聚焦到第二个多通道声光调制器上完成运算[49-50]，如图 4.37 和图 4.38 所示；或用一维多通道声光调制器和激光二极管阵列实现[51-52]，如图 4.39 和图 4.40 所示。另外有的由一维多通道声光调制器与液晶显示器阵列和电荷耦合器件(charge

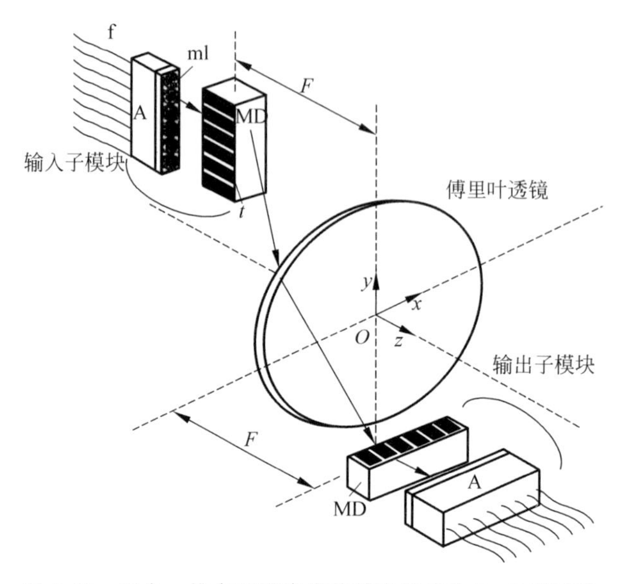


图 4.37 两个一维多通道声光偏转器构成的 8×8 光开关

f：fiber 光纤；A：array 阵列；ml：microlens 微透镜；MD：multichannl deflection 多通道偏转器

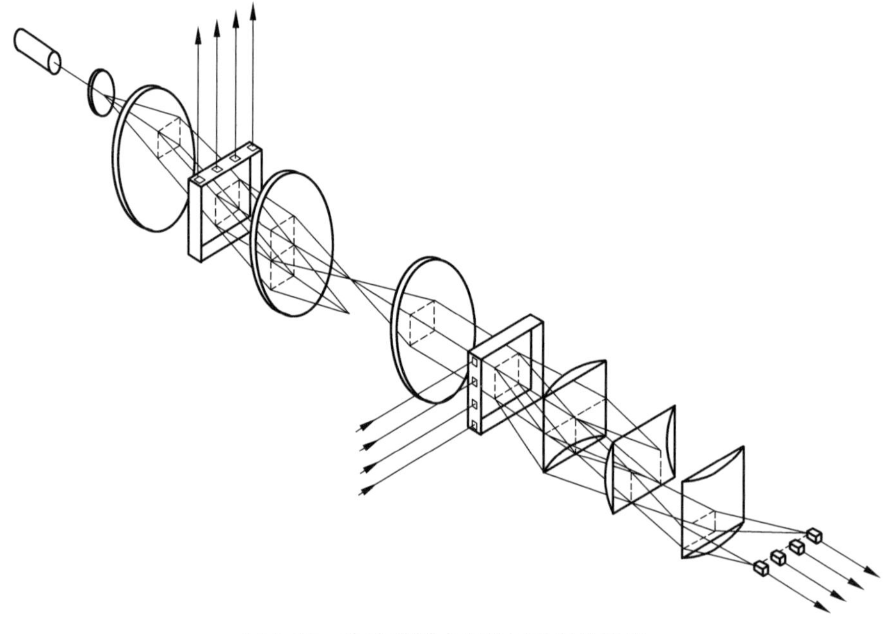

图 4.38 脉动阵列式声光二进制卷积器

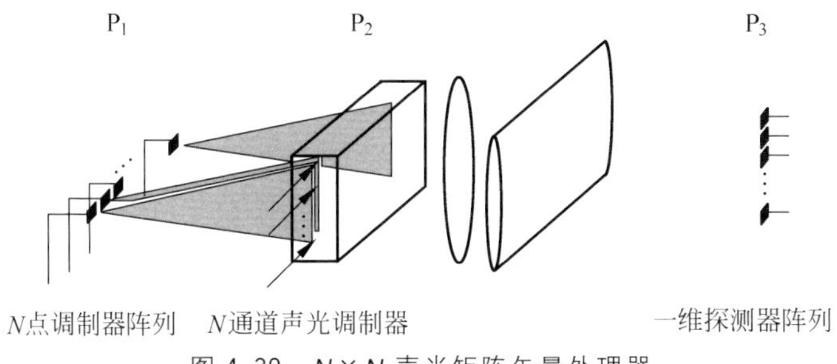


图 4.39 $N\times N$ 声光矩阵矢量处理器

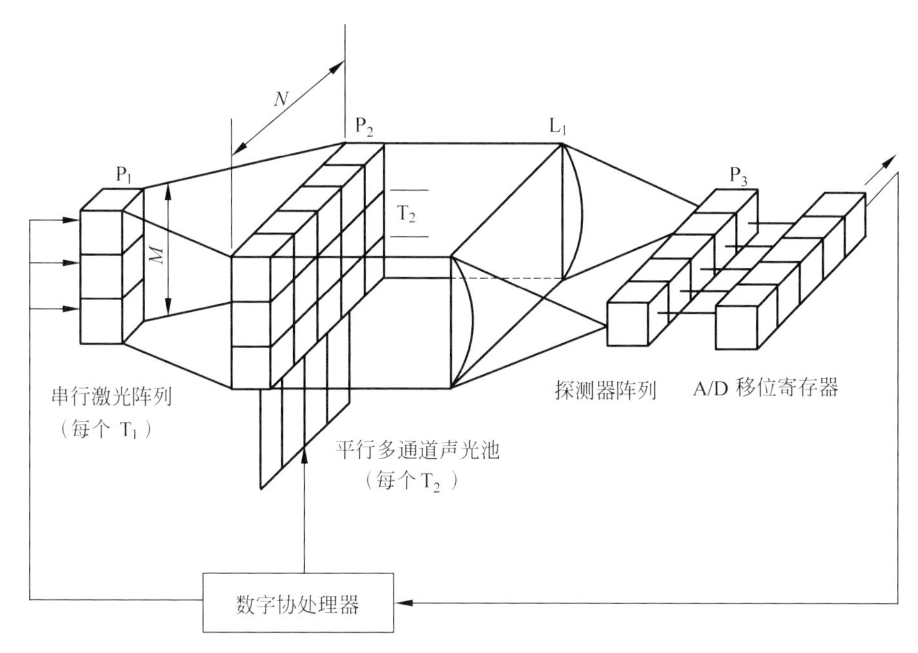


图 4.40 一维多通道声光线性代数处理器

coupled device，CCD）[53]以及孔径阵列掩模[54]组成，以及一维多通道声光器件构成的多种运算结构系统[55-57]。

下面介绍几种由两个一维多通道声光调制器构成的二维声光调制交叉连接和矢量矩阵处理器，分别如图 4.37 和图 4.38 所示。图 4.37 是两个一维多通道声光偏转器构成的 8×8 光开关结构[49]。

这个 $N\times N$ 路光开关由两个相同的多通道声光偏转器组成，它们位于傅里叶透镜焦平面的两侧并且相互垂直。每个声光偏转器的换能器包含 $N$ 个压电换能器，独立地控制从光纤线性阵列耦合到透镜的 $N$ 个光束的偏转。光开关可以使用一个多通道声光偏转器阵列为输入，另一个阵列是输出，并可以双向操作。光路建立在两根光纤之间，驱动信号加入声光偏转器的换能器，信号频率值对应输入光纤和输出光纤所需要的频率值。

另一种由两个一维多通道声光调制器构成的脉动阵列式声光二进制卷积器(systolic acousto-optic binary convolver,SAOBiC)如图4.38所示[50]。

脉动阵列式声光二进制卷积器是由两个一维多通道声光调制器构成的矢量矩阵处理器。其结构是用光并行处理两个空间维度($x$ 和 $y$)中的信息。脉动式矩阵/矢量处理是沿着 $x$ 维执行的,得到沿 $y$ 维的二进制格式高精度处理数据。处理器包括一个光源如激光二极管、七个透镜、两个多通道声光器件和 $N$ 位线性阵列探测器,其中 $N$ 是最大的输入矢量的位数。

准直光入射到第一个多通道声光器件。通道数对应于 $N$,即输入到卷积器的矩阵列的长度或输入矢量的长度。每个矩阵元素的二进制比特流是以串行方式加载到晶体中。在第一个多通道声光器件中产生的数据信号被成像到第二个多通道声光器件上。矢量数据以比特流并行方式加载到第二个器件中。因此,第二个器件所需的通道电极数与每个数字的位数相对应。第一个晶体中的数据与第二个晶体中的数据的乘积被成像到检测器上,在 $y$ 维度上晶体整个 $y$ 孔径的瞬时积是由单一一维柱面傅里叶变换透镜聚焦或"空间集成"的。每个检测器在 $y$ 维上得到二进制比特流与其对应的矩阵/矢量乘法的卷积。

采用一维多通道声光调制器和激光二极管阵列构成的声光矩阵矢量处理器如图4.39[51]和图4.40[52]所示。

图4.39所示的 $N \times N$ 声光矩阵矢量处理器用于计算矩阵-向量乘积 $\boldsymbol{Ay}$,其中 $\boldsymbol{A}$ 是一个 $N \times N$ 矩阵,$\boldsymbol{y}$ 是一个 $N \times 1$ 矢量。$\boldsymbol{y}$ 的元素被输入到与 $P_1$ 平行的 $N$ 个点调制器,它们被水平成像,并在 $P_2$ 平面的一维多通道声光调制器单元上垂直展开。因此,一个点调制器的输出到达多通道声光器件的每个通道上的一个点。从 $P_2$ 出射的光分布在空间,经透镜水平集成到 $P_3$ 的线性输出检测器阵列上。矩阵 $\boldsymbol{A}$ 的一列在每个时间步长内平行输入到 $P_2$ 处的声光调制器。经过 $N$ 个时间步长后,声光池的 $N$ 个通道中出现了 $N \times N$ 个矩阵。然后将矢量输入于 $P_1$ 的 $N$ 点调制器,在 $P_3$ 处得到矩阵-矢量的乘积。在下一个时间步长,一列的 $\boldsymbol{A}$ 被重新引入 $P_2$,以保持完整的矩阵重新出现在声光池内。新的矢量数据应用到 $P_1$ 点调制器。在连续的时间步长中,由于矩阵数据在声光池单元中发生了移动,所以 $P_1$ 数据的顺序是不同的,因为模式是规则的,容易调节得到矩阵与矢量乘积。

图4.40是另一种一维多通道声光调制器和激光二极管阵列构成的光线性代数处理器(optical linear algebra processors,OLAP)的构建图[52]。

这个光线性代数处理器,由 $P_1$ 平面的多点调制器、$P_2$ 平面的多通道声光器件和 $P_3$ 平面的光学检测器阵列组成,其中包含多个模数转换器(ADC)和移位相加寄存器。每个 $P_1$ 点调制器发出的光被水平成像穿过 $P_2$ 的相应区域。从 $N$ 个声光通道发出的光信号被成像到 $P_3$ 处的 $N$ 个单元的检测元件上。系统在 $P_1$ 处容纳 $M$ 个垂直处理通道，在 $P_2$ 处容纳 $N$ 个水平处理通道。操作数是 $N$ 比特位数字编码，其位数与声光调制器单元中的水平通道数相同。每个 $M$ 通道执行两个数字的乘法，例如 $z=xy$。

采用一个二维多通道声光调制器件与两个一维多通道声光器件，或者一维多通道声光器件与其他光学元件构成的二维系统相比，具有减化光路结构、减少光损耗、提高计算精度、降低成本等一系列优点，并且可以用两个二维多通道声光调制器件一次性完成两个以上光学矩阵运算。二维多通道声光相互作用理论和器件在声光频谱分析、多光束偏转、调制与记录、光连接器、相关器、矩阵乘法处理器、光计算、光通信、光信号处理等高技术领域具有重要的学术意义和应用前景。

## 4.5 多通道表面波全光纤声光调制理论和器件

### 4.5.1 全光纤声光调制器类型

全光纤声光调制器是光纤通信、光纤传感和光纤激光器等领域的重要器件，由于光纤材料声光系数大，声光效应非常适合应用于光纤调制。全光纤声光器件把高频超声波引入光纤，与光纤中的光导波相互作用。采用外调制的方法处理光纤导波而无需把光从光纤中导出，也不需要在光纤传播通道内插入集成光学和电子器件，避免了耦合损耗、光学精密定位和噪声引入等问题，易与光纤激光器、放大器及传输系统配套，具有体积小、带宽大、效率高、兼容性好等优点。特别在光纤相干光通信中，光源内调制目前还难以实现频率和相位调制，并会伴有寄生调制和啁啾，调制深度也有限。目前采用的电光外调制器件工艺复杂，成品率低，成本高，兼容性差，器件尾纤需与通信光纤对接，其插入损耗大于3分贝。而全光纤声光外调制可直接调制通信光纤中的光导波，并且相干光检测把光载频信息转变为中频载波信息，光频段难以制作的窄带滤波器对几十至几百兆赫兹的中频很容易实现，可以极大提高接收的转换增益、灵敏度和选择性，有利于实现波分复用等复用通信。其具有极大的应用价值。

全光纤声光抽头、移频器、调制器和锁模器等均已被研制和应用。我们归纳其结构主要分为以下几类：①体波型，用体波声光器件调制光纤导波[58]；②谐振型压电陶瓷(PZT)换能器[59-61]；③切向波型，在光纤芯上制作叉指或环形换能器，产生沿光纤传播的挠性声波以调制光导波[62-64]；④表面声波型，将光纤嵌入表面声波器件，用叉指换能器(IDT)产生表面声波调制光导波[65]；⑤体波和表面声波结合[66]的表面声波器件。但前3种器件在结构设计、转换效率、带宽等方面尚不完善，并且大多是单通道器件，其中第1、2类器件体积大、效率较低、驱动功率大。第3类工艺难度大、器件脆弱。第4类器件体积小、驱动功率小、易于集成、可批量制作，为最具发展前景的器件。全光纤器件的研究对全光通信、分布型光纤传感、外差检测等领域具有重要的学术意义和应用前景。

### 4.5.2 多通道表面波全光纤声光相互作用耦合波方程

全光纤声光调制是将声波信号传输到光纤中引起光纤介质的折射率周期性变化，调制光纤中的光导波。单通道全光纤声光调制是一束声波信号与光纤中的光导波发生相互作用，实现一次调制的过程。多通道全光纤声光调制是使多束声波信号与光纤中光波发生相互作用，其理论也可以解决一束声波信号与光纤中的光波发生多次相互作用产生多次调制的情况。

我们利用微扰形式的光纤耦合模理论，建立多通道全光纤声光耦合波方程，并求出方程的解，得到超声波调制的导光波的输出结果。设计研制及测试了一种表面波全光纤声光调制器，该器件由两通道表面声波器件和单模光纤构成（非一般调制器所用的保偏光纤），由于两个通道中的表面声波具有不同的中心频率，所以光纤中的光导波被具有不同频率的两个通道的表面声波同时调制，实现全光纤相干调制解调[66-69]。

设光导波沿 $x$ 轴传播，其在真空中的圆频率和波矢分别为 $\omega$ 和 $\boldsymbol{k}$，光纤中的折射率为 $\mu_0$。第 $m$ 通道中的表面声波的圆频率和波矢分别为 $\omega_m$ 和 $\boldsymbol{K}_m$，$m=1,2,\cdots,N$。$x$ 轴和第 $m$ 通道中的表面声波的波前之间的角度为 $\theta_m$。两通道声光相互作用的几何关系如图4.41所示。

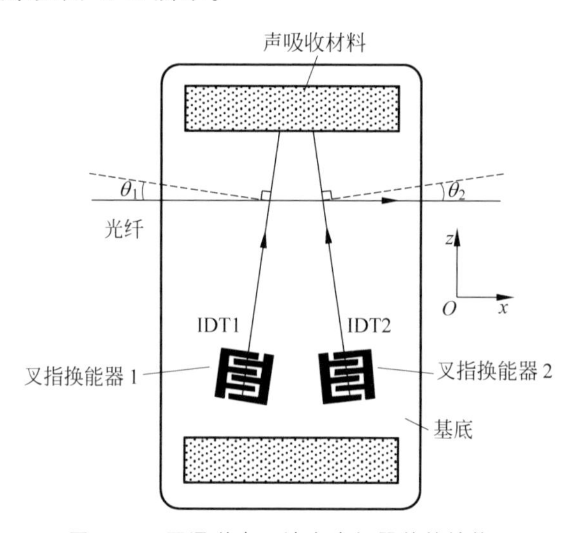


图4.41 两通道表面波全光纤器件的结构图

由于声光效应，光波和表面声波相互耦合产生一系列具有复合频率的极化波。这些极化波激发具有这些复合频率的光辐射，即各级衍射光。将入射光和各级衍射光的总光场与多通道表面声波以及声光效应所产生的极化波代入麦克斯韦方程，在布拉格条件下，0 级光和 1 级衍射光（$G=0,1$）的相位失配最小，可以推得耦合模方程为[67]

$$\frac{\mathrm{d}}{\mathrm{d}z}E^0_{(\bar{n})}(x)=\sum_{m=1}^{N}\frac{V_m}{2L_m}E^1_{(\bar{n}+\bar{a}_m)}(x) \tag{4.109}$$

$$\frac{\mathrm{d}}{\mathrm{d}z}E^1_{(\bar{n})}(x)=-\sum_{m=1}^{N}\frac{V_m}{2L_m}E^0_{(\bar{n}-\bar{a}_m)}(x) \tag{4.110}$$

式中，$E^G_{(\bar{n})}$ 是振幅，下标$(\bar{n})$代表$(n_1,n_2,\cdots,n_N)$，为全部 $N$ 个通道中衍射光的级数的分布模式，$n_m$ 是第 $m$ 通道的衍射级。$(\bar{n}-\bar{a}_m)$为$(n_1,n_2,\cdots,n_{m-1},n_m-1,n_{m+1},\cdots,n_{N-1},n_N)$，$(\bar{n}+\bar{a}_m)$为$(n_1,n_2,\cdots,n_{m-1},n_m+1,n_{m+1},\cdots,n_{N-1},n_N)$。

式中 $V_m=k\Delta\mu_m L_m/b_{(\bar{n})}$ 是相对于 $\Delta\mu_m$ 的由声光相互作用引起的相移，$\Delta\mu_m=-\frac{1}{2}\mu_0^3 pS_m$ 是由于第 $m$ 通道中的声信号所引起的折射率变化。$L_m$ 是第 $m$ 通道的声光相互作用长度。$b_{(\bar{n})}=K'_{(\bar{n})z}/\mu_0 k$，其中 $\boldsymbol{K}'_{(\bar{n})}$ 是极化波矢。

在初始条件 $E_{(\bar{n})}=E_0,(\bar{n})=(\bar{0})$ 和 $E_{(\bar{n})}=0,(\bar{n})\neq(\bar{0})$ 下，第 $m$ 通道中仅存在一级衍射光，方程(4.109)和方程(4.110)的解为

$$\eta_m^1=\frac{|E_m^1(L_m)|^2}{|E_m^0(L_m(0))|^2}=\sin^2\left(\frac{V_m}{2}\right) \tag{4.111}$$

式中，$L_m(0)$表示第 $m$ 通道声光相互作用的起始点，$\eta_m^1$ 表示第 $m$ 通道 1 级衍射光的衍射效率。

由声光相互作用引起的相移可以用声功率和声应变张量表示[70-71]，在多通道条件下，可以推得[67]

$$V_m=\frac{\pi}{\lambda_0\cos\theta_m}\left(\frac{2M_2L_mP_{am}}{H_m}\right)^{1/2}|F| \tag{4.112}$$

式中，$P_{am}$ 是第 $m$ 通道的声功率，$\lambda_0$ 是真空中的光波长，$H_m$ 是表面声波的深度，$M_2=(n_in_d)^3p^2/\rho v_a^3$ 是声光优值，其中 $v_a$ 是声速，而 $\rho$ 是光纤材料的密度。

由此得到，在严格布拉格衍射时，第 $m$ 通道的 1 级衍射光，即信号调制光的衍射效率为

$$\eta_m^1=\frac{|E_m^1(L_m)|^2}{|E_m^0(L_m(0))|^2}=\sin^2\left(\frac{V_m}{2}\right)=\sin^2\left[\frac{\pi}{\lambda\cos\theta_m}\left(\frac{M_2L_mP_{am}}{2H_m}\right)^{1/2}|F|\right] \tag{4.113}$$

式中，

$$F = F_{ao} + F_{eo} + F_{sr} \tag{4.114}$$

是交叠积分，由声光交叠($F_{ao}$)、电光交叠($F_{eo}$)和表面纹波交叠($F_{sr}$)三部分效应组成，它仅对导光波出现，数值取决于入射光衍射光和声波的场分布。对于体声波而言，$F=1$，对于表面声波而言，它的值介于0和1之间，方程(4.113)符合表面声波和光导波在薄膜导波结构的衍射效率[70-73]。

在多通道情况，不同通道的表面声波可具有不同频率，它们与光波相互作用，每一个衍射光会被其他频道的声波再次衍射，结合式(4.113)，第 $m$ 通道的入射光强

$$\begin{aligned}
|E_m^0(L_m(0))|^2 &= |E_{m-1}^0(L_{m-1}(0))|^2 - |E_{m-1}^1(L_{m-1})|^2 \\
&= (1-\eta_{m-1}^1)|E_{m-1}^0(L_{m-1}(0))|^2 \\
&= (1-\eta_1^1)(1-\eta_2^1)\cdots(1-\eta_{m-1}^1)|E_0|^2 \\
&= \left[1-\sin^2\left(\frac{V_1}{2}\right)\right]\left[1-\sin^2\left(\frac{V_2}{2}\right)\right]\cdots\left[1-\sin^2\left(\frac{V_{m-1}}{2}\right)\right]|E_0|^2 \\
&= \prod_{m=1}^{m-1}\left[1-\sin^2\left(\frac{V_m}{2}\right)\right]|E_0|^2
\end{aligned} \tag{4.115}$$

第 $m$ 通道的1级衍射光强是

$$|E_m^1(L_m)|^2 = \eta_m^1|E_m^0(L_m(0))|^2 = \sin^2\left(\frac{V_m}{2}\right)\prod_{m=1}^{m-1}\left[1-\sin^2\left(\frac{V_m}{2}\right)\right]|E_0|^2 \tag{4.116}$$

此光波因为被其他通道声波再衍射而减弱，输出光强变为

$$\begin{aligned}
|E_m^1|^2 &= |E_m^1(L_m)|^2(1-\eta_{m+1}^1)(1-\eta_{m+2}^1)\cdots(1-\eta_N^1)|E_0|^2 \\
&= \sin^2\left(\frac{V_m}{2}\right)\prod_{m=1}^{m-1}\left[1-\sin^2\left(\frac{V_m}{2}\right)\right]\prod_{m=m+1}^{N}\left[1-\sin^2\left(\frac{V_m}{2}\right)\right]|E_0|^2 \\
&= \sin^2\left(\frac{V_m}{2}\right)\prod_{m'=1}^{N}\left[1-\sin^2\left(\frac{V_{m'}}{2}\right)\right]|E_0|^2
\end{aligned} \tag{4.117}$$

式中，$m'$表示$1,2,\cdots,m-1,m+1,\cdots,N-1,N$。

忽略二次项，输出光强为

$$A = \sum_{m=1}^{N} A_m\cos(\omega_m t) \tag{4.118}$$

式中，$A_m = |E_m^1|$。

### 4.5.3 表面波全光纤声光调制器的设计和研制

我们设计和研制两种两通道表面波全光纤器件调制器件[66-67]，分别用石英晶

体和 $LiNbO_3$ 作为基底，一端制作叉指换能器，在超高频电信号的激励下发出超声波，将光纤嵌于超声波经过的基底路径上，表面波器件另一端放置吸声橡胶，将光纤研磨成 D 型光纤，平面一侧抛光，使纤芯裸露到一定程度，双通道叉指换能器分别以适合的方向制作在基底上，使超声波传播方向与光导波成布拉格角，以使超声波有效耦合进入光纤。器件基本结构和装置分别如图 4.42 和图 4.43 所示。

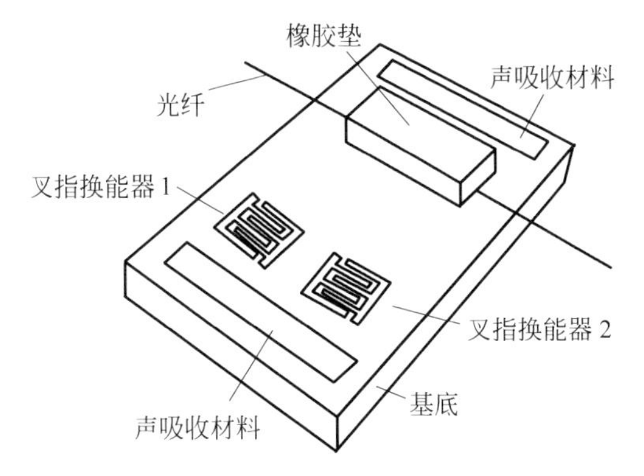


图 4.42　两通道表面波全光纤调制器基本结构

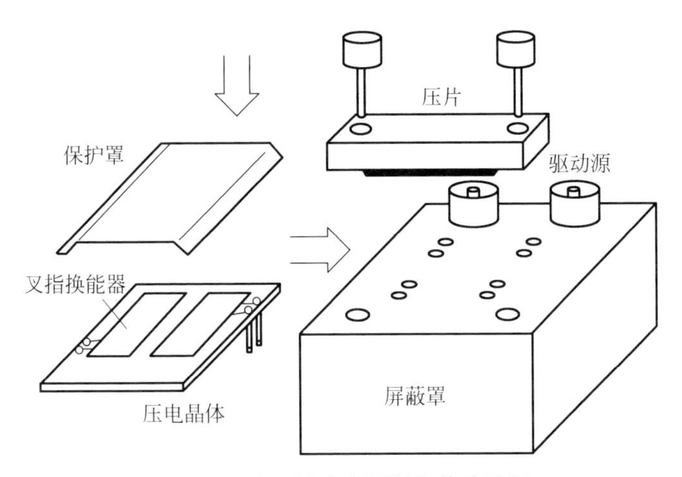


图 4.43　表面波声光调制器件装置图

表面声波器件是在一块压电晶体上制作两组叉指换能器，中心频率分别为 50MHz 和 100MHz。图 4.44 是贴附了光纤的表面声波器件的正面示意图，光纤用机械夹具固定在压电晶体之上。图 4.44 中，$A$ 区域中较密的叉指电极的中心频率是 100MHz，$B$ 区域中稀疏的叉指电极的中心频率是 50MHz。区域 $C$、$D$ 里的叉指换能器的作用是使 $A$、$B$ 两区域的叉指换能器所激发的表面声波分别得到反射加强。$E$ 区域是吸声物质以消除超声波的反射，$F$ 为金属衬底，也是信号输入的

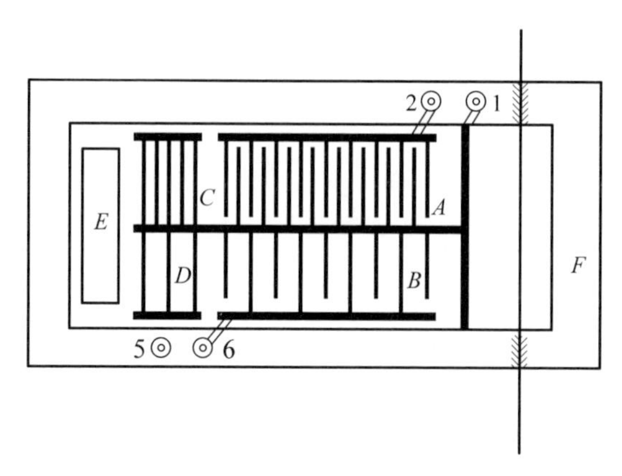


图 4.44 表面波声光调制器件叉指换能器示意图

接地端。图中未画出两组叉指换能器的倾斜角。

超声波的激发强度与压电晶体的机电耦合系数有关。$LiNbO_3$ 具有较大的机电耦合系数，因此使用 $LiNbO_3$ 可以获得较强的声场。但是，所激发的表面声波能量要有效地耦合到光纤中去，还必须考虑超声波在介质表面的透射系数和反射系数，这就要求压电晶体和光纤有相近的声学性质。光纤材料的声学性质与石英晶体大致相同。因此，用石英作为压电晶体，虽然其机电耦合系数较小，但是在光纤和石英晶体的接触面有较大的声耦合系数。综合考虑，我们分别用 $y$ 切石英晶体和 $128°y$ 切 $LiNbO_3$ 为基底制作表面声波器件，两种晶体的各项参数见表 4.5。我们研制出光纤与表面声波器件耦合的角度精密调节装置，可以调整光纤与表面声波换能器件之间的角度。

**表 4.5 石英和 $LiNbO_3$ 的参数**

| 基底材料 | 切向 | 密度/($kg/m^3$) | 表面声波速度/(m/s) | 机电耦合系数 | 声阻抗/($10^6$ Pa·$s/m^3$) |
|---|---|---|---|---|---|
| 石英 | 42.7°$y$ | 2650 | 3157 | 0.16 | 8.41 |
| $LiNbO_3$ | 128°$y$ | 4640 | 4000 | 0.55 | 18.56 |

## 4.5.4 全光纤声光器匹配电路设计和制作

采用梅森等效电路分析声光器件压电换能器输入阻抗，在驱动电源和声光器件之间插入一定的匹配网络，使驱动电信号功率能有效地加载到声光器件中。这样既减少了信号的损耗，又降低了对检测仪器的干扰。叉指电极是一层薄铝膜，很容易受到污染和划伤，因此，我们用金属壳保护叉指电极部分，只将与光纤接触的部分露出。在垂直于声波传播的方向，用机械夹具把裸光纤固定在压电晶体的表面。在光纤和压电晶体的接触部分涂以声匹配液，以保证声波能够更好地耦合进入光纤中。

本器件中光纤传输模式不需要宽带调制，故采用点频匹配电路，设需要匹配的声光器件在工作频率下的阻抗为

$$Z_0 = R + \mathrm{j}X \tag{4.119}$$

式中：$R$ 为大于零的实数，表示纯电阻；$X$ 为实数，表示纯电抗。阻抗匹配的过程就是通过一定电路，使器件的阻抗 $Z$ 恰好为 50Ω 的纯电阻。通过串联和并联两个元件的方法，就可以方便地实现器件点频匹配。声光器件点频匹配的等效电路如图 4.45 所示。

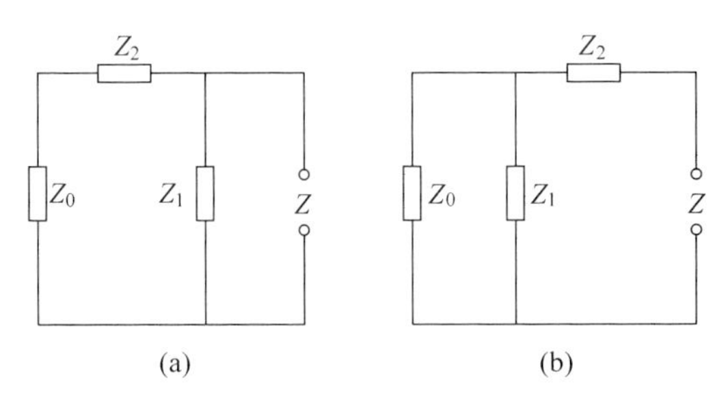


图 4.45 声光器件点频匹配的等效电路图

图 4.45(a)是采用两个元件先串联再并联的方法，图 4.45(b)是采用两个元件先并联再串联的方法。

利用 HP8753A 网络分析仪和 HP85046AS 参数测量仪，根据二端网络的史密斯圆图，得到声光器件阻抗的实部和虚部，将数据经过计算，确定匹配时使用的电容和电感元件及串联或并联的连接方式和次序，就可以求出匹配元件的理论值。两种光纤器件匹配的结果见表 4.6。

**表 4.6 声光器件的匹配电路元件参数**

| 器件 | | | 匹配理论值 | | 匹配前阻抗值/Ω | | 匹配后阻抗值/Ω | | 驻波比 |
|---|---|---|---|---|---|---|---|---|---|
| | | | 串联 | 并联 | $R$ | $X$ | $R$ | $X$ | |
| 表面波器件 | $LiNbO_3$ | 50MHz | $C$=240pF | $L$=40nH | 3.0 | 1.4 | 57.0 | 0.2 | 1.21 |
| | | 100MHz | $C$=43pF | $L$=20.5nH | 3.1 | 24.6 | 54.4 | 0.1 | 1.26 |
| | 石英 | 50MHz | $C$=164pF | $L$=0.023nH | 1.8 | −5.2 | 49.5 | 0.8 | 1.28 |
| | | 100MHz | $C$=210pF | $L$=0.0269nH | 1.4 | 7.0 | 54.4 | 0.1 | 1.30 |

结果表明，由于 $LiNbO_3$ 基底的机电系数高，构成的表面波全光纤声光调制器的声光耦合效率更高。

### 4.5.5 全光纤声光调制实验

本节实验所用的器件基底是 $y$ 切 $LiNbO_3$，器件中心频率分别为 50MHz 和 100MHz。声光相互作用的几何图形如图 4.41 所示，叉指换能器产生的表面声波在 $xz$ 平面沿 $z$ 轴方向传播，声波前分别与 $x$ 轴成 $\theta_1$ 和 $\theta_2$。将单模光纤用薄橡胶垫压在基底上面。入射到光纤中的光导波在 $xz$ 平面沿 $x$ 轴方向传播。光波与表面声波之间的角度分别使两个声频率符合布拉格衍射条件。两通道表面声波光纤声光调制器的几何结构如图 4.42 所示。

采用 1550nm 波长的光纤激光器作为光源，入射光进入光纤，通过 3dB 耦合器，分为强度相等的两路光。其中一路光被表面波全光纤声光器件调制形成信号光，另一路为参考光，在光纤中不经调制。两束光经马赫-曾德尔(M-Z)干涉仪两臂，全光纤调制器放置在一臂，光路补偿器放置在另一臂。调节两路光的光程，使它们的光程差在激光器的相干长度之内。然后，光经过第二个 3dB 耦合器进入由光电探测器、放大器、光谱仪和示波器组成的测量系统。混频后的光进入光电探测器，可以得到差频信号。再经过放大和数据处理，得到声光器件所调制的信息。图 4.46 是实验装置的示意图。这一过程光波始终是在光纤中进行，是一种全光纤调制模式。

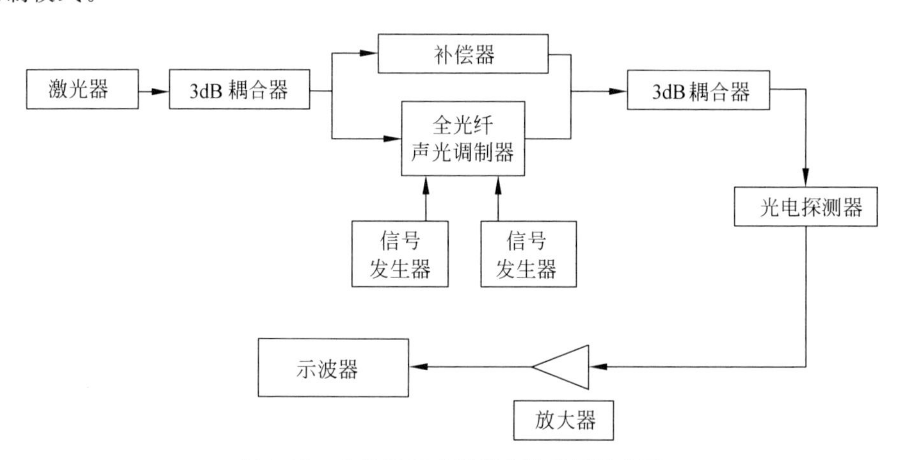


图 4.46 全光纤声光调制实验装置示意图

实验中使用的两通道器件的主要参数是：$L_m=100\lambda_a$，$\lambda_a$ 是声波波长，$v_a=3485\text{m/s}$，$M_2=6.95\times10^{-15}\text{s}^3/\text{kg}$，$H_m=\lambda_a$，通道 1 和通道 2 的中心频率分别是 50MHz 和 100MHz。通道 1 表面声波调制的输出波形如图 4.47 所示。

在图 4.47 中，(a)波形选取参数为：通道 1 的声功率为 0.6W，通道 2 的声功率为 0.07W；(b)波形选取参数为：通道 1 和通道 2 声功率均为 0.6W。两个通道

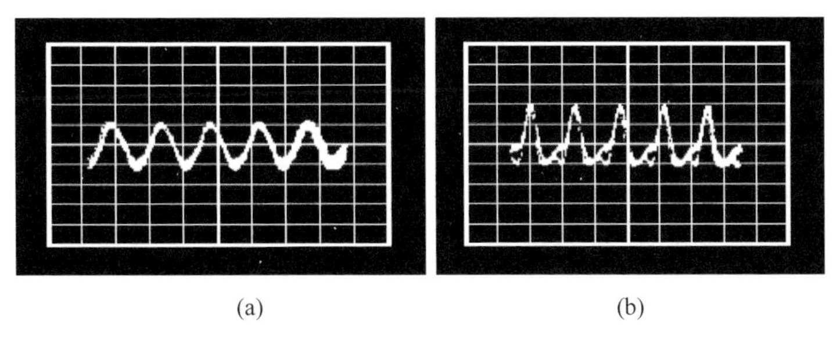

(a) (b)

图4.47 全光纤声光调制器输出波形

驱动频率：(a)，(b) 50MHz；

驱动电功率：(a) $P_{a1}=0.6\text{W}$，$P_{a2}=0.07\text{W}$；(b) $P_{a1}=P_{a2}=0.6\text{W}$；

横向 20ns/div，纵向 50mV/div

之间驱动功率相差越小，两通道之间的交叉调制越强。通道1的频率50MHz的声波调制光波信号被通道2的100MHz再次调制，方程(4.118)变为

$$A = A_1\cos(2\pi f_1 t) + A_2\cos(2\pi f_2 t) \tag{4.120}$$

式中，

$$A_1 = \left\{\sin^2\left(\frac{V_1}{2}\right)\left[1-\sin^2\left(\frac{V_2}{2}\right)\right]\right\}^{1/2} \mid E_0 \mid \tag{4.121}$$

$$A_2 = \left\{\sin^2\left(\frac{V_2}{2}\right)\left[1-\sin^2\left(\frac{V_1}{2}\right)\right]\right\}^{1/2} \mid E_0 \mid \tag{4.122}$$

由此公式，两通道调制器的输出波形在上述实验参数下的模拟图形如图4.48所示。

当两个通道之间驱动功率差变小时，$A_1$ 和 $A_2$ 的值更接近，通道之间的干扰更强。理论计算与实验结果相符合。

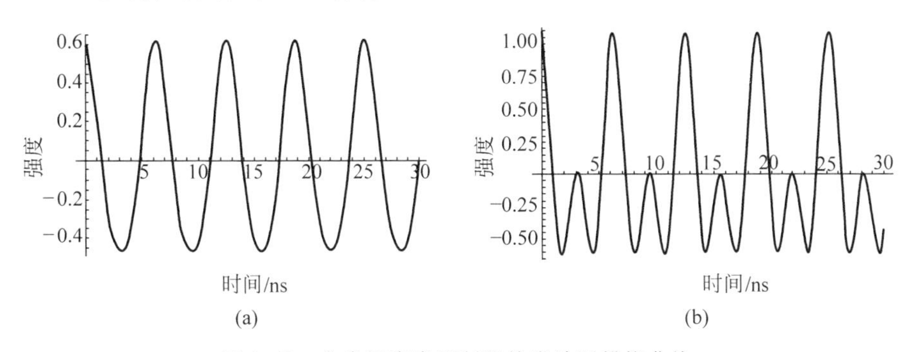


(a) (b)

图4.48 全光纤声光调制器输出波形模拟曲线

(a) $P_{a1}=0.6\text{W}$，$P_{a2}=0.07\text{W}$；(b) $P_{a1}=P_{a2}=0.6\text{W}$

我们用普通的单模光纤 HeNe 激光器在 632.8nm 也进行了实验，实验装置如图 4.49 所示。

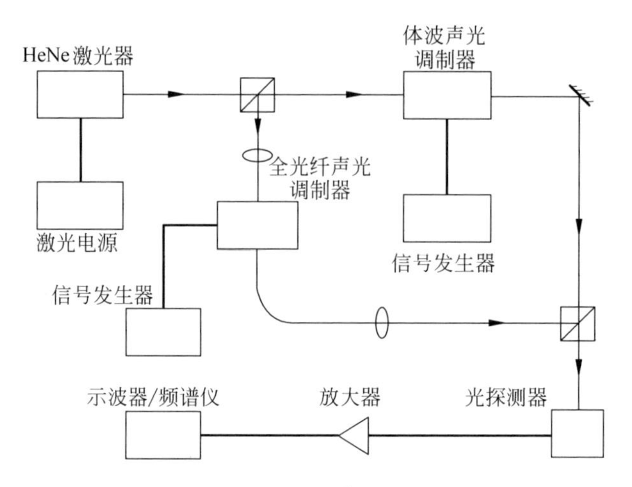


图 4.49 HeNe 激光器声光调制实验装置

激光被分为强度相等的两路光，其中一路被表面波全光纤声光器件调制，形成信号光；另一路为参考光，让光纤通过一个体波声光调制器。我们在实验中使用的体波声光调制器是用 $z$ 切钼酸铅作为声光介质，36°$y$ 切 $LiNbO_3$ 作换能器，中心频率为 47MHz。得到与前面类似的实验结果。这种方法在可见光范围，操作方便，但是光不是全部在光纤中传输。

本节研究了多通道表面声波声光相互作用的理论和多通道表面声波全光纤调制器，全光纤表面声波调制器能够提供很宽的带宽[73-74]和实现信号多重调制。理论和实验结果表明，多通道全光纤表面声波调制器可以同时利用多个通道调制光，其中一个通道的主衍射光会因为其他通道的再次衍射而减弱。当多通道表面声波与光纤中光导波相互作用时，如果一个通道的声功率明显大于其他通道时，能够得到这个通道输出的调制信号和精确的输出波形，而各通道驱动功率接近时，输出波形会被扭曲变形。这种调制器能实现多个通道信号同时调制解调。

本节的全光纤声光调制器件使用的是普通的单模光纤，而非通常所使用的双折射光纤。由于双折射光纤器件与传输光纤连接时模式不匹配，所以使用单模光纤的声光调制器件在光纤通信、光纤传感和光信号处理等应用中具有重要的实用意义和前景。

# 参考文献


[1] KLEIN W R,COOK B D. Unified approach to ultrasonic light diffraction[J]. IEEE Trans. Sonics and Ulrasonics,1967,SU-14( 3): 123-134.

[2] UCHIDA N,NIIZEKI N. Acoustooptic deflection materials and techniques[J]. Proc. IEEE,1973,61(8): 1073-1092.

[3] CHANG I C. Acoustooptic devices and applications [J]. IEEE Trans. Sonics and Ulrasonics,1976,SU-23(1): 2-21.

[4] 赵启大.多频声光相互作用的研究[J].光学学报,1989,9(2): 128-134.

[5] 赵启大,张建英.多频反常声光衍射[J].北京工业大学学报,1987,13(1): 1-12.

[6] ZHAO L M,ZHAO Q D. A study of normal and abnormal multifrequency acousto-optic device[C]. Proceedings of SPIE,2005,5644: 21-27.

[7] HECHT D L. Multifrequency acoustooptic diffraction[J]. IEEE Translation. Sonics and Ulrasonics,1977,SU-24(1): 7-18.

[8] HECHT D L. Acoustooptic nonlinearities in multifrequency acoustooptic diffraction[C]. VI11 International Quantum Electronics Conference, San Francisco,1974.

[9] KASTELIK J C,POMMERAY M,KAB A,et al. High dynamic range bifrequency $TeO_2$ acousto-optic modulator[J]. Pure Appl. Opt. ,1998,7: 467-474.

[10] APPEL R K,SOMEKH M G. Series solution for two-frequency Bragg interaction using the Korpel-Poon multiple-scattering model[J]. J. Opt. Soc. Am. A,1993,10(3): 466-476.

[11] CHANG I C. Multifrequency acoustooptic diffraction in wideband Bragg cells [C]. Proceedings of the IEEE Ultrasonics Symposium, New York,Institute of Electrical and Electronics Engineers,1983: 445-449.

[12] GAZALET M G, CARLIER S, PICAULT J P, et al. Multifrequency paratellurite acoustooptic modulators[J]. Appl. Opt. ,1985,24: 4435-4438.

[13] LAMBERT B. Wideband instantaneous spectrum analyzers employing delay line modulators[C]. IRE National Convention Record,1962,10(part 6): 69-78.

[14] HECHT D L. Broadband acoustooptic spectrum analysis [C]. IEEE Ultrasonics Symposium Proceeding, New York, IEEE Catalog,1973: 98-100.

[15] PRESTON K. Coherent optical computers[M]. New York: McCraw-Hill,1972.

[16] HRBEK G,WATSON W. A high speed laser alphanumeric generator[C]. Proceedings of the Electrooptical Systems Design Conference,1971,East: 271-275.

[17] 徐介平.声光器件的原理、设计和应用[M].北京:科学出版社,1982.

[18] DIXON R W. Acoustic diffraction of light in anisotropic media[J]. IEEE J. Quantum Electronics,1967,QE-3(2): 85-93.

[19] SAPRIEL J. Acoust-optics[M]. New York: John Wiley&Sons Ltd. ,1979.

[20] 赵启大,胡泰益,董孝义,等.多维声光衍射和多维声光器件[J].声学学报,1991,16(6): 450-458.

[21] ZHAO Q D, DONG X Y. Multiple directional acousto-optic diffractions[J]. Journal of Acoustics, 1991, 10(3): 228-236.
[22] ZHAO Q D, HE S Y, LI B J, et al. Two-dimensional Raman-Nath acousto-optic bistability by use of frequency feedback[J]. Applied Optics, 1997, 36(11): 2408-2413.
[23] ZHAO Q D, HE S Y, YU K X, et al. Theory and modulator of multiple dimensional acousto-optic interaction[C]. Proc. SPIE, 1998, 3556: 173-181.
[24] ZHAO Q D, HE S Y, YU K X, et al. Two-dimensional multichannel acousto-optic modulator and acousto-optic matrix-vector multiplication[J]. Proc. SPIE, 1996, 2897: 424-431.
[25] 董孝义，赵启大，任占祥，等. 二维 R-N 型声光光学双稳态[J]. 光学学报，1992，12(4)：326-330.
[26] 何士雅，俞宽新，赵启大，等. 声光卷积数字成法运算[J]. 压电与声光，1997，19(5)：304-306.
[27] CHROSTOWSKI J, DELISLE C. Bistable optical switching based on Bragg diffraction [J]. Opt. Commun, 1982, 41: 71-77.
[28] LIP Y, ZHANG H. An analysis on characteristic of the hybrid optical bistability[J]. Acta Phys. Sin., 1983, 32: 301-308.
[29] CHROSTOWSKI J, DELISLE C, TREMBLAY R. Oscillations in an acoustooptic bistable device[J]. Can. J. Phys., 1983, 61: 188-191.
[30] CHATTERJEE M R, HUANG J J. Demonstration of acousto-optic bistability and chaos by direct nonlinear circuit modeling[J]. Appl. Opt., 1992, 31: 2506-2517.
[31] POON T C, CHEUNG S K. Performance of a hybrid bistable device using an acoustooptic modulator[J]. Appl. Opt., 1989, 28: 4787-4791.
[32] GOEDGEBUER J P, LI M, PORTE H. Demonstration of bistability and multistability in wavelength with a hybrid acoustooptic device[J]. IEEE J. Quantum Electron., 1987, 23: 153-157.
[33] WEHNER M F, CHROSTOWSKI J, MIELNICZUK W J. Acousto-optic bistability with fluctuations[J]. Phys. Rev. A, 1984, 29: 3218-3223.
[34] CHROSTOWSKI J. Noisy bifurcations in acousto-optic bistability[J]. Phys. Rev. A, 1982, 26: 3023-3025.
[35] VALLEE R, DELISLE C. Noise versus chaos in acousto-optic bistability[J]. Phys. Rev. A, 1984, 30: 336-342.
[36] JEROMINEK H, POMERLEAU J Y D, TREMBLAY R, et al. An integrated acousto-optic bistable device[J]. Opt. Commun., 1984, 51: 6-10.
[37] BALAKSHY V I, KAZARYAN A V, LEE A A. Multistability in an acousto-optic system with a frequency feedback[J]. Quantum Electron., 1995, 25: 940-944.
[38] BALAKSHY V I, KAZARYAN A V, MOLCHANOV V Y, et al. Bistable acoustooptic devices for optical information processing system[C]. Soviet-Chinese Joint Seminar on Holography and Optical Information Processing, Proc. SPIE, 1991, 1731: 303-312.
[39] 赵启大. 多通道声光调制器的工作原理[J]. 声学学报，1995，20(5)：340-347.

[40] ZHAO L M,ZHAO Q D,LV F Y. Theoretical and experimental study of multi-channel acousto-optic device[C]. Proceedings of the SPIE-The International Society for Optical Engineering,2008,7157: 1-9.

[41] RERG N J,LEE J N. Augusto-optic signal processing[M]. New York: Marcel Dekker Inc. ,1983: 59-64.

[42] GOTTLEB M, IRELAND C L M, LEY J M. Electronically-optic and acousto-optic scanning and deflection[M]. New York: Marcel Dekker Inc. ,1983.

[43] SITTIG E K. Elastooptic light modulation and deflection[M]//Edited E. Wolfed. Progress in optics,Vol. 10,ch. 6,North-Holland: Elsevier Ltd,1972.

[44] GOODMAN J W. 傅里叶光学导论[M]. 詹达三,董经武,顾本源,等译,北京: 科学出版社,1976.

[45] ZHAO L M,ZHAO Q D,ZHOU J,et al. Two-dimensional multi-channel acousto-optic diffraction[J]. Ultrasonics,2010,50: 512-516.

[46] 赵启大,何士雅,俞宽新. 二维多通道声光相互作用的理论与实验研究[J]. 光学学报,2000,20(10): 1396-1402.

[47] YU K,HE S,ZHAO Q. Two-dimensional array acousto-electro-optic effect and device[J]. J. Appl. Phys. ,2000,87: 8204-8205.

[48] DIXON R W. Photoelastic properties of selected materials and their relevance for applications to acoustic light modulators and scanner[J]. J. Appl. Phys. ,1966,8: 205-207.

[49] AUBIN G,SAPRIEL J,MOLCHANOV V Y,et al. Multichannel acousto-optic cells for fast optical cross connect[J]. Electron. Lett. ,2004,40(7): 448-449.

[50] GUILFOYLE P S. Systolic acousto-optic binary convolver[J]. Optical Engineering,1984,23(1): 20-25.

[51] POCHAPSKY E, CASASENT D P. Acoustooptic linear heterodyned complex-valued matrix-vector processor[J]. Applied Optics,1990,29(17): 2532-2543.

[52] PERLEE C J, CASASENT D P. Effects of error sources on the parallelism of optical matrix-vector processor[J]. Applied Optics,1990,29(17): 2544-2555.

[53] NAUGHTON T, JAVADPOUR Z, KEATING J, et al. General-purpose acousto-optic connectionist processor[J]. Opt. Eng. ,1999,38: 1170-1177.

[54] MOSCA E P,GRIFFIN R D,PURSEL F P,et al. Acoustooptical matrix-vector product processor: implementation issues[J]. Appl. Opt. ,1989,28(18): 3843-3851.

[55] POCHAPSKY E, CASASENT D P. Acoustooptic linear heterodyned complex-valued matrix-vector processor[J]. Appl. Opt. ,1990,29(17): 2532-2543.

[56] SADLER B M. Acousto-optic cyclostationary signal processing[J]. Applied Optics,1995,34(23): 5091-5099.

[57] CASASENT D P. Acoustooptic transducers in iterative optical vector-matrix processors [J]. Applied Optics,1982,21(10): 1859-1865.

[58] RISK W P,YOUNGQUIST R C,KINO G S,et al. Acousto-optic frequency shifting in birefringent fiber[J]. Opt. Lett. ,1984,9(7): 309-311.

[59] ALHASSEN F,BOSS M R,HUANG R,et al. All-fiber acousto-optic polarization monitor

[J]. Opt. Lett. ,2007,32(7): 841-843.
[60] KALLI K,JACKSON D A. Tunable fiber frequency shifter that uses an all-fiber ring resonator[J]. Opt. Lett. ,1992,17: 1243-1245.
[61] FOORD A P,GREENHALGH P A,DAVIES P A. All fiber optical frequency shifter[J]. Opt. Lett. ,1991,16(6): 435-437.
[62] HEFFNER B L, KINO G S. Switchable fiber optic tap using acoustic transducers deposited upon the fiber surface[J]. Opt. Lett. ,1987,12(3): 208-210.
[63] ROE M P, WACOGNE B, PANNELL C N. High efficiency all-fiber phase modulator using an annular zinc oxide piezoelectric transducer[J]. IEEE Photon Technology Lett. , 1996 ,8(8): 1026-1028.
[64] KOCH M H, JANOS M, LAMB R N. All-fiber acoustooptic phase modulators using chemical vapor deposition zinc oxide films[J]. J. Lightwave Technology,1998,16(3): 472-476.
[65] GREENHALGH P A, FOORD A P, DAVIES R A. All fiber frequency shifter using piezoceramic SAW device[J]. Electron Lett. ,1998,25(18): 1206-1207.
[66] 赵路明,赵启大. 两通道声表面波全光纤声光调制器的研究[J]. 光电子激光,2009,20(8): 1000-1003.
[67] ZHAO L M, ZHAO Q D. Multiple-channel surface acoustic waves device and its application on all-fiber acousto-optic modulation[J]. Chinese Optics Letters,2010,8(1): 107-110.
[68] 廖帮全,赵启大,冯德军,等. 全光纤声光调制器的耦合模理论研究[J]. 光子学报,2001,31(10): 1213-1215.
[69] LIAO B,ZHAO Q,ZHANG Y. Theoretical research of multiple-channel all-fiber acousto-optical modulator of polarisation maintaining fiber[J]. Opt. Commu. ,2004,242: 361-369.
[70] XU J,STROUD R. Acousto-optic devices: principles, design, and applications[M]. New York: Wiley,1992.
[71] SCHMIDT R V. Acoustooptic interactions between guided optical waves and acoustic surface waves[J]. IEEE Trans. Sonics and Ultrasonics,1976,23(1): 22-33.
[72] LEAN E G H, WHITE J M, WILKINSON W. Thin film acoustooptic devices [J]. Proceedings IEEE,1976,64(5): 779-788.
[73] WHITE J M, HEIDRICH P F, LEAN E G. Thin-film acousto-optic interaction in $LiNbO_3$ [J]. Electron. Lett. ,1974,10(24): 510-511.
[74] TSAI C S, NGUYEN L T, YAO S K, et al. High performance acousto-optic guided light beam device using two tilting surface acoustic waves[J]. Appl. Phys. Lett. ,1975,26(4): 140-142.

# 第5章

# 声光信号处理的理论

声光效应在信号处理中的应用分为两大类，即在频域和时域中的应用，其基础理论在频域领域通过频谱分析和傅里叶变换实现，在时域领域通过信号的卷积等方法实现。

## 5.1 频域的声光信号处理

声光频谱的分析原理主要是以布拉格衍射原理、空域傅里叶透镜变换原理和相干检测原理为基础。

### 1. 布拉格衍射原理

当激光以布拉格角入射到介质上时，由于激光和声波的相互作用，将产生布拉格衍射现象。这时入射光通过介质后将产生偏转，偏转的角度与声波的频率有关，在布拉格声光器件衍射时，入射光经过布拉格声光器件后分为两束，一束为0级光，另一束为1级光，如图5.1所示[1]。

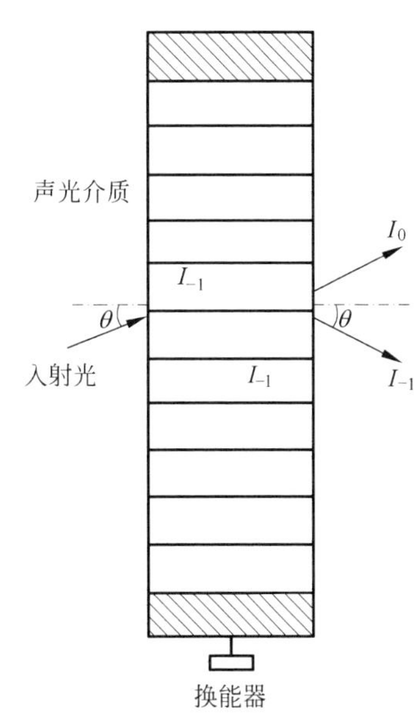

图5.1 布拉格衍射原理示意图

理论上已经证明，当激光的入射角为 $\theta_B$ 时，1级光与0级光的夹角 $\alpha$ 为 $2\theta_B$，即

$$\alpha = 2\theta_B = (\lambda_1 / v_a) f_S \tag{5.1}$$

式中，$\lambda_1$ 为激光在介质中的传播波长，$v_a$ 为超声波的传播速度，$f_S$ 为信号的频率。

由式(5.1)可以求得衍射角的范围：

$$\Delta\alpha=(\lambda_1/v_a)\Delta f_S=[\lambda_0/(nv_a)]\Delta f_S \tag{5.2}$$

式中，$\lambda_0$ 为自由空间的激光波长，$n$ 为介质对激光的折射率，$\Delta f_S$ 为布拉格声光器件的带宽。同时，根据能量守恒原理，1 级衍射光频为入射激光光频和声波的频率之和。

**2. 空域傅里叶透镜变换原理**

傅里叶光学指出，透镜输出焦平面$(\xi,\eta)$上的光幅分布 $E(\xi,\eta)$与输入焦平面$(x,y)$上的空间调制函数 $f(x,y)$亦存在傅里叶变换关系，如图 5.2 所示[2]。即

$$E(\xi,\eta)=K_1\iint_D f(x,y)\exp\left(-\mathrm{j}\frac{2\pi}{\lambda_0}\right)\left(\frac{\xi}{R}x+\frac{\eta}{R}y\right)\mathrm{d}x\,\mathrm{d}y \tag{5.3}$$

式中，$R$ 为透镜中心到焦平面上点的距离，$D$ 为光口径。图中，$F$ 为透镜焦距。对于小衍射角，$R\approx F$，令 $\omega_x=(2\pi\xi)/(\lambda_0 F)$，$\omega_y=(2\pi\eta)/(\lambda_0 F)$为空间角频率，亦即 $f_x=\xi/(\lambda_0 F)$，$f_y=\eta/(\lambda_0 F)$为空间频率。对于一维情况来说，式(5.3)可化为

$$E(f_x)=K_2\int_{-D/2}^{D/2} f(x)\exp(-\mathrm{j}2\pi f_x x)\mathrm{d}x \tag{5.4}$$

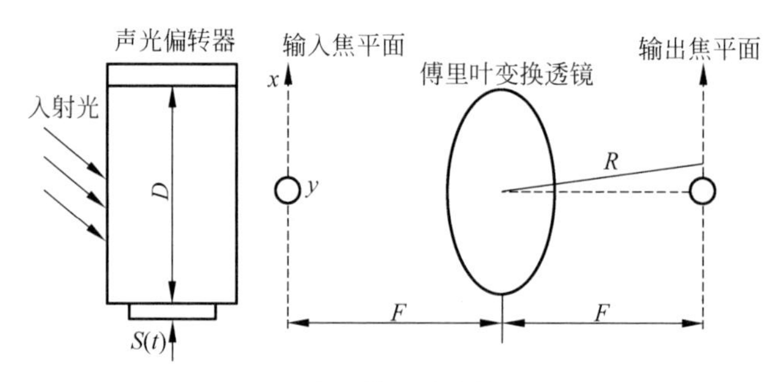


图 5.2 空间傅里叶变换示意图

当有一个信号 $S(t)=\cos(2\pi f_S t)$激励声光偏转器的换能器时，如果不考虑相位调制函数中的偏置量，则输入聚焦平面上的空间调制函数为

$$f(x)\approx 1+\mathrm{j}\phi_m\cos(2\pi f_S x/v_S) \tag{5.5}$$

式中，$\phi_m=2\pi\eta_m W/\lambda_0$，$\eta_m$ 为折射率的峰值，$W$ 为电声换能器的声口径，$\lambda_0$ 为光波波长。$v_S$ 为声波在介质中的传播速度。将式(5.5)代入式(5.4)，得

$$\begin{aligned}E(f_x)&=K_2\int_{-D/2}^{D/2}[1+\mathrm{j}\phi_m\cos(2\pi f_S x/v_S)]\exp(-\mathrm{j}2\pi x)\mathrm{d}x\\&=\frac{D}{2}\frac{\sin(2\pi f_x)}{2\pi f_x}+\frac{\mathrm{j}\phi_m}{2}\frac{D}{2}\frac{\sin(2\pi f_x+2\pi/\lambda_S)}{2\pi f_x+2\pi/\lambda_S}+\frac{\mathrm{j}\phi_m}{2}\frac{D}{2}\frac{\sin(2\pi f_x-2\pi/\lambda_S)}{2\pi f_x-2\pi/\lambda_S}\end{aligned} \tag{5.6}$$

从上式可以看出，一阶光带的位移正比于输入信号的频率，故若将光电检测器阵列设置在空间频率平面上（输出焦平面），便可以测出输入信号的频率。

**3. 相干检测原理**

光相干探测的工作原理如图5.3所示。探测器同时接收两束平行的相干光，一束是频率为 $f_S$ 的信号光，一束是频率为 $f_L$ 的本征光，这两束光在光探测器表面形成相干光场，经光探测器探测后输出频率为 $f_L-f_S$ 的差频信号。

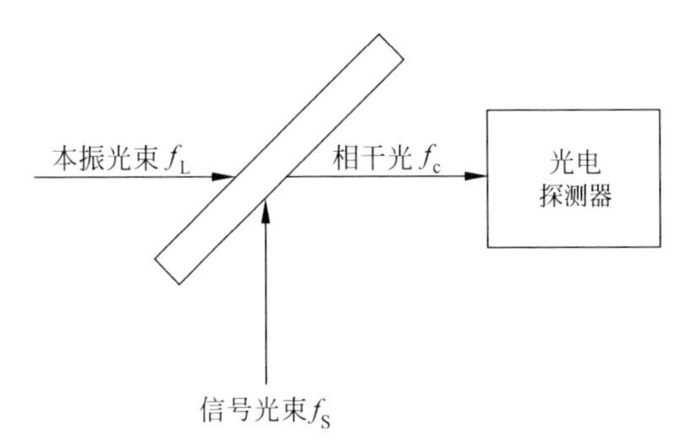


图5.3　光相干探测的工作原理示意图

设同方向到达且同偏振方向的信号光和本征光的电场分别为

$$\begin{cases}E_S(t)=A_S\cos(\omega_S t+\varphi_S)\\E_L(t)=A_L\cos(\omega_L t+\varphi_L)\end{cases}\tag{5.7}$$

式中，$A_S$ 和 $A_L$、$\omega_S$ 和 $\omega_L$、$\varphi_S$ 和 $\varphi_L$ 分别是信号光和本征光的振幅、角频率和相位。设光电探测器的响应度为 $\alpha\left(\alpha=\dfrac{e\eta}{h\nu},\eta\text{ 为量子效率}\right)$，由其平方律特性，输出光电流为

$$I(t)=\alpha\,\overline{[E_S(t)+E_L(t)]^2}\tag{5.8}$$

式中的横线表示在几个光频周期上的时间平均，将上式展开则得

$$\begin{aligned}I(t)=&A_S^2\overline{\cos^2(\omega_S t+\varphi_S)}+A_L^2\overline{\cos^2(\omega_L t+\varphi_L)}+\\&A_SA_L\overline{\cos[(\omega_L+\omega_S)t+(\varphi_L+\varphi_S)]}+\\&A_SA_L\overline{\cos[(\omega_L-\omega_S)t+(\varphi_L-\varphi_S)]}\end{aligned}\tag{5.9}$$

第一项和第二项中余弦函数平方的平均值等于1/2；第三项的平均值为零，表明和频($\omega_L+\omega_S$)太高，光混频器对其无响应；第四项为差频项，相对于光频来说要缓慢得多，与光频相比可视为常数。当差频频率 $f_{IF}=(\omega_L-\omega_S)/2\pi$ 低于光电探测器的截止频率时，探测器就有相应的光电流输出。经过分析，用平均光功率表示输出电流变为[3]

$$I(t)=\alpha\{P_S+P_L+2\sqrt{P_SP_L}\cos[(\omega_L-\omega_S)t+(\varphi_L-\varphi_S)]\}\tag{5.10}$$

这个光电流经过有限宽带的中频滤波器将直流成分滤出后，得到中频输出电

流为

$$I_{IF}=2\alpha\sqrt{P_S P_L}\cos[(\omega_L-\omega_S)t+(\varphi_L-\varphi_S)] \tag{5.11}$$

当 $\omega_L \neq \omega_S$ 时，称为外差探测，则 $\omega_{IF}=\omega_L-\omega_S$，中频输出电流如式(5.11)所示。

当 $\omega_L=\omega_S$ 时，称为光零差探测，则光电流为

$$I'(t)=2\alpha\sqrt{P_S P_L}\cos(\varphi_L-\varphi_S) \tag{5.12}$$

由此可知，相干探测可获得信号光的全部信息，包括振幅、频率和相位。因此，一个振幅调制、频率调制以及相位调制的光波所携带的信息，都能通过光相干探测方式获得。相对直接探测来说，相干探测的灵敏度大大提高，其中频滤波器比直接探测的窄带滤波片具有良好的滤波性能，因此，可以改善信号处理系统的频率选择性，增强信号传输的抗干扰能力。

实际应用中通常采用光外差探测，其具有以下主要优点[4]。

(1) 灵敏度高。在相干接收端，光混频器输出光电流的大小正比于信号光功率和本征光功率乘积的平方根。由于本征光功率远远大于信号光功率，从而使得接收机的灵敏度得到大幅度提高。相干探测的高灵敏度使相干接收机更适合于弱光信号的探测，因此也增加了光信号的传输距离。

(2) 选择性好。在相干外差探测中，探测到的是信号光和本征光的混频光，只有中频带宽内的杂散光才可以进入系统，而其他杂散光所形成的噪声均被中频放大器滤除。因此，外差探测对背景光有着良好的滤波性能，从而大大降低了其对宽带背景光的敏感程度。

(3) 可获得信号全部信息，具有多种调制方式。在相干光探测系统中，除了可以对光波采用幅度调制外，还可以对其相位和频率进行调制，如差分相移键控、二进制相移键控、连续相频键控等，具有多种调制方式，有利于各种工程应用领域。

## 5.2 时域的声光信号处理

### 5.2.1 表面声波延迟线的空间积分

先进的雷达、超大型声呐阵列、扩频通信网络和电子战接收机等多种系统的信号处理对现有的模拟和数字信号处理器均提出了更高要求。例如，在这些系统中，先进的雷达系统需要大动态范围的匹配滤波器来实现带宽或直接序列编码的最优检测。大型声呐阵列的信号需要通过在传感器输出端形成频率方位角($\omega-k$)波束来优化处理，而电子系统可能需要快速频谱分析来进行检测。通常设计宽带直接序列或宽带跳频信号的扩频通信网络用来优化检测和解调相关器件。所有这些系统都需要在大的动态范围内实时处理宽带信号，这些要求促使声光信号处理器

得到快速发展。

声光信号处理器是基于光和声的相互作用,光波和声波同时通过弹性介质时,声波信号导致介质折射率发生周期性变化,致使光波发生衍射。因此,当声波信号在被光照的透明介质中传播时,随驱动电信号变化的声信号与光波相互作用,可形成衍射光的空间分布。然后,可以用光学元件(如透镜和反射镜)控制衍射光,通过光电探测器将其转换为电信号。在一定条件下,可以通过空间运算实现信号时间变化的数学运算;也就是说,时间变量可以在空间变量上积分。本章将利用这种特性讨论声光信号处理器,因此称为空间积分处理器。

1932 年,美国的德拜和西尔斯、法国的卢卡斯和比夸德经过实验验证了声光相互作用;随着技术的进步,如激光的发明、合成晶体的改进,以及由透明材料制成的声学延迟线的发展,均极大地加速了声光器件的发展。本章所述的几种声光信号处理器依赖于在 $LiNbO_3$ 表面声波延迟线中传播的瑞利波产生的相干激光的布拉格衍射。

**1. 表面声波延迟线中的声光相互作用**

(1) 基于表面声波的布拉格衍射

图 5.4 给出了 $y$ 切、沿 $z$ 轴传播的 $LiNbO_3$ 表面声波延迟线中的基本声光相互作用示意图。对线偏振光(s 偏振,垂直偏振)进行扩展与准直,形成具有足够宽度的光束,以覆盖延迟线的所需长度(时间延迟孔径),然后通过高焦距($F$)圆柱透镜对光进行聚焦,形成的片状光束通过延迟线的表面区域投射在透镜的后焦平面附近。在延迟线中传播的表面声波使其中一部分入射光发生衍射。

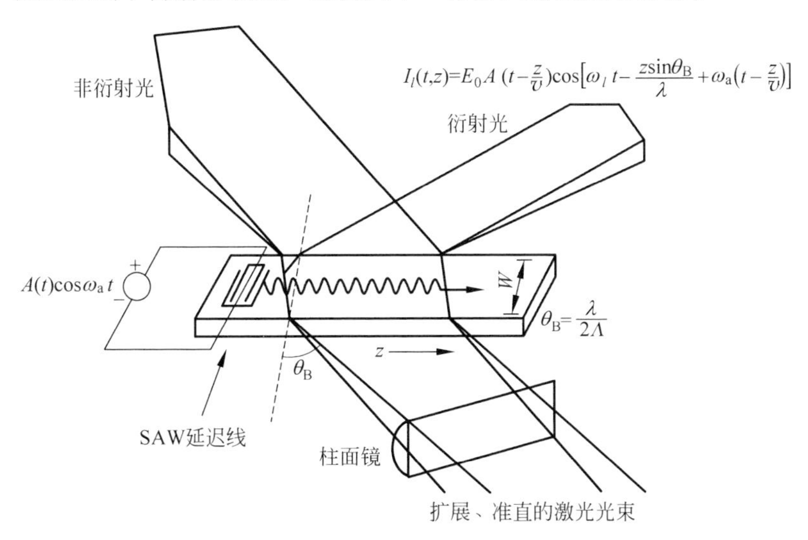


图 5.4　表面声波延迟线中的声光相互作用

由于相互作用发生在布拉格衍射区，光与声波的夹角设为 $\theta_{\mathrm{Bn}}$，即布拉格角入射到介质中相应的折射角，其中

$$\theta_{\mathrm{Bn}} = \arcsin \frac{\lambda}{2n\Lambda} \tag{5.13}$$

这里 $\lambda$ 是自由空间光波长，$n$ 是延迟线材料的折射率，$\Lambda$ 是表面声波波长。在延迟线外，角度变化符合折射定律，$\theta_{\mathrm{B}}$ 在空气中可以定义为

$$\theta_{\mathrm{B}} = \arcsin \frac{\lambda}{2\Lambda} \tag{5.14}$$

当声波垂直于延迟线的两侧时，它是光与延迟线的入射角。对于 $y$ 切 $z$ 方向传输的 $LiNbO_3$，当入射波长 $\lambda = 0.6328\mu\mathrm{m}$，$n = 2.24$，100MHz 声频率，$\Lambda = 34.88\mu\mathrm{m}$，$\theta_{\mathrm{Bn}}$ 和 $\theta_{\mathrm{B}}$ 分别为 0.232°和 0.52°。

为了确保在布拉格衍射区域中的相互作用，表面声波必须具有足够的宽度 $W$（声相前宽度），其质量因子 $Q$ 定义为

$$Q = \frac{2\pi}{n} \frac{\lambda W}{\Lambda^2} \tag{5.15}$$

它远大于 10[5]。本节中讨论的典型声光器件将使用具有 175 声波波长的换能器声孔径的延迟线。对于中心频率为 300MHz 的声光器件，其 $Q$ 大约为 27。

在布拉格衍射中，一阶衍射项包含了大部分衍射光，其强度为[6-7]

$$I_1 = I_0 \eta \operatorname{sinc}^2 \left[ \eta + \left( \frac{\Delta K \omega}{2} \right)^2 \right]^{1/2} \tag{5.16}$$

式中，$I_0$ 是入射光的强度，$\eta$ 被定义为

$$\eta = \frac{\pi^2}{2\lambda^2} M_2 \frac{W}{\Lambda} P_{\mathrm{a}} \tag{5.17}$$

式中，$\Delta K$ 是入射光与声传播矢量之间的动量失配，$P_{\mathrm{a}}$ 是声波的功率，$M_2$ 是声光的品质因数[8]，它取决于延迟线材料的弹光系数。由于电光效应[9]和波纹效应[10]有助于光的衍射，使得 $LiNbO_3$ 中的表面声波发生声光相互作用，因此 $M_2$ 不容易确定。然而，对于 s 偏振光，获得的表面声波的声光相互作用非常接近方程(5.16)的形式。

对于平面声波和光波，在精确的布拉格频率时，动量失配 $\Delta K$ 为零，方程(5.16)变成

$$I_1 = I_0 \sin^2 \left[ \frac{\pi}{\lambda} \left( \frac{M_2 W P_{\mathrm{a}}}{2\Lambda} \right)^{1/2} \right] \tag{5.18}$$

因此，对于足够小的 $P_{\mathrm{a}}$，$I_1$ 可以认为与 $P_{\mathrm{a}}$ 成线性关系。如果声波和(或)光波不是完全的平面波，那么即使在布拉格频率，$\Delta K$ 也不为零，随着衍射项的降低，线性度也将降低。对于在表面声波延迟线中的近场声传播和高质量光学系统中的相干

光准直,近似为平面波条件,$\Delta K$ 也能够降低到可接受的数值。

当工作频率与布拉格频率不同时,$\Delta K$ 不可能足够小,$(\Delta KW/2)^2$ 则表示声光相互作用的带宽限制。从标量衍射理论出发,各向同性相互作用的 3dB 带宽 $\Delta f$ 可以表示为[5]

$$\Delta f = f_0 \frac{2\Lambda^2}{\lambda W} \tag{5.19}$$

为了增加带宽,通常通过降低衍射(即相互作用效率)以减小声相前宽度 $W$。

这种带宽限制更适用于 $y$ 切、沿 $z$ 轴传播的 $LiNbO_3$ 与 s 偏振光的表面声波声-光相互作用。然而,对于 p 偏振光(水平偏振),当产生衍射时,p 偏振的角度范围几乎是 s 偏振的两倍,这表明可以获得两倍带宽。据估计由于 $LiNbO_3$ 在 $z$ 方向的光学各向异性性质,将会引起部分带宽增加,即与 p 偏振光的偏振矢量平行。

根据动量守恒定律和能量守恒定律,衍射光的频移量等于声频。当衍射在声波传播的方向时,光的频率增加,反之,衍射远离声波 $\boldsymbol{K}$ 矢量。

对于图 5.4,用 $A(t)\cos(\omega_a t+\phi_1)$ 表示一个有限持续时间带限的带通信号,并将其用于延迟线的叉指换能器,将产生一个沿 $z$ 轴传播的声信号 $A'(t,z)$,可以表示为

$$A'(t,z) \approx A'\left(t-\frac{z}{v}\right)\cos\left[\omega_a\left(t-\frac{z}{v}\right)+\phi_1\right] \tag{5.20}$$

式中,$v$ 是声传播速度。对于均匀的、相干的、沿 $z$ 轴的入射光可以描述为 $E_{inc}$,其中

$$E_{inc}(t,z) = E_0\cos\left(\omega_l t+\frac{z\sin\theta_{Bn}}{\lambda}+\phi_2\right) \tag{5.21}$$

式中,$w_l$ 是入射光的频率。当 $w_a$ 位于布拉格频率且声波振幅足够小时,衍射光 $E_{dif}$ 可以表示为

$$E_{dif}(t,z) \approx E_0 A'\left(t-\frac{z}{v}\right)\cos\left[(\omega_l+\omega_a)t-\frac{\omega_a z}{v}-\frac{z\sin\theta_{Bn}}{\lambda}+\phi_1+\phi_2\right] \tag{5.22}$$

因此,衍射光包含原始电信号的振幅、频率和相位信息,并且在给定的时间 $t_0$ 内,光在 $z_1$ 与 $z_2$ 之间的空间分布包含时间间隔为 $t=t_0-z_1/v$ 与 $t=t_0-z_2/v$ 之间的信号信息。

(2) 表面声波的声光优点

对于本节描述的声光处理器,选择表面声波延迟线作为声光相互作用单元的主要优点是在声光信号处理方面。例如,对于反向传播声波的信号处理结构可以通过单一延迟线来实现,不会由于声波反射到延迟线两端而造成明显的退化。另外,表面声波技术是一个成熟的领域,例如某些表面声波材料中的低声衍射切割的

发展直接有利于声光器件。用光刻法制作表面声波换能器的简易性以及平面表面声波器件与集成光学技术的内在兼容性也是其显著优势。

(3) 实际的局限性

从实际应用的角度出发,往往限制表面声波的声光相互作用。要使作用最大化,就必须最大限度地扩大实际到达表面声波的入射光。由于表面声波中的大部分能量在延迟线表面以下只延伸一个声波波长的区域,因此依然是表面声波相互作用面临的问题。这对延迟线表面的平整度(与极薄的薄片光束相匹配)、延迟线边缘的质量(必须穿过片状光束),以及圆柱透镜的质量和 $F$ 数(形成片状光束)有相当严格的限制。此外,为了能在布拉格衍射区工作,在相前宽度 $W$ 内的表面声波必须被均匀照射。因此光学系统必须产生一束薄片光束,这种光束既要薄又要有很大的景深,这是相互制约的要求。在典型的实验装置中,30mW 声功率的衍射率已达到 5%($I_1/I_2\times100\%$)。实际上只有大约一半的光入射到声区,所以实际的衍射效率应该更高。

**2. 表面声波声光卷积器和相关器**

相关器是以声光形式实现的一种信号处理器,两个信号 $A(t)$ 和 $B(t)$ 的相关性可定义为

$$r_{12}(t)=\int_{\tau}A(\tau)B(\tau-t)\mathrm{d}\tau \tag{5.23}$$

也可以定义为

$$R_{12}(\tau)=\int_{t}A(t)B(t-\tau)\mathrm{d}t \tag{5.24}$$

在方程(5.23)中,积分变量是时间延迟 $\tau$,相关系数是时间变量,而在等式(5.24)中,积分变量为时间,相关系数是延迟变量 $\tau$。从方程(5.22)可知,图 5.4 所示的声光相互作用中光的衍射,是时间和时间延迟($z/v=\tau$)的函数。

一般可以通过声光方法来建立相关器,即将两个信号在一段时间内相乘,然后在延时范围内或时间对乘积进行积分。声光结构即可实现式(5.23)或式(5.24)。因为积分变量 $\tau$ 是空间变量 $z/v$,实现等式(5.23)的相关器称为空间积分相关器。使用一个光探测器积分能够实现方程(5.24),则称为时间积分相关器。

每种类型的相关器都有其独特的优点和不足。对于时间积分声光相关器来说,需要用光电探测阵列对衍射光的空间分布进行采样,这种光的空间分布随输入信号频率的变化而变化,奈奎斯特采样定理对阵列所能解决的变化设定了一个明确的极限,这将限制可处理的信号带宽。然而,这些阵列的时间积分特性允许处理长持续时间的信号,因此其可获得非常大的时间带宽积。对于空间积分声光相关器(实际上可以用卷积器实现),其带宽主要受到声光相互作用的带宽限制(方程(5.19))。现有的技术可以避免这种限制和其他带宽限制,并且实现了非常大

(>500MHz)的瞬时带宽。因为在空间变量上进行的积分(受实际可达到的延迟线大小和声光相互作用的声衰减极限所限制),这些相关器仅限于相对较短持续时间的信号。尽管如此,仍然可以获得相对较大的时间-带宽积。

图5.5给出了表面声波声光卷积器的原理。在叉指换能器的两端,选择 $y$ 切、沿 $z$ 轴传播的 $LiNbO_3$ 表面声波延迟线方向施加两个有限持续时间的带阻滞通信号 $B(t)\cos\omega_a t$ 和 $C(t)\cos\omega_a t$。

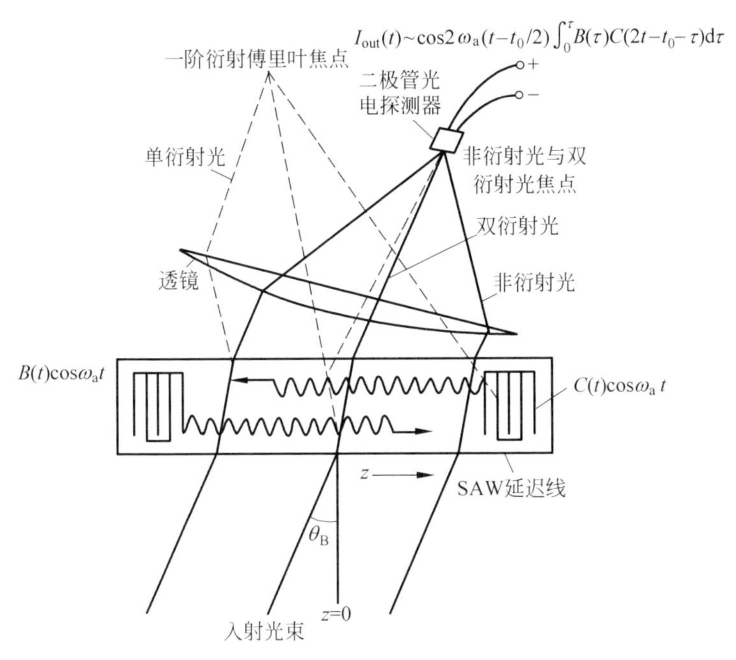


图5.5　表面声波声光卷积器原理

传感器的叉指垂直于晶体 $z$ 轴(图5.5中的 $z$ 方向),其为声学各向异性材料中表面声波的纯模传播方向[11]。在这种声学各向异性材料中,对于这种特殊的换能器方向,表面声波将垂直于传播方向。

电信号产生反向传播的表面声波,可描述为延迟线中的驻波,也就是

$$B(t)\cos\omega_a t \rightarrow B'\left(t-\frac{d}{v}\right)\cos\omega_a\left(t-\frac{d}{v}\right) \tag{5.25a}$$

和

$$C(t)\cos\omega_a t \rightarrow C'\left(t-\frac{d}{v}\right)\cos\omega_a\left(t-\frac{d}{v}\right) \tag{5.25b}$$

式中,$d$ 是与特定表面声波相关的换能器到延迟线上观察点的距离,$B'$ 和 $C'$ 是声波振幅,并且认为其与 $B$、$C$ 成线性关系。定义换能器之间的中点为 $z=0$,对方

程(5.25)进行优化,在同一坐标系中表示两个声波驻波,可得

$$B(t)\cos\omega_{a}t \rightarrow B'\left(t-\frac{L}{2v}-\frac{z}{v}\right)\cos\omega_{a}\left(t-\frac{L}{2v}-\frac{z}{v}\right) \tag{5.26a}$$

和

$$C(t)\cos\omega_{a}t \rightarrow C'\left(t-\frac{L}{2v}+\frac{z}{v}\right)\cos\omega_{a}\left(t-\frac{L}{2v}+\frac{z}{v}\right) \tag{5.26b}$$

式中,$L$ 是传感器之间的距离,即 $L/2v$ 是从任何一个传感器到 $z=0$ 位置的传播时间。

相干光以布拉格角入射到传输的表面声波上,通过换能器之间的距离为 $L$,该束光在 $z$ 轴方向上可以用方程(5.21)来描述。光与两种表面声波都相互作用,部分光(线性相互作用低强度衍射)被衍射,可以表示为

$$B(t)\cos\omega_{a}t \rightarrow A_{1}B'\left(t-\frac{L}{2v}-\frac{z}{v}\right)\cos\left[\omega_{l}t+\frac{z\sin\theta_{\mathrm{Bn}}}{\lambda}-\omega_{a}\left(t-\frac{L}{2v}-\frac{z}{v}\right)\right] \tag{5.27a}$$

和

$$C(t)\cos\omega_{a}t \rightarrow A_{1}C'\left(t-\frac{L}{2v}+\frac{z}{v}\right)\cos\left[\omega_{l}t+\frac{z\sin\theta_{\mathrm{Bn}}}{\lambda}+\omega_{a}\left(t-\frac{L}{2v}+\frac{z}{v}\right)\right] \tag{5.27b}$$

式中,$A_1$ 表示衍射效率的比例。

这些一阶衍射中的每一束光都以布拉格角入射到另一个表面声波上,其中少部分光将经过二次衍射,此类双衍射光可以表示为

$$B_{1}C_{2} \rightarrow A_{2}B'\left(t-\frac{L}{2v}-\frac{z}{v}\right)C'\left(t-\frac{L}{2v}+\frac{z}{v}\right)\cos\left[\omega_{l}t-\frac{z\sin\theta_{\mathrm{Bn}}}{\lambda}-2\omega_{a}\left(t-\frac{L}{2v}\right)\right] \tag{5.28a}$$

和

$$C_{1}B_{2} \rightarrow A_{2}C'\left(t-\frac{L}{2v}+\frac{z}{v}\right)B'\left(t-\frac{L}{2v}-\frac{z}{v}\right)\cos\left[\omega_{l}t-\frac{z\sin\theta_{\mathrm{Bn}}}{\lambda}+2\omega_{a}\left(t-\frac{L}{2v}\right)\right] \tag{5.28b}$$

式中,$B_1C_2$ 和 $C_1B_2$ 表示双衍射光的衍射级数,$A_2$ 包括双衍射效率的比例。可以看出,双衍射光与入射光中非衍射的部分是共线的。

将非衍射光和双衍射光通过透镜聚焦到一个大面积平方定律光电探测器上,并对双衍射光进行外差探测(非衍射光作为本振荡器)。单衍射光、非衍射以及双衍射光在延迟线上形成 $\theta=2\theta_{\mathrm{B}}$ 的角度。透镜将光聚焦到一个远离光电探测器的位置,所以它不会对探测信号产生影响。

由于只有少部分入射光发生衍射(一般线性运算是在低衍射效率下),所以平

方律探测器的输出电流可以近似为

$$
\begin{aligned}
&I(t)\\
&\approx\int_{z=-L/2}^{L/2}\left\{E_0\cos\omega_l t+A_2B'\left(t-\frac{L}{2v}-\frac{z}{v}\right)C'\left(t-\frac{L}{2v}+\frac{z}{v}\right)\cos\left[\omega_l t+2\omega_a\left(t-\frac{L}{2v}\right)\right]+\right.\\
&\left.A_2C\left(t-\frac{L}{2v}+\frac{z}{v}\right)B'\left(t-\frac{L}{2v}-\frac{z}{v}\right)\cos\left[\omega_l t-2\omega_a\left(t-\frac{L}{2v}\right)\right]\right\}^2\mathrm{d}z \qquad (5.29)
\end{aligned}
$$

为了简化，忽略空间相位项 $z\sin\theta_{\mathrm{Bn}}/\lambda$，对其取平方得到

$$
\begin{aligned}
&I(t)\\
&\approx\int_{z=-L/2}^{L/2}E_0^2\cos^2(\omega_l t)\mathrm{d}z+\\
&\int_{-L/2}^{L/2}A_2^2B'^2\left(t-\frac{L}{2v}-\frac{z}{v}\right)C'^2\left(t-\frac{L}{2v}+\frac{z}{v}\right)\cos^2\left[\omega_l t-2\omega_a\left(t-\frac{L}{2v}\right)\right]\mathrm{d}z+\\
&\int_{-L/2}^{L/2}A_2^2C'^2\left(t-\frac{L}{2v}+\frac{z}{v}\right)B'^2\left(t-\frac{L}{2v}-\frac{z}{v}\right)\cos^2\left[\omega_l t-2\omega_a\left(t-\frac{L}{2v}\right)\right]\mathrm{d}z+\\
&2\int_{-L/2}^{L/2}E_0A_2B'\left(t-\frac{L}{2v}-\frac{z}{v}\right)C'\left(t-\frac{L}{2v}+\frac{z}{v}\right)\cos(\omega_l t)\cos\left[\omega_l t+2\omega_a\left(t-\frac{L}{2v}\right)\right]\mathrm{d}z+\\
&2\int_{-L/2}^{L/2}E_0A_2C'\left(t-\frac{L}{2v}+\frac{z}{v}\right)B'\left(t-\frac{L}{2v}-\frac{z}{v}\right)\cos(\omega_l t)\cos\left[\omega_l t-2\omega_a\left(t-\frac{L}{2v}\right)\right]\mathrm{d}z+\\
&\int_{-L/2}^{L/2}A_2^2B'^2\left(t-\frac{L}{2v}-\frac{z}{v}\right)C'^2\left(t-\frac{L}{2v}+\frac{z}{v}\right)\cos\left[\omega_l+\right.\\
&\left.2\omega_a\left(t-\frac{L}{2v}\right)\right]\cos\left[\omega_l-2\omega_a\left(t-\frac{L}{2v}\right)\right]\mathrm{d}z \qquad (5.30)
\end{aligned}
$$

式(5.30)中的第一项只产生稳态电流，第二项和第三项产生的电流则相对很低，其频率分量可扩展到 $B^2(t)$ 和 $C^2(t)$ 的带宽，第四项可以使用余弦乘积恒等式进行变换，得到以下和项与差项：

$$
\text{和}\approx\int_{-L/2}^{L/2}A_2E_0B'\left(t-\frac{L}{2v}-\frac{z}{v}\right)C'\left(t-\frac{L}{2v}+\frac{z}{v}\right)\cos\left[2\omega_l t+2\omega_a\left(t-\frac{L}{2v}\right)\right]\mathrm{d}z \tag{5.31}
$$

$$
\text{差}\approx\int_{-L/2}^{L/2}A_2E_0B'\left(t-\frac{L}{2v}-\frac{z}{v}\right)C'\left(t-\frac{L}{2v}+\frac{z}{v}\right)\cos\left[2\omega_a\left(t-\frac{L}{2v}\right)\right]\mathrm{d}z \tag{5.32}
$$

对于比较高的频率，和项将被探测二极管自电容和引线电感过滤掉，差项则是中心频率 $2\omega_a$ 的带限带通信号。

对于式(5.30)的第五项可以和第四项按照同样的方式进行变换，忽略衍射的顺序($B(t)C(t)=C(t)B(t)$ 和 $\cos(-2\omega_a t)=\cos(2\omega_a t)$)，合并两个差项，得到一个 $2\omega_a$ 项

$$I(t)_{2\omega_a} \approx 2\int_{-L/2}^{L/2} E_0 A_2 B'\left(t-\frac{L}{2v}-\frac{z}{v}\right)C'\left(t-\frac{L}{2v}+\frac{z}{v}\right)\cos\left[2\omega_a\left(t-\frac{L}{2v}\right)\right]\mathrm{d}z \tag{5.33}$$

平方展开式中的最后一项比其他项小很多,因此将被忽略。重新整理各项得到

$$I(t)_{2\omega_a} \approx 2E_0 A_2 \cos\left[2\omega_a\left(t-\frac{L}{2v}\right)\right]\int_{-L/2}^{L/2} B'\left(t-\frac{L}{2v}-\frac{z}{v}\right)C'\left(t-\frac{L}{2v}+\frac{z}{v}\right)\mathrm{d}z \tag{5.34}$$

将公式 $\tau=t-z/v-L/2v$,$L/v=t_0$ 和 $\mathrm{d}\tau=-\mathrm{d}z/v$ 代入式(5.34),得到

$$I(t)_{2\omega_a} \approx -2vE_0 A_2 \cos[\omega_a(2t-t_0)]\int_{\tau=t-t_0}^{t} B'(\tau)C'(2t-t_0-\tau)\mathrm{d}\tau \tag{5.35}$$

如果输入信号 $B(t)\cos\omega_a t$ 和 $C(t)\cos\omega_a t$ 的持续时间小于相互作用区域的时间孔径 $L/v$,且这两个信号完全发生在同一时间范围内(也不能超过 $L/v$),则式(5.35)中的积分限制可以在无误差的情况下扩展到无限远。

该输出被认为是 $B(t)$ 和 $C(t)$ 在压缩时间帧中的卷积,在压缩帧中延迟了时间 $t_0$。实际上卷积以输入信号频率两倍的频率输出,带宽与作用时间的数值大小相同,在一半相互作用时间的延迟后开始输出。

如果 $B^2(t)$ 和 $C^2(t)$ 具有相同的频率范围,并且这个范围不超过以 $\omega_a$ 为中心的一个倍频带宽,那么可以通过直接带通滤波将卷积与二极管中输出的其他信号分离。反之,式(5.30)中的第二项和第三项的低水平作用将在输出中引入部分失真。

对于这样的表面声波声光空间积分卷积器,两个信号之间的相关性可以通过将其中一个信号进行时间反演来确定。例如,在图 5.5 中,该信号仅在 $0\leqslant t\leqslant a$ 范围内为非零信号,然后对该信号 $C(t)\cos\omega_a t$ 进行时间反演,得到 $C(a-t)\cos\omega_a(a-t)$。由该信号产生的表面声波可以表示为

$$C(a-t)\cos\omega_a(a-t) \rightarrow C'\left(a-t+\frac{L}{2v}-\frac{z}{v}\right)\cos\omega_a\left(t-a-\frac{L}{2v}+\frac{z}{v}\right) \tag{5.36}$$

将 $\cos(-\omega)=\cos(\omega)$ 代入,式(5.34)则变为

$$I(t)_{2\omega_a} \approx 2E_0 A_2 \cos\left[2\omega_a\left(t-\frac{L}{2v}-\frac{a}{2}\right)\right]\int_{\tau=t-t_0}^{t} B'\left(t-\frac{L}{2v}-\frac{z}{v}\right)C'\left(a-t+\frac{L}{2v}-\frac{z}{v}\right)\mathrm{d}z \tag{5.37}$$

通过替换 $\tau=t-z/v-L/2v$,$L/v=t_0$,$\mathrm{d}\tau=-\mathrm{d}z/v$,可得

$$I(t)_{2\omega_a} \approx -2vE_0 A_2 \cos\left[\omega_a\left(2t-t_0-\frac{a}{2}\right)\right]\int_{\tau=t-t_0}^{t} B'(\tau)C'(\tau-2t+t_0+a)\mathrm{d}\tau \tag{5.38}$$

将式(5.38)与式(5.23)进行比较,尽管在压缩时间帧和时间延迟之后,但 $B(t)$ 和 $C(t)$ 二者是相关的,同样的条件也适用于卷积器。

**3. 卷积器性能的最优化**

(1) 提高有效相互作用时间

这种声光卷积器作为信号处理器的作用取决于两个性能指标:时间带宽积和动态范围。时间带宽积是器件可以正常工作的最大持续时间和带宽信号。该性能指标可以通过增加声光相互作用时间或相互作用带宽来提高。随着延迟线长度的增加,相互作用时间可能会增加,比如可以使用具有 40μs 延迟孔径的 15cm 长的 $LiNbO_3$ 晶体。考虑到生长和加工 $LiNbO_3$ 晶体的困难,以及尺寸的增加和光学元件的容差要求,进一步增加长度存在很大困难。

由于传播损耗和衍射损耗引起的声波衰减,随着延迟线长度的增加,声光相互作用减小。声波传播损耗与频率平方近似成正比($y$ 切、沿 $z$ 轴传播 $LiNbO_3$ 在 1GHz 处约为 1.07dB/μs),因此很长的延迟线的情况只适用于较低的频率,从而限制了可达到的瞬时带宽。对于远场中,随着声波衍射损耗大幅度增加,各向同性传播的远场距离 $D$ 可估计为

$$D=\frac{W^2}{2\Lambda} \tag{5.39}$$

由于声波不再是平面波,远场的声光相互作用进一步减小。如果 $y$ 切、沿 $z$ 轴传播 $LiNbO_3$ 对于表面声波传播是各向同性的,则远场距离 $D$ 在 500MHz 时约为 10cm (～29μs)。然而,材料的声学各向异性使得远场距离扩展到大约 10 倍,使得声波传播损耗成为决定可用交互时间的限制因素。使用声波传播速度较慢的材料,如氧化铋锗($B_{12}GeO_{20}$),在给定的物理长度中可获得更长的相互作用时间,但是不适合增加可要求的时间-带宽积。这些材料的单位时间延迟往往具有更大的声衰减,因此,这些材料只适用于较低的频率。

(2) 优化带宽技术

对于通过增加声光相互作用带宽来增加卷积时间带宽积的情况,需要注意两个问题:一个是前面提到的有效布拉格衍射的带宽限制,另一个是有效的、非色散延迟线换能器的带宽极限。图 5.6 给出了一种典型的表面声波叉指换能器,在各种表面声波声光器件中经常使用这种类型的换能器。由于它的非色散性,所以传感器不会在处理器中引入时频失真。这些换能器在电信号转换成表面声波的效率随着叉指对数的平方和其长度的增加而增加。但是,换能器的带宽与叉指对数成反比,增加叉指长度提高了声相前的宽度,这将降低布拉格衍射的带宽。

对于表面声波延迟线和声光相互作用,可以通过使用倾斜换能器阵列来解决带宽和效率的矛盾[12-13],如图 5.7 所示。每个换能器设计为不同的中心频率,具

有重叠的通带。这使得每个单独的换能器都具有适中的带宽和合理的效率,而整个阵列则实现了很大的带宽。这个阵列需要一个复杂的频率选择性反馈网络来实现其设计的性能目标,对于简单的滤波器和匹配网络也能满足要求。

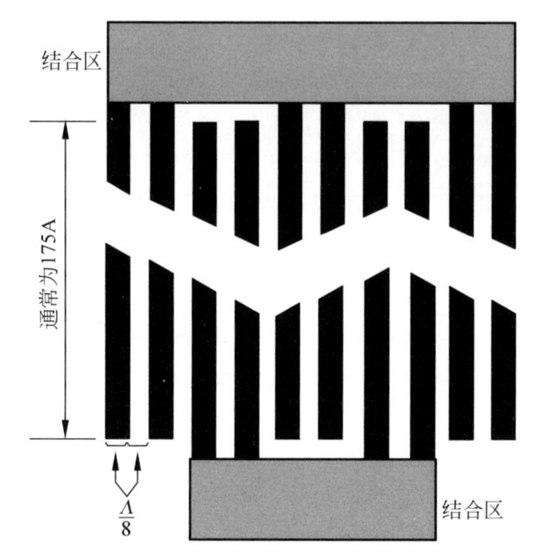


图 5.6　典型的表面声波叉指换能器模式

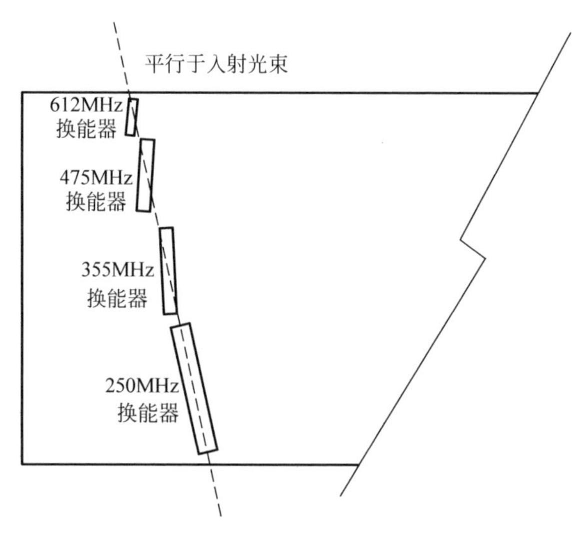


图 5.7　用于宽带声光卷积器的多个换能器阵列

相对于 $z$ 轴垂直方向的倾斜使来自这些换能器的表面声波产生相似的倾斜,保持倾斜使得在换能器的中心频率处,表面声波与入射光之间形成布拉格角。选择每个换能器叉指的长度可以给出允许重叠声光交互带宽的宽度。然而，每个表面声波所需的带宽足够小，可以使用大的声波深度来确保合理的声光交互效率。

为了确保换能器阵列的表面声波相对于入射光束的相对相位恒定，每个换能器必须距垂直参考方向有一定的偏移，如图 5.7 所示。偏移量仅仅是确保从每个传感器到入射光的给定传播矢量的相同传播时间所需的距离。

对于长度为 15cm，$y$ 切 $z$ 方向传播的 $LiNbO_3$ 晶体上制作的如图 5.7 所示的多个传感器阵列构成的声光卷积器，四个换能器阵列[14]。它的中心频率分别是 250MHz、355MHz、475MHz 和 612MHz，产生了从 174MHz 到 718MHz 的结合通带。选择换能器叉指的长度可以给出在每个换能器中心频率处略超过 100 声波长的声相前宽度。利用 40$\mu$s 的延迟线，实现了超过 20000 的时间带宽积。然而，可用的时间带宽积只有 10000，这是因为 475MHz 和 612MHz 换能器表面声波的交互效率差，导致 440MHz 以上的动态范围缩小。

由于长延迟线中的声波衰减、高频声波的穿透深度较小，以及使用相对较厚的（~6$\mu$m）光片造成的光损失引起较低的相互作用效率。通常粗光束是利用 $f/40$ 柱面透镜在后焦点处达到 4.8mm 的景深，使延迟线的全宽均匀照明而产生的。利用延迟线表面的光波导将光限制在表面声波区域，可以提高高频相互作用效率。研究人员利用该技术对集成光学中声光器件的工作表明，在超过 600MHz 带宽下的交互效率超过 50%[15]。

（3）动态范围

声衰减、衍射损耗和上述的表面波器件声光相互作用区域很薄等因素限制了声光卷积器和相关器可达到的动态范围。另一个主要因素是用于外差检测的光电探测器。对于空间积分信号处理器，虽然 PIN 光电探测二极管在噪声和带宽方面具有最佳的性能，但是实际操作会对系统的动态范围有明显的影响。

通过对图 5.5 中所示的双一阶衍射进行外差检测，动态范围明显提升。通过这两束光的方程(5.26)，可见它们是共线的，且频率相差 $2\omega_a$。利用短焦距和低 $F$ 数的透镜系统，这些衍射的傅里叶图像(具有与信号 $B(t)$ 和 $C(t)$ 的带宽成比例的空间范围)可以重新在光电探测二极管上成像。由外差检测产生的差分信号形式为

$$D(t,z) \approx A_1^2 \cos\left[2\omega_a\left(t-\frac{L}{2v}\right)\right]\int_{-L/2}^{L/2} B'\left(t-\frac{L}{2v}-\frac{z}{v}\right)C'\left(t-\frac{L}{2v}+\frac{z}{v}\right)\mathrm{d}z \tag{5.40}$$

它是在压缩时间帧中 $B(t)$ 和 $C(t)$ 的卷积。随着入射光功率的增加，动态范围也提高。每个声波引起的光波最大衍射为 1%，一个 250mW 的激光源在探测二极管上入射时的总衍射光功率为 5mW，产生的信号功率约为 $3.9\times10^{-5}$W，量子噪声

为 $1\times10^{-11}$W。因此，对于 100MHz 带宽输入信号，可以获得约 65dB 的信噪比和卷积（或相关）动态范围。基于该装置，由双衍射改为两次单衍射操作，动态范围由原来的 45dB 提高到 65dB，但是也提高了处理器的光学复杂性和激光功率。

**4. 卷积器的应用**

（1）相关器与匹配滤波检测

相关器的一个用途是检测隐藏在噪声中的宽带信号。如前所述，如果可以产生一个信号的时间反演作为参考输出，卷积器可以被用作相关器。在此应用中，时间带宽积能够直接衡量可获得的最大信噪比的增强情况。

对于存在的白噪声，通常使用匹配滤波器作为最佳处理器。虽然相关器具有相同的信噪比增强特性，但它只能在参考信号存在时检测信号，而匹配滤波器可以在任何时候对信号响应。利用空间积分的表面声波声光卷积器作为匹配滤波器会带来额外的缺点。只有当参考信号和输入信号同时出现且持续时间等于器件的全声光孔径时，才能获得最大处理增益。

输入信号和参考信号之间的任何时间误差，或者使用较短持续时间的信号，都会导致处理增益的降低。为了避免这个问题，可以使用一个持续时间是卷积器两倍的系统信号，然后使用连续重复的时间反演信号作为器件的参考输入。对参考信号和接收信号之间的相对延迟的卷积器输出的检测表明，对于输入信号的任何时间，都将与卷积器的全部处理增益相关联。因此能够得到 100% 的时间覆盖和到达的时间信息。虽然处理增益仅为信号时间带宽积的一半，但该方案在较小的损失下具有与相关器一样的灵活性。这使得人们可以通过改变电子产生的参考信号来改变“匹配”信号，这实际上是一个快速可编程的匹配滤波器。

（2）多通道操作

图 5.8 是多通道声表面波声光卷积器的原理图，能够同时独立处理六个信号[16]。该装置由布拉格声光相互作用的角度-频率依赖性实现。如图 5.8 所示，六个通道的相同换能器彼此成对倾斜。由这些产生的表面声波与六束激光束的相互作用，每束光都以布拉格角在一个通道内，然后聚焦到光电探测器上。

六通道卷积器采用六元件阵列换能器，设计中心频率为 300MHz，带宽为 30MHz。换能器的叉指长度位于中心频率的声波波长的 175 倍。它的相对倾斜度是 $1.6\theta_B$，约为 1.09°，考虑到与 $z$ 轴垂直，换能器的实际角度分别为 ±0.545°、±1.64°、±2.73°。以 $1.6\theta_B$ 角度将激光束进行分离（是延迟线外布拉格角的 1.6 倍），约为 2.39°。对于 6 个通道的情况，其中有 4 个获得了相关输出。用激光器和探测器扫描整个范围的入射角，可以获得这四种光束的相对相关输出与光束入射角的关系，可获得的信道隔离也取决于每个信道的带宽。设计带宽为 30MHz 时对应的衍射角偏差约为 19′。

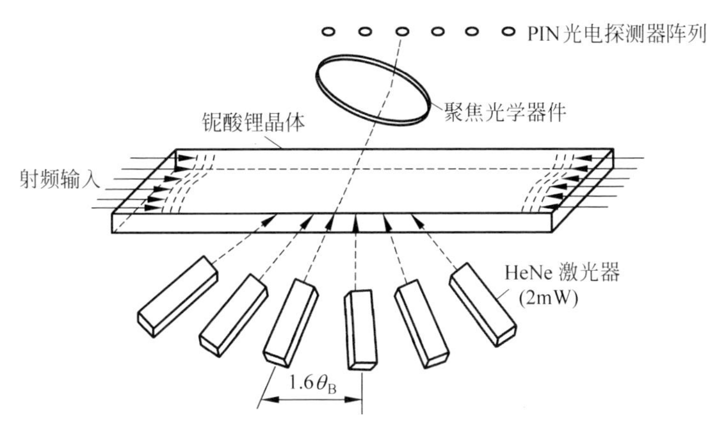


图 5.8 多通道表面声波声光卷积器原理

在换能器最大倾斜角(2.73°)处,相关器输出仅减少了 2.5dB。理论上,功率流开始明显偏离 $z$ 轴且超过倾斜角 2.5°[11]($y$ 切、沿 $z$ 轴传播的 $LiNbO_3$ 的各向异性特性与此有关),可以通过对延迟线各通道插入损耗的测量进行定性的验证。由于这一偏差对功率流和声光相互作用没有太大的影响,可以通过增加从法线到 $z$ 轴倾斜的换能器来增加 6 个以上的通道数。靠近延迟线边缘的通道是两个不工作的信道。换能器依然可以工作,但与功率流偏离 $z$ 轴的幅度大到足以使换能器产生的表面声波向边缘倾斜,撞击边缘并丢失。如果延迟线使用更宽的 $LiNbO_3$ 晶体,可以使换能器和边缘之间有更大的间隙,那么即使是这些通道也可以工作。

**5. 傅里叶变换处理器**

(1) 连续傅里叶变换

表面声波声光卷积器可用于实时查找信号的连续傅里叶变换。采用啁啾变换算法的体系结构,函数 $x(t)$的傅里叶变换 $X(f)$定义为

$$X(t)=\int_{-\infty}^{\infty}x(t)\exp(-\mathrm{j}2\pi ft)\mathrm{d}t \tag{5.41}$$

在啁啾变换算法中,恒等式

$$-2ft\equiv(f-t)^2-f^2-t^2 \tag{5.42}$$

替换式(5.41),通过重新整理各项,可以得到

$$X(f)=\exp(-\mathrm{j}\pi f^2)\int_{-\infty}^{\infty}[x(t)\exp(-\mathrm{j}\pi t^2)]\{\exp[\mathrm{j}\pi(f-t)^2]\}\mathrm{d}t \tag{5.43}$$

积分第一个括号内的项可认为函数 $x(t)$与一个啁啾(线性调频信号)相乘,然后该乘积与另一个啁啾相关联,其结果再乘以第三个啁啾。这个方程被称为啁啾-$z$ 变换的乘-卷积-乘形式。由于表面声波声光卷积器可用于确定两个信号的相关性,

可以用它作为实现执行啁啾-$z$ 变换体系的结构。

图 5.9 是该体系结构的框图。在双平衡混频器中，信号 $x(t)$与下啁啾 $C_1(t)=\cos[(\omega_1-\alpha t)t]$相乘。选择所需的边带和适当的滤波器作为声光卷积器的一个输入，另一个输入是上啁啾 $C_2(t)=\cos[(\omega_2+\alpha t)t]$。假设信号定时，持续时间和频带宽度选择在卷积器的工作约束下，则输出(忽略所有常量项)可表示为

$$S(t)=\int_{\tau=t-t_0}^{\tau} x(\tau)\cos[(\omega_1-\omega_2-4\alpha t)\tau+(2\omega_2+4\alpha t)t]\mathrm{d}\tau \tag{5.44}$$

使用恒等式 $\cos(a+b)=\cos a\cos b-\sin a\sin b$，可得

$$S(t)=\cos(2\omega_2+4\alpha t)t\int_{\tau=t-t_0}^{t} x(\tau)\cos(\omega_1-\omega_2-4\alpha t)\tau\mathrm{d}\tau-$$
$$\sin(2\omega_2+4\alpha t)t\int_{\tau=t-t_0}^{t} x(\tau)\sin(\omega_1-\omega_2-4\alpha t)\tau\mathrm{d}\tau \tag{5.45}$$

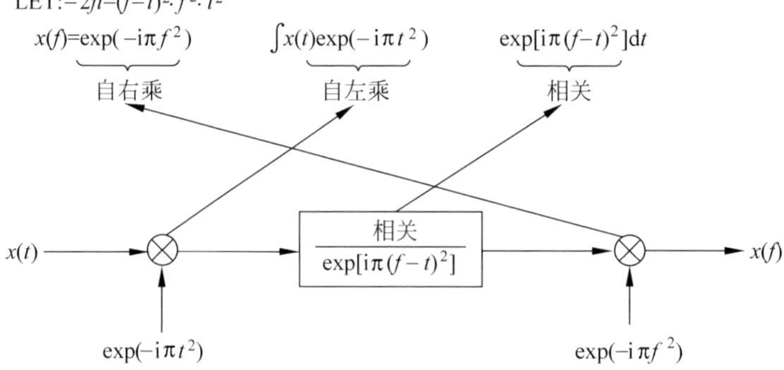


图 5.9　啁啾-$z$ 变换算法

如果将此输出与一个啁啾 $\cos(\omega+4\alpha t)t$ 相乘，并使用适当的滤波器选择差频，则滤波器输出可表示为

$$S(t)=\cos(2\omega_2-\omega)t\int_{\tau=t-t_0}^{t} x(\tau)\cos(\omega_1-\omega_2-4\alpha t)\tau\mathrm{d}\tau-$$
$$\sin(2\omega_2-\omega)t\int_{\tau=t-t_0}^{t} x(\tau)\sin(\omega_1-\omega_2-4\alpha t)\tau\mathrm{d}\tau \tag{5.46}$$

如果实函数 $x(t)$的傅里叶变换被写为

$$X(\Omega)=\int_{-\infty}^{\infty} x(\tau)\exp(-\mathrm{j}\Omega\tau)\mathrm{d}\tau \tag{5.47}$$

实部和虚部则为

$$\mathrm{Re}[X(\Omega)]=\int_{-\infty}^{\infty} x(\tau)\cos(\Omega\tau)\mathrm{d}\tau$$

和

$$\mathrm{Im}[X(\Omega)]=\int_{-\infty}^{\infty}x(\tau)\sin(\Omega\tau)\mathrm{d}\tau \tag{5.48}$$

那么式(5.46)可表示为

$$S=\cos(2\omega_2-\omega)t\mathrm{Re}[x(\Omega)]-\sin(2\omega_2-\omega)t\mathrm{Im}[x(\Omega)] \tag{5.49}$$

式中,$\Omega=\omega_1-\omega_2-4\alpha t$。

因此,输出可以看作包含 $x(t)$傅里叶变换的实部和虚部,作为 $2\omega_2-\omega$ 频率时的正交分量。

(2) 离散傅里叶变换

对于表面声波声光处理器,可以确定样本集$\{g_n\}$的离散傅里叶变换。斯派泽和怀特豪斯利用方程对样本集$\{g_n\}$进行离散傅里叶变换 $G_k$,可得

$$G_k=\sum_{n=0}^{N-1}g_n\exp\left(\frac{-\mathrm{j}2\pi nK}{N}\right) \tag{5.50}$$

利用等式替换 $nk=(1/4)[(k+n)^2-(k-n)^2]$,可得

$$G_k=\sum_{n=0}^{N-1}g_n\exp\left(\frac{-\mathrm{j}\pi(k+n)^2}{2N}\right)\exp\left(\frac{-\mathrm{j}\pi(k-n)^2}{2N}\right) \tag{5.51}$$

这种用于实现离散傅里叶变换的结构称为三重积卷积器(triple product convolver,TPC),该器件的结构如图5.10所示。在这种表面声波声光处理器中,用一些非常窄的平行激光束取代表面声波声光卷积器(图5.5)的片状光束,每个光束都是通过数据样本$\{g_n\}$用电光调制器对光强进行调制,产生的入射光分布表示为

$$D(z)=\sum_{n=0}^{N-1}g_n\delta\left(z-nd+\frac{L}{2}\right)\cos(\omega_l t) \tag{5.52}$$

式中,$d$ 是光束的间距,$N$ 是光束的数目,$L=(N-1)d$ 是相互作用区域的长度,$\delta(z)$是狄拉克 $\delta$ 函数。

对于延迟线输入信号 $B(t)=\cos[(\omega_1+\alpha t)t]$和 $C(t)=\cos\{[\omega_2-(2\alpha L/v)-\alpha t]t\}$,在增益频率范围内检测的输出之和为(忽略常数项)

$$I(t)\sim\int_{-L/2}^{L/2}\sum_{n=0}^{N-1}g_n\delta\left(z-nd+\frac{L}{2}\right)\cos\left[(\omega_1+\omega_2)\left(t-\frac{L}{2v}\right)+\right.$$
$$\left.(\omega_2-\omega_1-4\alpha t)\frac{z}{v}-\frac{2\alpha tL}{v}+\frac{\alpha L^2}{v^2}\right]\mathrm{d}z \tag{5.53}$$

积分取 $\delta$ 函数,可得

$$I(t)\sim\sum_{n=0}^{N-1}g_n\cos\left[(\omega_1+\omega_2)t-\left(\omega_2+\frac{2\alpha L}{v}\right)\frac{L}{v}+(\omega_2-\omega_1-4\alpha t)\frac{nd}{v}\right] \tag{5.54}$$

利用等式 $\cos(a+b)=\cos a\cos b-\sin a\sin b$,可得

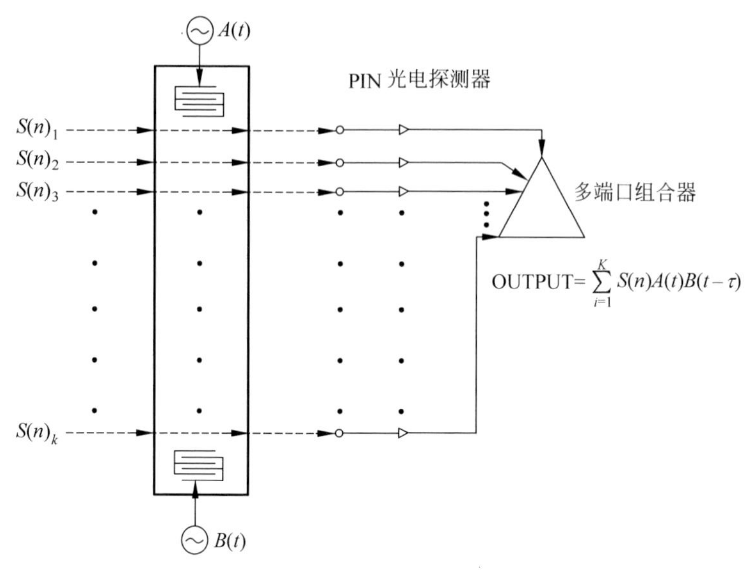


图 5.10　声光三重积卷积器

$$I(t) \sim \cos\left[(\omega_1+\omega_2)t-\left(\omega_2+\frac{2\alpha L}{v}\right)\frac{L}{v}\right]\sum_{n=0}^{N-1} g_n \cos\left[(\omega_2-\omega_1-4\alpha t)\times\frac{nd}{v}\right]-$$
$$\sin\left[(\omega_1+\omega_2)t-\left(\omega_2+\frac{2\alpha L}{v}\right)\frac{L}{v}\right]\sum_{n=0}^{N-1} g_n \sin\left[(\omega_2-\omega_1-4\alpha t)\times\frac{nd}{v}\right] \tag{5.55}$$

式(5.55)表示为

$$I(t) \sim \cos\left[(\omega_1+\omega_2)t-\left(\omega_2+\frac{2\alpha L}{v}\right)\frac{L}{v}\right]\mathrm{Re}DFT-$$
$$\sin\left[(\omega_1+\omega_2)t-\left(\omega_2+\frac{2\alpha L}{v}\right)\frac{L}{v}\right]\mathrm{Im}DFT \tag{5.56}$$

式中，$DFT=\sum_{n=0}^{N-1} g_n \exp(-\mathrm{j}2\pi nK/N)$和$(\omega_2-\omega_1-4\alpha t)(Nd/2\pi v)=K$。因此，相加的输出电流包含离散傅里叶变换的实部和虚部，可以作为在自由频率$\omega_1+\omega_2$的正交分量。为了获得每个$K$的$G_K$，啁啾速率必须为

$$\alpha=\frac{\pi v}{2Td} \tag{5.57}$$

式中，$T$是输出的持续时间(对于$L/v$可以很大)。

通过将$n=n_1N_2+n_2$和$K=K_1+K_2N_1$代入方程(5.50)，可以对大样本集$N=N_1 \cdot N_2$进行离散傅里叶变换，可得

$$G_{K_1+K_2N_1}=\sum_{n=0}^{N-1}\exp\left(\frac{-\mathrm{j}2\pi K_2n_2}{N_2}\right)\sum_{n_1=0}^{N_1-1}\left[g_{n_1}N_2+n_2\exp\left(\frac{-\mathrm{j}2\pi K_1n_1}{N_1}\right)\right] \tag{5.58}$$

这表明一个长的一维变换可以通过在 $N_1$ 上执行一个局部离散傅里叶变换，然后乘以一个适当的相位因子，并在 $N_2$ 上执行第二次离散傅里叶变换来实现[17]。图5.11给出了能够实现这种体系的结构图。这 $N$ 个数据样本首先存储在 $N_2$ 缓冲存储器中，然后将每个存储器中的 $N_1$ 样本输入到串行输入、串行输出啁啾-$z$ 变换模块中，例如可以用电荷耦合元件(CCD)的横向滤波器来构造，最后将 $N_2$ 的啁啾-$z$ 变换模块的输出乘以适当的相位因子，输入到像TPC一样并行，串行输出的离散傅里叶变换器件完成转换。

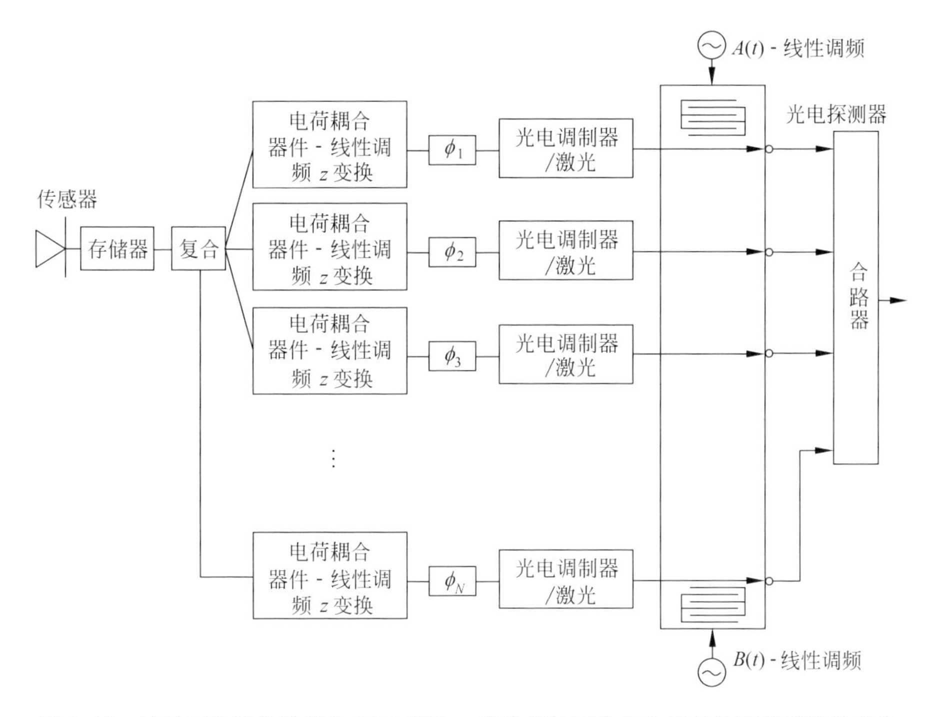


图5.11　使用三重积卷积器与CCD啁啾-$z$ 变换模块来执行非常长的离散傅里叶变换

如图5.11所示的系统说明CCD信号处理器和空间集成声光信号处理器可以有效结合。CCD信号处理器具有较长的交互时间($\sim10^{-2}\sim10^{-1}$s)，但带宽很窄，而空间集成声光器件具有较大的带宽($10^8\sim10^9$Hz)，但相互作用时间较小。图5.12给出了在一个非常大的声呐阵列的输出上处理频率-方位角($\omega$-$k$)波束形成的组合处理器。利用CCD的啁啾-$z$ 变换模块对各声波接收器的输出信号进行傅里叶变换。这些信号的频率、振幅和相位信息直接输入到声光 TPC 中。卷积器的输出可以给出包含阵列探测到的声音的频率、振幅和到达方向信息[18]。

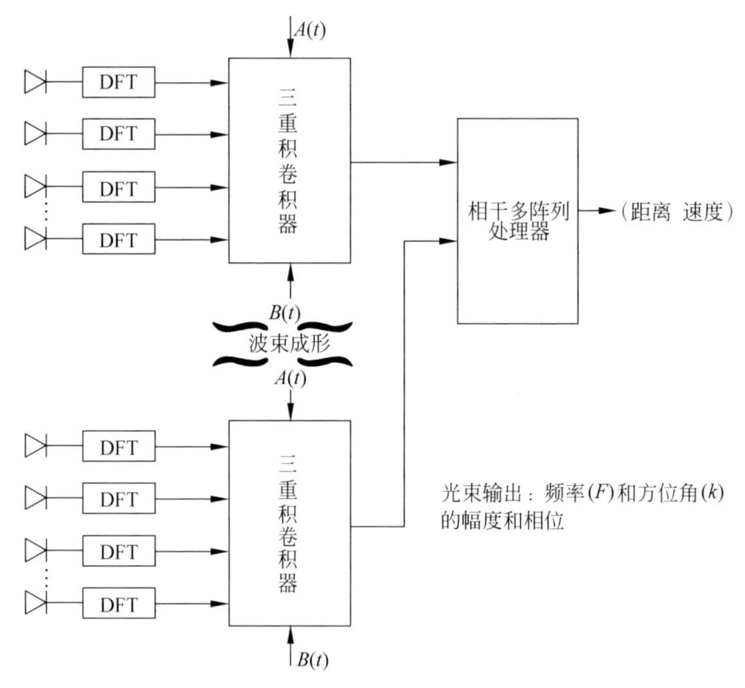


图 5.12 基于三卷积器的光束形成方式

**6. 基于表面声波的双晶体相关器**

如果可以生成一个时间反演的信号，虽然可以使用卷积器来查找两个信号的相关性，但对于两个实时信号的交叉相关性时的情况并不方便。图 5.13 给出了用于寻找两个信号的实时相关性的表面声波声光结构。它利用了氧化铋($B_{12}GeO_{20}$或 BGO)与 $y$ 切、$z$ 轴传播的 $LiNbO_3$ 延迟线不同的表面声波传播速度，称为二晶体相关器[19]。在(001)切割的 $B_{12}GeO_{20}$ 中，其表面声波的传播速度约为 $LiNbO_3$ 的一半。信号 $B(t/2)\cos(\omega_a/2)$ 在氧化铋(BGO)晶体中产生的表面声波可以表示为

$$B\left(\frac{t}{2}\right)\cos\left(\frac{\omega_a}{2}\right)t \rightarrow B'\left(\frac{t}{2}-\frac{z}{v}\right)\cos\omega_a\left(\frac{t}{2}-\frac{z}{v}\right) \tag{5.59}$$

式中，$v$ 是在 $LiNbO_3$ 中表面声波的速度，一般是 BGO 中表面声波速度的两倍，点 $z=0$ 位于换能器中，持续时间为 $B(t/2)\leqslant L/v$。在 $t_0=L/v$ 之后，信号 $C[t-(L/v)]\cos\omega_a[t-(L/v)]$用于 $LiNbO_3$ 延迟线上的换能器(也在 $z=0$ 处)并产生表面声波：

$$C\left(t-\frac{L}{v}\right)\cos\omega_{\mathrm{a}}\left(t-\frac{L}{v}\right)+C'\left(t-\frac{z}{v}-\frac{L}{v}\right)\cos\omega_{\mathrm{a}}\left(t-\frac{z}{v}-\frac{L}{v}\right) \tag{5.60}$$

可以用布拉格相互作用将双衍射光表示为

$$C'\left(t-\frac{z}{v}-\frac{L}{v}\right)B'\left(\frac{t}{2}-\frac{z}{v}\right)\cos\left[\omega_l t+\omega_{\mathrm{a}}\left(t-\frac{z}{v}-\frac{L}{v}\right)-\omega_{\mathrm{a}}\left(\frac{t}{2}-\frac{z}{v}\right)\right] \tag{5.61}$$

透镜用于收集无衍射和双衍射光，并将其聚焦到大面积光电二极管上，进行外差检测将产生一项

$$I(t)=\int_0^L C'\left(t-\frac{L}{v}-\frac{z}{v}\right)B'\left(\frac{t}{2}-\frac{z}{v}\right)\cos\left[\left(\omega_{\mathrm{a}}-\frac{\omega_{\mathrm{a}}}{2}\right)t-\frac{\omega_{\mathrm{a}}z}{v}-\frac{\omega_{\mathrm{a}}L}{v}+\frac{\omega_{\mathrm{a}}z}{v}\right]\mathrm{d}z \tag{5.62}$$

或

$$I(t)_{\omega/2}=\int_0^L C'\left(t-\frac{L}{v}-\frac{z}{v}\right)B'\left(\frac{t}{2}-\frac{z}{v}\right)\cos\left[\omega_{\mathrm{a}}\left(\frac{t}{2}-\frac{L}{v}\right)\right]\mathrm{d}z \tag{5.63}$$

替换 $\tau=t-L/v-z/v, t_0=L/v, \mathrm{d}\tau=-\mathrm{d}z/v$，可得

$$I(t)_{\omega/2}=-v\cos\omega_{\mathrm{a}}\left(\frac{t}{2}-t_0\right)\int_{t-t_0}^{t}C'(\tau)B'\left(\tau-\frac{t}{2}+t_0\right)\mathrm{d}\tau \tag{5.64}$$

假定 $C(t)\cos\omega_{\mathrm{a}}t$ 的持续时间小于等于 $t_0/2$。这被认为是 $B(t)$ 和 $C(t)$ 在 $t_0$ 延迟后扩展时间帧内的相关性。

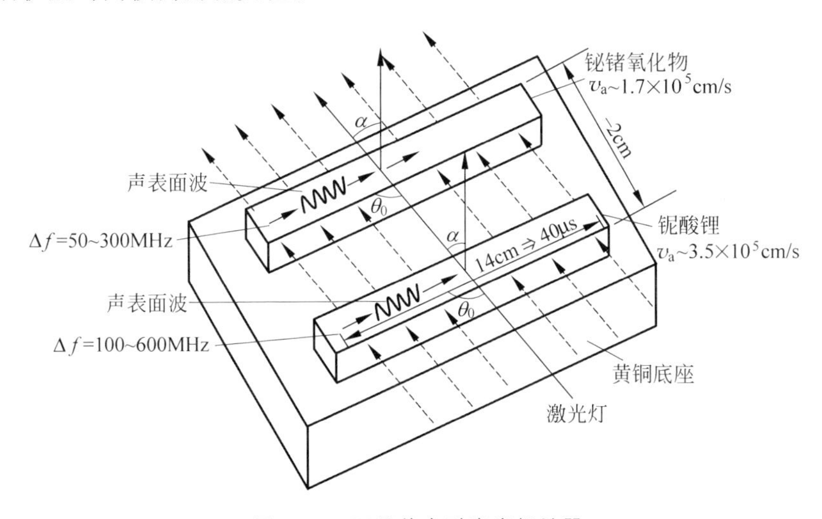


图 5.13　双晶体实时声光相关器

该方案的难点是从原 $B(t)\cos\omega_{\mathrm{a}}t$ 生成 $B(t/2)\cos\omega_{\mathrm{a}}(t/2)$。如果一个 δ 函数在 $\omega_{\mathrm{a}}/2$ 处近似为一个周期，将其输入到 BGO 延迟线，信号 $B(t)\cos\omega_{\mathrm{a}}t$ 被输入到

$LiNbO_3$ 延迟线。探测器输出包含一项

$$I(t)=\int_{-L/2}^{L/2}\delta\left(t-\frac{2z}{v}\right)B'\left(t-\frac{z}{v}\right)\cos\left[\omega_a\left(t-\frac{z}{v}\right)-\frac{\omega_a}{2}\left(t-\frac{2z}{v}\right)\right]dz \quad (5.65)$$

如果 $B(t)\cos\omega_a t$ 的持续时间小于或等于 $L/v$，那么

$$I(t)=B'\left(t-\frac{t}{2}\right)\cos\left[\omega_a\left(t-\frac{t}{2}\right)\right] \quad (5.66)$$

这是理想的输入信号。因此，将这种二晶体时间扩展器与二晶体相关器相结合，可以实现表面声波声光相关器的实时空间集成。

### 5.2.2 声光存储设备的信号处理

声光设备的实时或近实时操作能力是用于信号处理的主要优势之一。但是，如果与已知数量相对应的信号不需要在每次需要时生成，而是以模拟形式储存在声延迟线介质中，那么在一定的应用中能大大提高处理的灵活性。一般来说，空间集成声光结构最适合利用声介质的存储能力。通用的构建块组件是一个空间集成的存储相关器。由 5.2.1 节可知，这种声光存储相关器的工作方式与空间积分卷积器完全相同；然而，这不是两个反向传播的声波，而是在延迟线上的固定信号和传播的声波信号。假设固定信号具有适合于声光信号处理的性质。存储相关器的输出可以作为实时空间积分卷积器的光电探测器输出的简单扩展，表示为

$$I(t)=A\int_{-L/2}^{+L/2}\left\{B\left(t-\frac{L}{2v}-\frac{z}{v}\right)C\left(t-\frac{L}{2v}+\frac{z}{v}\right)\cos\left[2\omega_a\left(t-\frac{L}{2v}\right)\right]\right\}dz \quad (5.67)$$

式中，$B$ 和 $C$ 是反向传播的输入信号，$L$ 是声延迟线的长度，$v$ 是声速，$\omega_a$ 是 $B$ 和 $C$ 的声频载波，$A$ 是常数，$z=0$ 是延迟线的中点，$B$ 和 $C$ 可以在公共坐标系中描述。设 $\tau=t-(L/2v)-z/v$ 和 $t_0=L/v$，可以看出式(5.67)是持续时间小于 $L/v$ 的信号的卷积积分，即

$$I(t)=A'\cos\left[\omega_a(2t-t_0)\right]\int_{-\infty}^{\infty}B(\tau)C(2t-t_0-\tau)d\tau \quad (5.68)$$

但是在一个压缩时间帧和频率为 $2\omega_a$ 的负载下，相关度可以通过对任一输入信号进行时间反演而获得。对于存储相关器，其中一个信号 $C$ 可以认为是常量，于是产生两个重要的结果，一是光与这两个信号的相互作用导致光频率的总偏移只有 $\omega_a$，因为信号是平稳的。因此，输出将在频率为 $\omega_a$ 的载波上。二是，通常可以自由选择静止信号的方向。因此，相关器的应用不需要输入时间反演。考虑到这些方面，对储存相关器的方程(5.67)修改得到

$$I(t)=A\int_{-L/2}^{+L/2}\left\{B\left(t-\frac{L}{2v}-\frac{z}{v}\right)C\left(-\frac{z}{v}-\frac{L}{2v}\right)\cos\left[\omega_a\left(t-\frac{L}{2v}\right)\right]\right\}dz \quad (5.69)$$

将 $\tau$ 替换为$\left(t-\frac{L}{2v}-\frac{z}{v}\right)$代入式(5.69),可得

$$I(t)=A'\cos\left[\omega_{\mathrm{a}}\left(t-\frac{t_0}{2}\right)\right]\int_{-L/2}^{L/2}B(\tau)C(\tau-t)\mathrm{d}\tau \tag{5.70}$$

再次证明了式(5.70)表示 $B$ 和 $C$ 分别小于声延迟线和长度时的相关性。

如上所述,存储相关器具有很多优点。例如,在雷达接收机中使用的空间集成声光相关器,由于具有这样的存储能力,在雷达信号每次传输时,不再要求相关器生成参考信号;这种能力不仅简化了系统,而且更重要的是避免了至少在相关器的时间窗口内对雷达返回时间的传统要求。存储一些雷达参考信号将允许同时处理几个不同的雷达源,就像双基地雷达可能遇到的情况那样,或者允许单个雷达在相对较低系统复杂性上具有信号灵活性。第二个应用程序可能涉及信号或数据库的储存,这些信号和数据可以被收回或与大量未知信号相关联。

在讨论具体的存储相关器之前,有必要检测这些设备所需的特性,并简要讨论任何声光存储相关器与各种模拟信号处理存储设备(光学和非光学)之间的关系。

对于理想的存储相关器,应该具有如下特性:首先,所需的信息存储带宽要尽可能宽;其次,编写和检索信息的时间要短;然后,应该有快速擦除重写功能;最后,如果擦除重写功能不受影响,那么存储时间应该很长,因为长存储机制加上擦除重写功能可以在处理数据存储时间差异很大的情况时具有灵活性。现有的模拟方法,包括声光方法,可以直接处理射频频率的信号,然而数字存储器通常比射频频率访问速度低,并最终受到 D/A(或 A/D)转换器等器件速度的限制。在各种不涉及声光的模拟信号处理存储设备中,最简单的是固定匹配的滤波器[20],如抽头延迟线。这种滤波器的存储信号是不容易改变的,因此需要一系列的滤波器来处理各种信号。而且,与声光设备相比,这种滤波器通常具有有限的带宽或速度。第二种非光学器件具有自适应和高速运行的模拟存储功能。这种高速存储是利用表面声波输入,通过声电相互作用,将信号波形压印到表面缺陷状态或悬浮在表面声波介质上方的硅片上的肖特基势垒二极管阵列上来实现的[21-23]。随后引入的表面声波信号允许使用由此产生的存储电荷模式作为第二非移动输入信号来执行信号处理功能,如相关操作。存储时间通常为几百毫秒,因此在许多应用程序中需要不断刷新存储。

两种不同的光学相关器具有声光存储相关器所需的某些特性。研究人员使用声延迟线器件处理实时信号,另外的信号[24-25]储存在摄影胶片上。第二种相关器使用 $LiNbO_3$ 延迟线上叉指电极的细线光刻图案,该延迟线可以在叉指正下方引起特定的折射率图案[26]。只要应用电信号,记忆就会一直存在。研究发现,在

$LiNbO_3$ 中可以对声波信号进行自适应存储[27]，使基于该存储的声光存储相关器能够很好地满足理想器件的四种特性。

**1. 存储机制**

声光信号处理是根据声波引起的折射率（或介电常数）变化而产生的光衍射。因此，任何复制这些折射率变化的存储效应都可以产生存储，这些存储可以通过处理"实时"声波信号时所涉及同样的光衍射过程来存取。众所周知，很多常用的声学材料，如 $LiNbO_3$ 是强电光材料，在外加电场作用下，折射率变化较大。因此，如果能产生一个永久的电场分布，并在给定的时间产生与声波信号相对应的折射率图样，就能获得有效的存储器。研究表明，$y$ 切、$z$ 向传播的 $LiNbO_3$ 暴露在高强度激光的短时间脉冲下会导致半永久性的折射率变化，可以复制任何可能出现的表面声波信号[27]，这种效应也被称为声光折变效应。

电荷的迁移将引起指数变化。然而，关于电荷传输过程的性质有多种可能，引起声光折变效应的最主要的原因有两种：第一种过程是所谓的非线性光折变效应[28]，其中主要是内部的光电压，由激光的照射导致沿 $LiNbO_3$ 铁电轴方向的大量电子输运；第二种过程涉及在 $LiNbO_3$ 近表面区域电子的调制光发射。

（1）光折变存储过程

由于 $LiNbO_3$ 的电光系数比较大，通常采用 $LiNbO_3$ 材料制成激光调制器等电光元件。然而，$LiNbO_3$ 暴露在中等强度的绿色或较短波长激光下，会在暴露区域内以折射率改变的形式造成光"损伤"[29]。$LiNbO_3$ 晶体中电荷输运的机制主要是光电压机制，许多研究也验证了光电压的起源。此外，也被研究人员这种"光折变"效应作为书写永久全息图的一种潜在方式[30]。为了提高全息图刻写灵敏度，还研究了用短激光脉冲刻写的方法，其中非线性过程可以导致更大的折射率变化[28]。由于写入时间比声周期短，非线性光折变存储是声信号存储的主要研究方向。

由于非线性光折变存储分量与声波的振幅成正比，为了实现声光折变存储，需要确定声波的存在是否会导致非线性光折变存储。声信号存储的方式一般包括：①通过声诱导压力或密度变化，对非线性光折变效应自调制；②将声电场与压电介质的声信号相结合，调制非线性光折变效应；③间接存储，声信号产生衍射光来实现非线性光致折变存储。这三种方式适用于体波或表面声波信号的存储。

（2）光发射和表面储存过程

在类似 $LiNbO_3$ 晶体的声学材料表面或表面附近的存储过程适用于表面声波信号的声光折变存储。由表面电荷模式产生的电场模式通过电光效应直接在表面以下引起相应的折射率变化。这种指数变化的有效深度将近似等于表面图案的特征长度。对于声信号存储,其特征长度将对应于一个声波长。

通常情况下可以通过包括光学和非光学等多种方法获得表面电荷模式。可以在 $LiNbO_3$ 表面声波延迟线表面以"溅射"电子的方式来模拟声电场的效应,也可以对电子束枪进行编码进而实现以光栅方式写入图案,该方法的最大局限性是分辨率会受到二次电子发射的限制;或者,表面声波信号将一个短电子束脉冲输入 $LiNbO_3$ 延迟线的表面[31]。该方法依赖于通过声电场产生机械应力完成二次电子的重新分布。根据初级电子束的能量和次级电场,由此产生的表面电荷模式可以表示电荷的净增益或损失[32]。

光学诱导存储的优点是光源的多功能性和多样性,特别是高强度、短脉冲激光器。如果是光发射过程,那么光发射电子可以重新分布,或者受声电场调制的光发射电流可以通过表面的电子捕获来存储,比如在 $LiNbO_3$ 中已经观察到光发射过程[33]。

对于任何光学诱导的声信号存储,无论是来自体机制或表面机制,都将被称为声光折变存储。除了影响声信号的存储,存储设备的其他因素还包括存储持续时间和擦写能力。这些因素可以决定所使用的存储机制的类型。光折变过程的存储时间在 $\rho\varepsilon$ 量级,其中 $\varepsilon$ 为介质常数,$\rho$ 为材料的体电阻率或表面电阻率。对于纯 $LiNbO_3$ 晶体,$\rho\varepsilon$ 的值意味着数周的存储时间——比肖特基势垒二极管($<1s$)[20]的电荷存储时间或 $LiNbO_3$ 中电子束诱导的应力模式持续时间($<10min$)更长[31]。

**2. 存储相关器设备参数**

研究发现,两种不同的写入机制可以在 $y$ 切、$z$ 向传播的单晶体 $LiNbO_3$ 成功实现声光折变存储[27,34]。如图 5.14 和图 5.15 所示,在 $y$ 切、$z$ 向传播的 $LiNbO_3$ 表面声波延迟线上进行实验。在图 5.14 中,通过圆柱透镜将写入激光束形成片状并使其通过 $LiNbO_3$ 晶体近表面区域,此处可以聚集表面声波的声能,这种情况称为侧写结构。如图 5.15 所示,写入光束从 $LiNbO_3$ 晶体上方引入,即沿 $y$ 切、$z$ 向传播的垂直晶体的 $y$ 轴方向。这种情况称为顶写结构。这两种结构的读出结果是相同的,使用低功率 HeNe 激光束形成薄片光束,与 5.2.1 节中所述的实时表面声波声光处理器一样。在存储相关器操作中,存储的折射率变化($\delta n$)和实测传播声波产生的 $\delta n$ 同时调制低功率连续波(continuous wave,CW)激光束。

两种写入结构都使用相同的表面声波延迟线。在延迟线两端的叉指换能器的间隔是 7cm,对应的延迟时间约为 $20\mu s$。换能器的声孔径是 1.5cm。换能器的叉指设计,允许在 10MHz 的基频和第三、第九次谐波(30MHz 和 90MHz)下工作,工作带宽是 1MHz[35]。

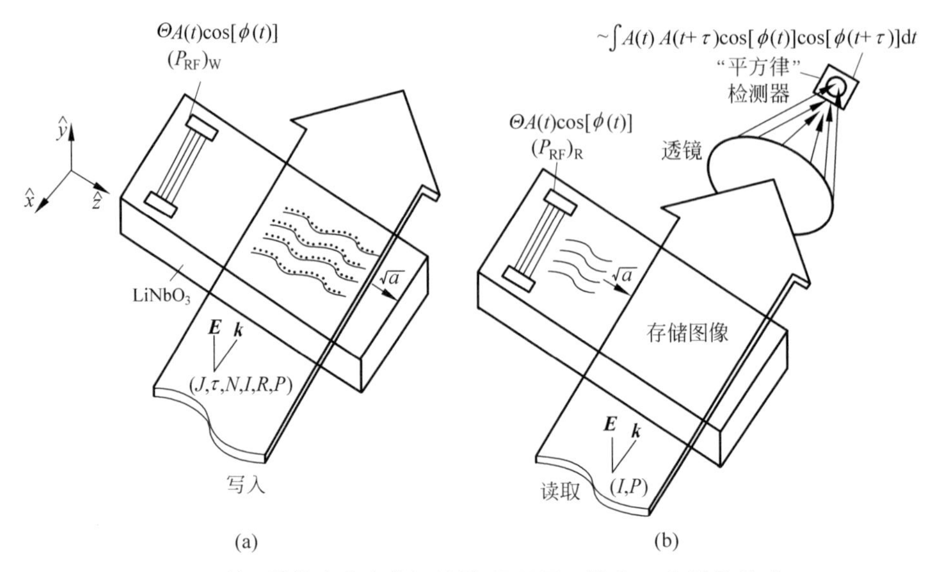


图 5.14　侧写结构声光存储相关器，显示写入模式(a)和读取模式(b)

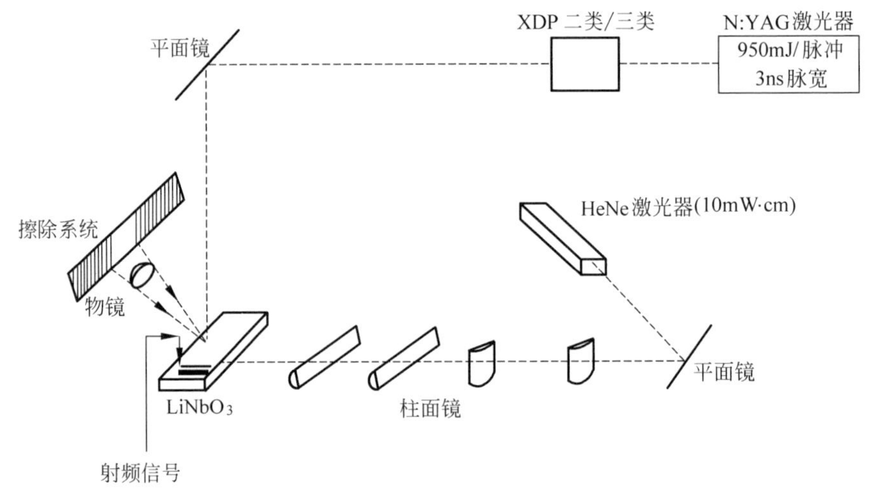


图 5.15　顶写结构声光存储相关器，显示写入、读取和擦除的排列顺序

## 5.2.3　非相干的时间积分处理器

光信号处理器的运算通常采用积分变换的形式，根据积分形式的不同分为两类：一类是空间积分处理器，即在空间的一个或两个维度上进行积分；另一类为时间积分处理器，它是通过时间上的积分来完成的。本节主要研究非相干光时间积分处理器。所谓非相干光，是指与处理器中使用的光学元件尺寸相比，相干长度较

小的光。

非相干的处理器突出的特点是使用的光源和光本身。一方面，成本低、结构紧凑的非相干光非常容易获得，并且随着发光二极管技术的成熟，这一点变得尤为突出，同时还具有寿命长、坚固耐用的优点；另一方面，非相干光不会产生相干光系统中常见的相干伪影。此外，在光学处理器系统中存在多色光趋于不均匀性的问题。

时间积分处理器是以基本时间积分相关器为基础而构建的。本节讨论的主要部分是结合已有报道介绍和分析相关器结构。

**1. 运算基础**

任何严格的时间积分光学处理器的核心都是光相关器。它的功能是产生两个输入信号（三维情况下是三个输入）交叉相关。在数学上，（一维）相关器接收时变输入信号 $g(t)$和 $h(t)$，并产生输出信号：

$$R_{gh}(\tau)=\int_T g(t)h^*(t-\tau)\mathrm{d}t \tag{5.71}$$

这里在 $T$ 秒时间内积分。它是一种全相关的近似

$$R_{gh}(\tau)=\int_{-\infty}^{+\infty} g(t)h^*(t-\tau)\mathrm{d}t \tag{5.72}$$

值得注意的是，$R_{gh}(\tau)$可以同时计算多个 $T$ 值。通过在式(5.71)中加入复共轭（$*$），表明可以对复数进行处理。实际上，大多数相关器结构都允许直接处理复数。

假如实现复积分

$$I(\tau)=\int_T \phi(\tau,t)\,\mathrm{d}t \tag{5.73}$$

由于相关器后面可能具有一些能够对输出进行加权的后处理器，因此能够进行任何形式的计算

$$J(\tau)=w(\tau)R_{gh}(\tau)=w(\tau)\int_T g(t)h^*(t-\tau)\mathrm{d}t \tag{5.74}$$

为了获得式(5.73)，需要将 $\phi(\tau,t)$写成

$$\phi(\tau,t)=w(\tau)g(t)h^*(t-\tau) \tag{5.75}$$

一般情况下不是所有函数都以这种方式分解。怀特豪斯（Whitehouse）等[36]证明了这种分解的充分条件是

$$\left(\frac{\partial^3}{\partial\tau\partial^2 t}+\frac{\partial^3}{\partial\tau^2\partial t}\right)\lg\phi(\tau,t)=0 \tag{5.76}$$

通常情况下，可以构造一个二维光学相关器来实现此功能

$$R_{ghq}(\tau_1,\tau_2)=\int_T g(t)h^*(t-\tau_1)q^*(t-\tau_2)\mathrm{d}t \tag{5.77}$$

也可以用因子 $w(\tau_1,\tau_2)$ 对输出加权。如果产生积分

$$I(\tau_1,\tau_2)=\int_T \phi(\tau_1,\tau_2,t)\,\mathrm{d}t \tag{5.78}$$

$\phi$ 满足

$$\left(\frac{\partial^3}{\partial\tau_1\partial t^2}+\frac{\partial^3}{\partial\tau_1^2\partial t}\right)\lg\phi(\tau_1,\tau_2,t)=0 \tag{5.79}$$

和

$$\left(\frac{\partial^3}{\partial\tau_2\partial t^2}+\frac{\partial^3}{\partial\tau_2^2\partial t}\right)\lg\phi(\tau_1,\tau_2,t)=0 \tag{5.80}$$

比如，考虑在一定周期 $T$ 内对信号的傅里叶变换

$$\mathcal{F}_T\{x(t)\}=\int_T x(t)\mathrm{e}^{-\mathrm{j}2\pi ft}\,\mathrm{d}t \tag{5.81}$$

将得到

$$\left(\frac{\partial^3}{\partial f\partial t^2}+\frac{\partial^3}{\partial f^2\partial t}\right)\lg\left[x(t)\mathrm{e}^{-\mathrm{j}2\pi ft}\right]=0 \tag{5.82}$$

但是，式(5.76)在这里不适用。为了产生傅里叶核 $\mathrm{e}^{-\mathrm{j}2\pi ft}$，我们需要一个可以将时间延迟与频率联系在一起的信号。这就需要使用雷达中经常用到的啁啾信号[37]，写为

$$c(t)=\mathrm{e}^{\mathrm{j}(\alpha/2)t^2} \tag{5.83}$$

由一个随时间线性增加的单一频率组成，定义 $\alpha$ 为角加速度。如果选择相关器输入

$$g(t)=x(t)c(t) \tag{5.84}$$

和

$$h(t)=c(t) \tag{5.85}$$

那么

$$R_{gh}(\tau)=\int_T x(t)c(t)*(t-\tau)\mathrm{d}t=\int_T x(t)\mathrm{e}^{\mathrm{j}\left(\frac{\alpha}{2}\right)(2t\tau-\tau^2)}\,\mathrm{d}t=\mathrm{e}^{-\mathrm{j}(\alpha/2)\tau^2}\int_T x(t)\mathrm{e}^{\mathrm{j}\alpha\tau t}\,\mathrm{d}t \tag{5.86}$$

设 $w(\tau)=\int_T x(t)\mathrm{e}^{\mathrm{j}\alpha\tau t}\,\mathrm{d}t$，则输出为

$$J(\tau)=\int_T x(t)\mathrm{e}^{\mathrm{j}\alpha\tau t}\,\mathrm{d}t \tag{5.87}$$

或

$$J\left(-\frac{2\pi f}{\alpha}\right)=\int_T x(t)\mathrm{e}^{-\mathrm{j}2\pi ft}\,\mathrm{d}t \tag{5.88}$$

于是可以得到想要的结果。由于 $c(t)$ 用于产生所需的傅里叶核，可以将其作为傅

里叶变换的核函数。

考虑到 $x(t)$ 的希尔伯特变换定义为

$$\tilde{x}(\tau)=\int_T x(t)\frac{1}{\pi(\tau-t)}\mathrm{d}t \tag{5.89}$$

这里已对希尔伯特变换进行分解。因此这里可以用于希尔伯特变换的核函数为

$$h(t)=-\frac{1}{\pi t} \tag{5.90}$$

由于 $g(t)=x(t)$，

$$R_{gh}(\tau)=\int_T x(t)\frac{1}{\pi(\tau-t)}\mathrm{d}t \tag{5.91}$$

通过物理过程产生和处理获得选择的核函数。如果 $x(t)$ 中的所有频率分量都小于 $B$，那么

$$\int_{\tau-\delta}^{\tau+\delta}x(t)\frac{1}{\pi(\tau-t)}\mathrm{d}t=x(t)\int_{\tau-\delta}^{\tau+\delta}\frac{1}{\pi(\tau-t)}\mathrm{d}t=0 \tag{5.92}$$

假设 $\delta<1/4B$。因此，在很小的影响下，可以让

$$h(t)=\begin{cases}-\dfrac{1}{\pi t}, & |t|>\dfrac{1}{4B}\\[2ex] 0, & \text{其他}\end{cases} \tag{5.93}$$

因此使得 $h(t)$ 可实现。

二维光学相关器可用于进行二维操作。交叉模糊度函数(一个概括伍德沃德的自动模糊度函数[38])直接通过傅里叶变换来实现。$x(t)$ 和 $y(t)$ 的交叉模糊度可以定义为

$$A_{xy}(\tau,f)=\int_{-\infty}^{+\infty}x(t)y^*(t-\tau)\mathrm{e}^{-\mathrm{j}2\pi ft}\mathrm{d}t \tag{5.94}$$

近似得到

$$A_{xy}(\tau,f)=\int_T x(t)y^*(t-\tau)\mathrm{e}^{-\mathrm{j}2\pi ft}\mathrm{d}t \tag{5.95}$$

因为二维相关器产生

$$R_{ghq}(\tau_1,\tau_2)=\int_T g(t)h^*(t-\tau_1)q^*(t-\tau_2)\mathrm{d}t \tag{5.96}$$

使用相同的核函数作为傅里叶变换，并且选择

$$g(t)=x(t)c(t) \tag{5.97}$$

$$h(t)=y(t) \tag{5.98}$$

$$q(t)=c(t) \tag{5.99}$$

结果为

$$R_{ghq}(\tau_1,\tau_2)=\mathrm{e}^{-\mathrm{j}(\alpha/2)\tau_2^2}\int_T x(t)y^*(t-\tau_1)\mathrm{e}^{\mathrm{j}\alpha\tau_2 t}\mathrm{d}t \tag{5.100}$$

用 $w(\tau_2)=\mathrm{e}^{-\mathrm{j}(\alpha/2)\tau_2^2}$ 对输出加权，得到 $\tau=\tau_1$ 和 $f=\alpha\tau_2/2\pi$ 时需要的结果。

最后，介绍一个使用两个核函数的示例——每个维度一个。通常需要一个具有大量可分辨频率的傅里叶变换。这种变换的结果通常为二维光栅的形式，如图 5.16 所示[39]。频率在一个方向缓慢增加，但在另一个方向大幅度增加，可以把输出看作一个长频率轴，并把它分割成等长的几部分，将它们堆叠起来可以填充一个矩形。通过使用两个重复的啁啾信号来实现这种变换——一个是高角加速度产生粗频率轴，另一个是低角加速度用于产生细频率轴。

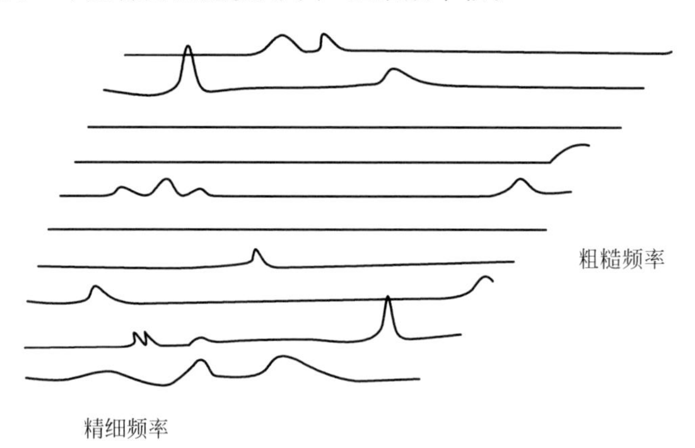


图 5.16　光栅格式转换的结果。在光栅线左端的频率与其右端的频率相同

首先介绍包含一个相关器和一个核函数源的时间积分光学处理系统，如图 5.17 所示。相关器由驱动电路、相干光和后处理器组成。所使用的相关器结构特有的驱动电路，作为光调制器界面来提供光所需要的参考。利用相关器后处理去除光输出中的多余项来提取相关。为了实施特定的功能，需要在相关器前面加上一个核函数生成器，并且在后边加一个后处理器。此外，可以在后处理器或相干光学中对输出加权。

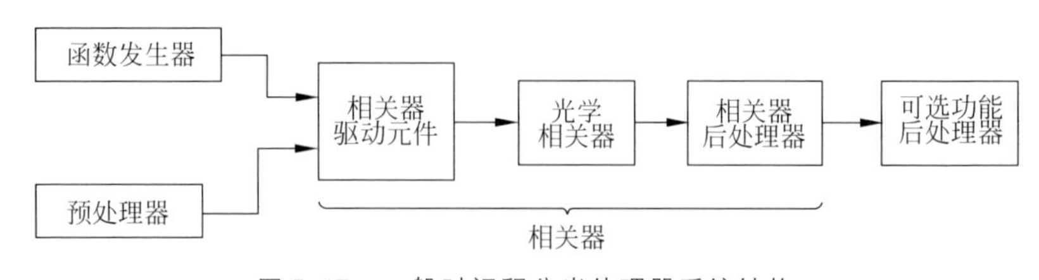


图 5.17　一般时间积分光处理器系统结构

**2. 基本结构**

本小节将介绍非相干光和时间积分相关器的结构，主要是介绍每种方法的特点。一般情况下可以通过品质因数对其量化。在物理世界中，探测器的响应与场

振幅的平方模量成正比。因此必须设计光处理器，使得探测器收集的信息可以由光强线性表示。但是这样也会带来一些问题，许多光调制器都会引起与电输入大小成正比的场幅值。使用两种方法可以确保探测器达到理想的输出，该方法对应于两类时间积分处理器：相干型和非相干型。对于非相干的情况，通过调制器直接调制光强，可以使得光强度和交流输出成正比；而对于相干的情况，使用振幅与两束光振幅和成正比的光照射探测器，当探测器获得模的平方时，得到一个交流输出的交叉项。

在检测各种相关器的内容部分，我们将从描述两种非相干结构开始：一种使用调制光源，另一种使用固定光源。考虑到固定光源和调制光源的情况，利用干涉相关器时，对于固定光源结构将通过空间滤波器进行修正，从而产生两个额外的干涉。

(1) 非相干结构

如图5.18所示为非相干型的相关器，其中将发光二极管(light emitting diode, LED)作为光源，对LED施加偏置电压 $a_0$，使得光强与驱动 $g(t)$ 成线性关系[40]，透镜 $L_0$ 用于收集辐射光并对光进行准直，圆柱形透镜 $L_1$ 将光压缩到布拉格声光器件 $AO_2$ 所在焦平面的一条线上。

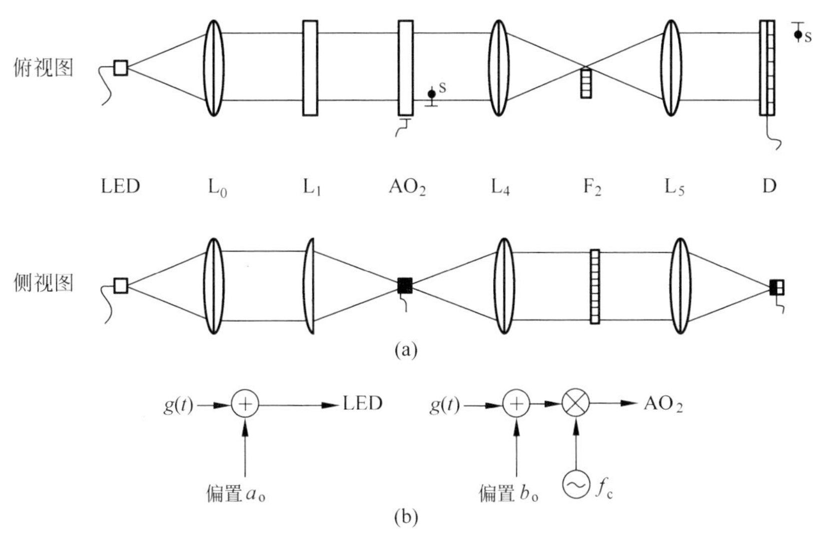


图5.18　LED非干涉一维相关器。空间滤波器 $F_2$ 阻挡非衍射光

(a) 光学系统；(b) 电子驱动

布拉格声光器件 $AO_2$ 按照以下方式调制输出光强度。正弦波电信号驱动的衍射光强度为

$$I_d = c\sin^2\phi \tag{5.101}$$

式中，$c$ 是常数，$\phi$ 与正弦波的振幅成正比[41]，可以表示为

$$\phi = \frac{\pi}{4}(1+\Delta) \tag{5.102}$$

因此式(5.101)可表示为

$$I_d = \frac{c}{2}\left(1+\sin\frac{\pi\Delta}{2}\right) \tag{5.103}$$

如果 $\Delta$ 受限较小，那么可以近似得到

$$I_d = \frac{c}{2}\left(1+\frac{\pi\Delta}{2}\right) \tag{5.104}$$

这样，衍射光强度与 $\Delta$ 之间即线性关系。根据式(5.102)，可以将 $\Delta$ 解释为对载波的瞬时振幅调制。因此，根据式(5.105)，图 5.18 中的调制结构可以实现线性强度调制。根据偏置电压 $b_0$ 设定 $\phi=\frac{\pi}{4}$(这是衍射点的 50%)。当调制信号 $h(t)$ 足够小时，衍射光强 $I_2$ 和入射光强 $I_1$ 的比值为

$$\frac{I_2}{I_1} = \frac{1}{2}\left[1+\frac{\pi}{2b_0}h\left(t-\frac{s}{v}\right)\right] = \frac{T}{4b_0}\left[\frac{2b_0}{\pi}+h\left(t-\frac{s}{v}\right)\right] \tag{5.105}$$

式中，$s$ 是换能器到布拉格声光器件之间的距离，$v$ 是元件中的声传播速度。为了简化方程，令 $b=2b_0/\pi$，可得

$$\frac{I_2}{I_1} \propto b+h\left(t-\frac{s}{v}\right) \tag{5.106}$$

考虑到 LED 的调制，通过 $AO_2$ 的衍射光强为

$$I_2 \propto [a+g(t)]\left[b+h\left(t-\frac{s}{v}\right)\right] \tag{5.107}$$

通过透镜 $L_4$ 和 $L_5$ 成像在光探测阵列 D 上[42]。在 $L_4$ 的焦平面上，空间滤波器 $F_2$ 可以阻挡非衍射光，使得到达探测器的光强 $I_3$ 与 $I_2$ 相同。在每个位置上，每个探测点元(像素)都可以对一个周期 $T$ 内的照射光强积分。输出结果可以表示为

$$C(\tau) = \int_T I_3(t,\tau)\,dt = Tab + b\int_T g(t)dt + a\int_T h(t-\tau)dt + \int_T g(t)h(t-\tau)dt \tag{5.108}$$

式中，$\tau=s/v$。比例常数设置为 1。

图 5.19 给出了图 5.18 中相关器的等效电路图，即许多像素中的一个像素的输出结构。其中布拉格声光器件作为具有抽头延迟线的包络检波器，通过光强传递光学信息。在不同阶段，都可以看到频谱对应的相关部分。显然，布拉格声光器件的带宽是信号带宽的两倍。为了对比这些结构，需要定义一个品质因子 $\rho_B$ 作为信号带宽与布拉格声光器件所需带宽的比值，得到

$$\rho_B = \frac{B}{B_B} \tag{5.109}$$

对于上述结构，有 $\rho_B=1/2$。

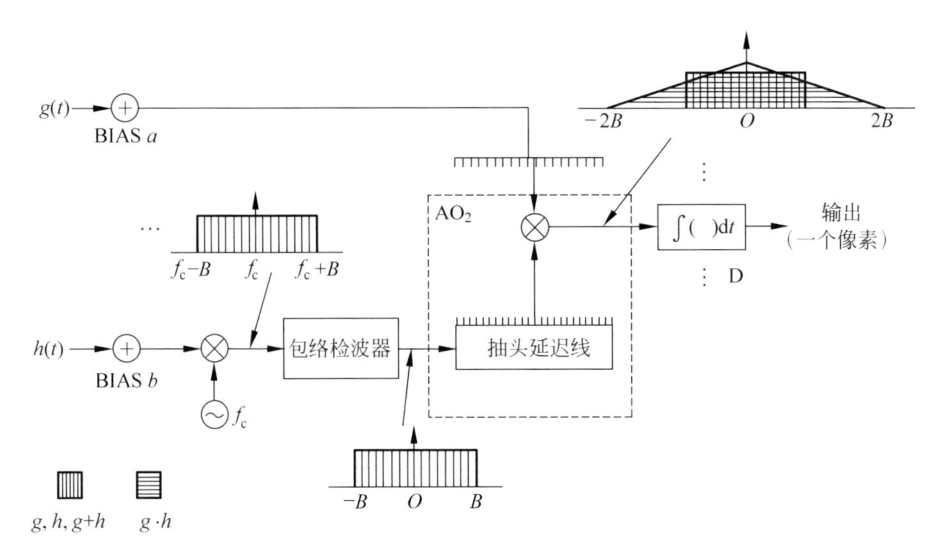


图 5.19 非干涉相关器的等效电路图

为了方便,式(5.108)可以写为

$$C(\tau)=u(\tau)+v(\tau)+R_{gh}(\tau) \tag{5.110}$$

式中,

$$u(\tau)=Tab \tag{5.111}$$

$$v(\tau)=b\int_T g(t)\mathrm{d}t+a\int_T h(t-\tau)\mathrm{d}t \tag{5.112}$$

$$R_{gh}(\tau)=\int_T g(t)h*(t-\tau)\mathrm{d}t \tag{5.113}$$

式(5.113)中,$R_{gh}$ 是 $g$ 和 $h$ 的交叉相关。这里,$h$ 是实数,所以 $h=h*$。这样,就把输出信号分解为信号无关背景项 $u(\tau)$、信号相关背景项 $v(\tau)$ 和交流相关项 $R_{gh}(\tau)$(对于这一步来说,$u(\tau)$ 和 $v(\tau)$ 实际上与 $\tau$ 相互独立,因为它受到的限制远小于 $T$)。由于探测器的积分强度为非负数,因此需要 $u(\tau)$ 偏置输出以确保 $C(\tau)\geqslant 0$。由于发光二极管和布拉格声光器件的调制限制,$v(\tau)$ 通常要比 $u(\tau)$ 小得多。如果 $g$ 和 $h$ 不含直流电分量,$v(\tau)$ 实际上可能为 0,但不能被忽略,因为它会导致输出变化,当输入存在噪声时会引起背景电平的波动。

时间间隔 $\Delta_\tau$ 和时间分辨率 $\delta_\tau$ 是表征相关器件性能的关键参数。时间分辨率可以很容易通过检测相关积分来确定。由于输入信号 $g(t)$ 和 $h(t)$ 受到带宽 $B$ 的限制,可以将它们的傅里叶变换写为

$$G(f)=F\{g(t)\}=G(f)p\left(\frac{f}{2B}\right) \tag{5.114}$$

和

$$H^*(f)=\mathcal{F}\{h^*(-t)\}=H^*(f)p\left(\frac{f}{2B}\right) \tag{5.115}$$

式中，

$$p(x)=\begin{cases}1, & |x|<\dfrac{1}{2}\\ 0, & 其他\end{cases} \tag{5.116}$$

将相关积分写为卷积,可得

$$\begin{aligned}R_{gh}(\tau)&=[g(t)*h^*(-t)](\tau)=\mathcal{F}^{-1}\{G(f)H^*(f)\}\\&=\mathcal{F}^{-1}\left\{G(f)H^*(f)p\left(\frac{f}{2B}\right)\right\}=\left[g(t)*h^*(-t)*\mathcal{F}^{-1}\left\{p\left(\frac{f}{2B}\right)\right\}\right](\tau)\\&=R_{gh}(\tau)*[2B\operatorname{sinc}(2\pi B\tau)]\end{aligned} \tag{5.117}$$

式中，

$$\operatorname{sinc}x=\frac{\sin x}{x} \tag{5.118}$$

这一结果表明,相关分辨率受到与带宽 $B$ 相关的 sinc 函数宽度的限制。这里可以使用瑞利分辨判据,即当一个函数的峰值位于另一个函数的第一个零点时,相邻的两个 sinc 函数才能被解析,即在 $\tau=1/2B$ 时才有可能发生。因此相关器的分辨率可以表示为

$$\delta_\tau=\frac{1}{2B}=\frac{1}{2\rho_{\mathrm{B}}B_{\mathrm{B}}} \tag{5.119}$$

由于布拉格声光器件的孔径决定 $\tau$ 的取值范围,因此需要重新定义合适的品质因子：设 $\rho_T$ 是实现延迟范围 $\Delta_\tau$ 与布拉格声光器件的时间孔径 $\tau_{\mathrm{B}}$ 的比值,也就是

$$\rho_T=\frac{\Delta_\tau}{\tau_{\mathrm{B}}} \tag{5.120}$$

对于这个结构,$\rho_T=1$。在输出端可以观察到的可分辨点的数量为

$$n=\frac{\Delta_\tau}{\delta_t}=2B\Delta_\tau \tag{5.121}$$

通过式(5.109)和式(5.120),对式(5.121)重新表示为

$$n=2\rho_\tau\rho_{\mathrm{B}}(\tau_{\mathrm{B}}B_{\mathrm{B}}) \tag{5.122}$$

$\tau_{\mathrm{B}}B_{\mathrm{B}}$ 的数值是布拉格声光器件的时间带宽积,一般为 $10^3$。$\tau_{\mathrm{B}}B_{\mathrm{B}}$ 可以作为这个声光器件的信息容量。同样,$n$ 是相关器的信息容量,它们均与 $2\rho_\tau\rho_{\mathrm{B}}$ 相关,可以利用布拉格声光器件容量来衡量结构的好坏。对于该处理器,$2\rho_\tau\rho_{\mathrm{B}}=1$,这也是单个布拉格声光器件可实现的最大值。

最后，再定义一个品质因数 $\rho_{\mathrm{D}}$，它是覆盖一个输出分辨点与探测到像素数的比值。对于这个结构，$\rho_{\mathrm{D}}=1$，但是一般情况下很难达到。覆盖所有 $n$ 个分辨点所需的探测器像素数为

$$N_{\mathrm{D}}=\frac{n}{\rho_{\mathrm{D}}} \tag{5.123}$$

为了在任意结构中充分利用布拉格声光器件的容量，所需的像素数为

$$N_{\mathrm{D}}=\frac{2\rho_T\rho_{\mathrm{B}}}{\rho_{\mathrm{D}}}\tau_{\mathrm{B}}B_{\mathrm{B}} \tag{5.124}$$

因为布拉格声光器件和探测器都是物理器件，$\rho_{\mathrm{B}}$、$\rho_\tau$ 和 $\rho_{\mathrm{D}}$ 可以取合适的值。因此，对于 $\tau_{\mathrm{B}}$、$B_{\mathrm{B}}$、$\tau_{\mathrm{B}}B_{\mathrm{B}}$ 和 $N_{\mathrm{D}}$ 都有实际限制，参数 $\rho_{\mathrm{B}}$、$\rho_\tau$ 和 $\rho_{\mathrm{D}}$ 表示对于特定结构利用这些有限资源的效率。

如果将图 5.18 中的 LED 替换为固定强度的光源，并将图 5.20 中的布拉格声光器件 $\mathrm{AO_2}$ 替换为两个布拉格声光器件，那么可以提高结构的灵活度。$\mathrm{AO_1}$ 声光器件通过 $\mathrm{L_2}$ 和 $\mathrm{L_3}$ 在 $\mathrm{AO_2}$ 上成像(其中，$\mathrm{AO_1}$ 的像是倒置的)。空间滤波器 $\mathrm{F_1}$ 位于 $\mathrm{L_2}$ 的后焦平面，能够阻止非衍射光到达 $\mathrm{AO_2}$。以前面讨论的方式驱动两个单元，如图 5.20 所示。经 $\mathrm{AO_1}$ 衍射的光强 $I_1$ 为

$$I_1 \propto a+g\left(t+\frac{s}{v}\right) \tag{5.125}$$

假设 $g(t)$ 近似很小，并且有 $a=2a_0/\pi$。经 $\mathrm{AO_2}$ 再次衍射的光强度为

$$\frac{I_2}{I_1} \propto b+h\left(t-\frac{s}{v}\right) \tag{5.126}$$

由于 $\mathrm{AO_1}$ 成像到 $\mathrm{AO_2}$ 的图像是倒置的，$s$ 的增加提高了 $g$ 和延迟 $h$。因此探测器检测到的强度为

$$I_3 \propto \left[a+g\left(t+\frac{s}{v}\right)\right]\left[b+h\left(t-\frac{s}{v}\right)\right] \tag{5.127}$$

选择任意的比例常数，可以将探测器的输出表示为

$$\begin{aligned} C'\left(\frac{s}{v}\right) &= \int_T \left[a+g\left(t+\frac{s}{v}\right)\right]\left[b+h\left(t-\frac{s}{v}\right)\right]\mathrm{d}t \\ &= \int_T [a+g(t)]\left[b+h\left(t-\frac{2s}{v}\right)\right]\mathrm{d}t \end{aligned} \tag{5.128}$$

由于物理约束：$2s/v \ll T$，通过替换 $\tau=2s/v$，可以将输出写为

$$C(\tau)=u(\tau)+v(\tau)+R_{gh}(\tau) \tag{5.129}$$

图 5.21 给出了图 5.20 中的等效电路。

比较式(5.129)和式(5.110)，可以发现两种结构的特性是相似的。然而，由于 $\tau=2s/v$，$\tau$ 的取值范围增大了一倍，即 $\rho_T=2$。和上述一样，$\rho_{\mathrm{B}}=1/2$，所以 $n=$

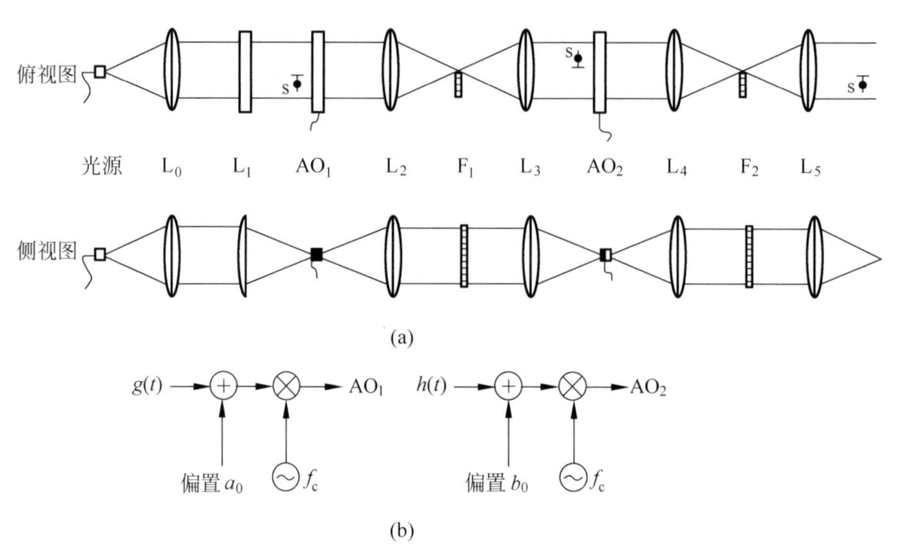


图 5.20 布拉格声光器件非干涉相关器。空间滤波器 $F_1$ 和 $F_2$ 阻挡非衍射光

(a) 光学系统；(b) 电子驱动

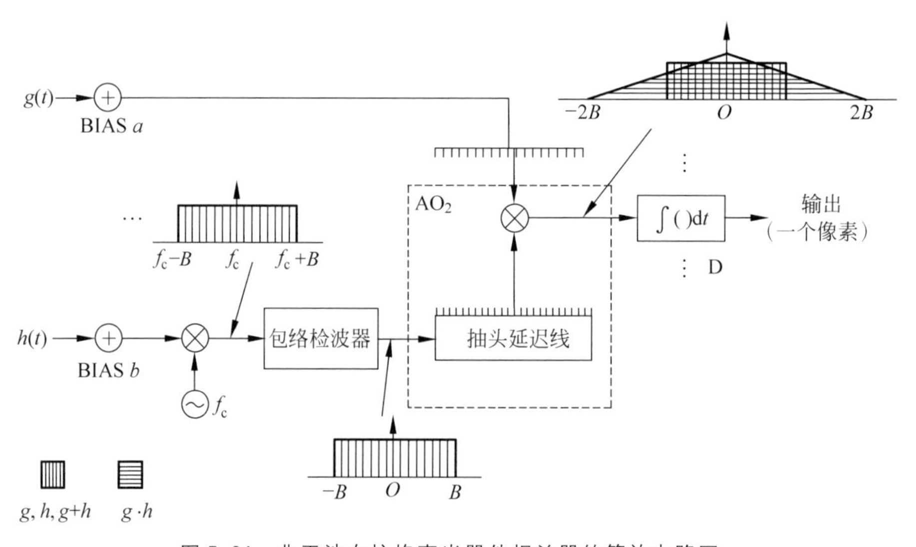


图 5.21 非干涉布拉格声光器件相关器的等效电路图

$2(\tau_B B_B)$。这是由于使用了两个布拉格声光器件来替换之前的一个元件，又因为 $\rho_D=1$，所以 $N_D=2(\tau_B B_B)$。

(2) 未滤波相干结构

相干型处理器直接利用光振幅来传输信息。假设入射探测器的光场振幅是

$e(t)$，然后对这个信息进行相干积分，即$\int e(t)\mathrm{d}t$，最后再对探测器的场振幅平方模量的响应进行积分，数学形式为$\int_T |e(t)|^2 \mathrm{d}t$。基于相干光的处理器通常利用两束光照射探测器：一束是振幅为$e_1(t)$的光作为信号光，另一束是振幅为$e_0$的光作为参考光。在探测器上可以得到

$$I = |e_1(t) + e_0|^2 = |e_1(t)|^2 + |e_0|^2 + 2\mathrm{Re}\, e_0^* e_1 \tag{5.130}$$

强度是与$e_1(t)$成正比的交流项$2\mathrm{Re}\, e_0^* e_1$、常数项$|e_0|^2$和直流项$|e_1(t)|^2$的三者之和。这种两束光的相互作用称为相干，处理器则可以认为是干涉型的。采取双光束相干涉的方法表明每束光的振幅是$e_1(t)+e_0$，除了两束光之间没有路径差的情况，一般情况下结果是相同的，因此也可以使用非相干光。由于双光束方法的相似性，非相干光的情况下也可以用术语“相干的”。

本节介绍了使用信号光和参考光的单个光路的干涉相关器。该装置在光学结构上与先前的非干涉处理器相同。在下面的介绍中，我们将使用变换平面滤波来去除输出中出现的一些直流项的干涉型相关器。使用如图5.18(a)所示的光学结构制作干涉型相关器，其中利用如图5.22所示的电路驱动来替换图5.18(b)的电路驱动。信号$g(t)$以偏频为$f_0$的载波输入LED，布拉格声光器件$\mathrm{AO}_2$在无偏置下工作，因此衍射光振幅与电路驱动成正比。以$f_c$为参考信号频率施加到载波器上偏置频率，频率在$f_c$的频调下为$f_0+f_c$，入射到$\mathrm{AO}_2$的场振幅为$E_1$

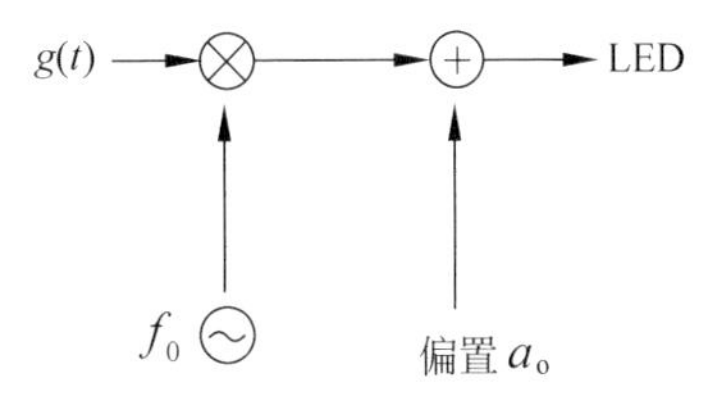


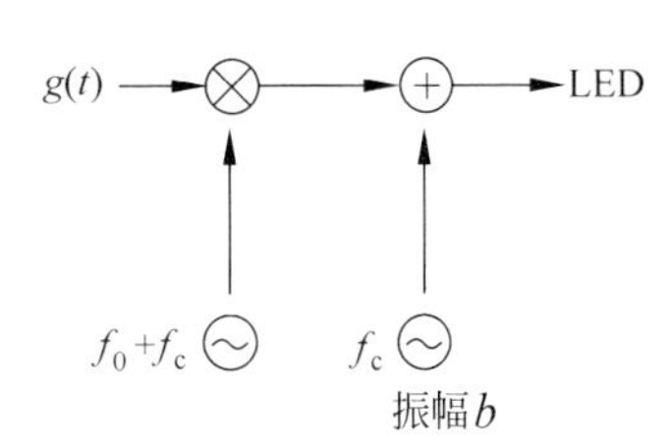


图5.22　非干涉LED相关器的驱动

$$|E_1|^2 = a + g(t)\cos(2\pi f_0 t) \tag{5.131}$$

衍射振幅为

$$E_2 = E_1[b + \mathrm{e}^{-\mathrm{j}2\pi f_0(t-\tau)} h*(t-\tau)]\mathrm{e}^{-\mathrm{j}2\pi f_c(t-\tau)} \tag{5.132}$$

这里的复共轭项可以通过选择合适的衍射级获得。

最终到达探测器的光强为

$$\begin{aligned} I_3 = |E_2|^2 = & ab^2 + a\ |h(t-\tau)|^2 + b\mathrm{Re}[g(t)h*(t-\tau)\mathrm{e}^{\mathrm{j}2\pi f_0\tau}] + \\ & b\mathrm{Re}\ [g(t)h*(t-\tau)\mathrm{e}^{-\mathrm{j}2\pi f_0(2t-\tau)}] + b^2 g(t)\cos\ (2\pi f_0 t) + \\ & 2ab\mathrm{Re}\ [h*(t-\tau)\mathrm{e}^{-\mathrm{j}2\pi f_0(t-\tau)}] + g(t)\ |h(t-\tau)|^2\cos\ (2\pi f_0 t) \end{aligned} \tag{5.133}$$

$G$ 和 $h$ 被限制在$[-B,B]$的频率范围内。可以看到,如果 $f_0>3B$,式(5.133)中大括号里的项在零附近频率为零。假设略去探测积分中括号里的项,那么

$$C(\tau)=\int_T I_3(\tau,t)\mathrm{d}t=u(\tau)+v(\tau)+b\mathrm{Re}[\mathrm{e}^{\mathrm{j}2\pi f_0\tau}R_{gh}(\tau)] \tag{5.134}$$

这里

$$u(\tau)=Tab^2 \tag{5.135}$$

并且

$$v(\tau)=a\int_T |h(t-\tau)|^2\mathrm{d}t \tag{5.136}$$

然后施加一个信号无关的偏置 $u(\tau)$和信号相关的偏置 $v(\tau)$,其中 $v(\tau)$总是非负的。图 5.23 为相关器的等效电路图,并给出了每个中间项和最终项的频率范围。布拉格声光器件必须适用于$[f_c,f_c+f_0+B]$的频率范围,所以

$$\rho_B=\left(1+\frac{f_0}{B}\right)^{-1} \tag{5.137}$$

特殊情况下,$\rho_B<1/4$,使用布拉格声光器件的全孔径,因此 $\rho_\tau=1$。

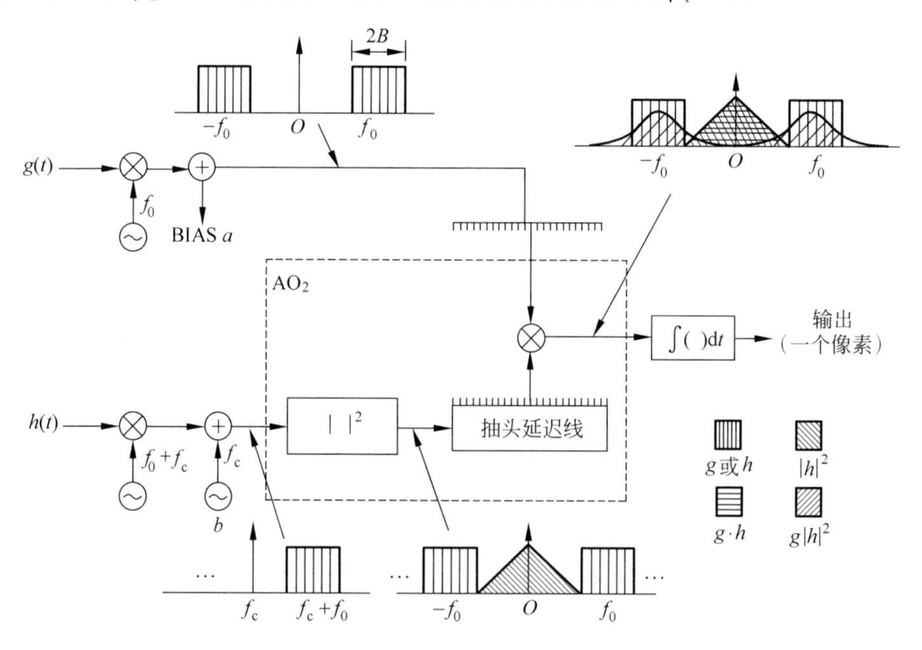


图 5.23　非干涉 LED 相关器的等效电路图。给出了 $f_0=B$ 的频谱。通过光强负载信息得到 $AO_2$ 的平方模量

对于干涉型相关器,相关信号在空间($\tau$)载波器的输出端输出。这样就可以直接处理复杂的输入信号,可以将其表示为

$$\mathrm{Re}\left[\mathrm{e}^{\mathrm{j}2\pi f_0 \tau}R_{gh}(\tau)\right]=\cos(2\pi f_0 \tau)\mathrm{Re}\,R_{gh}(\tau)-\sin(2\pi f_0 \tau)\mathrm{Im}\,R_{gh}(\tau) \tag{5.138}$$

假设不是在基带处理信号，而是在相位可能变化的载波上引入信号，那么可以用复数 $g$ 和 $h$ 分别提取 $R_{gh}$ 的实部和虚部，如式(5.138)所示。

由于 $R_{gh}$ 是在载波上，因此每个分辨单元都需要更多的探测器像素。至少，载波的每个周期必须使用两个像素采样。考虑到信号的分辨单元的宽度是 $\delta_\tau=1/2B$。交流输出项($\tau$ 频率)的光谱区间为 $[f_0-B, f_0+B]$；因此，输出必须是在长度为 $1/2(f_0+B)$ 的 $\tau$ 间隔内采样。对于相同数量的分辨单元，

$$\frac{1}{\rho_\mathrm{D}}=\frac{f_0+B}{B}=\frac{1}{P_\mathrm{B}}>4 \tag{5.139}$$

在 $R_{gh}$ 是复数的条件下，可以获得原来两倍的信息，即 $R_{gh}$ 的实部和虚部。

最后可以得到

$$n=\frac{2B}{B+f_0}\tau_\mathrm{B}B_\mathrm{B}<\frac{1}{2}\tau_\mathrm{B}B_\mathrm{B} \tag{5.140}$$

个分辨单元，并且需要

$$N_\mathrm{D}=\frac{B+f_0}{B}n=2\tau_\mathrm{B}B_\mathrm{B} \tag{5.141}$$

个探测器像素。

为了处理基带(实)信号，可以使用单边带(SSB)调制以便更好地利用布拉格声光器件。图5.24给出了单边带输入电路，用于从每个输入端移除边带并显示由此产生的光谱。由 $\tilde{g}(x)$ 表示 $g(x)$ 的希尔伯特变换，得到

$$I_1(t)=a+g(t)\cos(2\pi f_0 t)-\tilde{g}(t)\sin(2\pi f_0 t) \tag{5.142}$$

和

$$E_2(t)=E_1(t)\left[b+h(t-\tau)\mathrm{e}^{-\mathrm{j}2\pi f_0(t-\tau)}-\mathrm{j}\tilde{h}(t-\tau)\mathrm{e}^{-\mathrm{j}2\pi f_0(t-\tau)}\right]\mathrm{e}^{-\mathrm{j}2\pi f_c(t-\tau)} \tag{5.143}$$

到达探测器的光强为

$$\begin{aligned}
I_3(t)=&ab^2+a\left[h^2(t-\tau)+\tilde{h}^2(t-\tau)\right]+\\
&b\cos(2\pi f_0 t)\left[g(t)h(t-t)+\tilde{g}(t)\tilde{h}(t-\tau)\right]-\\
&b\sin(2\pi f_0 \tau)\left[\tilde{g}(t)h(t-\tau)-g(t)\tilde{h}(t-\tau)\right]+\{b^2\left[g(t)\cos(2\pi f_0 t)-\right.\\
&\left.\tilde{g}(t)\sin(2\pi f_0 t)\right]+2ab\left[h(t-\tau)\cos(2\pi f_0(t-\tau))-\right.\\
&\left.\tilde{h}(t-\tau)\sin(2\pi f_0(t-\tau))\right]+\\
&b\cos\left[2\pi f_0(2t-\tau)\right]\left[g(t)h(t-\tau)-\tilde{g}(t)\tilde{h}(t-i)\right]-
\end{aligned}$$

$$b\sin[2\pi f_0(2t-\tau)][\tilde{g}(t)h(t-\tau)+g(t)\tilde{h}(t-\tau)]+[g(t)\cos(2\pi f_0 t)-$$

$$\tilde{g}(t)\sin(2\pi f_0 t)][h^2(t-\tau)+\tilde{h}^2(t-\tau)]\} \tag{5.144}$$

如果 $f_0>B$，括号中的项在零附近的频率分量为零，并且不会作用于积分输出。因此，

$$C(\tau)=u(\tau)+v(\tau)+2bR_{gh}(\tau)\cos(2\pi f_0 t)+2bR_{g\tilde{h}}(\tau)\sin(2\pi f_0 t) \tag{5.145}$$

这里

$$u(\tau)=Tab^2 \tag{5.146}$$

并且

$$v(\tau)=a\int_T[h^2(t-\tau)+\tilde{h}^2(t-\tau)]\mathrm{d}t \tag{5.147}$$

通过使用相同的后处理技术可以用于恢复 $R_{gh}$ 和 $R_{g\tilde{h}}$。

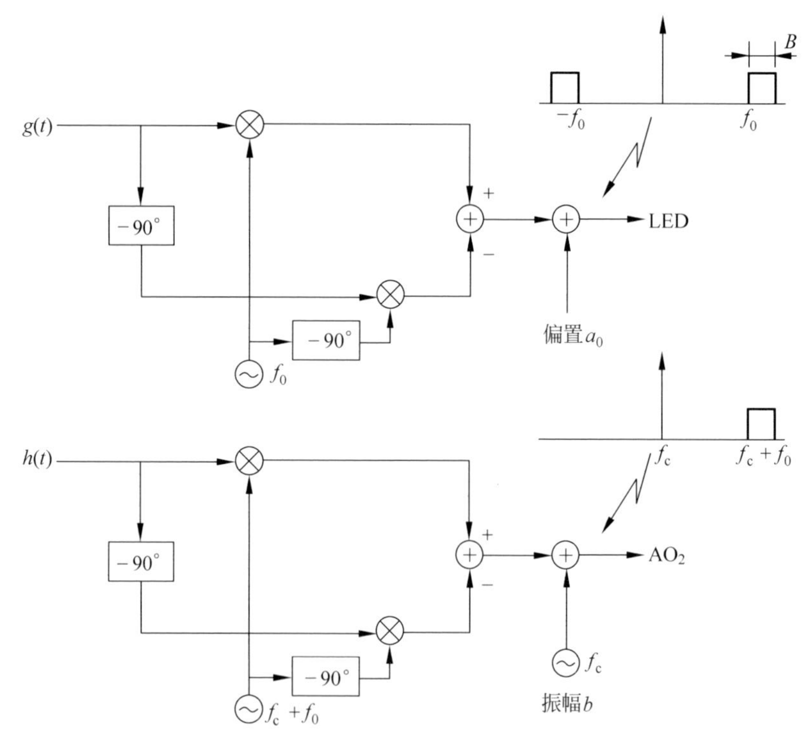


图 5.24　干涉 LED 相关器的单边带驱动电路

使用这一方法的优点在于布拉格声光器件需要的带宽小：

$$\rho_B=\frac{B}{B+f_0}<\frac{1}{2} \tag{5.148}$$

由于从基带(实)信号移除了多余的边带,所以能更好地利用布拉格声光器件的信息容量,因此有

$$n = 2\rho_{\mathrm{B}}\rho_{\tau}\tau_{\mathrm{B}}B_{\mathrm{B}} < \tau_{\mathrm{B}}B_{\mathrm{B}} \tag{5.149}$$

相比之前提高了两倍。

对于图5.20(a)所示的非干涉的处理器,通过驱动如图5.25中的单元来形成干涉,同时在无偏置下驱动使得衍射振幅与输出电压之间成正比。将提供参考的频调加到 $f_0$ 的频率偏移处。图5.26给出了中点处的频谱结果。

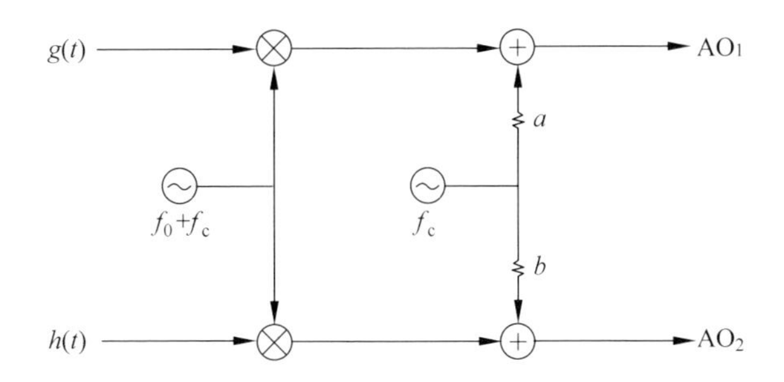


图5.25　干涉布拉格声光器件相关器的驱动电路

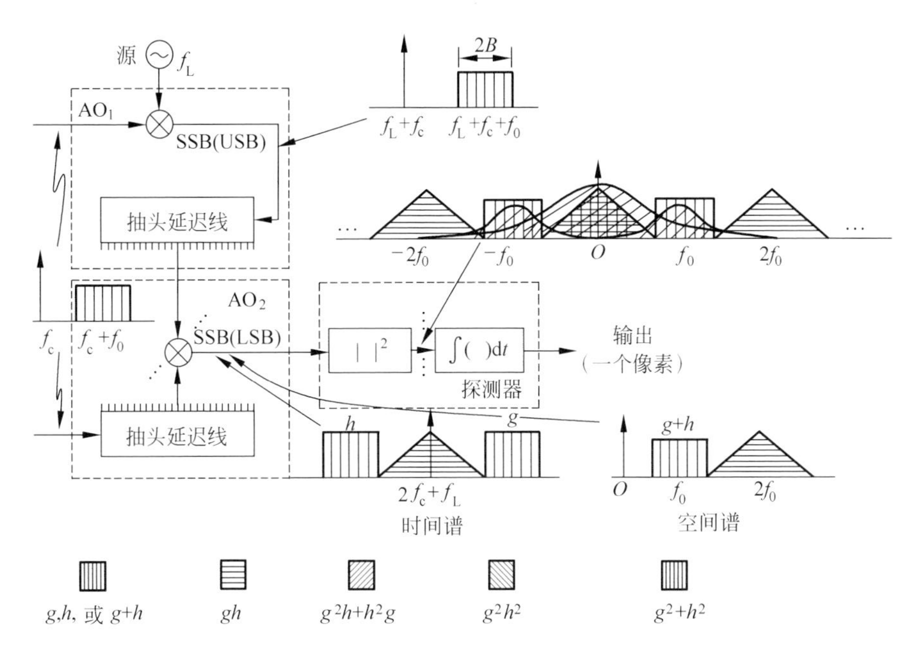


图5.26　无变换平面滤波的干涉布拉格声光器件的等效电路图,信息负载在频率为 $f_L$ 光载波的光振幅上,布拉格声光器件作为单边带混频器,$f_0=3B$

经 $AO_1$ 衍射光的振幅

$$E_1(t)=\left[a+g\left(t+\frac{s}{v}\right)e^{j2\pi f_0[t+(s/v)]}\right]e^{j2\pi f_c[t+(s/v)]} \tag{5.150}$$

经 $AO_2$ 二次衍射的光的振幅

$$\begin{aligned}E_2(t)&=E_1(t)\left[b+h\cdot\left(t-\frac{s}{v}\right)\right]e^{-j2\pi f_0[t-(s/v)]}e^{-j2\pi f_c\left[t-\left(\frac{s}{v}\right)\right]}\\&=\left[ab+ah*\left(t-\frac{s}{v}\right)e^{-j2\pi f_0[t-(s/v)]}+bg\left(t+\frac{s}{v}\right)e^{j2\pi f_0[t+(s/v)]}+\right.\\&\quad\left.g\left(t+\frac{s}{v}\right)h*\left(t-\frac{s}{v}\right)e^{j4\pi f_0(s/v)}\right]e^{j4\pi f_c(s/v)}\end{aligned} \tag{5.151}$$

通过替换 $\tau=2s/v$,探测的光强表示为

$$\begin{aligned}I\left(t-\frac{s}{v}\right)=&\left|E_2\left(t-\frac{s}{v}\right)\right|^2=a^2b^2+a^2\mid h(t-\tau)\mid^2+\\&b^2\mid g(t)\mid^2+\mid g(t)\mid^2\mid h(t-\tau)\mid^2+2ab\mathrm{Re}[g(t)h*(t-\tau)e^{j2\pi f_0\tau}]+\\&\{2a^2b\mathrm{Re}[h(t-\tau)e^{j2\pi f_0(t-\tau)}]\}+2ab^2\mathrm{Re}[g(t)e^{j2\pi f_0t}]+\\&2ab\mathrm{Re}[g(t)h(t-\tau)e^{j2\pi f_0(2t-\tau)}+2a\mid h(t-\tau)\mid^2\mathrm{Re}[g(t)e^{j2\pi f_0t}]]+\\&2b\mid g(t)\mid^2\mathrm{Re}[h(t-\tau)]e^{j2\pi f_0(t-\tau)}\end{aligned} \tag{5.152}$$

选择 $f_0>3B$,相关器的输出为

$$C(\tau)=u(\tau)+v(\tau)+2ab\mathrm{Re}[R_{gh}(\tau)e^{j2\pi f_0\tau}] \tag{5.153}$$

这里

$$u(\tau)=Ta^2b^2 \tag{5.154}$$

并且

$$v(\tau)=a^2\int_T\mid h(t-\tau)\mid^2\mathrm{d}t+b^2\int_T\mid g(t)\mid^2\mathrm{d}t+\int_T\mid g(t)\mid^2\mid h(t-\tau)\mid^2\mathrm{d}t \tag{5.155}$$

由于 $T\gg s/v$,再次使用$\int_T I[t-(s/v)]\mathrm{d}t=\int_T I(t)\mathrm{d}t$。

在前面描述的干涉相关器中,交流相关是在载波上,同时也有 $\rho_D=\rho_B=B/(B+f_0)$。然而,在使用两个布拉格声光器件的情况下,$\rho_\tau=2$。因此,需要

$$n=\frac{4B}{B+f_0}(\tau_B B_B)<\tau_B B_B \tag{5.156}$$

个分辨单元,同时需要

$$N_D=4\tau_B B_B \tag{5.157}$$

个探测器像素。

当处理器在单边带调制下工作时，输出变为

$$C(\tau)=u(\tau)+v(\tau)+4abR_{gh}(\tau)\cos(2\pi f_0\tau)+4abR_{g\tilde{h}}(\tau)\sin(2\pi f_0\tau) \tag{5.158}$$

这里

$$u(\tau)=Ta^2b^2 \tag{5.159}$$

并且

$$v(\tau)=a^2\int_T[h^2(t-\tau)+\tilde{h}^2(t-\tau)]\,\mathrm{d}t+b^2\int_T[g^2(t)+\tilde{g}^2(t)]\,\mathrm{d}t+\int_T[g^2(t)+\tilde{g}^2(t)][h^2(t-\tau)+\tilde{h}^2(t-\tau)]\mathrm{d}t \tag{5.160}$$

这里假设 $f_0>B$，并且 $\rho_B=1/2$。

关于布拉格声光器件构成的干涉相关器具有一些明显的特点。布拉格声光器件通常对倍频的频率范围产生响应，如 $[f,2f]$。对于干涉相关器，输入频率在 $\{f_c\}\cup[f_c+f_0,f_c+f_0+B]$ 范围内。当与布拉格声光器件相匹配时，需要在频率范围 $\{f_0+B\}\cup[2f_0+B,2f_0+2B]$ 内选择适合倍频的频率 $f_c$。通过不在频率间隔 $(f_0+B,2f_0+B)$ 内存储任何信息，可以节约 $1-\rho_B\geqslant1/2$ 的布拉格带宽。另一种选择是选用 $f_c=0$，即让非衍射光作为参考频率调制，在这种情况下输入频率就可覆盖区间 $[f_0,f_0+B]$，所以将有 $2\rho_B$ 的带宽可供使用。这个方法的缺点是参考频调的振幅($a$ 和 $b$)不能变化且幅值不能太大。因此，$v(\tau)$ 比交流输出项的变化程度大，这样将使得探测器在一定范围存在损耗。

(3) 滤波相干结构

上述是从对信号依赖偏置 $v(\tau)$ 的一些作用来描述干涉相关器。$v(\tau)$ 不仅增加了后处理的难度，干扰输出信号，而且当存在输入噪声和探测动态范围耗尽时，明显提高了输出信号的可变性。通过修改图5.20(a)中所示的(干涉)处理器，可以消除对 $v(\tau)$ 的影响。

研究表明通过布拉格声光器件衍射的光将以一个与电驱动频率成比例的角度出射。角度的符号可以通过选择衍射级次来决定。对于波长为 $\lambda_L$，驱动频率为 $f$ 的光，出射角可以表示为

$$\theta=\pm\frac{\lambda_L^f}{v} \tag{5.161}$$

式中，$v$ 是声波传播速度。当两个级联的布拉格声光器件分别以频率 $f_1$ 和 $f_2$ 驱动时，双衍射光以一定角度出射，为

$$\theta=\pm\frac{\lambda_L(f_1\pm f_2)}{v} \tag{5.162}$$

假设两个声光器件的速度相同，这种频率到角度的映射允许频率分量的空间

分离。参考图 5.20(a),位于 $L_4$ 焦平面的滤波器 $F_2$ 能够阻挡非衍射光,从 $AO_2$ 发射的平行光线聚焦在一点上。双衍射的调制谱在这个变换平面上被空间分离(图 5.26),但同时也被破坏。这种破坏是由于"准直"光源的角度色散和光源的频率色散造成的。通过研究布拉格声光器件被 $[f_1, f_2]$ 间隔内的频率驱动时衍射角的范围可以了解这种破坏的程度。假设光波长在 $[\lambda_1, \lambda_2]$ 范围内,输入角在 $[\theta_1, \theta_2]$ 间隔内。根据式(5.162),当使用正衍射级时,衍射角在 $[\theta_1-(f_1\lambda_1/v), \theta_2+(f_2\lambda_2/v)]$ 间隔内;当使用负衍射级时,衍射角在 $[\theta_1-(f_2\lambda_2/v), \theta_2+(f_1\lambda_1/v)]$ 间隔内。假设准直光源在 $[-\theta_s, \theta_s]$ 范围内色散,那么 $F_2$ 平面内对双衍射光振幅存在一定的影响,见表 5.1。由于图像反转,从 $AO_1$ 出射的衍射角符号在双衍射光中出现反转,探测器将产生积 $g(t)h*(t-\tau)$。如果这一项与参考项相结合,就会产生相关性,最终只有其他项通过 $F_2$ 到达探测器。当且仅当交流项的频率与直流项的频率不重叠时,才有可能将其分离。当

$$f_0 > \frac{1}{2\lambda_1-\lambda_2}[2v\theta_s + B(2\lambda_1+\lambda_2) + 2f_c(\lambda_2-\lambda_1)] \tag{5.163}$$

有 $\lambda_2 < 2\lambda_1$。如果光源波长范围超过一个倍频时不可能发生分离。在单色光条件下($\lambda_2=\lambda_1=\lambda$),式(5.163)可以写为

$$f_0 > 3B + \frac{2v\theta_s}{\lambda} \tag{5.164}$$

移除式(5.163)的第二和第三项后,结合式(5.152),到达探测器的光强为

$$I_3\left(t-\frac{s}{v}\right) = a^2b^2 + |g(t)|^2|h(t-\tau)|^2 + 2ab\mathrm{Re}[g(t)h*(t-\tau)\mathrm{e}^{\mathrm{j}2\pi f_0\tau}] \tag{5.165}$$

探测器的输出为

$$C(\tau) = u(\tau) + v(\tau) + 2ab\mathrm{Re}[\mathrm{e}^{\mathrm{j}2\pi f_0\tau}R_{gh}(\tau)] \tag{5.166}$$

**表 5.1 $F_2$ 平面上各项的衍射角**

| 项 | 角度范围 |
|---|---|
| $ab$ | $\left[-\theta_s+\frac{2f_c\lambda_1}{v}, \theta_s+\frac{2f_c\lambda_2}{v}\right]$ |
| $ah*\left(t-\frac{s}{v}\right)\mathrm{e}^{-\mathrm{j}2\pi f_0(t+s/v)}$ | $\left[-\theta_s+\frac{(2f_c+f_0-B)\lambda_1}{v}, \theta_s+\frac{(2f_c+f_0+B)\lambda_2}{v}\right]$ |
| $bg\left(t+\frac{s}{v}\right)\mathrm{e}^{\mathrm{j}2\pi f_0(t+s/v)}$ | $\left[-\theta_s+\frac{(2f_c+f_0-B)\lambda_1}{v}, \theta_s+\frac{(2f_c+f_0+B)\lambda_2}{v}\right]$ |
| $g\left(t+\frac{s}{v}\right)h*\left(t-\frac{s}{v}\right)\mathrm{e}^{\mathrm{j}4\pi f_0(s/v)}$ | $\left[-\theta_s+\frac{2(f_c+f_0-B)\lambda_1}{v}, \theta_s+\frac{2(f_c+f_0+B)\lambda_2}{v}\right]$ |

这里

$$u(\tau)=Ta^2b^2 \tag{5.167}$$

并且

$$v(\tau)=\int_T |g(t)|^2 |h(t-\tau)|^2 \mathrm{d}t \tag{5.168}$$

将这个结果与式(5.153)～式(1.155)进行比较,可以看出对 $v(\tau)$ 的影响已消除。这是由光源特性和带宽有效利用率之间的权衡决定:

$$\rho_B=\frac{B}{f_0+B}<(2\lambda_1-\lambda_2)\left[\frac{2v\theta_s}{B}+\frac{2f_c}{B}(\lambda_2-\lambda_1)+4\lambda_1\right]^{-1} \tag{5.169}$$

图5.27是处理器的等效电路模型。

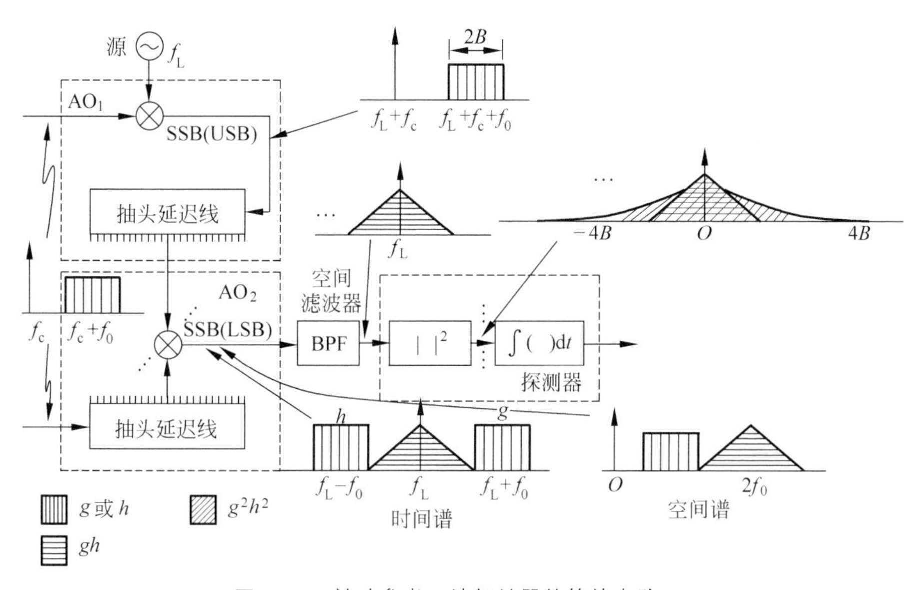


图5.27 被动参考干涉相关器的等效电路图

对于该处理器,选择一个携带非时变信息的信号作为参考信号($ab$),把这种以非时变信息作为参考信号的处理器称为被动参考处理器。同样,可以构造另一种滤波处理器作为主动参考,也就是携带(瞬时)信息的处理器。注意到表5.1中的第二项和第三项的乘积是交流项。这表明如果只允许这些项通过 $F_2$ 就可以实现所需的相关性。然而,需要的是 $h$ 而不是 $h^*$。这是基于两个布拉格声光器件的正衍射级实现的,结果为

$$E_2(t)=\left[ab+ah\left(t-\frac{s}{v}\right)e^{j2\pi f_0[t-(s/v)]}+bg\left(t-\frac{s}{v}\right)e^{j2\pi f_0[t+(s/v)]}+\right.$$
$$\left.g\left(t+\frac{s}{v}\right)h\left(t-\frac{s}{v}\right)e^{j4\pi f_0 t}\right]e^{j4\pi f_c t} \tag{5.170}$$

同样，通过确定式(5.170)中每一项的角度范围，发现分离要求与被动参考处理器情况时相同。去除第一项和第四项，探测器接收的光强变为

$$I_3\left(t-\frac{s}{v}\right)=a^2\,|h(t-\tau)|^2+b^2\,|g(t)|^2+2ab\mathrm{Re}\left[g(t)h*(t-\tau)\right]\mathrm{e}^{\mathrm{j}2\pi f_0\tau} \tag{5.171}$$

$$C(\tau)=v(\tau)+2ab\mathrm{Re}[R_{gh}(\tau)\mathrm{e}^{\mathrm{j}2\pi f_0\tau}] \tag{5.172}$$

$$v(\tau)=a^2\int_T|h(t-\tau)|^2\mathrm{d}t+b^2\int_T|g(t)|^2\mathrm{d}t \tag{5.173}$$

这里没有对输出施加恒定的偏置。如图5.28所示为主动参考干涉相关器的等效电路。

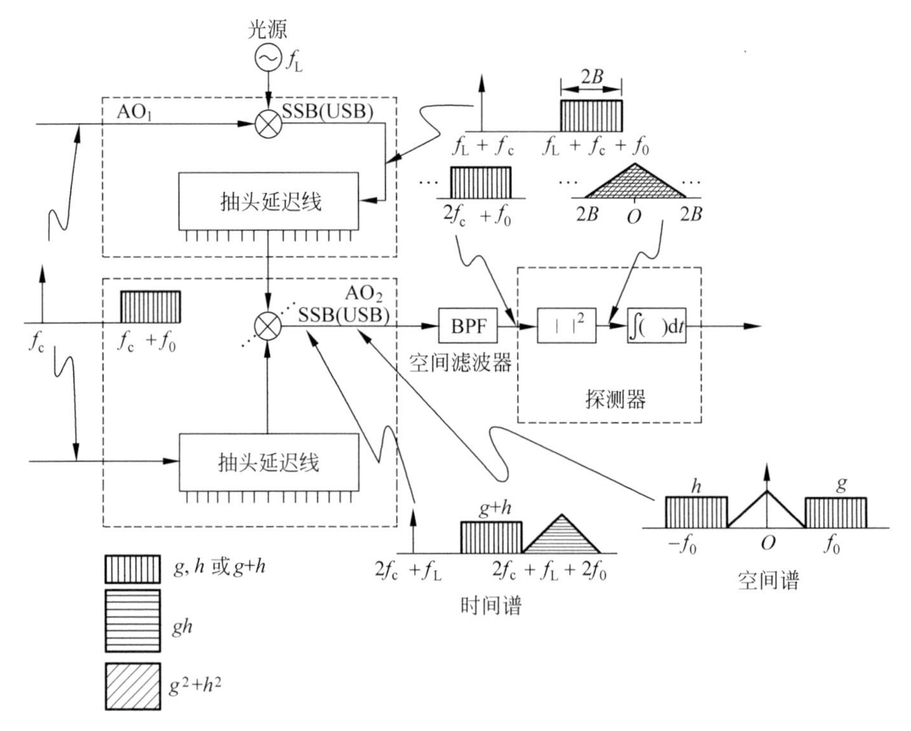


图5.28　主动参考干涉相关器的等效电路图

如果严格地处理实际信号，那么对于两个采用变换平面滤波的结构可以使用单边带调制。对于被动参考处理器的情况，输出可以写为

$$C(\tau)=u(\tau)+v(\tau)+4abR_{gh}(\tau)\cos(2\pi f_0\tau)+4abR_{g\tilde{h}}(\tau)\sin(2\pi f_0\tau) \tag{5.174}$$

这里

$$u(\tau)=Ta^2b^2 \tag{5.175}$$

并且

$$v(\tau)=\int_T[g^2(t)+\tilde{g}^2(t)][h^2(t-\tau)+\tilde{h}^2(t-\tau)]\mathrm{d}t \tag{5.176}$$

可分离性要求

$$f_0>\frac{1}{2\lambda_1-\lambda_2}[2v_\theta+2f_c(\lambda_2-\lambda_1)+B\lambda_2] \tag{5.177}$$

同样,对于主动参考相关器的单边带调制产生输出

$$C(\tau)=v(\tau)+4abR_{gh}(\tau)\cos(2\pi f_0\tau)+4abR_{gh}(\tau)\sin(2\pi f_0\tau) \tag{5.178}$$

这里

$$v(\tau)=a^2\int_T[h^2(t-\tau)+\tilde{h}^2(t-\tau)]\mathrm{d}t+b^2\int_T[g^2(t)+\tilde{g}^2(t)]\mathrm{d}t \tag{5.179}$$

可分离性的要求与被动参考处理器是相同的。

这种对相关器的讨论表面上受到时间积分结构的限制。在介绍使用变换平面滤波的方法时,我们将其扩展为:透镜对频率的空间分离通常属于空间积分结构的范畴。然而,它们也常常被归类为时间积分器,因为相关积分仍然来自于探测器的时间积累。

(4) 二维结构

上述介绍的相关器可以被延伸用于实现二维相关。在该光学系统中使用两个空间维度:一个用来跟随光路,另一个用来保持完整的时间窗口;后一个维度的位置对应于一个输入的延迟变化,实现的二维相关为

$$R_{ghq}(\tau_1,\tau_2)=\int_T g(t)h(t-\tau_1)q(t-\tau_2)\mathrm{d}t \tag{5.180}$$

很明显,使用另一个维度是有序的。假设第一个维度对应于光轴,第二个对应于时间延迟 $h$,然后第三个维度的位置必须代表输入 $q$ 的延迟。这表明使用布拉格声光器件时,在第一个声光器件任意点的垂直和水平方向上的衍射光需照射第二个声光器件的每一个点。这样,对于 $\tau_1$ 和 $\tau_2$,能够在一定区间内产生 $h(t-\tau_1)q(t-\tau_2)$形式所有的积,然后乘以 $g(t)$进行积分。

一维 LED 相关器的二维扩展如图 5.29 所示。布拉格声光器件 $AO_1$ 和 $AO_2$ 分别沿 $x$ 方向和 $y$ 方向放置,LED 光源被电调制信号 $g(t)$调制,出射光经透镜 LO 准直后通过柱面透镜 $L_1$ 聚焦在声光器件 $AO_1$(其电驱动信号为 $h(t)$)沿 $x$ 方向的通光孔径上。这些入射到 $AO_1$ 的光经过声光相互作用产生的衍射光经透镜 $L_2$ 聚焦到沿 $y$ 方向与 $AO_1$ 垂直放置在柱面透镜 $L_2$ 焦平面的 $AO_2$ 上($AO_2$ 的驱动信号是 $q(t)$)。经 $AO_2$ 的衍射光通过柱面透镜 $L_4$、球面透镜 $L_5$ 和滤波器 $F_2$ 到二维探测阵列上。$AO_2$ 的未衍射光被 $F_2$ 阻挡,不能到探测器上。这样任何到达探测器的光都会被 $g(t)$、$h(t)$和 $q(t)$调制,透镜 $L_2$ 和 $L_5$ 在垂直方向上将 $AO_1$ 成

像到探测器上($L_4$ 在这个方向上没有聚焦光线)。因此,探测器上的每个 $x$ 方向的位置对应于 $AO_1$ 上的一个点。同样,透镜 $L_4$ 和 $L_5$ 在 $y$ 方向上将 $AO_2$ 成像到探测器上。探测器上任意点$(x,y)$上的光都是通过 $AO_1$ 和 $AO_2$ 作用的。位于$(x,y)$的探测器像素输出是

$$R_{ghq}(\tau_1,\tau_2)=\int_T g(t)h(t-\tau_1)q(t-\tau_2)\mathrm{d}t \tag{5.181}$$

这里 $\tau_1=x/v$,$\tau_2=y/v$,$v$ 是布拉格声光器件的声波传播速度,$T$ 是探测积分周期。

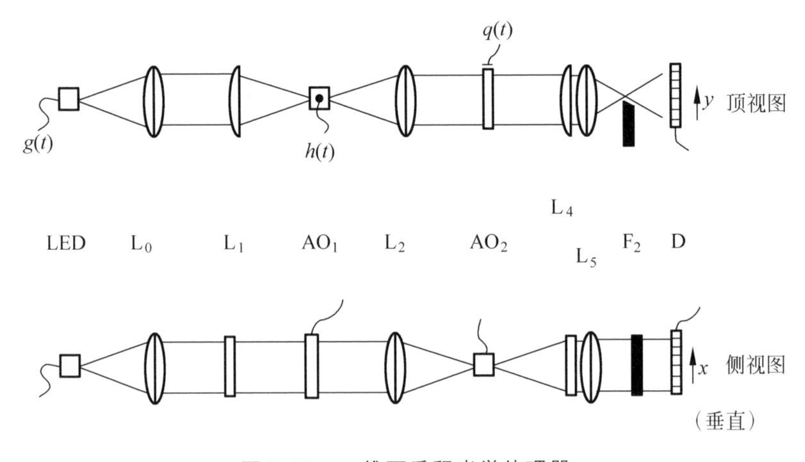


图 5.29 二维两重积光学处理器

如图 5.30 所示的处理器将布拉格声光器件从两个增加为三个,构成声光三重积分处理器。使用的三个布拉格声光器件中,其中两个在垂直方向,一个在水平方向。透镜 $L_2$ 和 $L_3$ 将 $AO_1$ 成像到 $AO_3$ 上,因此 $AO_1$ 似乎与 $AO_3$ 重合,但发生倒置。在 $AO_2$ 之后,其光学系统与实现 LED 的光学系统相似。探测器像素在$(x,y)$的输出项为

$$C\left(\frac{x}{v},\frac{y}{v}\right)=\int_T h\left(t+\frac{x}{v}\right)g\left(t-\frac{y}{v}\right)q\left(t-\frac{x}{v}\right)\mathrm{d}t \tag{5.182}$$

作变量转换

$$\lambda=t-\frac{y}{v} \tag{5.183}$$

在式(5.182)的积分中,由于 $T\gg y/v$ 的物理限制,需要忽略这些替换带来的积分间隔的变化。因此,

$$C\left(\frac{x}{v},\frac{y}{v}\right)=\int_T g(\lambda)h\left(\lambda-\frac{-x-y}{v}\right)q\left(\lambda-\frac{x-y}{v}\right)\mathrm{d}\lambda \tag{5.184}$$

式中的积分与式(5.180)中的相似,通过选择正交坐标

$$x' = -x - y$$
$$y' = x - y$$

得到

$$C'\left(\frac{x'}{v}, \frac{y'}{v}\right) = c\left(\frac{-x'+y'}{2v}, \frac{-x'-y'}{2v}\right)$$
$$= \int_T g(\lambda) h\left(\lambda - \frac{x'}{v}\right) q\left(\lambda - \frac{y'}{v}\right) \mathrm{d}\lambda = R_{ghq}\left(\frac{x'}{v}, \frac{y'}{v}\right) \quad (5.185)$$

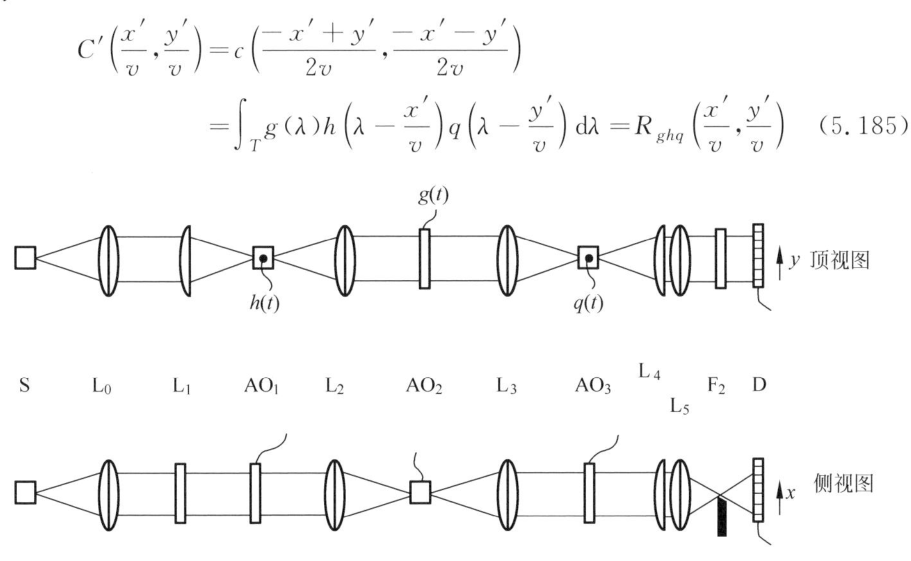

图 5.30　布拉格声光器件三重积分处理器

作为一维相关器的直接扩展,二维处理器选用了同样的方法,而且都可以实现干涉和非干涉[43-44]。除了附加维度外,一维和二维相关器在特性上的主要区别是积分时间和像素数。通常由可获得的探测器像素数量来决定上限。二维探测器的读出率是有限的,具有大量像素,使得积分周期比典型的一维阵列要长几个数量级。这里描述的二维相关器被称为三重积分处理器(triple integral processor, TPP),由于其可实现的操作范围广,所以是最通用的光学处理器之一。

**3. 相关器的后处理**

光学相关器之后的相关器后处理硬件通常是电路装置,主要用来提取光学输出 $C(\tau)$ 并给出交流相关 $R_{gh}(\tau)$ 的近似值。通常包括两步:移除 $C(\tau)$ 中的直流项,和在干涉情况下从载波中提取 $R_{gh}$。对于一维和二维结构,适用相同的后处理技术,因此只考虑一维情况。

考虑实际情形对于输出形式的影响,$C(\tau)$ 实际上受到加法和乘法不均匀性的干扰。探测阵列的像素与像素之间的背景变化引起了额外的影响。光学系统本身的不均匀性引起倍增变化,并且光源存在光照度的变化和布拉格声波束的不均匀性。鉴于这些影响,显然需要保留 $u(\tau)$ 中的参数 $\tau$。对于这种情况,不需要考虑乘法不均匀性如何影响 $R_{gh}$,但是需要移除这种影响下的直流项。因此,将继续使用

前边 $C(\tau)$的式子，但是需要假定 $u(\tau)$和 $v(\tau)$包含其规定值的变化，尤其是附加的不均匀性已经加入 $u(\tau)$。

(1) 移除直流项的方法

本节将首先考虑几种方法来移除输出中的直流项。除了 $u(\tau)$的变化，提取相关性的方法将去除所有直流输出的作用。因此，对于干涉相关器，将介绍下面的方法。

这里，将根据输出 $C(\tau)$对输入信号 $g(t)$的符号的依赖性表示输出 $C(\tau)$，利用 $d(\tau)$表示 $R_{gh}(\tau)$，可得

$$C(\tau)=u(\tau)+v^{(2)}(\tau)+v^{(1)}(\tau)+d(\tau) \tag{5.186}$$

这里 $v(\tau)$被分解为 $v^{(1)}(\tau)$和 $v^{(2)}(\tau)$，分别为 $g(t)$的奇数项和偶数项。假设将 $g(t)$反转，用 $C_-(\tau)$表示得到的输出，为

$$C_-(\tau)=u(\tau)+v^{(2)}(\tau)-v^{(1)}(\tau)-d(\tau) \tag{5.187}$$

由于 $R_{gh}(\tau)$和 $g(t)$之间存在线性关系，则观察到有反转和无反转的输出的差为

$$D(\tau)=C(\tau)-C_-(\tau)=2v^{(1)}(\tau)+2d(\tau) \tag{5.188}$$

这也是移除许多直流项的方法。

图 5.31 给出了式(5.188)的应用。在偶数帧中，$g(t)$没有被反转，$C(\tau)$在探测器上累加。在偶数帧末尾，$g(t)$被反转，$C_-(\tau)$开始累加，而 $C(\tau)$在探测器中读出并进入帧存储器。该存储器能够为每个像素存储一个值，并可视为一帧长的延迟。一般情况下，在偶数帧中，$C(\tau)$不断累加，而 $C_-(\tau)$被写入存储器并从 $C(\tau)$中减去。在奇数帧中，$C_-(\tau)$不断累加，$C(\tau)$通过探测器到达存储器，同时 $C_-(\tau)$从 $C(\tau)$中减去。无论哪种情况，结果都与式(5.188)相同。通常利用 $C_n(\tau)$来表示第 $n$ 帧的输出，因此第 $n$ 帧输出为

$$D_n(\tau)=(-1)^n[C_n(\tau)-C_{n-1}(\tau)] \tag{5.189}$$

利用这个方法，需要使 $v^{(2)}(\tau)$和 $d(\tau)$在连续帧之间基本保持不变。

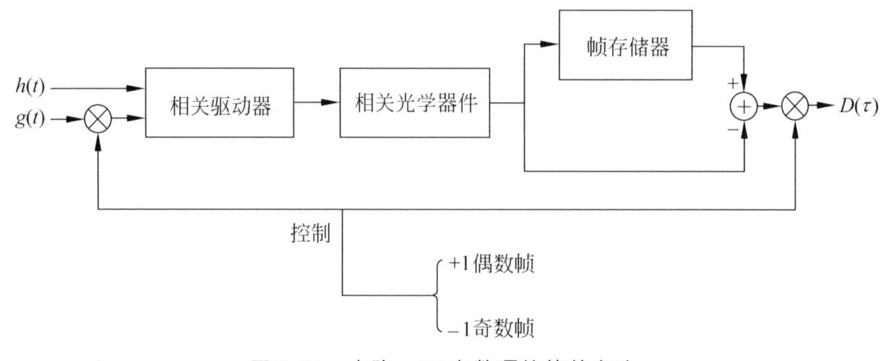


图 5.31 去除 $g(t)$奇数项的简单方法

可以通过只取式 $C_n - C_{n-1}$ 的差值放宽这个要求，其中 $n$ 是奇数。换句话说，只需要在 $n$ 为奇数时，在 $n$ 和 $n-1$ 帧之间保持 $v^{(2)}(\tau)$ 和 $d(\tau)$ 不变。通过将一个周期长度的输入数据放置在存储器中，并通过处理器执行两个周期，就可以实现这种情况。重复这种方法可以在失去一半输入数据的情况下进行实时处理，也可以采取更精细的方案来反演输入的不同组合。

假设 $R_{gh}(\tau)$ 的非零部分仍然在第 $n-1$ 帧和第 $n$ 帧的处理器时间孔径中。考虑如图5.32所示的结构，每一个偶数帧(比如 $n-1$)，开关被设置在位置(2)，因此 $g(t)$ 被 $\rho_\tau \tau_B$ 延迟，导致相关峰移出相关器时间窗口。在接下来的帧中，开关处于位置(1)，允许 $g(t)$ 正常输入相关器。对输出进行处理得到

$$D_n(\tau) = C_n(\tau) - C_{n-1}(\tau) = [v_n^{(2)}(\tau) - v_{n-1}^{(2)}(\tau)] + [v_n^{(1)}(\tau) - v_{n-1}^{(1)}(\tau)] + [d_n(\tau) - d_{n-1}(\tau)] \tag{5.190}$$

假设 $d_{n-1}(\tau)=0$。在许多实际情况下，$v_n^{(1)}(\tau)=v_{n-1}^{(1)}(\tau)$，$v_n^{(2)}(\tau)=v_{n-1}^{(2)}(\tau)$。若等式成立，则

$$D_n(\tau) \doteq d_n(\tau) \tag{5.191}$$

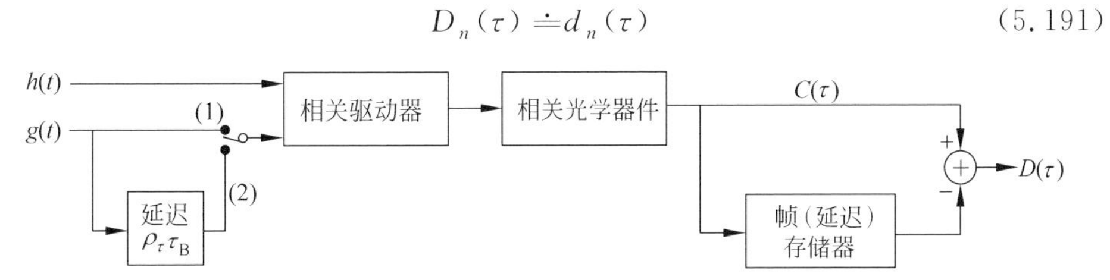


图5.32　移除固定输出作用的简单方案

若上述方法都不合适，可以采用一种简单的方法，即移除 $u(\tau)$，由于 $u(\tau)$ 不随时间变化，因此只在存储中记录一次，然后从所有输出中删除。只需要将相关器输入设置为零并在存储中记录结果，就可以完成记录。然后恢复输入，减去 $u(\tau)$，得到输出 $D(\tau)=v(\tau)+d(\tau)$。该方法操作简单，还可以去除附加的不均匀性。

当部分 $v(\tau)$ 用上述方法不能移除时，可以分离为 $v(\tau)$ 和 $d(\tau)$。例如，假设 $v(\tau)$ 与 $\tau$ 不相关(相关时间窗口 $\Delta_\tau$ 内)。对于给定的帧，令 $v(\tau)=c$。如果

$$\int_{\Delta_\tau} d(\tau) \doteq 0 \tag{5.192}$$

可以估计

$$\hat{c} = \frac{1}{\Delta_\tau}\int_{\Delta_\tau} D(\tau)\mathrm{d}\tau \approx c \tag{5.193}$$

因此，通过对输出平均，得到 $v(\tau)$ 的估计值，然后将其减去，留下 $d(\tau)$，该方法称为乘基线减法。通常，如果 $v(\tau)$ 的变化速度比 $d(\tau)$ 慢，输出的运行平均值可

以为 $v(\tau)$ 提供一个很好的估计。因此，通过在 $\tau_0$ 的附近平均化 $D(\tau)$ 来估计 $v(\tau_0)$，选择的范围大到足够最小化 $d(\tau)$ 的影响，使 $v(\tau)$ 几乎保持不变。

(2) 相关性的提取

干涉结构需要额外的后处理来探测载波上的交流相关 $R_{gh}(\tau)$。通常用式(5.154)将 $R_{gh}$ 表示为 $d(\tau)$，

$$d(\tau)=a\mathrm{Re}\left[\mathrm{e}^{\mathrm{j}(2\pi f_0\tau+\phi)}R_{gh}(\tau)\right] \tag{5.194}$$

式中，$a$ 和 $\phi$ 都是实数。考虑到 $R_{gh}$ 可能为复数，输入信号的相关输出为

$$D(\tau)=a\mathrm{Re}\left[\mathrm{e}^{\mathrm{j}(2\pi f_0\tau+\phi)}R_{gh}(\tau)\right]+v_r(\tau) \tag{5.195}$$

式中，$v_r(\tau)$ 是 $v(\tau)$ 经过后处理剩余的项。考虑到乘积

$$\begin{aligned}A(\tau)&=\cos(2\pi f_0\tau+\phi)D(\tau)\\&=\frac{a}{2}\mathrm{Re}\,R_{gh}(\tau)+\frac{a}{2}\mathrm{Re}\left[R_{gh}(\tau)\mathrm{e}^{\mathrm{j}(4\pi f_0\tau+2\phi)}+\cos(2\pi f_0\tau+\phi)v_r(\tau)\right]\end{aligned} \tag{5.196}$$

通过与其载波分离的方式已经产生具有交流相关的一项和其他项。选择之前的频率 $f_0$，保持式(5.196)中的频率分量不相交。尤其是 $R_{gh}(\tau)$ 的频率限制在 $[-B,B]$ 区间内，而其他项的频率在这个区间之外。这表明连续出现的 $D(\tau)$ 只需乘以 $\cos(2\pi f_0\tau+\phi)$ 并进行低通滤波，即可得到 $\mathrm{Re}\,R_{gh}(\tau)$。如图 5.33 所示的流程图可以用来提取 $R_{gh}(\tau)$ 的实部和虚部。这样可以消除 $v$ 中之前没有移除的部分。需要注意的是，与 $u(\tau)$ 集中在一起的加法不均匀性在整个频谱中都有频率成分，并且不能通过这种滤波来消除。因此，对于干涉结构，在提取 $R_{gh}(\tau)$ 前必须去除 $u(\tau)$。

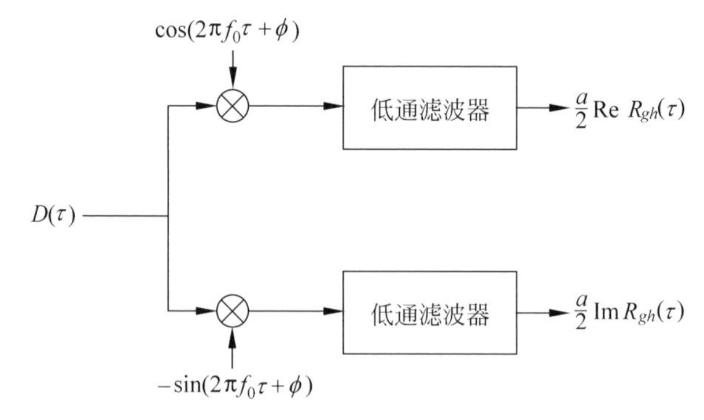


图 5.33　提取相关器的实部和虚部。两个滤波器的截止频率都是 $B$，$D(\tau)$ 来自于减法电路

最后，在相关器中，可以通过储存每个像素的相关值来移除 $R_{gh}$ 的乘法效应。在其他处理后，将每个像素的输出与其对应的相关值相乘。

**4. 输出噪声**

一般情况下相关器的输出认为是恒定的，但是，各种噪声源可能干扰输出。如果相关器的输入信号伴随着噪声，这将导致输出的随机变化。此外，相关器本身也产生噪声，其最主要来源是光源的离散性质[42]。

这部分内容主要检测相关器的输出变化，将结果用信噪比（signal to noise ratio，SNR）表示。值得注意的是，输出信噪比是输入信噪比的函数。

（1）输入噪声引起的方差

把每个输入看作是一个确定信号和一个噪声项的和。假设噪声项是独立的、平稳的、零均值的、频带限制的、空白的、高斯过程的，也就是说，噪声均匀分布在输入频带$[-B,B]$上。因此，每个噪声源的自相关形式为$\sigma^2\mathrm{sinc}(2\pi B\tau)$，这里$\sigma^2$是噪声方差。

相关器的输入信号为

$$g(t)=x(t)+w(t) \tag{5.197}$$

和

$$h(t)=y(t)+z(t) \tag{5.198}$$

式中，$x$和$y$是交流的确定性信号，$w$和$z$是噪声。设$\sigma_w^2$和$\sigma_z^2$分别是$w$和$z$的方差（幂）。那么$w$和$z$的自相关是

$$R_w(\tau)=\sigma_w^2R(\tau) \tag{5.199}$$

和

$$R_z(\tau)=\sigma_z^2R(\tau) \tag{5.200}$$

式中，

$$R(\tau)=\mathrm{sinc}(2\pi B\tau) \tag{5.201}$$

对于一个周期$T$范围内积分产生的相关输出，信号由平均功率表征

$$\sigma_x^2=\frac{1}{T}\int_T x^2(t)\mathrm{d}t \tag{5.202}$$

和

$$\sigma_y^2=\frac{1}{T}\int_T y^2(t)\mathrm{d}t \tag{5.203}$$

它们的平均值

$$m_x=\frac{1}{T}\int_T x(t)\mathrm{d}t \tag{5.204}$$

和

$$m_y=\frac{1}{T}\int_T y(t)\mathrm{d}t \tag{5.205}$$

现在输入信噪比可以简化写为

$$\Gamma_g = \frac{\sigma_x^2}{\sigma_w^2} \tag{5.206}$$

和

$$\Gamma_h = \frac{\sigma_y^2}{\sigma_z^2} \tag{5.207}$$

通过同时处理干涉和非干涉情况，输出一般写为

$$C = \int_T P(t)\mathrm{d}t \tag{5.208}$$

式中，

$$P(t) = g(t)h(t) + ah(t) + bg(t) + c \tag{5.209}$$

常数 $a$、$b$、$c$ 由结构所决定。式(5.209)中不包括延迟 $\tau$，为了使符号更加简单，假设 $h$ 包含适当的延迟。将式(5.197)和式(5.198)的 $g$ 和 $h$ 代入式(5.209)，可得

$$\begin{aligned}P(t) = &w(t)[b + y(t)] + z(t)[a + x(t)] + w(t)z(t) + \\ &[x(t)y(t) + ay(t) + bx(t) + c]\end{aligned} \tag{5.210}$$

可以发现上面用噪声项进行分组更为方便。使用式(5.210)中的确定性项对下列定义：

$$\alpha(t) = b + y(t) \tag{5.211}$$

$$\beta(t) = a + x(t) \tag{5.212}$$

$$\gamma(t) = c + ay(t) + bx(t) + x(t)y(t) \tag{5.213}$$

式(5.210)可写为

$$P(t) = w(t)\alpha(t) + z(t)\beta(t) + w(t)z(t) + \gamma(t) \tag{5.214}$$

如果 $E\{\}$ 表示交流部分，通过使用常用的表达式得到输出方差为

$$\mathrm{Var}\{C\} = E\{C^2\} - E^2\{C\} \tag{5.215}$$

假设

$$E\{C^2\} = E\left\{\int_T P(t_1)\mathrm{d}t_1 \int_T P(t_2)\mathrm{d}t_2\right\} = \int_T\int_T E\{P(t_1)P(t_2)\}\mathrm{d}t_1\mathrm{d}t_2 \tag{5.216}$$

由于噪声项的均值为零并且是独立的，在式(5.216)中的积产生了许多交流为零的项。除去这些，可得

$$\begin{aligned}E\{P(t_1)P(t_2)\} = E\{&\alpha(t_1)\alpha(t_2)w(t_1)w(t_2) + \beta(t_1)\beta(t_2)z(t_1)z(t_2) + \\ &w(t_1)w(t_2)z(t_1)z(t_2) + \gamma(t_1)\gamma(t_2)\}\end{aligned} \tag{5.217}$$

通过定义

$$R_w(t_2 - t_1) = E\{w(t_1)w(t_2)\} \tag{5.218}$$

与 $R_z$ 相似，因此可以得到

$$E\{C^2\}=\int_T\int_T[\sigma_w^2\alpha(t_1)\alpha(t_2)+\sigma_Z^2\beta(t_1)\beta(t_2)]R(t_1-t_2)\mathrm{d}t_1\mathrm{d}t_2+$$
$$\sigma_w^2\sigma_z^2\int_T\int_T R^2(t_1-t_2)\mathrm{d}t_1\mathrm{d}t_2+\int_T\int_T\gamma(t_1)\gamma(t_2)\mathrm{d}t_1\mathrm{d}t_2 \quad (5.219)$$

但是

$$E^2(C)=\int_T\int_T\gamma(t_1)\gamma(t_2)\mathrm{d}t_1\mathrm{d}t_2 \quad (5.220)$$

和

$$\int_T\int_T R^2(t_1-t_2)\mathrm{d}t_1\mathrm{d}t_2=\frac{T}{2B} \quad (5.221)$$

因此 $C$ 的方差可以表达为

$$\mathrm{Var}(C)=\int_T\int_T[\sigma_w^2\alpha(t_1)\alpha(t_2)+\sigma_z^2\beta(t_1)\beta(t_2)]R(t_1-t_2)\mathrm{d}t_1\mathrm{d}t_2+\sigma_w^2\sigma_z^2\frac{T}{2B} \quad (5.222)$$

可观察到，只有当 $t_1$ 和 $t_2$ 接近时，$R(t_1-t_2)$才具有较大的值。这表明利用等面积的 $\delta$ 函数来近似 $R$ 是合理的。如果 $\alpha$ 和 $\beta$ 相对于 $R$ 变化缓慢，那么这将对于式(5.222)是很好的近似，定义

$$\Lambda_y=\frac{\int_T\int_T y(t_1)y(t_2)R(t_1-t_2)\mathrm{d}t_1\mathrm{d}t_2}{\int_T\int_T y(t_1)y(t_2)(1/2B)\delta(t_1-t_2)\mathrm{d}t_1\mathrm{d}t_2} \quad (5.223)$$

同样，用 $x$ 来定义 $\Lambda_X$。把 $\Lambda_X$ 和 $\Lambda_y$ 代入式(5.222)，可得

$$\int_T\int_T a(t_1)a(t_2)R(t_1-t_2)\mathrm{d}t_1\mathrm{d}t_2$$
$$=b^2\frac{T}{2B}+b\frac{T}{B}m_y+\int_T\int_T y(t_1)y(t_2)R(t_1-t_2)\mathrm{d}t_1\mathrm{d}t_2 \quad (5.224)$$

同时，可以观察到

$$\int_T\int_T y(t_1)y(t_2)\frac{1}{2B}\delta(t_1-t_2)\mathrm{d}t_1\mathrm{d}t_2=\frac{T}{2B}\sigma_y^2 \quad (5.225)$$

所以

$$\Lambda_y=\frac{2B}{T\sigma_y^2}\int_T\int_T y(t_1)y(t_2)R(t_1-t_2)\mathrm{d}t_1\mathrm{d}t_2 \quad (5.226)$$

对于 $\Lambda_y$ 相似的表达结果。通过替换式(5.224)和式(5.226)到式(5.222)，可得

$$\mathrm{Var}\{C\}=\frac{T\sigma_w^2\sigma_z^2}{2B}\left(1+\frac{a^2+2am_x+\Lambda_x\sigma_x^2}{\sigma_w^2}+\frac{b^2+2bm_y+\Lambda_y\sigma_y^2}{\sigma_z^2}\right) \quad (5.227)$$

这可以用输入信噪比来表示

$$\mathrm{Var}\{C\}=\frac{T\sigma_x^2\sigma_y^2}{2B\Gamma_g\Gamma_h}\left[1+\Gamma_g\left[\Lambda_x+\frac{a^2+2am_x}{\sigma_x^2}\right)+\Gamma_h\left(\Lambda_y+\frac{b^2+2bam_y}{\sigma_y^2}\right)\right] \tag{5.228}$$

由于存在方差，可以在噪声源不明显的条件下确定输出信噪比。输出信号功率是相关的平方，可以表示为 $T^2\sigma_x^2\sigma_y^2r^2$，这里 $r$ 是 $x$ 和 $y$ 的相关系数，表示为

$$r=\frac{1}{\sigma_x\sigma_y}\frac{1}{T}\int_T x(t)y(t)\mathrm{d}t \tag{5.229}$$

来自于输入噪声的输出信噪比为

$$\Gamma_0'=\frac{T^2\sigma_x^2\sigma_y^2r^2}{\mathrm{Var}\{C^2\}}=2BTr^2\Gamma_g\Gamma_h\left[1+\Gamma_g\left(\Lambda_x+\frac{a^2+2am_x}{\sigma_x^2}\right)+\Gamma_h\left(\Lambda_y+\frac{b^2+2bam_y}{\sigma_y^2}\right)\right]^{-1} \tag{5.230}$$

通过后处理去除所有相关项实现对干涉相关器的优化。因此可以设 $a=b=0$。式(5.230)可以简化成

$$\Gamma_0'=\frac{2BTr^2\Gamma_g\Gamma_h}{1+\Gamma_g\Lambda_x+\Gamma_h\Lambda_y} \tag{5.231}$$

在非干涉相关器中，$a$ 和 $b$ 可以简化前面定义的输入换能器的偏置电平 $a$ 和 $b$。如果是布拉格声光器件的设备，要实现布拉格声光器件的线性工作则要求 $a\gg m_x$，$b\gg m_y$，$a^2\gg\sigma x^2$ 和 $b^2\gg\sigma y^2$。由于 $\Lambda_x\approx1$ 和 $\Lambda_y\approx1$，可以近似为

$$\Gamma_0'=\frac{2BTr^2\Gamma_g\Gamma_h}{1+\Gamma_g a^2/\sigma_x^2+\Gamma_h b^2/\sigma_y^2} \tag{5.232}$$

对于这种情况，当输入换能器是布拉格声光器件时，并且当第一输入器件是光源时，有

$$\Gamma_0'=\frac{2BTr^2r_g^Th}{1+\Gamma_g[\Lambda_x+(a^2+2am_x)/\sigma_x^2]+\Gamma_h(b^2/\sigma_y^2)} \tag{5.233}$$

(2) 总噪声

现在考虑光子散粒噪声的方差对系统的影响。利用光生电子的离散分布来表示信息，这些电子可以被探测器收集。光子的跃迁是概率分布的，就像光子产生电子一样，得到的概率分布是泊松分布。如果收集了大量电子，电子的分布可以很好地近似为正态分布。如果平均电子数是 $n$，那么标准差[45]是 $\sqrt{n}$。

假设输出 $C$ 用单元来表示，以此确定电子的输出方差。因此，定义 $k$ 为单元电子数。设 $n$ 为一个随机变量，等于在探测器像素中累积的电子数。$n$ 的条件将为

$$E\{n\mid C\}=kC \tag{5.234}$$

和

$$E\{n^2 \mid C\} = \mathrm{Var}(n \mid C) + E^2(n \mid C\} = kC + (kC)^2 \tag{5.235}$$

现在

$$B\{n^2\} = E(B\{n^2 \mid C\}) = E[kC + (kC)^2] = kE(C) + k^2[\mathrm{Var}\{C\} + E^2\{C\}] \tag{5.236}$$

因为

$$E\{n\} = kE\{C\} \tag{5.237}$$

然后

$$\mathrm{Var}(n) = E\{n^2\} - E^2\{n\} = kE\{C\} + k^2\mathrm{Var}\{C\} \tag{5.238}$$

由于存在电子的输出方差,需要通过表示电子的相关性来表示信噪比,输出信号功率为

$$T^2\sigma_x^2\sigma_y^2 r^2 U^2 = k^2 T^2 \sigma_x^2\sigma_y^2 r^2 E^2 \tag{5.239}$$

因此,输出信噪比为

$$\Gamma_0 = \frac{k^2T^2\sigma_x^2\sigma_y^2r^2}{kE\{C\} + k^2\mathrm{Var}\{C\}} = \left(\frac{E\{C\}}{kT^2\sigma_x^2\sigma_y^2r^2} + \frac{1}{\Gamma'_0}\right)^{-1} \tag{5.240}$$

从上式可以看出,需要确定 $k$ 值才可以最有效地使用探测器的动态范围;也就是说,要在不使探测器饱和的情况下使 $k$ 尽可能大。假设通过操作处理器使能够获得的电子数为 $N_e$。那么 $kE\{C\}=N_e$。考虑相关积分(交流输出)可以设定一个 $T\sigma_x\sigma_y$ 单元的最大值。对于每一种结构,这个值可以达到平均输出的一部分,设 $\rho_s$ 为结构相关率

$$\rho_s = \frac{T}{E\{C\}}\max\{\sigma_x\sigma_y\} \tag{5.241}$$

其中,线性要求条件决定最大值,品质因数 $\rho_s$ 代表结构可用的动态范围。假设 $\sigma_x$ 和 $\sigma_y$ 工作在最大值(在信噪比意义上最优)。可以发现

$$\frac{E\{C\}}{k^2T^2\sigma_x^2\sigma_y^2r^2} = \frac{1}{N_e\rho_s^2r^2} \tag{5.242}$$

因此

$$\Gamma_0 = \left(\frac{1}{N_e\rho_s^2r^2} + \frac{1}{\Gamma'_0}\right)^{-1} \tag{5.243}$$

目前,式(5.243)只适用于非干涉相关器。在上面的推导中,假设所有方差都来源于由光子散粒噪声引起的输出方差。相关提取过程中只允许通过部分有用的频率成分,而隔离了大部分噪声。事实上,散粒噪声方差可近似为 $\rho_D$。因此

$$\Gamma_0 = \left(\frac{\rho_D}{N_e\rho_s^2r^2} + \frac{1}{\Gamma'_0}\right)^{-1} \tag{5.244}$$

对于非干涉结构的情况,$\rho_D=1$,式(5.244)是普适的。

因为 $r^2 \leqslant 1$,式(5.244)表示为

$$\Gamma_0 \leqslant \frac{N_e \rho_s^2}{\rho_D} \tag{5.245}$$

对于 $0 \ll N_e \rho_s^2 r^2$,$\Gamma_0 \doteq \Gamma_0'$,可以用散粒噪声表示输出信噪比的上限。

最后将确定两种结构的 $\rho_s$。可以发现 $\rho_s$ 取决于平均有效输出值 $\sigma_x$ 和 $\sigma_y$ 分别对应的偏置电平 $a$ 和 $b$。由于 $\rho_s$ 用于确定输出信噪比的上限,可以在 $\sigma_x^2 \gg \sigma_w^2$,$\sigma_y^2 \gg \sigma_z^2$ 的假设下计算 $\rho_s$。

这里考虑的第一种情况是非干涉结构,对于

$$C(\tau) = Tab + b\int_T g(t)\mathrm{d}t + a\int_T h(t-\tau)\mathrm{d}t + \int_T g(t)h(t-\tau)\mathrm{d}t \tag{5.246}$$

在这种情况,如果

$$\int_T g(t)\mathrm{d}t \leqslant T\sigma_x \tag{5.247}$$

$$\int_T h(t-\tau)\mathrm{d}t \leqslant T\sigma_y \tag{5.248}$$

$$\int_T g(t)h(t-\tau)\mathrm{d}t \leqslant T\sigma_x\sigma_y \tag{5.249}$$

因此,从式(5.241)可得

$$\rho_s^{-1} \geqslant \frac{ab}{\sigma_x\sigma_y} + \frac{b}{\sigma_y} + \frac{a}{\sigma_x} + 1 \tag{5.250}$$

考虑线性度,将存在 $b \gg \sigma_y$ 和 $a \gg \sigma_x$,所以

$$\rho_s \approx \frac{\sigma_x}{a}\frac{\sigma_y}{b} \tag{5.251}$$

从信噪比来看,$\sigma_x/a$ 和 $\sigma_y/y$ 尽可能大时相关器工作在最佳状态。另外,考虑线性度的话,$\sigma_x/a$ 和 $\sigma_y/y$ 需要尽可能小。一般来说,对于非干涉相关器,希望 $\rho_s \ll 1$,使得 $\Gamma_0 \ll N_e$。

对于干涉相关器,特别是主动参考结构的相关器,相关器的输出归一化到相关项为

$$C(\tau) = \frac{a^2}{2ab}\int_T |h(t-\tau)|^2\mathrm{d}t + \frac{b^2}{2ab}\int_T |g(t)|^2\mathrm{d}t + \frac{2ab}{2ab}\mathrm{Re}\left[R_{gh}(\tau)\mathrm{e}^{\mathrm{j}2\pi f_0\tau}\right] \tag{5.252}$$

考虑

$$\int_T |g(t)|^2\mathrm{d}t = T\sigma_x^2 \tag{5.253}$$

和

$$\int_T |h(t-\tau)|^2\mathrm{d}t = T\sigma_y^2 \tag{5.254}$$

对于 $r=1$，

$$\rho_s=\frac{2abT\sigma_x\sigma_y}{a^2T\sigma_y^2+b^2T\sigma_x^2+2abT\sigma_x\sigma_y}=\left(\frac{1}{2}\frac{a}{\sigma_x}\frac{\sigma_y}{b}+\frac{1}{2}\frac{b}{\sigma_y}\frac{\sigma_x}{a}+1\right)^{-1}\tag{5.255}$$

很明显的是，当设定 $\sigma_x=a$ 和 $\sigma_y=b$ 时 $\rho_s$ 可以最大化。此时，有 $\rho_s=1/2$。

通过研究其他类型的干涉相关器，表明 $\rho_s\leqslant1/2$，并且通过选择 $\sigma_x=a$ 和 $\sigma_y=b$ 可以实现 $\rho_s$ 的最大化。因此，主动参考结构由于具有最小的探测偏置，因此可以充分利用探测器的动态范围。

最后，需要注意在后处理过程中合并多帧对信噪比的影响。在每一种情况下，都会通过增加或减少输出来增强相关项。具体来说，如果合并 $n$ 帧，输出信号功率将会增加 $n^2$ 倍，并且每一帧的噪声都是独立的。因此，如果每一帧的方差相同，那么合并后的帧的方差为一帧的 $n$ 倍，结果输出信噪比增加了 $n^2/n=n$ 倍。

**5. 傅里叶变换的介绍**

本小节将介绍实现一维和二维傅里叶变换的方法。如前所述，合适的核函数是啁啾的：一个频率随时间线性增加的信号，其频率无限制的增大，占据了无限的带宽。在物理层面上更合适的核函数是重复啁啾，在 $T_c$ 的周期内频率线性增大，然后恢复到初始频率，最后再次增大，如图5.34所示。将使用一个重复啁啾用于相关器，并且相关器的积分周期 $T$ 比 $T_c$ 更长，则在任意积分周期的相同时间内，啁啾的重置将会导致产生的傅里叶核函数的相位改变。这种相变取决于频率，结果会造成频谱中出现不均匀的变化。因此，在积分过程中不希望对啁啾进行重置，因此 $T_c$ 选择为 $T$ 的倍数。为了充分利用有限的带宽，应该选择尽可能小的倍数。然而，为了利用包含 $n$ 帧的后处理增强，啁啾必须在 $n$ 帧上是连续的。因此，选择 $T_c=nT$。

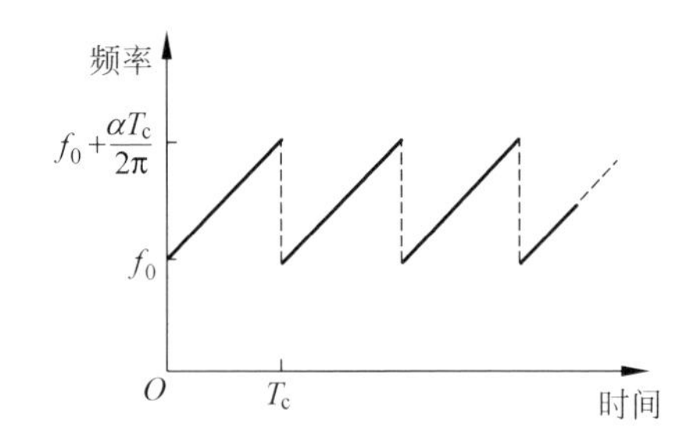


图5.34　角加速度为 $\alpha$，周期为 $T_c$ 的重复啁啾

（1）啁啾算法

因为它们可以接受复杂的信号，首先利用干涉相关器实现一维傅里叶变换，然后对其施加重复啁啾信号，斜率是

$$c(t)=\mathrm{e}^{\mathrm{j}[(\alpha/2)t^2+2\pi f_0t]},\quad t\in[t_0,t_0+T_c)\tag{5.256}$$

啁啾范围在 $f_0$ 到 $f_0+(\alpha/2\pi)T_c$ 的频率区间内。选择相关器的输入为

$$g(t)=s(t)c(t) \tag{5.257}$$

和

$$h(t)=c(t) \tag{5.258}$$

这里 $s$ 是待处理的信号，在 $[t_0,t_0+T]$ 的时间间隔内积分，则相关器输出为

$$R(\tau,t_0)=\int_{t_0}^{t_0+T} s(t)c(t)c^*(t-\tau)\mathrm{d}t \tag{5.259}$$

这里假设积分周期与啁啾周期相同。由于啁啾是重复的，因此积分周期的一部分 $c(t)$ 和 $c(t-\tau)$ 处于不同的时间段，如图 5.35 所示。在此期间，$c(t)c^*(t-\tau)$ 没有合适的值。由于 $\tau$ 受限于布拉格声光器件孔径，而 $T$ 由探测器决定，通常会出现 $T_c$ 比 $\tau$ 大很多个数量级的情况，因此周期重叠的影响可以忽略不计。对于 $T_c$ 不大于 $\tau$ 的所有值的情况，卡尔曼(Kellman)提出使用多个啁啾在所有时间来保持合适的乘积的方法[44]，但这里的宽带使用率很低，忽略其影响，相关器输出可以表示为

$$R(\tau,t_0)=\mathrm{e}^{-\mathrm{j}[(\alpha/2)\tau^2-2\pi f_0\tau]}\int_{t_0}^{t_0+T} s(t)\mathrm{e}^{\mathrm{j}\alpha t\tau}\mathrm{d}t \tag{5.260}$$

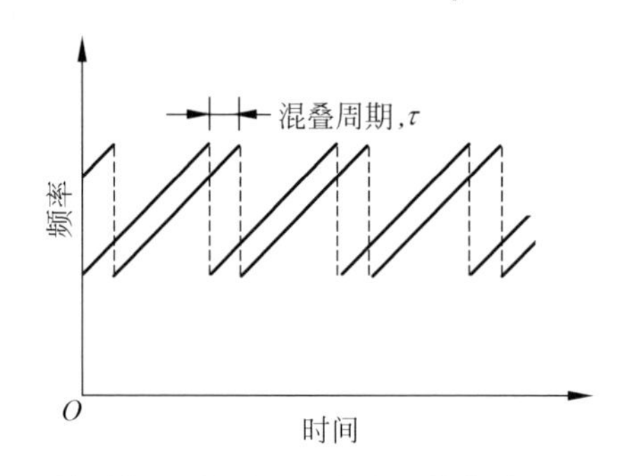


图 5.35　延迟为 $\tau$ 的重复啁啾和模型，每个周期都有一个 $\tau$ 长度的混叠周期

用 $S(f)$ 来表示 $s(t)$ 的傅里叶变换，可以通过 $s(t)$ 乘积的傅里叶变换和矩形函数来替换式(5.260)中有限区间内的积分。因此，

$$\begin{aligned}\int_{t_0}^{t_0+T} s(t)\mathrm{e}^{\mathrm{j}\alpha t T}\mathrm{d}t &= F\left\{s(t)p\left(\frac{t-t_0-T/2}{T}\right)\right\}=F\{s(t)\}*F\left\{p\left(\frac{t-t_0-T/2}{T}\right)\right\}\\ &=S(f)*\left[T\operatorname{sinc}(\pi Tf)\mathrm{e}^{-\mathrm{j}2\pi f(t_0+T/2)}\right]\end{aligned} \tag{5.261}$$

式中，$p$ 是矩形函数，这里作 $f=-\alpha\tau/2\pi$ 替换，可以看出傅里叶变换被宽为 $1/T$ 的 sinc 函数替换。对于给定的结构，其 $\tau$ 的范围为 $\rho_\tau\tau_\mathrm{B}$。因此，变换所覆盖的频率范围是

$$\Delta_f=\frac{\alpha}{2\pi}\rho_\tau\tau_\mathrm{B} \tag{5.262}$$

结合频率范围和分辨率，可以看出频率 $\rho_\tau\tau_B T\alpha/2\pi$ 被分解。通过增大 $\alpha$，可以使分辨单元的数量变得任意大。实际上由于相关器可以容纳 $2B=\rho_B B_B$ Hz 的带宽，将使 $\alpha$ 受限。因为它们的乘积是一个输入，所以包括了啁啾的偏移和信号的带宽。啁啾需要 $T_c\alpha/2\pi$ 的带宽。如果选择的信号带宽等于 $\Delta_f$，那么

$$B_B \geqslant \Delta_f\left(1+\frac{T}{2\rho_\tau\tau_B}\right) \tag{5.263}$$

可以发现分辨率单元的数量受限于

$$n \leqslant \rho_B\rho_\tau B_B\tau_B\left(\frac{T}{4\rho_\tau\tau_B}+\frac{1}{2}\right)^{-1} \tag{5.264}$$

注意

$$n < 2\rho_B\rho_\tau B_B\tau_B \tag{5.265}$$

为相关器的信息存储量。

从方程(5.260)和方程(5.261)中可以看出，输出相位不是 $S(f)$的相位，而是被 $f$ 函数(这里是 $\tau$)修正的相位。然而，需要注意相关的实部和虚部分别代表了 $S$ 的正交分量。因此，若不考虑相位修正，它们的平方和即 $s$ 的功率谱。

(2) 光栅变换

由于频率范围是由啁啾的角加速度决定的。使用二维相关器是一种可以产生具有大量分辨单元的傅里叶变换的方法。使用两个啁啾：一个是具有较低角加速度 $\alpha$ 的慢啁啾 $c_1(t)$，另一个是具有高角加速度 $\beta$ 的快啁啾 $c_2(t)$。将使用快啁啾产生离散粗频率轴，慢啁啾产生细频率轴，细频是位于相邻粗频率之间的频率。

粗频率轴一般是离散的，快啁啾在慢啁啾的周期内多次出现，慢啁啾就是其中的积分周期。上文已经提到在积分周期内重复啁啾会导致频谱的不均匀性。实际上多次重复会导致频谱被离散采样。当沿着细频谱移动时，沿着粗频率轴能够看到通过梳状滤波器的变换，慢啁啾会改变 $s(t)$的频谱。

$$g(t)=s(t)c_1(t)c_2(t) \tag{5.266}$$

$$h(t)=c_1(t) \tag{5.267}$$

$$q(t)=c_2(t) \tag{5.268}$$

如果将这些信号应用到二维相关器的输入。慢啁啾 $c_1$ 与积分时间 $T$ 具有相等的周期，是快啁啾周期 $T_c$ 的倍数。为了便于计算，这里取积分区间为[$-(T/2), T/2$]，积分周期为慢啁啾周期的 $2N+1$ 倍，$N$ 为整数。$t$ 限制在一个积分周期内，可以得到

$$c_1(t)=\mathrm{e}^{\mathrm{j}[(\alpha/2)t^2+2\pi f_0 t]} \tag{5.269}$$

和

$$c_2(t)=\left[p\left(\frac{t}{T_c}\right)\mathrm{e}^{\mathrm{j}[(\beta/2)t^2+2\pi f_0 t]}\right] * \sum_{n=-N}^{N}\delta(t-nT_c) \tag{5.270}$$

式中，$p$ 为前面定义的矩形函数。对于一维情况下存在相同的考虑，输出可以表示为

$$R(\tau_1,\tau_2)=\int_{-T/2}^{T/2} g(t)h*(t-\tau_1)q*(t-\tau_2)\,\mathrm{d}t$$
$$=\mathrm{e}^{\mathrm{j}\phi(\tau_1,\tau_2)}\int_{-\infty}^{\infty} s(t)p\left(\frac{t}{T}\right)\times\left\{\left[\mathrm{e}^{\mathrm{j}\beta t\tau_2}p\left(\frac{t}{T_c}\right)\right]*\sum_{n=-N}^{N}\delta(t-nT_c)\right\}\mathrm{e}^{\mathrm{j}\alpha t\tau_1}\,\mathrm{d}t \tag{5.271}$$

式中，

$$\phi(\tau_1,t_2)=-\left[\frac{\alpha}{2}\tau_1^2+\frac{\beta}{2}\tau_2^2-2\pi f_0(\tau_1+\tau_2)\right] \tag{5.272}$$

上面的积分是带有频率参数的傅里叶变换

$$f_f=-\frac{\alpha\tau_1}{2\pi} \tag{5.273}$$

因此可以写为

$$R(\tau_1,\tau_2)\mathrm{e}^{-\mathrm{j}\phi(\tau_1,\tau_2)}=F\left\{s(t)p\left(\frac{t}{T}\right)\left\{\left[\mathrm{e}^{-\mathrm{j}\beta\tau_2 t}p\left(\frac{t}{T_c}\right)\right]*\sum_{n=-N}^{N}\delta(t-nT_c)\right\}\right\}$$
$$=S(f_f)*F\left\{p\left(\frac{t}{T}\right)\right\}*F\left\{\left[\mathrm{e}^{-\mathrm{j}\beta\tau_2 t}p\left(\frac{t}{T_c}\right)\right]*\sum_{n=-N}^{N}\delta(t-nT_c)\right\} \tag{5.274}$$

这里傅里叶变换在 $f_f$ 处取值。但是

$$F\left\{p\left(\frac{t}{T}\right)\right\}=T\operatorname{sinc}(\pi f_f T) \tag{5.275}$$

和

$$F\left\{\left[\mathrm{e}^{-\mathrm{j}\beta\tau_2 t}p\left(\frac{t}{T_c}\right)\right]*\sum_{n=-N}^{N}\delta(t-nT_c)\right\}$$
$$=F\left\{\mathrm{e}^{-\mathrm{j}\beta\tau_2 t}p\left(\frac{t}{T_c}\right)\right\}F\left\{p\left(\frac{t}{T}\right)\sum_{n=-\infty}^{\infty}\delta(t-nT_c)\right\}$$
$$=T_c\operatorname{sinc}\left[\pi T_c\left(f_f-\frac{\beta\tau_2}{2\pi}\right)\right]\times\left[T\operatorname{sinc}(\pi Tf_f)*\frac{1}{T_c}\sum_{n=-\infty}^{\infty}\delta\left(f_f-\frac{n}{T_c}\right)\right] \tag{5.276}$$

将式(5.275)和式(5.276)代入式(5.274)，可得

$$R(\tau_1,\tau_2)\mathrm{e}^{-\mathrm{j}\phi(\tau_1,\tau_2)}=T^2S(f_f)*\operatorname{sinc}(\pi f_f T)*\left\{\operatorname{sinc}[\pi T_c(f_f-f_c)]\times\right.$$
$$\left.\left[\operatorname{sinc}(\pi Tf_f)*\sum_{n=-\infty}^{\infty}\delta\left(f_f-\frac{n}{T_c}\right)\right]\right\} \tag{5.277}$$

这里如果定义

$$f_c=\frac{\beta\tau_2}{2\pi} \tag{5.278}$$

对三个项进行卷积：交流的傅里叶变换 $S_{f_f}$、一个 sinc 函数和大括号里面的项，称为 $K(f_f,f_c)$。sinc 函数在有限的观察时间 $T$ 内，将 $S_{f_f}$ 的分辨率限制到 $1/T$。前两项对于交流输出有充分的作用，同时 $K$ 只影响结果，但实际并非如此。通过定义 $f_f$，观察到 $f_f$ 轴被限制在 $\alpha\rho_\tau\tau_B/2\pi$ 间隔内，这里 $\rho_\tau\tau_B$ 是在细频率维度中的时间延迟。由于设定的 $\alpha$ 很小，因此对 $S_{f_f}$ 限制。一般希望以梯度的方式将 $S_{f_f}$ 分成小的间隔。换句话说，除了细频率 $f_f$，还需要对应于这个间隔位置的粗频率轴 $f_c$。$K$ 函数提供了这样的梯度。

对于表达式

$$\operatorname{sinc}(\pi T f_f) * \sum_{n=-\infty}^{\infty}\delta\left(f_f-\frac{n}{T_c}\right) \tag{5.279}$$

是通过 $1/T_c$ 分离的 sinc 函数的梳数，它们的宽度为 $1/T$。函数

$$\operatorname{sinc}[\pi T_c(f_f-f_c)] \tag{5.280}$$

宽度 $1/T_c$ 乘以梳数并作为选择的梳齿。由于 $T\gg T_c$，所以 $\operatorname{sinc}(\pi T f_f)$ 比 $\operatorname{sinc}[\pi T_c(f_f-f_c)]$变化得更快。如果将 $f_c$ 限制为 $1/T$ 的倍数，发现选择的梳齿的 $K$ 可以近似为

$$K(f_f,f_c)\approx\operatorname{sinc}[\pi T(f_f-f_c)] \tag{5.281}$$

两个 sinc 函数的卷积是一个比两个宽度更宽的 sinc 函数。因此，可以得到

$$R'(f_1,f_2)=R\left(-\frac{2\pi f_f}{\alpha},\frac{2\pi f_c}{\beta}\right)=T\mathrm{e}^{\mathrm{j}\theta(f_1,f_2)}\{S(f_f) * \operatorname{sinc}[\pi T(f_f-f_c)]\} \tag{5.282}$$

$f_c$ 为 $1/T_c$ 的倍数，这里

$$\theta(f_f,f_c)=-4\pi^2\left(\frac{f_f^2}{2\alpha}+\frac{f_c^2}{2\beta}+\frac{f_0f_f}{\alpha}-\frac{f_0f_c}{\beta}\right) \tag{5.283}$$

可以看出 $K$ 就像定义的那样。对于 $f_c=k/T_c$，频率观察的窗口移动 $k/T_c$。为了避免输出冗余，同时不漏掉任何频率，细频率轴的范围等于 $1/T_c$；也就是需要选择

$$\alpha=\frac{2\pi}{\rho_\tau\tau_B T_c} \tag{5.284}$$

如前面所述，细频率分辨率是 $1/T$。因此，细频率单元数是

$$n_f=\frac{T}{T_c} \tag{5.285}$$

粗频率的阶跃对应于 $1/T_c$ 频率的改变。在 $\rho_\tau\tau_B$ 的时间延迟中，$f_c$ 的范围是

$$\Delta_f = \frac{\beta \rho_\tau \tau_B}{2\pi} \tag{5.286}$$

因此，有粗频率间隔为

$$n_c = \frac{\beta T_c \rho_\tau \tau_B}{2\pi} = T_c \Delta_f \tag{5.287}$$

和总数为 $n$ 的可分解频率

$$n = n_f n_c = T\Delta_f \tag{5.288}$$

换能器的物理局限性限制了系统参数的选择，一般主要关注布拉格声光器件的时间带宽积和探测器的分辨率及积分时间。实际上，探测器的相关参数一般决定 $T$，同时对 $n_f$ 和 $n_c$ 的最大值提供部分选择，并且，$n_f$ 和 $n_c$ 也受到布拉格声光器件的时间带宽积的限制。慢啁啾和快啁啾分别占用 $\alpha T/2\pi = n_f/\rho_\tau \tau_B$ 和 $\beta T_c/2\pi = n_c/\rho_\tau \tau_B$ 的带宽。因此，只有啁啾作为输入的布拉格声光器件需要时间带宽积

$$\tau_B B_B \geqslant \frac{n_f}{2\rho_\tau \rho_B} \tag{5.289}$$

和

$$\tau_B B_B \geqslant \frac{n_c}{2\rho_\tau \rho_B} \tag{5.290}$$

对于携带啁啾和信号乘积的输入换能器有更严格的要求，即必须适应各自的带宽和。

傅里叶变换的实现必须使用一个复杂的啁啾，它只能与干涉相关器同时使用。由于非干涉相关器需要真实的输入，因此，采取余弦啁啾的形式

$$c_R(t) = \cos\left(\frac{\alpha}{2}t^2 + 2\pi f_0 t\right) \tag{5.291}$$

和正弦啁啾的形式

$$c_I(t) = \sin\left(\frac{\alpha}{2}t^2 + 2\pi f_0 t\right) \tag{5.292}$$

即复啁啾的实部和虚部。

假设选择

$$g(t) = s(t)c_R(t) \tag{5.293}$$

和

$$h(t) = c_R(t) \tag{5.294}$$

作为一维相关器的输入，产生的相关是

$$R_{gh}(\tau) = \int_T s(t)c_R(t)c_R(t-\tau)\mathrm{d}t$$

$$=\frac{1}{2}\int_T s(t)\cos\left[\frac{\alpha}{2}\tau^2-2\pi f_0\tau-\alpha t\tau\right]\mathrm{d}t+$$

$$\frac{1}{2}\int_T s(t)\cos\left[\frac{\alpha}{2}(2t^2-2t\tau+\tau^2)+2\pi f_0(2t-\tau)\right]\mathrm{d}t \tag{5.295}$$

考虑之前信号被限制在$[-B,B]$的带宽范围内。因此，若选择$f_0>B$，则需要删除第二个积分项，这样可以得到

$$R_{gh}(\tau)=\frac{1}{2}\int_T s(t)\cos[\phi(\tau)-\alpha t\tau]\mathrm{d}t \tag{5.296}$$

式中，

$$\phi(\tau)=\frac{\alpha}{2}\tau^2-2\pi f_0\tau \tag{5.297}$$

相似地，若选择

$$g(t)=s(t)c_R(t) \tag{5.298}$$

和

$$h(t)=c_1(t) \tag{5.299}$$

那么

$$R_{gh}(\tau)=\frac{1}{2}\int_T s(t)\sin[\phi(\tau)-\alpha t\tau]\mathrm{d}t \tag{5.300}$$

并且有$f_0>B$。将式(5.296)和式(5.300)作为$s(t)$的余弦、正弦变换和$\phi(\tau)$的相位误差。注意，它们的相位误差是相同的，因此它们保持正交关系。

由于正弦和余弦变换需要不同的相关器输入，因此为产生完整的变换需要使用两个相关器或某种复用。

最后，我们将总结各种相关器结构的特点。品质因数代表结构的可用资源：$\rho_B$和$\rho_\tau$分别代表布拉格声光器件的可用性，$\rho_D$和$\rho_S$分别代表探测器阵列的使用性能。对于使用带宽为$B_B$的布拉格声光器件，并且能适用在$[-B,B]$间隔内的输入频率的结构。

$$\rho_B=\frac{B}{B_B} \tag{5.301}$$

同样，定义

$$\rho_\tau=\frac{\Delta_\tau}{\tau_B} \tag{5.302}$$

式中，$\tau_B$是布拉格声光器件的时间孔径，$\Delta_\tau$是相关器产生的时间延迟范围，并且需要$N_D$个探测器像素来解决$n$个输出的相关器，因而有

$$\rho_D=\frac{n}{N_D} \tag{5.303}$$

为了衡量不同结构可以使用的探测器动态范围，定义

$$\rho_s = \frac{T\sigma_x\sigma_y}{E\{C\}} \tag{5.304}$$

式中，$T$ 为积分时间，$\sigma_x$ 和 $\sigma_y$ 为最佳 RMS 输入，$E\{C\}$为能够获得全相关输入时的输出归一化值。在每一种情况下，都可以获得一个更大的品质因数。

最后，指出不同架构的特点及其缺陷。非干涉相关器是一种最简单的检测器，其可以充分利用每一个像素，但是其只能用于直接处理实时信号。由于要获得良好的线性特性，通常需要 $\rho_s \ll 1$，因此非干涉架构不能实现像干涉结构那样高的 SNRs 输出。此外，布拉格声光器件必须在 50%的衍射点下工作，这也使得其不能在高带宽下工作。

使用调制 LED 光源很难同时实现高功率和快速响应输出，这是它们的主要缺陷。由于布拉格声光器件的衍射效率在高频下会急剧下降，在这种情况下使用调制 LED 光源需要大带宽和高功率，因此，LED 处理器可能无法达到仅使用布拉格声光器件可以达到的带宽。但是对于发光二极管，其成本较低且结构紧凑。

布拉格声光器件使用变换平面滤波技术，其输出中不需要的项更少，极大简化了后处理过程。但是这是以限制光源的特性为代价的。特别是主动参考架构，其不具有信号依赖偏差并且可以实现最小的背景噪声水平，因此其可最大效率地使用探测器的动态范围。

### 5.2.4 相干的时间积分处理器

时间积分处理器作为一种长持续时间中处理大带宽信号的方法，逐渐受到广泛的应用。从像扩展频谱技术的调制技术中获得的信号，需要非常大的处理增益(时间-带宽积)，如果利用空间积分结构将无法实现。空间积分处理器在声延迟线的孔径上进行积分，因此会受到实际晶体长度和光学元件尺寸的限制。此外，空间积分相关器是基于时变参考信号的卷积器。这对于长持续时间的信号或先前未知的参考信号的处理是不可行的。由于声延迟线上的时间和空间与声速有关，因此时间积分处理可以实现与空间积分处理相似的功能；所以，当空间积分处理不再适用时，就需要选择时间积分处理。

**1. 引言**

时间积分声光处理器件是一种利用光电二极管阵列技术实现的高效换能器。光电二极管阵列在图像处理和光谱学中的应用促进了动态范围大的阵列器件的发展，这种动态范围超出了表面声波声电时间积分相关器的可用范围。声光结构使用两个一维器件就可以进行二维处理，即不需要使用二维电光调制器。而且，声光结构可提供较大的处理增益，对于数字信号处理无法达到的带宽可以用模拟信号处理，并且产生数字处理器易于管理数据速率的输出。例如，两个 60MHz 带宽的信号可以在30ms的积分区间内相关，产生$1.8\times10^6$的时间-带宽积。由1024二极管阵列处理的结果可以在3ms内输出。在当前A/D转换器和微处理器技术中可以获得$3.4\times10^5$样本/秒的数据速率。通过后检波的数字积分，可以实现处理增益和动态范围的提升。

在准匹配滤波中，时间积分处理相对于空间积分处理的局限性在于空间积分处理可以观察到相关的有限时延范围，在空间积分处理器中，可以观察到大于声孔径范围内的延迟；然而，处理增益仅取决于带宽和声孔径。在时间积分处理器中，只能观察到延迟时间小于或等于声延迟线上的延迟。在一些结构中，通过时间压缩处理可以将这个范围翻倍。

非相干处理是最简单的处理方法，它不需要使用相干光源，并且产生一个偏置电平的光强度调制，因此无需借助外差检测的方法，就可以用探测器阵列检测光强度的变化。相干的方法需要使用相干光源，对光的振幅调制需要通过声光的相互作用以及探测器阵列上的外差检测。图5.36为斯普拉格(Sprague R. A.)和科利奥普格斯(Koliopoulos C. L.)实现的非相干时间积分处理器示意图[46]，$S_1(t)$加到偏置电平$V_1$，并以此总和对光源强度调制。将信号$S_2(t)$加到偏置电平$V_2$，该总和调制一个射频(RF)载波，该RF载波反过来驱动由调制光源照明的声延迟线，从而产生二次强度调制，被声波衍射的光在检测器阵列上成像，产生的输出电压$V$与光强在时间上的积分成正比：

$$V_1 \propto V_1 V_2 T + \int_T S_1(t) S_2\left(t + \frac{z}{v}\right) \mathrm{d}t \tag{5.305}$$

式中，$z$是沿时延线的距离，$v$是声速，输出电压可以看作对偏置电平的相关积分。

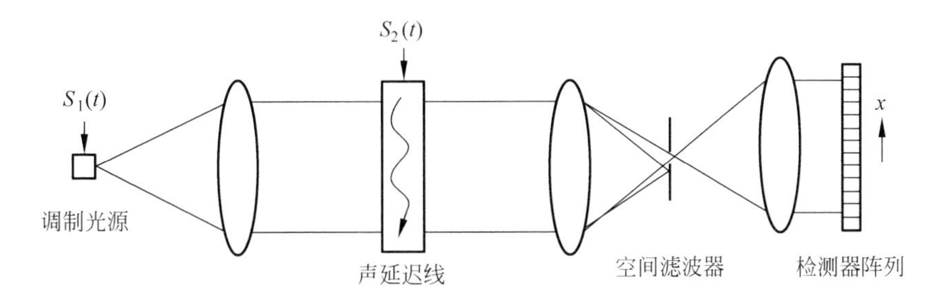


图5.36　非相干时间积分相关器

相关器动态范围会限制可获得的处理增益，包括基于饱和噪声与均方根噪声之比的检测器动态范围和由光强调制深度决定的信偏比。为了实现线性强度调制，对于驱动声延迟线通常保持很小的信号调制深度。此外，由于调制深度较小，动态范围也会受到限制。

开尔曼等提出了非相干处理的方法，解决了由于调制深度小而导致动态范围受限的问题[47]。使用参考振荡器使声延迟线输入 RF 载频偏移，同时该参考振荡器也可以作为载波用于光源调制，然后使用声延迟线对光进行振幅调制。通过这种方式，由较大的调制深度产生的非线性项发生频率偏移，并且可以移除。然而，对于相关器本身来说，必须乘以空间载波，因此，探测器阵列元件密度必须增加到可以满足信号带宽和参考振荡器频率的程度。

**2. 相干器的基本结构**

相干时间积分处理器工作在声光相互作用的区域中，其中入射光的振幅由声波调制。当衍射效率较低时，调制是线性的。由于没有外加偏置电平，可得到较大的线性区域，从而获得较大的动态范围。由于相干处理器利用了声光效应的频移和相移特性，所以需要引入一束参考光进行检测。

利用电流调制激光二极管产生强度调制，光的振幅调制由两个声延迟线与布拉格声光器件实现。两个基本的相关器结构分别为加法结构[48]和乘法结构[49]。在乘法结构中，一束激光需经两次连续的布拉格衍射，光频先上移后下移，一部分零级光作为参考光束在探测器阵列上进行外差检测。在加法结构中，激光束分成两路，并经过布拉格声光器件进行调制。两束光同时被上调或下调，其中一束调制光作为参考光，然后合并到一个检测器阵列上。

乘法结构时间积分相关器如图 5.37(a)所示。振幅为 $L_0=A_0\cos w_1 t$ 的相干光在垂直于声光器件的方向上以布拉格角 $\theta_B$ 入射第一个布拉格声光器件。图 5.37(b)给出了通过倾斜布拉格声光器件使衍射光束上移到最大值的具体过程。这里 $\theta_B=\arcsin(\lambda/2\Lambda)$，其中 $\lambda$ 是介质中的光波长，$\Lambda$ 是频率为 $\omega_a$ 的声波长。入射光通过 $S_1(t)\cos\omega_a t$ 进行调制，$\omega_a$ 是声频率，然后衍射光经过空间滤波器从零级光中分离出来。一阶衍射光的振幅 $L_1(t)$ 由下式给出：

$$L_1(t)=A_1S_1(t)\cos(\omega_1+\omega_a)t \tag{5.306}$$

式中，$A_1$ 是包括入射光振幅和衍射效率的一个比例常数。

由于该衍射光是入射光角度（布拉格角）的两倍，则沿 $z$ 轴方向扩展的光振幅为

$$L_1(t)=A_1S_1(t)\cos\left[(\omega_1+\omega_a)\left(t-\frac{z\sin 2\theta_B}{c}\right)\right] \tag{5.307}$$

式中，$\omega_1$ 是光源的频率，$c$ 是光速。如图 5.37(b)所示，扩展后的光束以布拉格角入射到第二个布拉格声光器件中。在上述结构中，由于第二个布拉格声光器件的声波与第一个布拉格声光器件的声波方向相反，因此使一阶衍射光下移达到最大。扩展光束经 $S_2(t+z/v)\cos\omega_a(t+z/v)$ 空间调制后，得到经零阶光束空间滤波后的一阶衍射光束。光束 $L_2(t)$ 可表示为

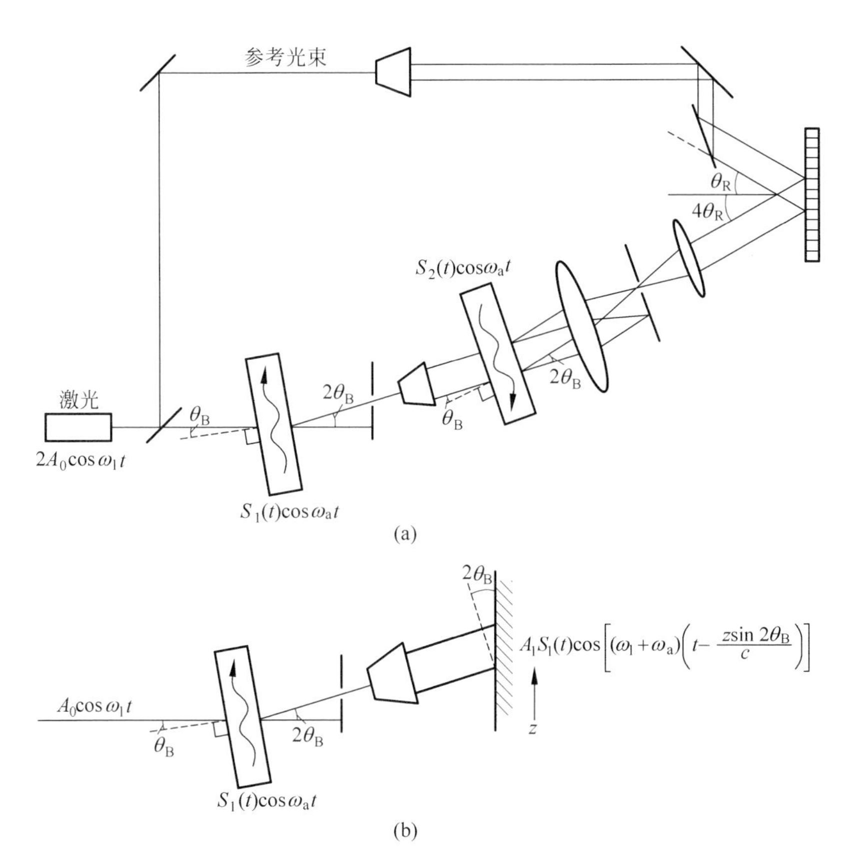


图 5.37 时间积分相关器示意图

(a) 相干乘法时间积分相关器；(b) 具体的声光衍射

$$L_2(t)=A_1A_2S_1(t)S_2\left(t+\frac{z}{v}\right)\cos\left[(\omega_1+\omega_a)\left(t-\frac{z\sin 2\theta_B}{c}\right)-\omega_a\left(t+\frac{z}{v}\right)\right] \tag{5.308}$$

式中，$A_2$ 是比例常数，包括相互作用的衍射效率。由于对于有效频率，$\theta_B$ 通常只有几度，因此，$\sin 2\theta_B\approx\frac{\omega_a c}{\omega_1 v}$ 和 $\frac{\omega_a}{\omega_a}\ll 1$，则 $L_2(t)$ 可变为

$$L_2(t)\approx A_1A_2S_1(t)S_2\left(t+\frac{z}{v}\right)\cos\left(\omega_1 t-\frac{2\omega_a z}{v}\right) \tag{5.309}$$

如图 5.37(a)所示，相对于 $z$ 轴的小角度倾斜对器件的影响是 $\frac{\omega_a}{\omega_1}$ 量级的，因此可以忽略。衍射光 $L_2(t)$ 和参考光 $L_R(t)$ 入射到探测器阵列上，探测阵列的输出电压 $g$ 正比于入射光在时间 $T$ 内积分的强度（振幅的平方），因此有

$$V \propto \int_T |L_2(t)+L_R(t)|^2 \mathrm{d}t \tag{5.310}$$

展开，得到

$$V \propto \int_T [L_2^2(t)+L_R^2(t)+2L_2(t)L_R(t)]\,\mathrm{d}t \tag{5.311}$$

上式可以分为两项，偏置项 $V_B$ 和交叉项 $V_S$，分别表示如下：

$$\begin{aligned} V_B &= \int_T L_2^2(t)+L_R^2(t)\mathrm{d}t \\ &= \int_T \left[A_1A_2S_1(t)S_2\left(t+\frac{z}{v}\right)\cos\left(\omega_1 t-\frac{2\omega_a z}{v}\right)\right]^2+\left[A'_0\cos\omega_1\left(t-\frac{z\sin\theta_R}{c}\right)\right]^2\mathrm{d}t \end{aligned} \tag{5.312}$$

和

$$\begin{aligned} V_S &= \int_T 2L_2(t)L_R(t)\mathrm{d}t \\ &= \int_T 2A'_0A_1A_2S_1(t)S_2\left(t+\frac{z}{v}\right)\cos\left(\omega_1 t-\frac{2\omega_a z}{v}\right)\cos\left(\omega_1 t-\frac{\omega_1 z\sin\theta_R}{c}\right)\mathrm{d}t \end{aligned} \tag{5.313}$$

式中，$\theta_R$ 是参考光束的入射角。

对于 $S_1(t)$和 $S_2(t)$的最小频率，在时间 $T$ 内对偏置项的积分得到的固定偏置值更大。$V_S$ 通过三角函数把交叉项分解成频率和项与差项：

$$\begin{aligned} V_S = \int_T \Bigg[ & A'_0A_1A_2S_1(t)S_2\left(t+\frac{z}{v}\right)\cos\left(2\omega_1 t-\frac{2\omega_a z}{v}-\frac{\omega_1 z\sin\theta_R}{c}\right)+ \\ & A'_0A_1A_2S_1(t)S_2\left(t+\frac{z}{v}\right)\cos\left(\frac{\omega_1 z\sin\theta_R}{c}-\frac{2\omega_a z}{v}\right)\Bigg]\mathrm{d}t \end{aligned} \tag{5.314}$$

频率和项积分为零，则输出为

$$V_S \propto V_C = \cos\left(\frac{\omega_1 z\sin\theta_R}{c}-\frac{2\omega_a z}{v}\right)\int_T S_1(t)S_2\left(t+\frac{z}{v}\right)\mathrm{d}t \tag{5.315}$$

由此可见，检测器的输出 $V_C$ 是 $S_1(t)$和 $S_2(t)$在空间载波上的相关，该输出随参考光束入射角的变化而变化。

由于只有低衍射效率的情况下才发生线性振幅相互作用，因此乘法或双衍射结构可能会产生非常弱的输出光，所以，通常使用加法结构。该结构不是使用一束双衍射光和一束参考光，而是将两束单衍射光在探测器阵列上结合。如图 5.38 所示，一束相干光被分成两束平行的光路。在第一个光路中，光被 $S_1(t)\cos\omega_a t$ 点调制，使布拉格声光器件倾斜以便入射光与布拉格声光器件的法线方向成布拉格角 $\theta_B$，这样衍射光的频率向上偏移，衍射光的振幅为

$$L_1(t)=A_1S_1(t)\cos(\omega_1+\omega_a)t \tag{5.316}$$

然后衍射光被扩束。由于它以两倍于入射光布拉格角的角度出射，因此扩束后的衍射光可表示为

$$L_1(t)=A_1S_1(t)\cos\left[(\omega_1+\omega_a)\left(t-\frac{z\sin 2\theta_B}{c}\right)\right] \tag{5.317}$$

由于 $\sin 2\theta_B \approx \omega_a c/\omega_1 v$，且有 $\omega_a/\omega_1 \ll 1$，所以式(5.317)可以表示为

$$L_1(t)\approx A_1S_1(t)\cos\left[(\omega_1+\omega_a)t-\frac{\omega_a z}{v}\right] \tag{5.318}$$

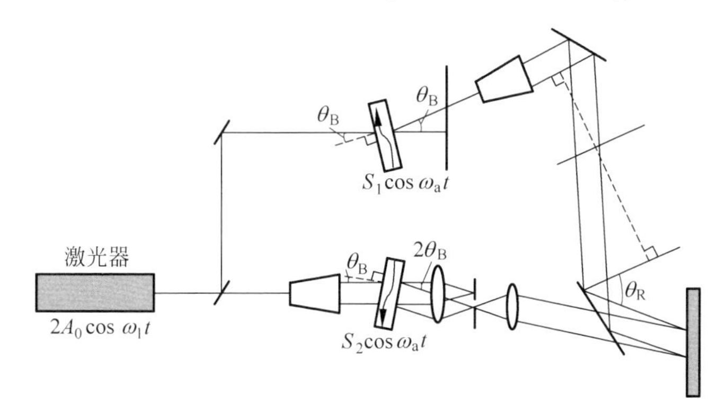


图5.38　相干加法时间积分相关器

第二个光路中的光将被扩展，并以相反的布拉格角入射到另一个布拉格声光器件。由于声波以相反的方向在元件中传播，将产生空间调制，因此衍射光的频率也向上偏移。光沿着传输路径的振幅为

$$L_2(t)=A_2S_2\left(t+\frac{z}{v}\right)\cos\left[\omega_1 t+\omega_a\left(t+\frac{z}{v}\right)\right] \tag{5.319}$$

也就是

$$L_2(t)=A_2S_2\left(t+\frac{z}{v}\right)\cos\left[(\omega_1+\omega_a)t+\omega_a\frac{z}{v}\right] \tag{5.320}$$

如图5.38所示，器件倾斜小角度所产生的影响$\left(\text{量级为}\frac{\omega_a}{\omega_1}\right)$可以忽略。加入反射镜改变第一路光束的方向，与原方向成 $\theta_R$，使得 $L_1(t)$和 $L_2(t)$可以一起入射到探测器阵列上。在这种情况下，$L_1(t)$可表示为

$$L_1(t)\approx A_1S_1(t)\cos\left[(\omega_1+\omega_a)\left(t+\frac{z\sin\theta_R}{c}\right)-\frac{\omega_a z}{v}\right] \tag{5.321}$$

对其在时间 $T$ 间隔内进行积分，探测器阵列的输出电压 $V$ 正比于$[L_1(t)+L_2(t)]^2$。使用与乘法结构类似的方法，输出电压可以被分为偏置项 $V_B$ 和交叉项 $V_S$，分别表示为

$$V_{\mathrm{B}}=\int_{T}\left[L_{1}^{2}(t)+L_{2}^{2}(t)\right]\mathrm{d}t \tag{5.322}$$

和

$$V_{\mathrm{S}}=\int_{T}2L_{1}(t)L_{2}(t)\mathrm{d}t \tag{5.323}$$

将式(5.322)和式(5.323)的 $L_1(t)$、$L_2(t)$代入到 $V_{\mathrm{S}}$ 中,可得

$$\begin{aligned}V_{\mathrm{S}}=\int_{T}\Big\{&A_{1}A_{2}S_{1}(t)S_{2}\left(t+\frac{z}{v}\right)\cos\left[(\omega_{1}+\omega_{\mathrm{a}})\left(2t+\frac{z\sin\theta_{\mathrm{R}}}{c}\right)\right]+\\&A_{1}A_{2}S_{1}(t)S_{2}\left(t+\frac{z}{v}\right)\cos\left[\frac{(\omega_{1}+\omega_{\mathrm{a}})z\sin\theta_{\mathrm{R}}}{c}-\frac{2\omega_{\mathrm{a}}z}{v}\right]\Big\}\mathrm{d}t\end{aligned} \tag{5.324}$$

频率和项积分为零,则输出为

$$V_{\mathrm{S}}\propto V_{C}=\cos\left[\frac{(\omega_{1}+\omega_{\mathrm{a}})z\sin\theta_{\mathrm{R}}}{c}-\frac{2\omega_{\mathrm{a}}z}{v}\right]\int_{T}S_{1}(t)S_{2}\left(t+\frac{z}{v}\right)\mathrm{d}t \tag{5.325}$$

因此,探测器阵列的输出可以看作是空间载波上 $S_1(t)$和 $S_2(t)$的相关加上一个固定的偏置。空间载波频率取决于施加到第一束光的角度变化和声波的频率。

**3. 双光束表面声波时间积分相关器**

上节2.所描述的相干乘法和加法结构可以在体声波或表面声波延迟线上实现。使用表面声波延迟线,特别是对于由 $y$ 切、$z$ 传播的 $\mathrm{LiNbO_3}$ 晶体制作的表面声波延迟线,可以用于时间-积分相关的结构。特别是在加法结构的情况下,使用 $y$ 切、$z$ 传播的 $\mathrm{LiNbO_3}$ 晶体表面声波可以开发结构更简单、更紧凑的光学系统。在与换能器末端相对的体波装置的另一端上需要声吸收器,从而避免了在单个体波装置中产生反向传播的声波,通常需要两个单独的体波装置,如图5.38所示,将第一单元的衍射输出成像到第二单元[50]。然而,对于表面声波 $s$ 来说,换能器可以放置在延迟线相对两端附近的表面上,并且声吸收器可以放置在换能器和晶体末端之间。由于在 $y$ 切、$z$ 向传播的 $\mathrm{LiNbO_3}$ 晶体中表面声波各向异性传播的性质,换能器可能相对于 $z$ 轴会倾斜一定的角度,导致倾斜的波前沿 $z$ 轴传播,同时具有可以忽略的偏差[51-52]。表面声波不会"走离"晶体。通过这种方式,可以调整入射光束与器件之间的角度,通过倾斜换能器来保持适当的布拉格角,从而获得相互作用最大化的新型结构。此外,倾斜的换能器结构使得用于产生反向传输表面声波 $s$ 的换能器的反射几乎完全消失。(这种各向异性的另一个优点是,由于声波衍射效应的最小化,存在一个非常长的声光相互作用区域,并且在非常长的传播距离内,约为 $10^4\Lambda$[51-52],表面声波波前仍然是相对平面波。)这些特性使得相干一维相关器可以仅通过一条表面声波延迟线实现,二维相干相关器仅通过两条延迟线来实现。

使用反向传播表面声波 $s$ 的另一个优点是时间压缩，它是由相关信号 $S_1(t-z/v)$ 和 $S_2(t+z/v)$ 产生的，而不是由信号 $S_1(t)$ 和 $S_2(t+z/v)$ 产生。相关孔径被有效地提升了一倍，因此可观察到的相关延迟的范围也扩大了一倍。

对于上述相干相关处理器结构来说，将两束光（一束调制光和一束参考光或两束调制光）结合起来比较困难。由于表面声波延迟线可以容纳两个反向传播的表面声波，一个理想的加法相关器结构应该有两个独立的空间调制光束并且共线出射，出射角度不同于未调制的光束、直通的光束或其他光束，如图5.39(a)所示。因为在一个干涉型结构中，光束 $L_1(t,z)$ 和 $L_2(t,z)$ 必须同时处于相同的频率 $\omega_1-\omega_a$ 或 $\omega_1+\omega_a$。例如，一束光从左侧进入与 $S_1$ 发生相互作用，与此同时，另一束光必须从右侧进入与 $S_2$ 发生相互作用，反之亦然，如图5.39(b)和(c)所示。本节内容将只考虑第一种情况，即左光束与 $S_1$ 相互作用，右光束与 $S_2$ 相互作用，产生衍射光频率 $\omega_1-\omega_a$。由于入射光束与一阶衍射光束的夹角为 $2\theta_B$，所以入射光必须以与垂直于 $z$ 轴方向的夹角为 $2\theta_B$ 的相反角度入射（入射光之间的夹角为 $4\theta_B$）。这里 $\theta_B$ 是相关器中心频率 $\omega_0$ 的布拉格角。为了使左光束与 $S_2$ 和右光束与 $S_1$ 的

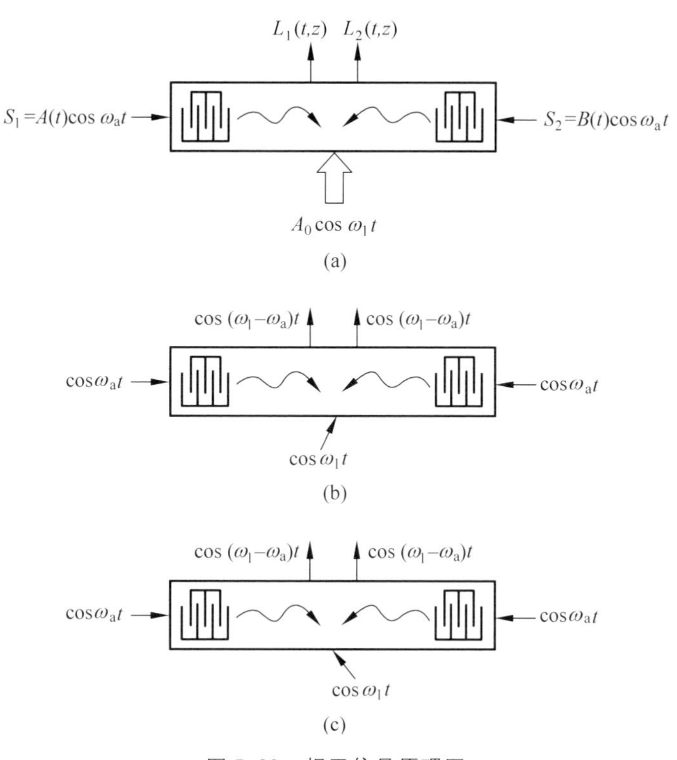


图5.39　相干信号原理图

(a) 理想相干原理图；(b) 左侧入射的光束的一阶衍射光；(c) 右侧入射的光束的一阶衍射光

相互作用最大化以及交叉项最小化，两个换能器分别以 $\theta_{Bn}=\arcsin(\lambda/2n\Lambda)$ 的对角倾斜，也就是在相关器中心频率处延迟线材料中的布拉格角，$\lambda$ 是自由空间的光波长。在这种情况下，由于布拉格相互作用的强的角度依赖性，右侧入射的光束主要与右侧换能器发射的表面声波相互作用；同样，左侧入射光主要与左侧换能器产生的表面声波相互作用，并且交叉项强度降低了 40dB[53]。

一般必须由 $y$ 切、$z$ 传播的 $LiNbO_3$ 晶体或者其他在表面声波传播方向上表现出独特各向异性的材料来制作延迟线，这可以保证倾斜的换能器能够产生倾斜的波前，并且不会对表面声波的传播方向产生实质性的影响。

如图 5.40 所示为双光束表面声波时间积分相关器。一束相干光被分开并扩展成两束，使这些光束会聚到器件上，然后用柱透镜聚焦成片状光束并聚焦于该器件中心。柱透镜的焦距必须与表面声波的穿透深度和声孔径的长度(换能器长度)相匹配，即可以产生声光相互作用的区域，并确保效率最大化。可用的焦距范围为 20～100cm，可以使用复合镜片减小该长度。从激光到延迟线的最小距离也取决于入射光束之间的夹角 $4\theta_B$ 与理想的延迟孔径(沿着 $z$ 轴的长度)。因为 $4\theta_B$ 最多只有几度，在延迟线前的一定距离内，入射光束为延迟线前一定距离内的分离光束。在光学设计中使用修正的科斯特(Kosters)棱镜可以最小化该距离[54]，如图 5.41 所示。入射的两束光都位于水平面内，没有垂直误差。用于将光束聚焦成片状光束的柱透镜可以放置在用于分束的科斯特棱镜的前面或后面，可以通过旋转棱镜调节两束光之间的角度 $4\theta_B$。

对于均匀强度的等片状光束，衍射光可以表示为

$$L_1(t,z)=A\left(t-\frac{z}{v}\right)\cos\left[\omega_1\left(t-\frac{z\sin2\theta_B}{c}\right)-\omega_A\left(t-\frac{z}{v}\right)\right] \tag{5.326}$$

和

$$L_2(t,z)=B\left(t+\frac{z}{v}\right)\cos\left[\omega_1\left(t+\frac{z\sin2\theta_B}{c}\right)-\omega_B\left(t+\frac{z}{v}\right)\right] \tag{5.327}$$

式中，$\omega$ 为光频率，$\omega_A$ 和 $\omega_B$ 为输入信号载波频率，$t$ 为时间，$z$ 是沿延迟线与光电二极管阵列之间的距离(中心位置 $z=0$)，$v$ 是声速，$c$ 为自由空间中的光速。光电二极管阵列输出电流正比于 $L_1(t,z)$ 和 $L_2(t,z)$ 的和的平方，可以通过对其施加三角变换产生频率和项与差项。对于时间积分，只保留频率差项，输出电压与下式成正比：

$$V(T,z)=\int_T A\left(t-\frac{z}{v}\right)B\left(t+\frac{z}{v}\right)\cos\left[\frac{2\omega_1 z\sin2\theta_B}{c}+(\omega_A-\omega_B)t-(\omega_A+\omega_B)\frac{z}{v}\right]\mathrm{d}t \tag{5.328}$$

式中，$T$ 是时间积分，且 $T\gg z/v$，并且在整个积分周期内，表面声波延迟线上都有

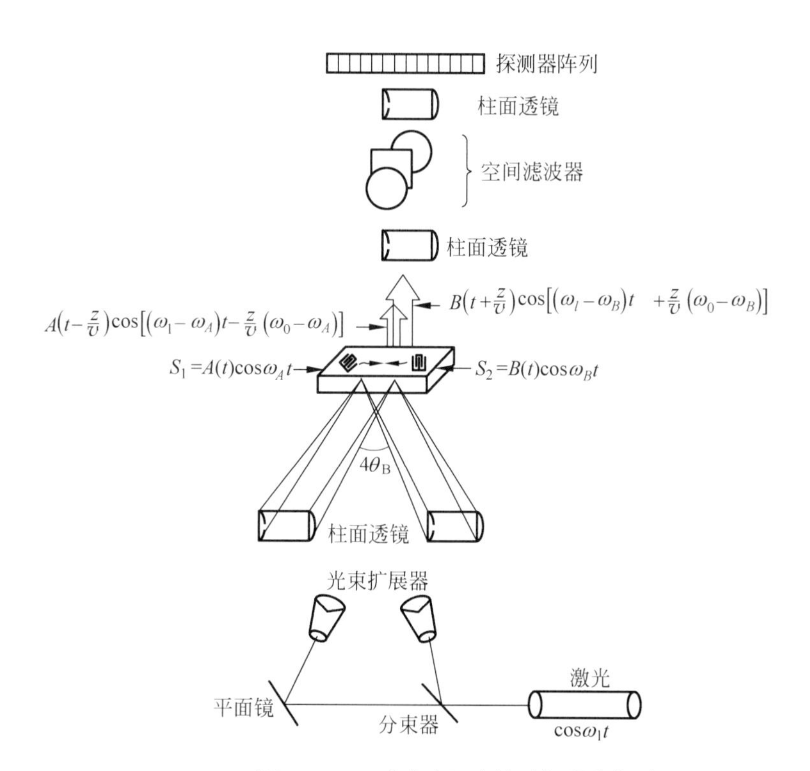


图 5.40　双光束表面声波时间积分相关器

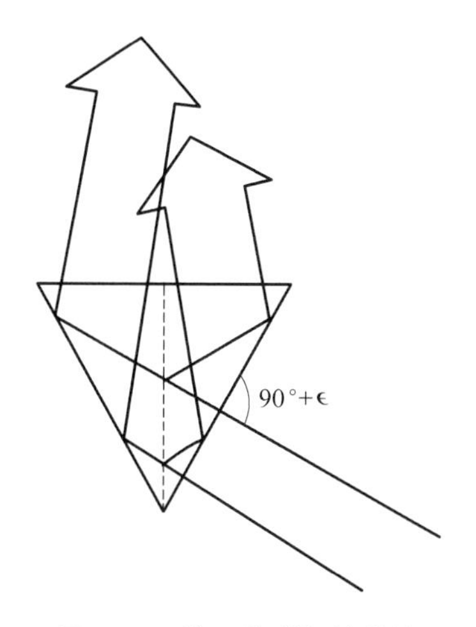


图 5.41　修正的科斯特棱镜

声信号。又因为 $\sin 2\theta_B \approx (\omega_0/v)/(\omega_1/c)$，当 $\omega_A=\omega_B$ 时，输出电压可改写为

$$V(T,z)=\cos\left[\frac{2z}{v}(\omega_0-\omega_A)\right]\int_T A\left(t-\frac{z}{v}\right)B\left(t+\frac{z}{v}\right)\mathrm{d}t \tag{5.329}$$

因此，输出电压信号提供了输入信号（调制和载波）与相关器设计中心频率之间的相关。

当 $\omega_A=\omega_0$，相关器的输出电压为

$$V(T,z)=\int_T A\left(t-\frac{z}{v}\right)B\left(t+\frac{z}{v}\right)\mathrm{d}t \tag{5.330}$$

这是在压缩时间帧内调制的相关。

一般情况下，当 $\omega_A\neq\omega_0$ 时，相关要乘以一个空间频率 $\cos[(2z/v)(\omega_0-\omega_A)]$。当 $\omega_A=\omega_0$ 时，被表面声波衍射的光束不再平行，就会产生这种空间条纹图像。通过研究条纹的间距，可以确定相对于 $\omega_0$ 的输入频率。

探测器阵列（用来“取样”条纹图样）中探测二极管之间的间距将限制能确定的最大频率差。对于一个孔径为 2.54cm，$z$ 传播的 $LiNbO_3$ 晶体，当用带有 1024 个二极管的阵列穿过这个孔径时，可实现等效于 ±34MHz 频率偏差的条纹分辨率。通过使用每厘米有更多二极管的阵列或者通过扩展光束并且在同一时间只检测一部分条纹来实现更宽的带宽。

通过相关位置的偏移，可以观察到两个信号之间的时间延迟。通过检测相关器对于输入 $A(t)\cos\omega_A t$ 和 $A(t+t_0)\cos\omega_A(t+t_0)$ 的输出，可以得到

$$V(T,z)=\cos\left[\omega_A t_0+\frac{2z}{v}(\omega_0-\omega_A)\right]\int_T A\left(t+\frac{z}{v}\right)A\left(t+t_0-\frac{z}{v}\right)\mathrm{d}t \tag{5.331}$$

对于这种情况，相关峰位于 $z=t_0 v/2$。

伪噪声信号输入用于说明双光束表面声波相关器的特性，而双相编码信号产生的一个三角脉冲信号用作相关信号。然而，任何具有优异的自相关特性的宽带信号都可以用于双光束表面声波相关器。目前在通信和雷达系统中普遍使用的两种宽带信号是线性调频啁啾和跳频信号。考虑下面这种形式的啁啾信号：

$$S_1(t)=S_2(t)=\cos(\omega_a+\alpha t)t \tag{5.332}$$

在式(5.328)中，设定 $\omega_A=\omega_B=\omega_a+\alpha t$ 以及 $A(t)=B(t)=1$，可以得到一个相关输出：

$$V(T,z)=\int_T \cos\left[\frac{2z}{v}(\omega_0-\omega_a-\alpha t)\right]\mathrm{d}t \tag{5.333}$$

假设 $\omega_A$ 等于啁啾中心频率，时间积分 $T$ 远大于延迟时间孔径，上式变成

$$V(T,z)\approx T\cos\frac{2z}{v}(\omega_0-\omega_A)\frac{\sin(z\alpha T/v)}{z\alpha T/v} \tag{5.334}$$

考虑下面这种形式的跳频信号：

$$S_1(t)=S_2(t)=\cos\left(\omega_A+n\frac{BW}{N}\right)t \tag{5.335}$$

式中，$\omega_A$ 是啁啾中心频率，$BW$ 是带宽，$N+1$ 是在积分周期内离散频率跳变的总数，$n$ 以任意顺序取值 $-(N/2),-(N/2)+1,\cdots,0,1,2,\cdots,N/2$。相关器输出为

$$V(T,z)=\int_T\cos\left[\frac{2z}{v}\left(\omega_0-\omega_A-n\frac{BW}{N}\right)\right]\mathrm{d}t \tag{5.336}$$

上式可以改写为

$$V(T,z)\approx T\cos\left[\frac{2z}{v}(\omega_0-\omega_A)\right]\frac{\sin[(z/v)BW]}{(N+1)\sin\left(\frac{z}{v}\frac{BW}{N+1}\right)} \tag{5.337}$$

如果 $N$ 非常大，则可以简化为

$$V(T,z)=T\cos\left[\frac{2z}{v}(\omega_0-\omega_A)\right]\frac{\sin[(z/v)BW]}{(z/v)BW} \tag{5.338}$$

双光束表面声波相关器的结构如图5.42(a)所示，可以发现入射光束相对于表面声波换能器的倾斜角度等于衍射光束的角度。因此，使用只有一个入射光束的相反结构是可行的，如图5.42(b)所示。从该探测器阵列中得到的输出电压与双光束相关器得到的输出一致。尽管互调项(左侧换能器的表面声波相互作用出现在右侧输出的衍射光束中，反之亦然)被抑制到小于双光束结构所达到的40dB，但对于大多数应用而言这种情况是可以满足的[55]。

**4. 一维相关器系统的应用**

双光束表面声波声-光时间积分相关器具有较大的处理增益、线性度和时间延迟，通常用于扩展频谱信号处理器中。下面将讨论它的三个特殊应用：①在扩频通信系统中用作同步检测器；②在混合扩频通信系统中用作解调器和同步锁定监控器；③用作时间积分频谱分析仪。

目前，扩频通信系统面临的一个主要问题是检测和同步[56]。例如，在最简单的"一键通"扩频通信系统中，像便携式移动设备，只有代码序列可能是准确的。精确的载波频率和编码速率受到发射机基准振荡器的精度(通常是简单晶体振荡器的百万分之一)和多普勒效应的限制。当使用简单的冷启动发射机时，相对的编码相位是完全不确定的。通过这些系统特性可以证明，很难确定一个信息的传输已经完成，解码信息就更加困难。

由于双光束相关器具有较大的处理增益和时间孔径，因此其在检测和同步处理器的应用领域表现出极大的吸引力。许多扩频系统在传输开始时使用一个简短的、无信息的代码序列。例如，在开始数据传输之前，一个8M的直接序列系统可

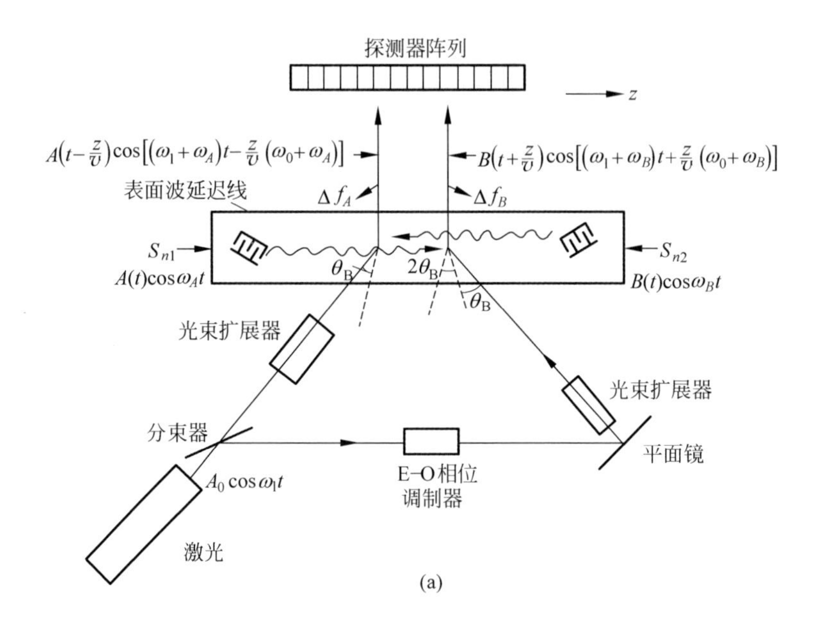

(a)

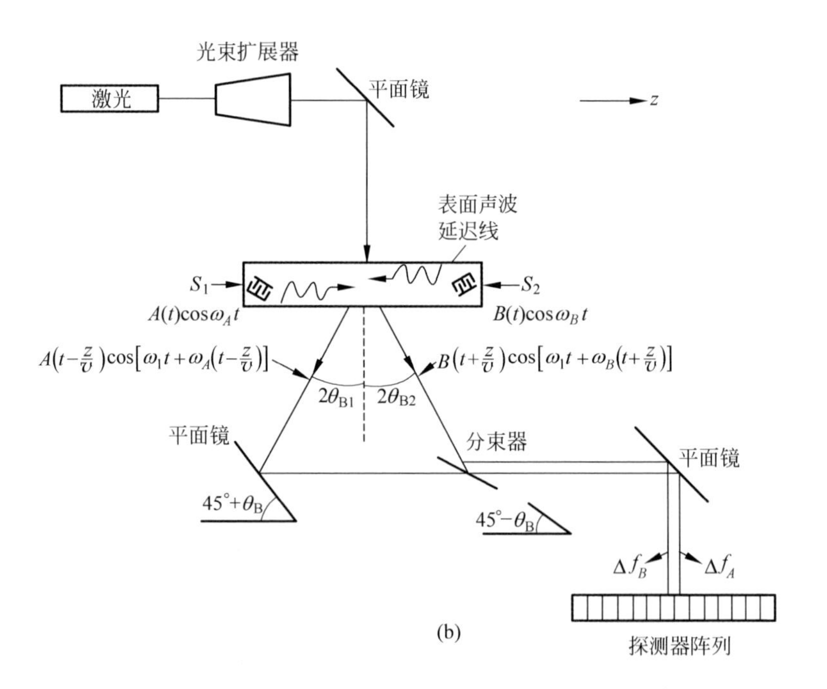

(b)

图 5.42　双光束表面声波相关器(a)和单输入光束表面声波相关器(b)

能使用一个1ms的单词重复100次。一个由前导码输入作为参考信号的双光束相关器，将会获得一个42dB的处理增益并且寻找到一个等于相关器时间孔径的相对代码相位窗口。参考代码相位会在这个时间孔径处偏移，直到出现一个相关峰，这与滑动相关器的离散版本有所不同。对于双光束相关器的一个14$\mu$s的时间窗口，需要大量的搜索(1ms的时间积分)去寻找样本信号。然而，已经制作完成了具有15cm延迟线的表面声波声-光器件($LiNbO_3$晶体具有80$\mu$s的时间孔径)[57]，并且可以将其用于制作双光束时间积分相关器。这样的设备可以在13个积分过程(每个过程持续1ms)中搜索样本序言代码的所有相对相位。13ms的采集时间与具有类似处理增益、需要1.4s采集时间的传统滑动相关器相比是非常有优势的[58]。具有类似声孔径的空间积分声-光(AO)相关器只需要1ms的采集时间，但是其处理增益要减小11dB。时间延迟特性允许将代码相位确定在几分之一位内，从而允许接收器代码参考同步以进行数据恢复。

在更复杂的扩频通信系统中，由于时钟误差(可以任意小)和范围变化，仍然存在相位代码的不确定性。积分相关器可以作为精准确定发射机和接收机之间距离的高增益处理器。然而，系统频率误差和多普勒效应对时间积分相关器所能获得的处理增益有一定的限制。增益极限可以通过检测相关器对两个单频连续波信号$\cos\omega_A t$和$\cos\omega_B t$的响应来估计。根据式(5.328)，可以得到

$$V(T,z)=2T\cos\left[\frac{z}{v}(2\omega_0-\omega_A-\omega_B)+\frac{(\omega_B-\omega_A)T}{2}\right]\frac{\sin[(\omega_B-\omega_A)(T/2)]}{(\omega_B-\omega_A)(T/2)} \tag{5.339}$$

当频率差$\omega_A-\omega_B=2\pi/T$时，由于正弦项的存在，输出降为0。对于1ms的积分时间，对应于1kHz的总频率差。这表明，调制载波系统(相对于特殊的多普勒不敏感系统)中，如果使用长积分时间(大处理增益)的相关检测，有一个不能超过的最大频率偏差。

时间积分相关器可用于解调双相编码信息，同时监控同步。一旦实现了传输同步化，积分间隔可被锁定为信息速率以及通过记录相关峰含义而获得的信息，并且可以通过记录峰的位置来监测同步。

与空间积分相关卷积器相比，时间积分相关器具有大的时间带宽积，因此可用于频谱分析，并且可以获得更高的分辨率。在空间积分卷积的情况下，使用啁啾$z$算法，其中傅里叶变换积分为

$$S(f)=\int_{-\infty}^{\infty}s(t)e^{-j2\pi ft}dt \tag{5.340}$$

表示为

$$s(f)=e^{-j\pi f^2}\int_{-\infty}^{\infty}s(t)e^{-j\pi t^2}e^{j\pi(t-f)^2}dt \tag{5.341}$$

通过利用下面这个恒等式

$$2ft = f^2 + t^2 - (t - f)^2 \tag{5.342}$$

公式(5.341)的过程可以用时间积分相关器计算,因此分辨率取决于积分时间而不是延迟线孔径。可解点的数量保持不变;然而,频率范围可以通过改变啁啾斜率来控制,从而在较小的总频率范围内实现更高的分辨率。

**5. 二维时间积分相关器**

随着一维时间积分相关处理器的发展,其处理增益已经超过了 $10^6$。在通信或雷达系统中会存在多普勒频移,因此会限制可用的处理增益结果。如前文所述,式(5.339)表明,当参考信号和接收信号之间的频率差 $\omega_B - \omega_A$ 超过 π 除以积分时间的商时,相关器的输出会明显下降。一个 10GHz 的雷达在径向目标速度为 500km/h 时,会产生大约 9kHz 的多普勒频率偏移,使用标准超外差接收器技术进行中频变换,在相关器输入处会产生同样的频移。这将把相关器的积分时间限制到 55μs,产生一个大约 $1.6 \times 10^3$ 的时间带宽积(30MHz 处理器带宽)。为了利用从双光束相关器获得的增加的处理增益,需要同时使用多个相关器,每个相关器对应一个特定的多普勒频率带。由于相关器在 30MHz 带宽的情况下,要获得 60dB 的处理增益需要使用 15ms 的积分时间。因此多普勒带宽将要达到 15Hz,或者需要 1200 个相关器来明确处理在实例系统中预期的返回信号。

对于这种仍然只使用一维相关器的情况,有两个备选情况:①使用一个不受多普勒频移影响的扩频信号[59];或者②使用模拟频率分频器而不是超外差下转换器来改变信号频率,从 10GHz 到处理器频率。此外,一个更完美的多普勒频移问题解决方案是使用二维相关器,这种方案不仅可以提供到达时差的信息,而且还可以测量实际的多普勒频移。

二维时间积分相关器已经被发展用作三重或四重积处理器[43]。通常来说,这些应用是基本非相干和相干的一维相关器的扩展,增加了一个垂直于现有空间调制单元的布拉格声光器件。可以使用额外的点调制器,或者在应用到单点调制器之前可以预先乘两个信号。就像一维相关器的情况,每个表面声波延迟线有两个换能器,可以最小化所需要的延迟线的数量。

一种只使用两个声延迟线的独特的二维、三重或四重积相关器,用来表征空间调制双衍射光束和空间调制单或双衍射光束之间的干涉。如图 5.43 所示,片状光束的最初光源是一个单激光器。由于表面声波装置是垂直的,因此只有一个装置的相互作用是在垂直于该装置中表面声波表面传播的偏振光之间发生的。这是首选的偏振;平行于表面声波表面传播方向的偏振光,衍射效率会在一定程度上被削弱,并且增大了对布拉格角的依赖性。如果想要弥补这种缺陷并且获得一个最佳性能,可以在表面声波器件的前面和后面使用偏振控制器(半波片)。

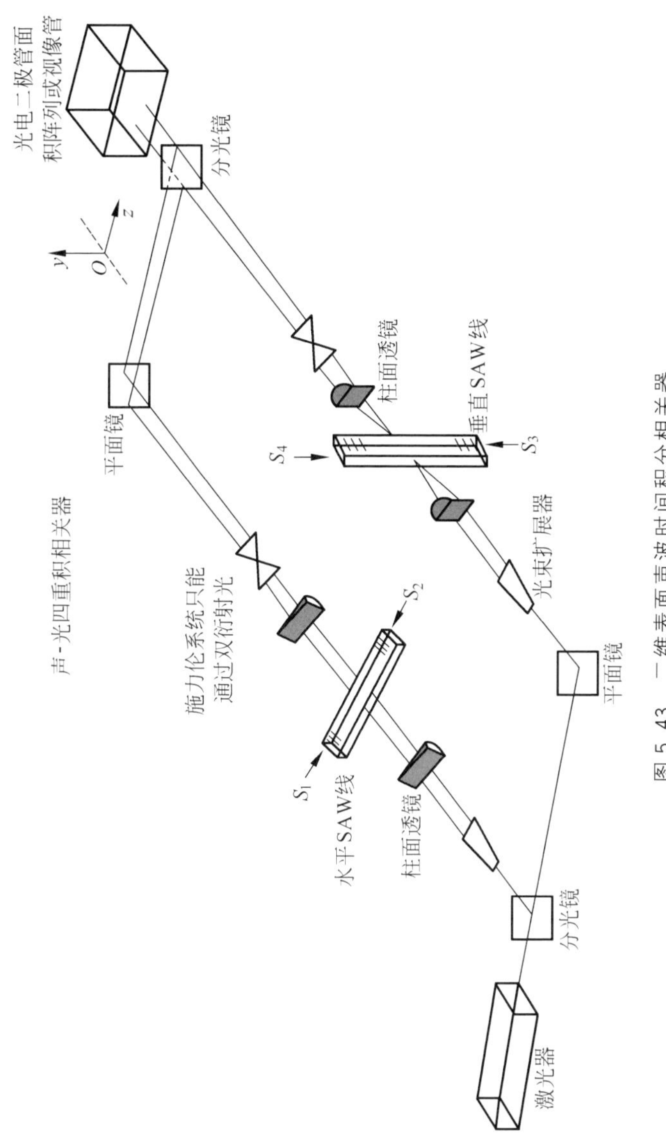


图5.43　二维表面声波时间积分相关器

如图 5.44 所示为水平表面声波器件的双衍射原理图。单衍射光的形式为

$$L_{H_1}(t,z)=A\left(t-\frac{z}{v}\right)\cos\left[\omega_1\left(t+\frac{z\sin\phi_1}{c}\right)+\omega_A\left(t-\frac{z}{v}\right)\right] \tag{5.343}$$

式中，入射光束为 $\cos\omega_1 t$，输入信号为 $A(t)\cos\omega_A t$，光束以与延迟线的法线方向夹角 $\phi_1$ 的角度入射。双衍射光的形式可以写为

$$L_{H_2}(t,z)= A\left(t-\frac{z}{v}\right)B\left(t+\frac{z}{v}\right)\cos\left[\omega_1\left(t+\frac{z\sin\phi_1}{c}\right)+\omega_A\left(t-\frac{z}{v}\right)+\omega_B\left(t+\frac{z}{v}\right)\right] \tag{5.344}$$

第二个输入信号为 $B(t)\cos\omega_B t$。由于 $\phi_1=2(\theta_{B_1}-\theta_{B_2})$，且 $\sin\phi_1=(\omega_1/v)/(\omega_1/c)-(\omega_2/v)/(\omega_1/c)$，因此式(5.344)可简化为

$$L_{H_2}(t,z)\approx A\left(t-\frac{z}{v}\right)B\left(t+\frac{z}{v}\right)\cos\left[(\omega_1+\omega_A+\omega_B)t+\frac{z}{v}\Delta_H\right] \tag{5.345}$$

式中，$\Delta_H=(\omega_1-\omega_2)-(\omega_A-\omega_B)$。这里的 $\omega_1$ 和 $\omega_2$ 为对应于布拉格角 $\theta_{B_1}$ 和 $\theta_{B_2}$ 设计的中心频率。设计的频率 $\omega_1$ 和 $\omega_2$ 不同，因此可以从不同的衍射光束中将双衍射光分离出来。

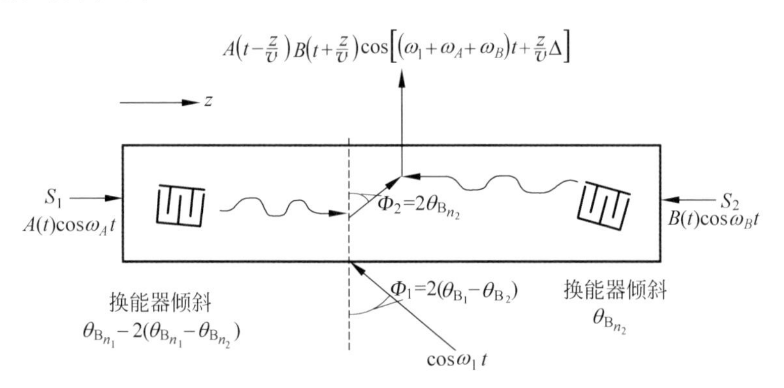


图 5.44　声-光衍射产生双衍射光束

对于一个三重积相关器，如图 5.45 所示，需要一束来自表面声波器件的单衍射光。对于输入信号 $C(t)\cos\omega_C t$，衍射光的形式为

$$L_{V_1}(t,y)=C\left(t-\frac{y}{v}\right)\cos\left[\omega_1\left(t+\frac{y\sin\phi_2}{c}\right)+\omega_C\left(t-\frac{y}{v}\right)\right] \tag{5.346}$$

由于 $\phi_2=2\theta_{B_3}$，其中 $\theta_{B_3}$ 对应于设计的中心频率 $\omega_3$ 的布拉格角，$\sin\phi_2=(\omega_3/v)/(\omega_1/c)$，因此式(5.346)变为

$$L_{V_1}(t,y)=C\left(t-\frac{y}{v}\right)\cos\left[(\omega_1+\omega_C)t+\frac{y}{v}\Delta_V\right] \tag{5.347}$$

式中，$\Delta_V=\omega_3-\omega_C$。两束衍射光束 $L_{H_2}$ 与 $L_{V_1}$ 将在一个面探测器阵列上成像，该探测器阵列集成了输出电流，并且输出电流正比于这些光束和的平方。在一维双光束表面声波相关器中，可以从叉积中分离出来频率差项，该结果正比于 $L_{H_2}(t,z)\times L_{V_1}(t,y)$。从光电探测器电流积分中得到的输出电压为

$$\begin{aligned}&V(T,z,y)\\&=\int_T A\left(t-\frac{z}{v}\right)B\left(t+\frac{z}{v}\right)C\left(t-\frac{y}{v}\right)\cos\left[(\omega_A+\omega_B-\omega_C)t+\frac{z}{v}\Delta_H-\frac{y}{v}\Delta_V\right]\mathrm{d}t\end{aligned}\tag{5.348}$$

如果 $\omega_C=\omega_A+\omega_B$，则上式可写为

$$V(T,z,y)=\cos\left(\frac{z}{v}\Delta_H-\frac{y}{v}\Delta_V\right)\int_T A\left(t-\frac{z}{v}\right)B\left(t+\frac{z}{v}\right)C\left(t-\frac{y}{v}\right)\mathrm{d}t\tag{5.349}$$

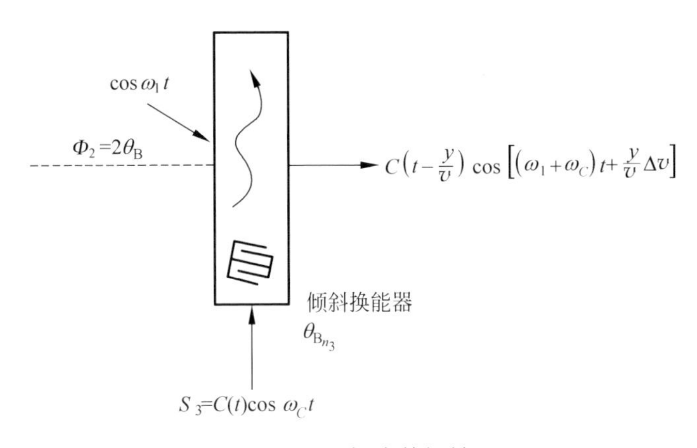


图5.45　声-光单衍射

对于这个器件只能提供沿 $z$ 轴的一维时间压缩，并且只能用于有限的处理。由于可以在竖直维度上添加另一个信号而不需要添加另一条延迟线，因此可以很容易地开发一个四重积相关器。如果竖直式器件遵循如图5.44所示水平式器件的设计原则，则双衍射光可以类似表示为

$$L_{V_2}(t,y)=C\left(t-\frac{y}{v}\right)D\left(t+\frac{y}{v}\right)\cos\left[(\omega_1+\omega_C+\omega_D)t+\frac{y}{v}\Delta_V\right]\tag{5.350}$$

式中，对应于垂直输入信号 $C(t)\cos\omega_C t$ 和 $D(t)\cos\omega_D t$ 与垂直设计的中心频率 $\omega_3$ 和 $\omega_4$，有 $\Delta v=(\omega_3-\omega_4)-(\omega_C-\omega_D)$。如果 $L_{H_2}$ 与 $L_{V_2}$ 成像在探测器阵列上，则相关输出电压可以表示为

$$V(T,z,y)=\int_T A\left(t-\frac{z}{v}\right)B\left(t-\frac{z}{v}\right)C\left(t-\frac{y}{v}\right)D\left(t+\frac{y}{v}\right)\times$$
$$\cos\left[(\omega_A+\omega_B-\omega_C-\omega_D)t+\frac{z}{v}\Delta_H-\frac{y}{v}\Delta_V\right]\mathrm{d}t \quad (5.351)$$

如果 $\omega_A+\omega_B=\omega_C+\omega_D$，上式可以简化为

$$V(T,z,y)=\cos\left(\frac{z}{v}\Delta_H-\frac{y}{v}\Delta_V\right)\int_T A\left(t-\frac{z}{v}\right)B\left(t+\frac{z}{v}\right)C\left(t-\frac{y}{v}\right)D\left(t+\frac{y}{v}\right)\mathrm{d}t \quad (5.352)$$

对于 $\omega_1-\omega_2=\omega_A-\omega_B$ 和 $\omega_3-\omega_4=\omega_C-\omega_D$，上式进一步简化为

$$V(T,z,y)=\int_T A\left(t-\frac{z}{v}\right)B\left(t+\frac{z}{v}\right)C\left(t-\frac{y}{v}\right)D\left(t+\frac{y}{v}\right)\mathrm{d}t \quad (5.353)$$

因此，该器件可以提供一个二维、四重积相关输出，同时该器件还具有测量与设计频率之间偏差的能力。

如图 5.43 所示为使用两根相同的延迟线的一种四重积表面声波相关器。类似于之前描述的一维双光束相关器，换能器设计的中心频率分别为 75MHz 和 115MHz，带宽分别为 25MHz 和 35MHz。换能器如图 5.44 所示倾斜放置。

**6. 二维相关器系统的应用**

二维表面声波相关器在处理频率中包含有多普勒频移的信号时，可以用线性调频啁啾信号 $\cos(\omega_C+\alpha t)t$ 和 $\cos(\omega_D-\alpha t)t$ 代替垂直表面声波延迟线的通用输入信号 $C(t)\cos\omega_C t$ 和 $D(t)\cos\omega_D t$。因此式(5.350)变换为

$$L_{V_2}(t,y)=\cos\left[(\omega_1+\omega_C+\omega_D)t+\frac{y}{v}\Delta_H-4\alpha\left(\frac{y}{v}\right)t\right] \quad (5.354)$$

然后，输出电压转化为

$$V(T,z,y)=\int_T A\left(t-\frac{z}{v}\right)B\left(t+\frac{z}{v}\right)\cos\left[(\omega_A+\omega_B-\omega_C-\omega_D)t+\right.$$
$$\left.\frac{z}{v}\Delta_H-\frac{y}{v}\Delta_V+4\alpha\left(\frac{y}{v}\right)t\right]\mathrm{d}t \quad (5.355)$$

如果 $\omega_B=\omega'_B+\omega_{DP}$，其中 $\omega_B$ 为已知的载波频率，$\omega_{DP}$ 为未知的多普勒频移，并且有 $\omega_A+\omega'_B=\omega_C+\omega_D$，因此上式可以简化为

$$V(T,z,y)=\int_T A\left(t-\frac{z}{v}\right)B\left(t+\frac{z}{v}\right)\cos\left[\left(\omega_{DP}+4\alpha\frac{y}{v}\right)t+\frac{z}{v}\Delta_H-\frac{y}{v}\Delta_V\right]\mathrm{d}t \quad (5.356)$$

从上式可以看出，存在一个位置 $y$ 使 $\omega_{DP}=-4\alpha(y/v)$，并且可以补偿多普勒频移。

这种使用两个线性调频啁啾信号配置作为纵向输入信号的处理器可以归类为

模糊函数处理器，通常定义为

$$X(\omega,\tau)=\int_0^T f(t)g(t-\tau)\mathrm{e}^{\mathrm{j}\omega t}\,\mathrm{d}t \tag{5.357}$$

如果将上述表面声波相关器用于二维频谱分析，通过将一个信号乘以一个在积分周期内重复多次的上啁啾信号和一个类似的未相乘的下啁啾信号作为横向输入，将产生一个梳状滤波器。使用低带宽的非重复啁啾信号作为纵向输入，结果得到了一个分别在 $z$ 轴和 $y$ 轴上具有粗分辨率和细分辨率的频谱。

# 参考文献


[1] BERG N J，PELLEGRINO J M. Acousto-signal processing：theory and implementation[M]. New York：Marcel Dekker Inc.，1996.

[2] 程乃平，江修富，邵定蓉. 声光信号处理及应用[M]. 北京：国防工业出版社，2004.

[3] 徐介平. 声光器件的原理、设计和应用[M]. 北京：科学出版社，1982.

[4] 安毓英，曾晓东，冯喆珺. 光电探测与信号处理[M]. 北京：科学出版社，2010.

[5] KLEIN W R，COOK B D. Unified approach to ultrasonic light diffraction[J]. IEEE Transactions on Sonics and Ultrasonics，1967，14(3)：123-134.

[6] QUATE C F，WILKINSON C D W，WINSLOW D K. Interaction of light and microwave sound[J]. Proceedings of the IEEE，1965，53(10)：1604-1623.

[7] YOUNG J E H，YAO S K. Design considerations for acousto-optic devices[J]. Proceedings of the IEEE，1981，69(1)：54-64.

[8] SMITH T，KORPEL A. Measurement of light-sound interaction efficiencies in solids[J]. IEEE Journal of Quantum Electronics，1965，1(6)：283-284.

[9] LEAN E G H，WHITE J M，WILKINSON C D W. Thin-film acoustooptic devices[J]. Proceedings of the IEEE，1976，64(5)：779-788.

[10] SALZMANN E，WEISMANN D. Optical detection of Rayleigh waves[J]. Journal of Applied Physics，1969，40(8)：3408-3409.

[11] SZABO T L，SLOBODNIK JR A J. Acoustic surface wave diffraction and beam steering[J]. The Journal of the Acoustical Society of America，1974，55(2)：367-367.

[12] SAPRIEL J，LACROIX R. Réalisation de déflecteurs acousto-optiques composites à grande capacité[J]. Revue de Physique Appliquée，1972，7(1)：35-42.

[13] TSAI C S，NGUYEN L T，YAO S K，et al. High-performance acousto-optic guided-light-beam device using two tilting surface acoustic waves[J]. Applied Physics Letters，1975，26(4)：140-142.

[14] BERG N J，UDELSON B J. Large time-bandwidth acousto-optic convolver[C]. Ultrasonics Symposium. IEEE，1976：183-188.

[15] LEE C，LIAO K Y，CHANG C，et al. Wide-band guided wave acoustooptic Bragg deflector using a tilted-finger chirp transducer[J]. IEEE Journal of Quantum Electronics，1979，15

(10): 1166-1170.
[16] LEE J, BERG N, CASSEDAY M. Multichannel signal processing using acoustooptic techniques[J]. IEEE Journal of Quantum Electronics, 1979, 15(11): 1210-1215.
[17] MEANS R W, SPEISER J M, WHITEHOUSE H J. Image transmission via spread spectrum techniques[R]. Naval Undersea Center San Diego Ca, 1974.
[18] ARMIJO L, DANIEL K W, LABUDA W M. Applications of the FFT to antenna array beamforming[C]. Easc, 1974: 381-383.
[19] BERG N J, UDELSON B J, LEE J N, et al. An acousto-optic real-time "two-crystal" correlator[J]. Applied Physics Letters, 1978, 32(2): 85-87.
[20] SKOLNIK M I. Introduction to radar systems[M]. New York: McGraw-Hill, 1962.
[21] KINO G S. Acoustoelectric interactions in acoustic-surface-wave devices[J]. Proceedings of the IEEE, 1976, 64(5): 724-748.
[22] BERS A, CAFARELLA J H. Surface state memory in surface acoustoelectric correlator [J]. Applied Physics Letters, 1974, 25(3): 133-135.
[23] CAFARELLA J H. Acoustoelectrical signal-processing devices with charge storage[C]. Ultrasonics Symposium. IEEE, 1978: 767-774.
[24] FELSTEAD E B. A simplified coherent optical correlator[J]. Applied Optics, 1968, 7(1): 105-108.
[25] CARLETON H R, MALONEY W T, MELTZ G. Collinear heterodyning in optical processors[J]. Proceedings of the IEEE, 1969, 57(5): 769-775.
[26] VERBER C M, KENAN R P, BUSCH J R. An integrated optical spatial filter[J]. Optics Communications, 1980, 34(1): 32-34.
[27] BERG N J, UDELSON B J, LEE J N. A new acoustophotorefractive effect in lithium niobate[J]. Applied Physics Letters, 1977, 31(9): 555-557.
[28] VON DER LINDE D, GLASS A M, RODGERS K F. Multiphoton photorefractive processes for optical storage in $LiNbO_3$ [J]. Applied Physics Letters, 1974, 25(3): 155-157.
[29] CHEN F S. Optically induced change of refractive indices in $LiNbO_3$ and $LiTaO_3$ [J]. Journal of Applied Physics, 1969, 40(8): 3389-3396.
[30] GLASS A M. The photorefractive effect[J]. Optical Engineering, 1978, 17(5): 470-479.
[31] BERT A G, EPSZTEIN B, KANTOROWICZ G. Signal processing by electron-beam interaction with piezoelectric surface waves[J]. IEEE Transactions on Microwave Theory and Techniques, 1973, 21(4): 255-263.
[32] KAZAN B, KNOLL M. Electronic image storage[M]. New York: Academic Press, 1968.
[33] MASSEY G, JONES M, JOHNSON J. Nonlinear photoemission for viewing guided or evanesscent waves[J]. IEEE Journal of Quantum Eletronics, 1981, 17(6): 1035-1041.
[34] BERG N J, LEE J N. An enhanced acousto-optic memory correlator [C]. Ultrasonics Symposium. IEEE, 1978: 95-99.
[35] BRISTOL T W, JONES W R, SNOW P B, et al. Applications of double electrodes in acoustic surface wave device design[C]. Ultrasonics Symposium. IEEE, 1972: 343-345.

[36] WHITEHOUSE H J, SPEISER J M, MEANS R W. High speed serial access linear transform implementations[C]. All Applications Digital Computer Symp, 1973: 1026.
[37] SKOLNIK M I. Radar handbook[M]. Boston: McGraw-Hill Professional, 1990.
[38] WOODWARD P M. Probability and information theory, with applications to radar: international series of monographs on electronics and instrumentation[M]. Elsevier: Elsevier, 2014.
[39] THOMAS C E. Optical spectrum analysis of large space bandwidth signals[J]. Applied Optics, 1966, 5(11): 1782-1790.
[40] CHANNIN D J. Emitters for fiberoptic communications[J]. Laser Focus With Fiberoptic Technology, 1982, 18(11): 105.
[41] UCHIDA N, NIIZEKI N. Acoustooptic deflection materials and techniques[J]. Proceedings of the IEEE, 1973, 61(8): 1073-1092.
[42] BARBE D F. Imaging devices using the charge-coupled concept[J]. Proceedings of the IEEE, 1975, 63(1): 38-67.
[43] TURPIN T M. Time integrating optical processors[C]. Real-Time Signal Processing I. International Society for Optics and Photonics, 1978, 154: 196-203.
[44] KELLMAN P. Time integrating optical signal processing[J]. Optical Engineering, 1980, 19(3): 193370.
[45] PAPOULIS A. Probability, Random Variables[M]. New York: McGraw-Hill, 1965.
[46] SPRAGUE R A, KOLIOPOULOS C L. Time integrating acoustooptic correlator[J]. Applied Optics, 1976, 15(1): 89-92.
[47] KELLMAN P. Time integrating optical signal processing[J]. Optical Engineering, 1980, 19(3): 193370.
[48] TURPIN T M. Spectrum analysis using optical processing[J]. Proceedings of the IEEE, 1981, 69(1): 79-92.
[49] GUILFOYLE P S, HECHT D L, STEINMETZ D L. Joint transform time-integrating acousto-optic correlator for chirp spectrum analysis[C]. Active Optical Devices. International Society for Optics and Photonics, 1980, 202: 154-162.
[50] SZABO T L, SLOBODNIK A J. The effect of diffraction on the design of acoustic surface wave devices[J]. IEEE transactions on Sonics and Ultrasonics, 1973, 20(3): 240-251.
[51] SZABO T L, SLOBODNIK JR A J. Acoustic surface wave diffraction and beam steering [J]. The Journal of the Acoustical Society of America, 1974, 55(2): 367.
[52] LEE J, BERG N, CASSEDAY M. Multichannel signal processing using acoustooptic techniques[J]. IEEE Journal of Quantum Electronics, 1979, 15(11): 1210-1215.
[53] STRONG J. Concepts of classical optics [M]. North chelmsford: Courier Corporation, 2012.
[54] ABRAMOVITZ I J, BERG N J, CASSEDAY M W. Interferometric surface-wave acousto-optic time-integrating correlators[C]. Ultrasonics Symposium. IEEE, 1980: 483-487.
[55] DIXON R C. Spread spectrum techniques[M]. New York: IEEE. Press, 1976: 418.
[56] BERG N J, UDELSON B J. Large time-bandwidth acousto-optic convolver [C].

Ultrasonics Symposium. IEEE，1976：183-188.

[57] DIXON R C. Spread spectrum systems：with commercial applications[M]. New York：Wiley，1994.

[58] THOR R C. A large time-bandwidth product pulse-compression technique [J]. IRE Transactions on Military Electronics，1962，2：169-173.

# 第6章 声光信号处理的应用

声光效应是指当光通过受超声波扰动的介质时发生的衍射现象。早在20世纪30年代人们就开始了声光衍射的实验研究，20世纪60年代激光器的问世以及高频换能器的出现为声光现象的研究提供了理想的光源，同时也促进了声光效应理论和应用研究的迅速发展。声光效应为控制激光束的频率、方向和强度提供了一种有效的手段。利用声光效应制成的声光器件，如声光调制器、声光偏转器和可调谐滤波器等，在激光技术、光信号处理和集成光通信技术等方面有着重要的应用[1-3]。

声光信号处理技术是以声光器件为基础的频谱分析技术和相关处理技术，具有大瞬时带宽、高处理增益、大动态范围、实时并行处理，以及容量大、体积小、功耗低等优点，在电子战中的实时信号检测与分析、通信对抗、雷达测距测向等方面有着广阔的应用前景[4-5]。

## 6.1 在激光技术中的应用

声光器件在激光领域的应用主要是利用声光作用对激光的频率和强度等特性进行快速有效的调制，从而高效地完成电、声、光信息间的传递与转换，同时可快速改变激光束的传播方向，实现对光束的自动选频、分光和扫描等[6]。声光器件具有无机械振动、高速和寿命长的特点，相比于电光器件，还具有温度稳定性高、消光比大等优点，极大扩展了激光的应用领域。在激光技术中利用声光器件调 $Q$、锁模作用来实现激光的调 $Q$ 及锁模，以获得高功率的超短脉冲，同时声光器件也广泛应用于激光记录、测量以及显示等领域。

**1. 声光调 $Q$ 器件**

声光调 $Q$ 开关器件是由驱动电源、声光介质、吸声材料和电-声换能器组成。常用的声光介质有钼酸盐、重火石玻璃和融石英等。声光介质表面粘有石英、$LiNbO_3$ 等压电材料薄片制成的换能器，其与声光介质紧密粘接。融石英和换能器都用真空沉积的电极来加电压，通常将射频发生器的信号与电感阻抗匹配的网络耦合到石英换能器上，其作用是将高频信号转化为超声波，以机械振动形式在声光介质中传播。声光调 $Q$ 器件的示意图如图 6.1 所示。

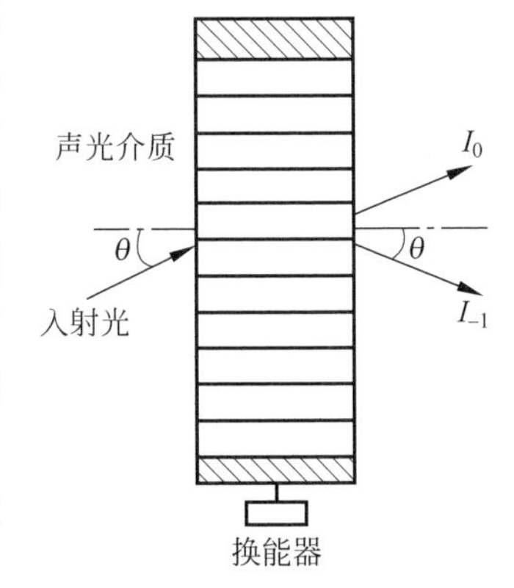


图 6.1　声光调 $Q$ 器件布拉格衍射示意图

$Q$ 开关采用布拉格衍射原理，布拉格衍射的效率可表示为

$$\eta = \frac{I_{衍射}}{I_{入射}} = \sin^2\left(\frac{\pi l}{\sqrt{2\lambda}}\sqrt{M_2 I_{声}}\right) \tag{6.1}$$

式中，$l$ 表示换能器的长度，$\lambda$ 表示与超声波发生作用的光波波长，$I_{声}$ 表示声场强度，$M_2 = n^6 p^2/\rho\nu^3$ 称为介质的声光优值，反映声光介质本身的性质，$\rho$ 为介质密度，$p$ 为应变光学张量。

公式(6.1)表明，衍射效率的大小与光波波长、超声波声场强度、材料的声光优值、换能器的长度有关。可通过选取声光优值高的材料提高布拉格衍射效率，但是声光优值高的材料插入损耗会加大，同时通过加大声光优值提高衍射效率也是有限的。理论上增加超声波功率可以实现很高的衍射效率，甚至可以达到 100%，实际上，超声波功率的增加是有限的，当功率太大时，散热将会很困难，会造成声光晶体过热甚至损坏。因此，提高声光晶体衍射效率受到各种现实因素的限制，不可能无限制提高。

当把声光开关置于激光器中时，光束在超声场作用下发生衍射，由于衍射光偏离原光传播方向，逃逸出谐振腔从而导致损耗增加时，在高能级大量积累粒子，使得激光振荡难以形成。这时突然撤除超声场，则声光效应即刻消失，谐振腔损耗下降，激光巨脉冲形成。如果 $Q$ 开关的 $Q$ 值从高到低所需的转换时间短于激光脉冲建立所需的时间，则能得到最大的输出能量。如果满足上述条件，那么激光输出能量就不会因 $Q$ 开关引起的光散射而有大的损耗。在声光调 $Q$ 开关全部关断的时间内，起主要作用的是声波通过光束直径的渡越时间，而不是电子开关的时间。连续泵浦的固体激光器低增益的特性使它并不需要有很高的 $Q$ 开关对比度，但要求特别低的插入损耗。

实际应用中，声光调 $Q$ 开关器件是单程器件，换能器产生的超声波穿过声光晶体后就被介质吸收，吸收介质由附在石英端面上的铅块构成。在实际的应用中，由于融石英的光学质量好、光学吸收少，而且抗损伤阈值较高，因此它作为声光材料比铌酸锂、氧化碲和重火玻璃等更具有优越性。

另一种声光调 $Q$ 开关，其换能器发出的声波与声光材料另一端平行面的反射的声波，以谐振的方式建立超声驻波。这种 $Q$ 开关通常可以用于低功率的光学扫描器和光调制器。虽然该激光器的 $Q$ 开关运转只能在一种固定重复率下进行，但它所得到的光强比单程器件得到的光强至少高10倍。

**2. 声光频移**

相干外差中的本征光就是由声光器件对激光信号进行频移测到的。

通过声光器件对激光信号进行频移，将频移后的激光信号充当本征光用在相干外差中。对于布拉格声光衍射相当于交换一个声子，因而光频率 $\nu$ 也发生变化，得到

$$\nu_d = \nu_i \pm f \tag{6.2}$$

式中，$\nu_d$ 和 $\nu_i$ 分别为衍射光和入射光的频率、$f$ 为声频率。可见改变超声频率 $f$ 即可使衍射光的频率发生变化，这种专门用于调制衍射光频率的声光器件称为声光移频器。其主要的典型应用就是多普勒测速仪。在激光多普勒测速仪中使用声光移频器将对激光信号产生频移，频移后的激光信号作为本征光与信号光进行差拍，大大提高激光测速仪的测量范围和精度。其主要作用是：可以判别运动物体的速度方向，并且激光多普勒测速仪在测量中不需要引入任何实物探测器，因此不会改变测量物体的运动状态。目前，在光学陀螺仪中，也提出了频率调制的思想[7]，即如果能使入射到波导谐振腔中的两束光发生频移，而频移量可以精确控制，以使得在任意时刻由两光束的频差所引起的相位差与萨格纳克(Sagnac)相移大小相等、方向相反，则两光束的频差就正比于待测的旋转角速率，通过测量频差就可以测得角速率。这一方案的核心是对每束光实现精确的频移控制。在谐振式光学陀螺仪、布里渊激光陀螺仪以及微型光学陀螺仪中广泛采用声光移频技术来实现这一控制。

**3. 声光调制**

声光调制利用的是声光效应，即超声波通过晶体时，会使晶体的折射率随着超声波强度的变化而改变，这时的晶体等同于一个相位光栅，激光入射到晶体时会发生衍射现象。将调制电压信号施加给声光调制驱动器后，驱动器输出调制后的超声波信号，此超声波信号使得声光调制器中的晶体的折射率发生改变，此时激光通过调制器后发生衍射，实现对激光功率的调制。

实际应用中，为了满足材料加工对光脉冲参数的工艺要求，需要提高脉冲激光的峰值功率，并灵活控制输出激光脉冲的周期、序列脉冲数等参数，声光调制器作

为一种开关元件是此类激光器实现降频、选单、光谱整形等功能的最佳途径[8-9]。

(1) 在氩离子激光中，由于离子跃迁的特殊性，频域参量几乎完全随机变化，表现为各模式幅度的剧烈起伏和随即消失，给锁模技术带来一定的困难，采用调制作用较强的铌酸锂石英声光调制系统，能够实现氩离子激光锁模，获得亚微秒超短激光脉冲。这种锁模氩离子激光已用于同步泵浦环形染料激光器。

(2) 声光锁模器实质上是频率非常稳定的超声驻波与激光束相互作用的一种声光调制器。如果声光锁模器的调制频率与激光腔的纵模频率间隔完全相等，这样激光腔的各个纵横便受到周期性的调制并保持相同的相位。经过不断耦合，激光器的输出就是一系列脉宽极窄的规则脉冲序列。

(3) 激光印刷机中，激光束的偏转调制器就是应用声光调制布拉格衍射原理实现的。利用高频驱动电路可以产生高频电振荡，通过超声换能器形成超声波，通过快速控制超声波，实现声光器件调制激光束的目的[10]。

(4) 声光调制在激光功率的控制方面[11]，与在激光器光源内的调制技术相比，声光调制技术能取得更高稳定度的功率信号。与电光调制技术相比，尽管声光调制技术和电光调制技术的工作原理相似，但是声光调制的消光比一般不小于1000：1，明显优于电光调制；且在相同的调制带宽时，声光调制的驱动功率只有电光调制的几十分之一，一般只要几瓦便可满足工作需求。采用声光效应制成的声光调制器拥有多方面的优势，如透过率高、调制带宽较宽、体积较小、操作方便、消光比高、驱动电压小、衍射效率高等，在激光功率控制中有广阔的应用前景。

## 6.2 在通信中的应用

声光信号相关处理技术所具有的大带宽、高处理增益及并行处理能力正是接收大时间-带宽积信号最有效的手段，研究人员已将声光偏转器用于自由空间光通信等领域，尤其是把声光相互作用和光纤相结合制成的光纤声光器件，扩展了其应用领域。另外，该技术也成为扩频通信的核心技术[12]，主要应用领域如下。

### 1. 自由空间光通信

自由空间光通信是未来组建天地一体化网络的关键技术，相干光通信由于具有高灵敏度、对可见光不敏感等特点而成为实现远距离通信链路的首选方式[13-15]。自由空间相干光通信中，在发射端对信号光进行相位调制，在接收端用一束相同频率的本地激光作为本征光与信号光混频来解调相位，要测量两束混频光的跟踪误差，测量精度一般需小于1/10的波束宽度[16]。现有的空间通信系统采用粗、精跟踪的复合轴跟踪系统，利用粗跟踪单元作瞄准和粗对准，粗跟踪单元运动范围大、带宽低、精度有限；精跟踪单元用于补偿粗跟踪的残差，具有高精度、高带宽的特点，精跟踪是保障高速率通信的关键[17]。当前利用声光偏转器实现无机械扫描的信号光角度误差的提取方法，可以实现测量精度优于1/10信号光发散角[18]。

**2. BPSK量子密钥分配**

量子密钥分配根据所用光源的不同大致可以分为两种：用单光子源的量子密钥分配协议和用多光子的量子密码通信。相干光作为光源的连续变量量子密钥分配属于多光子量子密码通信，这种通信方式通常用弱相干光的幅度、相位和偏振态实现[19-21]。而调制偏振态无需另外传输本征信号，实验装置大大简化，使得这种调制系统更有应用价值。目前，偏振编码的量子密钥分配系统通常用电光调制器或者磁光电光调制器组合实现二态协议或者四态协议[22-23]。电光调制器的调制速率较快，但电光晶体价格昂贵且需要高压数控电路以及相应的控制算法控制，电路复杂不易使用。磁光调制器调制方式简单，但偏振调制的范围小，只能将线偏振光的振动面旋转一定的角度。研究人员利用各向同性介质的光弹性效应，设计并制作了一种声光调制系统实现了二进制相移键控(binary phase shift keying，BPSK)编码。这个系统具有控制方式简单、无需复杂的驱动电路和偏振搜索算法等优点，适用于自由空间单空间模的量子密钥分配协议[24]。

**3. WDM中的应用**

声光可调谐滤波器(acousto-optic tunable filter，AOTF)是采用具有较高声光品质因素和较低声衰减的双折射晶体($TeO_2$晶体)制成声光器件，当射频信号的频率改变时，为保证动量匹配，光学通带的中心也将相应的改变，因此自动连续改变超声射频的频率就能够实现对衍射光波长的快速扫描。声光可调谐滤波器具有很高的集光能力，由于在波分复用(wavelength division multiplexing，WDM)光交叉连接中具有较好的前景，因此在光通信中引起了较高的重视。交叉连接在WDM光网络中非常重要，它能重构网络，使其适应网络业务量的变化，提高网络的生存性，还可以保证传输格式透明。这种重组结构可以模块化，易于升级。AOTF能提供几乎可以同时独立开关很多间隔小、范围在100nm内任意波长的信道；AOTF具有大而灵活的波长寻址范围，能够快速调谐到接入的波长；光功率损耗小(每级3～4dB)，便于在同一衬底上集成几种功能；没有运动部件，波长选择时不需要扫描过程。与基于复用和解复用器的WDM交叉连接不同，AOTF不会受到具体装置和波长的限制，能在整个应用的波长范围内调谐。这些特点在实现WDM的动态及快速的波长选择中非常有用。因此，AOTF的出现对WDM全光网络的发展一定会有极大的促进。近期AOTF设计上的进展包括设计通带以抑制旁瓣，平坦波长响应，这两方面有助于减小串扰，提高信道宽度与信道间隔的比例。制作方面的进展主要在于获得了一致性很高的双折射，使实现理论设计的高性能成为可能[25]。

**4. 相干探测光学降噪**

声光效应在声光测频和声光信号处理方面有着重要应用[26-27]，结合声光技术和光学相干探测，利用其在通信信号的高速并行处理、动态范围、高分辨率和特有的带宽优势[28-29]，通过幅度、频率、相位、到达方向以及到达时间等全息探测方法[30]，提高系统频率选择性、频带利用率、接收灵敏度和信噪比，成为改善传统光通信接收性能的有效手段[31-32]，是未来光通信技术的发展方向。无线信号传输受外界随机噪声干扰，在接收端产生噪声积累将导致信噪比的进一步恶化，另外相干光通信中光信号传输过程也会存在相位失配，产生的相位起伏噪声将影响光接收系统输出性能。基于声光效应的平衡探测技术在抑制光信号传输中随机噪声起伏具有很好的优势，可为实际工程应用提供一定的参考依据[33]。

**5. 在超快光纤激光器种子源光脉冲选单、光纤水听阵列时分复用的应用**

光纤耦合声光调制器是一种重要的光调制器件，它基于体波声光相互作用原理，同时具备光脉冲幅度调制和光频移的能力，被广泛应用于光纤传感系统、光纤激光器等领域。光纤耦合声光调制器的调制速度通过光脉冲上升时间指标反映，按行业标准定义为器件输出光脉冲幅度从最大值的10%增大到90%所需的时间。器件的上升时间越小，调制速度越高。近年来随着超快光纤激光器、水听阵列系统等技术的发展，需要配套的光纤耦合声光调制器上升时间达到10ns以内。

光纤耦合声光调制器输出光脉冲的上升时间取决于声光介质内声场脉冲波前穿越光场区域的渡越时间，受声场在介质材料中的传播速度及介质内光场区域的聚焦程度影响。高的声传输速度和强的聚焦光束有利于实现小的光脉冲上升时间。声传输速度是声光介质材料的固有物理参数，由材料的种类和切向决定。为获得小的光脉冲上升时间，采用在光纤端面安装透镜对输入光进行聚焦的方法，通过理论计算光纤耦合声光调制器的光脉冲时域响应，从器件参数设计的角度实现小于10ns的光脉冲上升时间[34]。

## 6.3 在传感及检测中的应用

由于声光衍射测量是非接触测量，因而具有适应性好、精度高、测量时无需接触被测物体等优点，使其在传感、精密测量、检测等方面有着很好的应用前景[35-36]。尤其是随着光纤传感技术的迅猛发展，声光技术在军用光纤传感器诸如光纤陀螺阶、光纤水听器、光纤速度计和多点型光纤传感器等方面的应用得到快速发展[37]。

它的开发使得声光技术的应用领域得到拓宽，为光纤陀螺、水听器、延迟线等光纤传感器在国防系统中的应用提供了先进可靠的手段，使系统具有封闭性和稳定性好、插入损耗低等特点。

（1）速度测量

声光调制器衍射光束通过一定速度的散射体（散射体可以是液体、固体或气体）时，会散射出一定频率的光频，通过改变超声频率的差额，可测出散射体移动的速度，比如利用包含有声光调制器的激光测速系统，通过改变超声频率的差额，可以测量液体的流速[38]。这种方法与其他激光测速仪相比，具有频率测量范围宽、测量精度高等优点。该方法不仅能测量水流，还能在冶金生产中测量燃烧室的流体，测纸浆流动的流速及连续熔出的玻璃板、运动电缆的运动速度、气流速度等[39]。

（2）频率测量

在声光器件带宽范围内，声波频率确定衍射角度，衍射角度确定偏转距离，偏转距离的大小确定测频的精度和范围。声光测频系统就是基于这个原理，通过确定光电检测器阵列或电荷耦合元件（CCD）对频率的位置，对声信号进行频率测定，使用声光偏转器构造的声光测频系统可以实现实时测频[40]。在工程应用时，将光电检测器阵列或CCD进行定标后，使其具体频率对应相应的具体位置，即可实时快速地检测信号的频率。这种测频方法与其他测频方法相比，不仅有较高的精度，而且能够有效、快速地提取信号参数，还可以实时地在检测阵列面上获得输入信号的功率频谱。

（3）振动位移检测

利用主轴振动位移的谱分析监测加工中心的状态是在线检测技术的发展趋势。精密机床主轴的振动，直接影响加工零件的形状误差和表面质量，反映机床的运转情况，是在线监测的重要依据。基于激光多普勒原理，采用声光外调制技术，有效地实现了振动位移的非接触、高精度、高分辨率测量，应用的光纤传导适应性强，能有效减少外界复杂的电磁干扰[41]。

（4）激光波长测量

在一定温度下，通过测量某种已知波长的光源衍射光谱中各谱线的条纹间距及介质与接收板间的距离，可求得偏转角，进而求得超声波在介质中的传播速度。将光源换成待测光源，通过测量待测光源衍射光谱中各谱线的条纹间距，利用前面测得的超声波的波速，即可得到待测光源的波长。研究人员利用该方法通过对汞光和氦氖激光在乙醇中形成的超声光栅中的衍射光谱进行测量研究[42]，首先利用汞光数据计算得到了超声波在乙醇中的传播速度，并分析了温度对结果的影响，然后利用超声波波速计算了氦氖激光的波长，得到的结果与标准值相比的相对误差为0.55%。利用这种方法测量得到的结果具有与经典光波长测量仪（如迈克耳孙干涉仪）可比的高精度，而且该方法对测量仪器的调整要求比较低，操作简单，精度高，具有很高的实用价值。

（5）声光调制激光测量

传统的塞曼（Zeeman）双频激光测量，由于成本高，被测件不能快速运动，使其应用受到限制。声光调制激光外差测量方法利用声光器件的布拉格衍射，可获得可调的大频差，能够较好地解决这个问题，广泛应用于位移、角度、粗糙度、速度等的测量，有着显著的实用价值和很好的发展前景[43]。而在微波辐射计中，对于信号处理的过程引入了声光技术，将线性天线接收到的延迟（相干）信号经过光学晶体以调制激光信号，然后采用光学傅里叶变换的方法，可实时同步地获得遥感目标强度和方位的信息，并可使微波辐射计的空间分辨率得到明显的提高[44]。

（6）折射率测量

利用激光通过声光调制器产生各级衍射条纹，记录光强分布，根据记录的数据即可求得待测介质的折射率。研究人员利用声光衍射对甘草稀释溶液折射率进行了测量[45]，通过定义相对衍射效率，并将其与溶液浓度的数据进行拟合，获得一组关联方程，进而求得溶液折射率。利用声光衍射测介质折射率与传统测折射率的方法相比，具有测量过程简单、可操作性强等优点[46]。

（7）声速及超声声场的检测

在声速测量中，当激光以垂直声场方向入射时，使在声光介质中形成不同频率的驻波振动，产生拉曼-奈斯衍射，在声光器件中换能器的频率响应带宽范围内，调节声波频率的大小，能找到多个与衍射最强相对应的声波频率，而在两个衍射最强点之间有暗区间的过渡，确定衍射光点亮暗条纹数，计算声速[47]。

超声在介质中传播时，会导致介质密度发生变化，进而导致介质折射率发生改变。当光经过存在声场的介质时，介质折射率的变化会导致光的振幅、相位、频率、光程等发生变化，通过检测出射光信号，即可反演得到相应的声场信息。基于声光效应原理用于超声声场的检测方法中，超声和光并没有直接发生作用，可以实现对声场的非接触式检测，这是光学检测法的最大优势[48]。

（8）基于声光效应的加速度传感器

利用拉曼-奈斯声光衍射的移频特性，检测衍射光叠加的光拍信号频率的变化，得到的频率变化量为 SAW 频率变化量的 $2n$ 倍，检测灵敏度提高 $2n$ 倍（$n$ 为利用的衍射光级次），获得一种基于声光效应的微机电系统（MEMS）加速度传感器新结构[49]。

（9）利用声光效应实现信息传输及再读取

声音作为机械波是一种重要的信号，其中包含声音的频率、声强随时间的变化等信息。但是实际声波传输较光电信号的传输有许多缺点，将声信号转化为光电信号传输之后再还原是高保真传输声信号的重要手段之一。利用声光效应通过调制激光传输声音信号，使用调幅电路将声音的电信号加载在高频信号上，信号驱动超声波换能器振动，超声波作用在激光入射的声光介质中产生声光效应使激光产生相应的衍射，衍射光斑光强随声音信号同步变化，光电探测器通过探测衍射光强产生相应电压，对输出电压信号处理后就可以还原声音信号[50]。

## 6.4　在光计算中的应用

随着科学技术的发展，新科技领域的出现以及工程技术的复杂化，对计算机的要求越来越高，这表现在对计算速度和人工智能的要求。提高计算机运算速度的关键是提高开关器件、传输速度和并行的系统结构，以及并行处理的软件流水线技术。电子计算机存在互联带宽、时钟歪斜和诺依曼"瓶颈"等问题。光子不像电子那样带有电荷；光子之间很难互相作用，光信号可以沿各自的通道传播而不互相干扰，光学并行性与信号并行处理、并行计算配合，能容纳大量独立通道完成各种操作。利用光子和某些材料相互作用具有的三次非线性效应设计的光学双稳器件，开关时间已达纳秒量级，理论上可达到皮秒量级，这是目前硅开关器件速度的 $10^3$ 倍。每个光脉冲开关能量可小于 4pJ，理论预期可低于 $10^{-15}$J。操作的光功率在毫瓦水平。所以利用光的高并行性（$>10^6$），快响应（$<10^{-9}$s），未来的全光计算机速度可超过 $10^{16}$ bit/s，这是目前研究中的巨型计算机 CRAY-3 运算速度的 10 倍。

现有的光计算结构有全光型和光电混合型，处理方式有全并行和并行与串行相结合的方式，结构上有体光学、集成光学、导波和光电子混合结构等，从实用上看集成光学结构和光电子混合结构更可能成为未来光计算机的主要部件。

光计算又分为模拟计算和数字光计算，前者是光信号以连续函数形式进行各种处理，后者光信号成为离散的数据组或符号形式进行处理或运算，最普通的为二进制数，也可以是余数制、十进制等。光学模拟计算的优点是快速并行处理、结构简单。缺点是灵活性差，计算内容受具体光学系统结构限制，一般只适于特定运算，并且对噪声敏感、精度不高（8～10b），动态范围较小。光学数字计算由于电光、声光、集成光学的发展而不断完善，既保持了模拟光计算的高度并行性，又有很高的计算精度，光学卷积数字乘法器可以处理 100bit 二进制数，精度达 $1/1.2\times10^{30}$，乘法速度达 5MHz/100bit，这是现有电子计算机不可比拟的。

声光技术在光计算中具有非常重要的应用价值，利用声光布拉格器件对光束强度的调制能力、对光束的偏转能力和多通道并行处理功能，研制了多种声光代数处理器。由于声光布拉格衍射输出衍射光的强度为输入光强度与衍射效率的乘积，可以利用声光器件完成乘法运算。把一个乘数的电信号加到声光器件的换能器上，另一乘数作为入射光信号入射到声光器件上，或者入射另一个声光器件上而使入射光经过二次声光衍射，系统输出的衍射光就是这两个数的乘积。如采用多通道声光器件和多路输入，则可同时完成多路乘法。即声光信号处理具有并行处理和流水线的特性，也就是具有高速并行处理的能力。其缺点是输出可分辨点数受声光器件时间带宽积的限制[51]。

用声光器件可以进行模拟的数字计算，可以实现数-数乘法、矩阵-矢量乘法、矩阵-矩阵乘法、三重矩阵积、求矩阵本征值及最小二乘方值等基本代数运算以及求解联立线性微分方程。现已提出了各种声光代数处理器的方案，其中有单换能器声光矩阵-矩阵(矢最)乘法器；多通道声光矩阵乘法器，它具有高速并行处理能力；数字声光精密矩阵乘法器，利用数字声光卷积法求解代数方程；系数声光矩阵乘法器；可用于求解线性代数方程组的并行声光脉动处理器；也可用于求解三角线性代数方程的并行声光脉动处理器等。

(1) 用光学卷积的数-数相乘系统

这种运算系统如图 6.2 所示，它由两个声光器件 $AO_1$ 和 $AO_2$、透镜 L、探测器 D、A/D 转换及移位加法器组成。

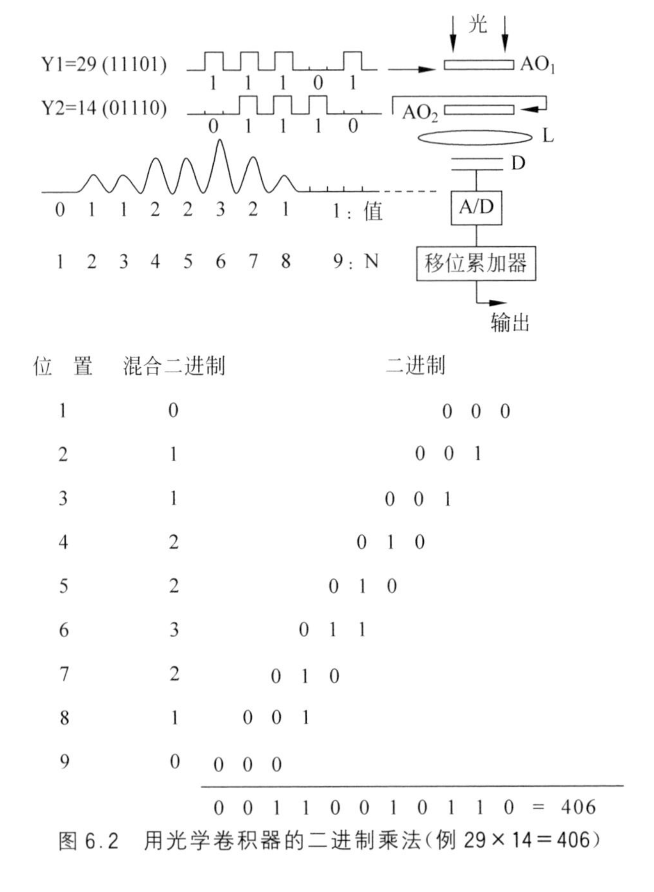


图 6.2 用光学卷积器的二进制乘法(例 29×14=406)

以 29×14 为例说明乘法过程，将 29、14 化为二进制形式 11101 和 1110，分别依次沿两个相反方向输入两个声光器件。准直光照射 $AO_1$，调制后的光又射入 $AO_2$，在透镜 L 的焦平面上放置探测器 D，它只接收一级衍射光。数字脉冲信号进行二次声光调制，进行的是卷积运算，输出为混合二进制三角波形脉冲列，高度为{0,1,2,3,2,2,1,1,0}；为把这些数据变为二进制数据，将结果送入模拟-数字转换器 A/D，再将 A/D 输出送入移位累加器逐一移位然后作电子相加，则得到二进制结果。混合二进制向二进制的转换过程可参见图 6.2，最后输出的 110010110，是 406 的二进制形式。

(2) 收缩声光二进制卷积处理器

声光调制光学矩阵运算中，数据不能完全并行传输，使运算速度受到限制。为尽量提高不同类型矩阵运算的速度，有人采用“收缩”和“啮合”结构处理数据，收缩列阵的特点是脉动收缩节拍一维串行输出，而啮合列阵是由各探测器分别输出然后拼接起来。收缩声光二进制卷积器，充分利用了光学并行处理能力。本结构中收缩矩阵/向量处理是沿 $x$ 方向完成的，沿 $y$ 方向处理二进制数字相乘。

卷积处理器由一个光源、三个柱面透镜、四个球面凸透镜、$N$ 个探测器组成的列阵、两个互相垂直放置的声光调制器组成。

收缩声光二进制卷积处理器中，关键器件是两个声光器件，第一个用于串行加载，要求超声速度高，第二个用于并行加载，速度可以慢一些，一般两者速度可为 10∶1，第一个器件可用 GaP 声光介质材料，带宽可达 500MHz，第二个可用 $TeO_2$，带宽可达 50MHz。

此外，声光调制光学矩阵运算可以有多种结构和数据处理方式。

## 6.5　在军事领域中的应用

电磁波信号环境正变得越来越复杂，它包含了形式十分不同的各种信号，覆盖着日益增宽的频率范围，脉冲密度为每秒数百万个。这意味着对目前的接收系统，要求在更宽的瞬时带宽内和更大的动态范围内检测并识别多个同时到达的信号。声光器件的大带宽特性使其在高密度信号环境中以及当前的宽带雷达中得到实际应用[52-53]。

**1. 电子战**

用于监视电磁频谱环境的无源电子战系统通过测量单脉冲来获得所有信号的振幅、频率、方位、到达时间、脉冲宽度等信息[54-55]。这些操作需要对所有被截获的发射机进行分离、识别和定位。这些信息对雷达告警接收机、信号情报、电子情报和电磁干扰控制系统是必需的。对于这些应用，声光系统的线性特性特别具有吸引力[56]。在电子战技术中,电子支持措施接收机是关键之一。相对于正在使用的传统的电子支持措施接收机,用表面声波器件实现电子支持措施接收机有许多优点。首先是体积小,4～32个滤波器可以集成在一个面积很小的基底上,从而实现紧密的多信道的接收机。此外,表面声波技术还可将扫描超外差技术发展成为压缩式接收机,以进行快速、宽带的频谱分析。

另一种实现电子支持措施接收机的方法是利用声光技术完成傅里叶分析,其核心元件布拉格声光器件的频率分辨率近似等于超声渡越时间的倒数。布拉格器件可分为两类:体波及表面波。人们对采用体波的近代声光技术的研究已经成熟,现在正从实验室走向实用阶段。

**2. 雷达波谱分析器**

空军飞行员可以利用它分析射到飞机上的雷达信号来判断飞机是否被地方雷达跟追。外来的雷达信号与本机内半导体激光器产生的振荡信号经混频、放大后,驱动声光调制器,产生超声波,当外来信号变化时,超声波长也变化,衍射光的角度也变化,反映到二极管阵列上,便可以识别地方雷达信号。同时,各种新型结构的声光器件,如时间积分以及混合时间、空间、频率多路复用的声光相关器的出现,大大拓展了声光相关器的性能及灵活性[57-58]。

**3. 激光雷达非线性校正**

对于采用闭环负反馈控制激光器来实现非线性校正的系统,激光器的光束分成两路,一路用于目标测量,另一路用于非线性校正。测量光路继续分成两路,其中一路直接探测目标,与另一路有相对固定的光程差,二者干涉叠加后被光电探测器接收,使之产生一个电压信号 $V_s(t)$。非线性校正部分采用一个延时自差光纤干涉仪,即在干涉仪的一路中放置一个声光调制器,以消除干涉信号中的直流干扰[59]。

**4. 雷达预警系统和侦察系统的实时频谱分析**

在电子对抗战中,为了实现有效干扰和准确预警必须掌握敌方全部雷达站所用信号频率,研究人员在传统声光频谱分析仪的基础上提出了一种新型的干涉型声光频谱分析仪。它与传统的声光频谱分析仪声光原理相同,差别在于检测技术采用的是马赫-曾德尔(Mach-Zeheder)干涉计的外差检测技术,提高了信噪比,抗干扰能力,扩大了动态范围。这些声光分析仪与其他分析仪相比,优点在于:截获率高(约100%);灵敏度高;抗电磁干扰;能实时处理多种形式的信号;信号处理简单,容易高斯加权,制造成本低。目前它主要应用在声光侦察接收系统和声光雷达预警系统。研究人员利用光纤式声光延迟线实现了对雷达信号的延迟时间控制,采用声光器件实现快速和大量的傅里叶变换,可以极好地控制分布相控阵辐射图[60]。

另外,雷达对抗即一切从敌方雷达及其武器系统获取信息(雷达侦查),破坏或扰乱敌方雷达及其武器系统的正常工作(雷达干扰和雷达攻击)的战术、技术措施的总称。使用了声光调制技术的声光接收机是一种现代的测频接收机,可应用于雷达信号频率测量中[61]。

**5. 声光相关激光雷达测距性能**

激光雷达测距系统在测距分辨率上有着突出的表现,但是在作用距离上却无法与微波雷达相比。测距微波雷达的作用距离可以达到几百千米,而测距激光雷达的作用距离则很难超过10km,阵列成像测距激光雷达的作用距离则更小,最大不超过4km。这成为限制成像激光雷达发展的瓶颈。研究人员将声关相关器应用到成像激光雷达测距系统中,利用声光相关方法对激光回波时间进行并行测量,设计了一种基于声光相关器的新型成像激光雷达系统[62]。研究表明:基于声光相关器的测距激光雷达系统具有实际应用的价值,在保证分辨率的前提下,可以实现作用距离的提高,并且系统易于实现小型化,这种系统在远距离探测中有广泛的应用。

目前,声光技术正朝着研制工作频率更高、带宽更大的声光器件发展,用以满足复杂电磁环境中信号处理的需要。随着纳米制造技术的重大发展,能够制备具有亚微米线宽的叉指换能器,可产生频率可达数十吉赫兹的超高频表面声波[63-69]。同时,具有高品质因子的纳米光波导与微腔被广泛研究,应用于在亚波长量级内限制高功率光的传输[70-71]。结合这两项技术,声光效应将进入新的领域。此外,也可以通过发掘新的声光材料,以实现高性能的声光器件。

# 参考文献


[1] SAVAGE N. Acousto-optic devices[J]. Nature Photonics,2010,4(10): 728-729.

[2] KORPEL A. Acousto-optics[M]. Florida: CRC Press,1996.

[3] BERG N J. Acousto-optic signal processing[M]. New York: Marcel Dekker Inc.,1983.

[4] 霍雷.激光相干探测中声光器件特性的研究[D].西安:西安电子科技大学,2012.

[5] 郝爱花,毛智礼,葛海波.声光技术在激光技术领域中的应用研究[J].西安邮电学院学报,2005,3: 111-114.

[6] DE LIMA JR M M, BECK M, HEY R, et al. Compact Mach-Zehnder acousto-optic modulator[J]. Applied Physics Letters,2006,89(12): 121104.

[7] 张斌,潘珍吾,丁衡高,等.微型光学陀螺仪中声表面波声光移频器的研究[J].清华大学学报,1999,39(2): 65-67.

[8] 令狐梅傲,何晓亮,吴中超,等.光纤声光调制器在超快光纤激光的试验及应用[J].压电与

声光，2018，40(3)：334-336.
[9] DUGAN M A, TULL J X, WARREN W S. High-resolution acousto-optic shaping of unamplified and amplified femtosecond laser pulses[J]. Journal of the Optical Society of America B，1997，14(9)：2348-2358.
[10] 曹跃祖. 声光调制原理及应用[J]. 现代物理知识，2000，1：99-100.
[11] 王辉林，陈志敏，马瑞亭，等. 基于声光效应的激光束偏转控制方法研究[J]. 压电与声光，2010，32(6)：939-941.
[12] 王丹志，宋梅. 用于扩频通信的声光循环平稳信号处理技术[J]. 光学技术，2006，32(3)：455-457.
[13] CHAN V W S. Free-space optical communications[J]. Journal of Lightwave Technology，2006，24(12)：4750-4762.
[14] 白帅，王建宇，张亮，等. 空间光通信发展历程及趋势[J]. 激光与光电子学进展，2015，52(7)：1-14.
[15] 许云祥，许蒙蒙，孙建锋，等. 卫星相干光通信测速一体化技术研究[J]. 激光与光电子学进展，2016，53(12)：81-86.
[16] SWANSON E A，CHAN V W S. Heterodyne spatial tracking system for optical space-communication[J]. IEEE Transactions on Communications，1986，34(2)：118-126.
[17] 董冉，艾勇，肖永军，等. 自由空间光通信精跟踪系统设计及其通信实验[J]. 红外与激光工程，2012，41(10)：2718-2722.
[18] 贺红雨，孙建锋，侯培培，等. 精跟踪中基于声光偏转器的本振光章动探测角度误差方法[J]. 中国激光，2018，45(10)：212-218.
[19] GROSSHASN F，ASSCHE G V，WENGER J. Quantum key distribution using gaussian-modulated coherent states[J]. Nature，2003，421(6920)：238-241.
[20] LORENZ S, KOROLKOVA N, LEUCHS G. Continuous-variable quantum key distribution using polarization encoding and post selection[J]. Applied Physics B，2004，79(3)：273-277.
[21] 黄春晖，万君. 连续变量相干光通信中的联合调制编码系统[J]. 光子学报，2014，43(10)：1006002-1-1006002-7.
[22] ELSER D，BARTLEY T，HEIM B，et al. Feasibility of free space quantum key distribution with coherent polarization states[J]. New Journal of Physics，2009，11(4)：045014.
[23] HEIM B, PEUNTINGER C, KILLORAN N, et al. Atmospheric continuous-variable quantum communication[J]. New Journal of Physics，2014，16(11)：113018.
[24] 郑云飞，黄春晖. 声光调制器在 BPSK 量子密钥分配中的应用[J]. 光通信技术，2016，40(8)：27-29.
[25] 吴磊，郑远，齐江，等. 声光可调谐滤波器(AOTF)在 WDM 中的应用[J]. 电讯技术，2001，41(2)：23-25.
[26] 何宁，冯太琴，廖欣. 基于声光效应的相干探测光学降噪方法研究[J]. 光学学报，2015，35(7)：70-77.
[27] 王怡，李源，马晶，等. 自由空间光通信中相干圆偏振调制系统性能研究[J]. 红外与激光工程，2016，45(8)：73-78.

[28] 许云祥，吴斌，汪勃，等. 基于 EDFA 的卫星相干光通信开环补偿技术研究[J]. 激光与红外，2017，47(3)：337-340.

[29] 石倩芸，艾勇，梁赫西，等. 相干光通信中平衡探测器的研究与测试[J]. 科学技术与工程，2016，16(16)：207-211.

[30] 代永红，艾勇，肖伟，等. 高速相干光通信平衡探测器研究[J]. 光子学报，2015，44(1)：173-179.

[31] 徐泽晖，杜书，孙豹，等. 多跳相干探测光谱幅度码标记交换系统传输特性分析[J]. 半导体光电，2015，36(6)：978-981.

[32] 梁赫西，代永红，艾勇，等. 本振功率对空间平衡探测器相干探测灵敏度的影响[J]. 光学精密工程，2017，25(2)：334-341.

[33] 雷芳，王练. 基于光相干探测原理的光通信系统[J]. 激光杂志，2018，39(9)：138-142.

[34] 陈华志，周建国，吴中超，等. 超高速光纤耦合声光调制器的设计及其应用[J]. 应用声学，2019，38(2)：166-172.

[35] TADESSE S A，LI M. Sub-optical wavelength acoustic wave modulation of integrated photonic resonators at microwave frequencies[J]. Nature Communication，2014，5(1)：1-7.

[36] LEJMAN M，VAUDEL，INFANTE G I C，et al. Ultrafast acousto-optic mode conversion in optically birefringent ferroelectrics[J]. Nature Communication，2016，7(1)：1-10.

[37] MAHMOUD M，MAHMOUD A，CAI L，et al. Novel on chip rotation detection based on the acousto-optic effect in surface acoustic wave gyroscopes[J]. Optics Express，2018，26(19)：25060-25075.

[38] 宗德蓉，刘永洪. 声光技术在测速中的应用[J]. 光电工程，1991，18(1)：57-62.

[39] XUE B，WANG Z，ZHANG K，et al. Direct measurement of the sound velocity in seawater based on the pulsed acousto-optic effect between the frequency comb and the ultrasonic pulse[J]. Optics Express，2018，26(17)：21849-21860.

[40] 孙宁. 基于声光技术的信号处理系统研究[D]. 成都：电子科技大学，2009.

[41] 杜召杰，王辉林. 基于光纤声光调制的振动位移检测技术研究[J]. 激光杂志，2015，36(12)：85-91.

[42] 杨燕婷，王敏，周誉昌. 用超声光栅测量氦氖激光的波长[J]. 大学物理，2009，28(7)：43-44.

[43] 房丰洲，张国雄. 声光调制激光测量技术[J]. 制造技术与机床，1996，6：8-10.

[44] YU L L，SHOU W D，HUI C，et al. Radiation force calculation and acoustic power measurement for a cylindrical concave transducer based on the ray acoustic model[J]. Journal of the Korean Physical Society，2012，61(4)：544-550.

[45] 许忠宇，马帅. 利用声光衍射测量甘草折射率的研究[J]. 兵团教育学院学报，2009，19(2)：20-24.

[46] 吴俊杰，郭天太，吴颖，等. 声光调制技术及其在精密测量中的应用[J]. 机械工程师，2010，3：32-33.

[47] WAGNER J W. Optical detection of ultrasound[J]. IEEE Transactions on Ultrasonics Ferroelectrics & Frequency Control，1986，33(5)：485-499.

[48] 贾乐成，陈世利，曾周末. 超声声场光学检测的研究进展[J]. 仪器仪表学报，2019，40(9)：1-15.
[49] 张祖伟. 基于声光效应的 MEMS 加速度传感器基础理论与关键技术研究[D]. 重庆：重庆大学，2013.
[50] 杨宁，韩兆坤，田萌，等. 利用声光效应实现信息传输及再读取[J]. 物理实验，2017，37(12)：39-44。
[51] 赵启大. 声光信号处理和光计算[J]. 现代物理知识，1994，S1：84-91.
[52] CASSEDAY M W，BERG N J，ABRAMOVITZ I J，et al. Wide-band signal processing using the two-beam surface acoustic wave acoustooptic time integrating correlator[J]. IEEE Transactions on Microwave Theory and Techniques，1981，29(5)：483-490.
[53] 邵定蓉，谢春薇. 声光相关技术在电子战中的应用[J]. 北京航空航天大学学报，1990，1：77-80.
[54] 徐介平，俞宽新. 声光相关器在雷达信号处理中的应用[J]. 应用声学，1986，1：3-7.
[55] DONLEY E A，HEAVNER T P，LEVI F，et al. Double-pass acousto-optic modulator system[J]. Review of Scientific Instruments，2005，76(6)：063112.
[56] 程乃平，江修富，邵定蓉. Bragg 声光器件在现代军事领域的应用[J]. 遥测遥控，1999，2：60-64.
[57] MALONEY W T，胡新华. 声光方法在雷达信号处理中的应用[J]. 系统工程与电子技术，1980，10：25-36.
[58] GARVIN C G，SADLER B M. Surface-acoustic-wave acousto-optic devices for wide-bandwidth signal processing and switching applications [C]. Devices for Optical Processing. International Society for Optics and Photonics，1991，1562：303-318.
[59] 高苗. 基于声光调制的激光功率稳定控制系统[D]. 西安：西安电子科技大学，2015.
[60] 蒋跃，张颖. 声光技术在雷达上的主要应用[J]. 光学技术，2002，28(1)：47-48，51.
[61] 丁松峰，沈骁，杨仲犁. 声光调制在雷达对抗中的应用[J]. 科技风，2008，6：50-50.
[62] 郭子晖. 声光相关激光雷达测距性能的理论和实验研究[D]. 哈尔滨：哈尔滨工业大学，2012.
[63] YAMANOUCHI K，CHO Y，MEGURO T. SHF-range surface acoustic wave interdigital transducers using electron beam exposure [C]. IEEE 1988 Ultrasonics Symposium Proceedings. IEEE，1988：115-118.
[64] TAKAGAKI Y，SANTOS P V，WIEBICKE E. et al. Guided propagation of surface acoustic waves in AlN and GaN films grown on 4H-SiC(0001) substrates[J]. Physical Review B，2002，66：155439.
[65] CARDINALE G F，SKINNER J L，TALIN A A，et al. Fabrication of a surface acoustic wave-based correlator using step-and-flash imprint lithography[J]. Journal of Vacuum Science & Technology B，2004，22：3265-3270.
[66] KIRSCH P，ASSOUAR M B，ELMAZRIA O，et al. 5 GHz surface acoustic wave devices based on aluminum nitride/diamond layered structure realized using electron beam lithography[J]. Applied Physics Letters，2006(22)：223504.
[67] NECULOIU D，MÜLLER A，DELIGEORGIS G. et al. AlN on silicon based surface acoustic

wave resonators operating at 5GHz[J]. Electronics Lettles,2009,45(23): 1196-1197.

[68] BÜYÜKKÖSE S,VRATZOV B,ATAE D,et al. Ultrahigh-frequency surface acoustic wave transducers on ZnO/$SiO_2$/Si using nanoimprint lithography[J]. Nanotechnology, 2012,23(31): 315303.

[69] BÜYÜKKÖSE S,VRATZOV B,VANDER VEEN J,et al. Ultrahigh-frequency surface acoustic wave generation for acoustic charge transport in silicon[J]. Applied Physics Letters,2013,102(5): 013112.

[70] AKAHANE Y,ASANO T,SONG B S,et al. High-Q photonic nanocavity in a two-dimensional photonic crystal[J]. Nature,2003,425: 944-947.

[71] VAHALA K J. Optical microcavities[J]. Nature,2003,424: 839-846.

# 索　引